高等教育基础系列教材

编委会　冯建新　段亚绒　王小辉　杨维平　卫小
　　　　赵　辉　马元丽　任中杰　成珊娜　萨仁娜
　　　　窦文阳　刘　丁　卢　静

科学研究方法与实践

KEXUEYANJIU FANGFA YU SHIJIAN

杨维平　丁敏　主编

陕西师范大学出版总社有限公司
Shaanxi Normal University General Publishing House Co.,Ltd.

图书代号　JC13N0752

图书在版编目(CIP)数据

科学研究方法与实践／杨维平，丁敏主编．—西安：陕西师范大学出版总社有限公司，2013.7
ISBN 978-7-5613-7149-7

Ⅰ．①科…　Ⅱ．①杨…②丁…　Ⅲ．①科学研究—研究方法　Ⅳ．①G312

中国版本图书馆CIP数据核字(2013)第143812号

科学研究方法与实践
杨维平　丁敏　主编

责任编辑	曾学民
责任校对	涂亚红
封面设计	王鑫瑞
出版发行	陕西师范大学出版总社有限公司
社　　址	西安市长安南路199号　邮编710062
网　　址	http://www.snupg.com
印　　刷	兴平市博闻印务有限公司
开　　本	787mm×1092mm　1/16
印　　张	23
字　　数	320千
版　　次	2013年7月第1版
印　　次	2013年7月第1次印刷
书　　号	ISBN 978-7-5613-7149-7
定　　价	55.20元

读者购书、书店添货或发现印装质量问题，请与本公司营销部联系、调换。
电　话：(029)85307826　传　真：(029)85303622

前　言

科学研究方法是科学研究者探索未知领域和解决自然界各种实际问题的有力手段。科学研究的成功有许多原因,其中善于运用科学的方法至关重要。随着科学研究工作的深入,研究对象复杂性的增加,研究方法的重要性日益凸现,这已被无数科学事实所验证。

学术论文是科学研究成果的一种表现形式。科学研究的许多新见解、新方法、新理论、新技术、新创造都是借助学术论文这个描述工具表现出来,并储存在人类科技宝库中为人类的进步、发展服务以及为后人不断深入的科学研究工作提供宝贵的文献参考。

全书共十一章内容。分别为:第一章 科学研究概论,第二章 科学研究方法,第三章 信息检索介绍,第四章 科学研究与学术论文的选题,第五章 文献综述的写作方法,第六章 研究生课题开题报告,第七章 人文社会科学论文的写作方法,第八章 自然科学论文写作方法,第九章 学术论文投稿与发表,第十章 学位论文的答辩与评价,第十一章 学术论文范文示例。每章后均附有一定数量的参考文献,便于读者进一步查阅原文,同时也体现了对原作者的尊重。各章力求内容新颖、通俗易懂,便于读者循序渐进,系统学习掌握。

本书第一章到第四章,第七章到第十一章及附录由杨维平编写,第五章及第六章由丁敏编写。李宝林教授,卫小辉副教授,刘丁老师提供了部分范文,并提出宝贵意见。唐丽萍、邓妹凤、陈燕琴、文琦琪、刘亚强、裴志超、汪帆、邓旭东、钟其英、张鹏凯、青格力等研究生参与了部分章节的文献查阅和文字编辑处理工作。在此,谨向他们表示衷心的感谢!

本书可供高等院校大学生、研究生在选修相关课程时使用。也可供相关的科研工作者阅读参考。

作者长期从事教学科研工作,在编写本书过程中力求将个人对科学研究工作的体会和感悟体现到部分章节的内容上。由于时间仓促,加之作者水平有限,书中错误和不当之处在所难免,欢迎读者批评指正,作者将不胜感谢。

杨维平

2013 年 3 月 29 日

目　录

第一章　科学研究概论 (1)
第一节　科学 (1)
一、科学一词的由来 (1)
二、现代科学的诞生 (1)
三、现代科学的定义 (4)
四、现代科学的内涵及外延 (4)
五、科学的基本特征 (5)
六、现代科学的分类 (6)

第二节　科学与技术 (9)
一、科学与技术的概念 (9)
二、科学与技术的区别与联系 (9)
三、现代科学技术发展的基本特点 (10)
四、当代高技术 (12)
五、高技术的特征 (12)
六、高技术的内容 (13)

第三节　科学研究 (14)
一、科学研究的概念 (14)
二、科学研究的类型 (15)
三、科学研究的要素 (15)
四、科学研究的基本特征 (15)
五、科学研究的方法与过程 (16)
六、科研工作者应具备的基本素质 (20)

第四节　科学研究基本术语 (22)
第五节　科学研究中常用的表格及图示 (24)
一、表格 (24)
二、图示 (28)

参考文献 (33)

第二章　科学研究方法 (34)

第一节　常规科学研究方法 (34)
一、文献调查法 (34)
二、观察法 (36)
三、访谈法 (38)
四、问卷调查法 (39)
五、案例研究法 (42)
六、实验方法 (45)

第二节　科学研究中的逻辑思维方法及非逻辑思维方法 (47)
一、逻辑思维方法的起源与发展 (47)
二、逻辑方法的具体内容 (49)
三、逻辑思维方法对于科学研究的重要性 (61)
四、非逻辑思维方法 (64)

第三节　现代科学研究方法 (68)
一、数学法 (68)
二、系统论 (70)
三、控制论 (72)
四、信息论 (73)
五、其他复杂性科学方法 (76)

第四节　教育科学研究方法 (79)
一、行动研究法 (79)
二、教育历史法 (86)
三、教育预测法 (87)

参考文献 (89)

第三章　信息检索介绍 (91)

第一节　信息和信息检索 (91)
一、信息 (91)
二、信息检索基本原理 (93)
三、计算机信息检索类型及技术 (94)

第二节　综合电子信息资源利用 (96)
一、事实数据检索 (96)
二、中文检索工具和数据库 (100)
三、综合性全文数据库系统 (102)
四、电子期刊及电子报纸 (107)
五、电子图书 (109)
六、网络信息资源检索 (110)

第三节　三大著名检索系统简介 (112)
一、科学引文索引 (112)

二、工程索引 …………………………………………………… (114)
　　三、科技会议录索引 …………………………………………… (115)
　参考文献 …………………………………………………………… (116)

第四章　科学研究与学术论文的选题 ……………………………… (117)
　第一节　选题的重要意义 ………………………………………… (117)
　　一、学位论文角度 ……………………………………………… (117)
　　二、科学研究角度 ……………………………………………… (119)
　第二节　选题原则 ………………………………………………… (120)
　第三节　选题的途径与方法 ……………………………………… (122)
　第四节　选题的步骤 ……………………………………………… (125)
　参考文献 …………………………………………………………… (126)

第五章　文献综述的写作方法 ……………………………………… (127)
　第一节　文献综述概述 …………………………………………… (127)
　　一、文献综述的含义 …………………………………………… (127)
　　二、文献综述的特征 …………………………………………… (128)
　　三、文献综述四要素 …………………………………………… (128)
　第二节　文献综述分类与作用 …………………………………… (129)
　　一、文献综述的分类 …………………………………………… (129)
　　二、文献综述的作用 …………………………………………… (129)
　第三节　文献综述的基本步骤 …………………………………… (130)
　第四节　文献综述的内容要求 …………………………………… (131)
　第五节　文献检索 ………………………………………………… (131)
　　一、检索文献的途径 …………………………………………… (131)
　　二、检索文献中常见问题 ……………………………………… (132)
　第六节　文献综述的格式与写法 ………………………………… (132)
　　一、文献综述的格式 …………………………………………… (132)
　　二、文献综述的写法 …………………………………………… (133)
　　三、文献综述写作应注意的事项 ……………………………… (135)
　　四、文献综述框架结构举例 …………………………………… (135)
　参考文献 …………………………………………………………… (137)

第六章　研究生课题开题报告 ……………………………………… (138)
　第一节　课题开题报告含义与作用 ……………………………… (138)
　　一、开题报告的含义 …………………………………………… (138)
　　二、写好开题报告的基础性工作 ……………………………… (138)
　　三、开题报告的意义 …………………………………………… (138)
　　四、开题报告的目的 …………………………………………… (139)
　　五、开题报告的内容 …………………………………………… (139)

  六、开题报告要写些什么 …………………………………………… (139)
 第二节 开题报告的结构与写法 …………………………………………… (139)
  一、选题的原则 …………………………………………………… (140)
  二、课题名称 ……………………………………………………… (140)
  三、选题依据 ……………………………………………………… (140)
  四、国内外概况和发展趋势 ……………………………………… (140)
  五、选题的技术难度及工作量 …………………………………… (141)
  六、课题内容及具体方案 ………………………………………… (141)
  七、工作进度的大致安排 ………………………………………… (141)
  八、预期成果 ……………………………………………………… (141)
  九、经费估算 ……………………………………………………… (141)
  十、参考文献 ……………………………………………………… (141)
 第三节 研究生开题报告的评审及答辩 ………………………………… (142)
  一、开题报告的评审要求 ………………………………………… (142)
  二、研究生开题报告评审会 ……………………………………… (142)
 第四节 研究生开题报告举例 …………………………………………… (148)
 参考文献 ………………………………………………………………… (153)

第七章 人文社会科学论文的写作方法 ………………………………… (154)
 第一节 概述 ………………………………………………………………… (154)
  一、人文社会科学论文及其特点 ………………………………… (154)
  二、人文社会科学论文的一般写作步骤 ………………………… (155)
 第二节 论文结构框架的设计 …………………………………………… (156)
  一、提纲的设计 …………………………………………………… (156)
  二、标题的设计 …………………………………………………… (157)
  三、人文社会科学论文写作的基本结构 ………………………… (159)
  四、几种重要论文的基本型设计 ………………………………… (160)
 第三节 论文层次结构与细节设计结构 ………………………………… (164)
  一、论文的层次结构 ……………………………………………… (164)
  二、段落设计 ……………………………………………………… (166)
  三、细节设计结构 ………………………………………………… (167)
 第四节 人文社会科学论文的常用写作方法 …………………………… (170)
  一、议论文的写作方法 …………………………………………… (170)
  二、证明的写作方法 ……………………………………………… (171)
  三、驳论的写作方法 ……………………………………………… (172)
  四、说明的写作方法 ……………………………………………… (173)
 第五节 社会科学论文的写作规范 ……………………………………… (173)
  一、摘要的写作规范 ……………………………………………… (173)

二、关键词的写作规范 (174)
　　三、参考文献的写作规范 (174)
　　四、图表的应用规范 (175)
参考文献 (176)

第八章 自然科学论文写作方法 (177)
第一节 自然科学论文概述 (177)
　　一、自然科学论文的定义 (177)
　　二、科技论文的类型 (177)
　　三、科学论文的特性 (180)
　　四、科技论文的构成部分 (181)
第二节 标题及相关内容 (182)
　　一、标题的作用 (182)
　　二、标题要求 (182)
第三节 作者署名 (187)
　　一、作者署名总要求 (187)
　　二、作者地址的标署 (187)
　　三、通信作者 (188)
　　四、第一作者 (188)
　　五、署名的格式 (188)
第四节 摘要 (189)
　　一、摘要的内容 (189)
　　二、摘要的要求 (190)
　　三、摘要的类型 (190)
　　四、外文摘要 (192)
　　五、摘要举例 (193)
第五节 关键词 (195)
　　一、关键词的含义 (195)
　　二、关键词的特征 (195)
　　三、关键词选取及标引方法 (196)
　　四、学术论文中使用关键词常出现的问题 (196)
　　五、SCI期刊论文关键词选取的原则 (196)
　　六、中图分类号及文献标志码 (196)
第六节 引言 (197)
　　一、引言的意义 (197)
　　二、引言的内容及要求 (197)
　　三、引言的组成 (198)
　　四、书写引言时应注意的问题 (198)

五、引言举例 (198)
第七节　正文 (200)
　　一、理论型论文正文的内容表述与行文结构 (200)
　　二、科学调查报告正文的内容表述与行文结构 (200)
　　三、实验型论文正文的内容表述与行文结构 (201)
第八节　结论 (204)
第九节　致谢 (206)
　　一、致谢对象 (206)
　　二、致谢的写作要点 (206)
　　三、致谢基金资助项目的英文表达 (207)
　　四、课题资助项目名称翻译标准 (207)
第十节　参考文献 (208)
　　一、引用参考文献的原因 (208)
　　二、引用参考文献的要求 (209)
　　三、参考文献的体例类型 (210)
　　四、参考文献目录中文献编写格式 (210)
　　五、参考文献的引用上的一些误区 (210)
　　六、文献类型和标识 (211)
　　七、参考文献著录格式 (211)
　　八、参考文献中作者姓名缩写规则 (214)
　　九、参考文献英文期刊名的缩写规则 (215)
第十一节　附录 (217)
参考文献 (220)

第九章　学术论文投稿与发表 (221)

第一节　国内学术论文的投稿与发表 (221)
　　一、学术论文发表前的准备工作 (221)
　　二、学术期刊的分类 (223)
　　三、如何选择国内核心期刊 (224)
　　四、稿件的制作 (241)
　　五、稿件的投寄 (242)
　　六、稿件的评审 (242)
　　七、审后稿件处理 (244)
　　八、学术论文的编辑加工 (244)
　　九、论文的修改符号 (244)
　　十、国内学术期刊论文发表 (245)
第二节　国际学术论文的投稿与发表 (245)
　　一、国际核心期刊投稿导引 (245)

二、国际核心期刊选择 …………………………………………… (246)
　　三、获取刊物投稿信息的途径 …………………………………… (253)
　　四、国际核心期刊论文网上投稿与发表 ………………………… (254)
　　五、应注意的问题 ………………………………………………… (258)
　第三节　国际英文刊物投稿信件的写法 …………………………… (259)
　　一、国际期刊论文投稿信 ………………………………………… (259)
　　二、修改信 ………………………………………………………… (260)
　　三、退稿信 ………………………………………………………… (262)
　第四节　国际英文期刊发表论文法规 ……………………………… (263)
　参考文献 ………………………………………………………………… (264)

第十章　学位论文的答辩与评价 …………………………………… (265)
　第一节　学位论文答辩的意义、要求和程序 ……………………… (265)
　　一、学位论文答辩的意义 ………………………………………… (265)
　　二、学位毕业论文答辩的要求 …………………………………… (266)
　　三、学位论文答辩的基本程序 …………………………………… (269)
　第二节　答辩中的设问类型和提问重点 …………………………… (271)
　　一、学位论文答辩教师设问的基本原则 ………………………… (271)
　　二、学位论文答辩教师设问的方法 ……………………………… (272)
　　三、学位论文中答辩教师提问重点 ……………………………… (272)
　第三节　学位论文答辩准备和应答技巧 …………………………… (273)
　　一、论文答辩的准备 ……………………………………………… (273)
　　二、论文答辩的注意事项 ………………………………………… (274)
　第四节　论文成绩终评标准和评定方法 …………………………… (275)
　　一、学位论文质量 ………………………………………………… (275)
　　二、学位论文质量评价体系 ……………………………………… (275)
　　三、学位论文的盲审制度 ………………………………………… (276)
　　四、学位论文成绩评定标准 ……………………………………… (277)
　参考文献 ………………………………………………………………… (279)

第十一章　学术论文范文示例 ………………………………………… (280)
　范文一　Speciation of chromium by in‐capillary reaction and capillary
　　　　　electrophoresis with chemiluminescence detection ………… (280)
　范文二　高效液相色谱‐化学发光法研究异烟肼和利福平 ………… (293)
　范文三　4‐芳氨基‐6‐溴喹唑啉类化合物的合成及抗肿瘤活性的初步研
　　　　　究 ………………………………………………………………… (299)
　范文四　二苯基脯氨醇及其衍生物对前手性酮的不对称催化还原研究进展
　　　　　 …………………………………………………………………… (304)
　范文五　S‐Shark 安全工作流管理系统设计与实现 ………………… (322)

范文六　论中国古代文论的地方性
　　——以云南古代诗文论著为中心……………………………………（328）
附录 ……………………………………………………………………………（334）
　一、附表 ……………………………………………………………………（334）
　　　附表1 希腊字母表 ……………………………………………………（334）
　　　附表2.1 国际单位制7个基本单位 …………………………………（335）
　　　附表2.2 国际单位制的辅助单位 ……………………………………（335）
　　　附表2.3 具有专门名称的国际单位制导出单位 ……………………（335）
　　　附表2.4 表示十进制倍数的词头及符号 ……………………………（336）
　　　附表2.5 拉丁及希腊数字词头（前缀） ………………………………（336）
　　　附表3 罗马数字表 ……………………………………………………（337）
　　　附表4 化学类期刊分区及影响因子（2011年） ……………………（338）
　二、陕西师范大学学位论文规范（试行） …………………………………（348）

第一章 科学研究概论

第一节 科学

一、科学一词的由来

"科学"一词是英文"science"(源于拉丁文"scientia",意为"知识""学问",在近代侧重关于自然的学问)翻译过来的外来名词。它起源于近代科学的发祥地英国。我国近代学者严复(1853—1921)最早将"科学"这个词译为"格致""格致学"。"格致"这个词是从儒家经典《大学》中的"致知在格物,格物而后知至"的名句中"格物"和"致知"两个词缩略而来的。后人多用朱熹的解读,认为它是指"通过研究事物的原理从而获得知识"。日本明治维新时期杰出的思想家福泽谕吉(1834—1901)第一个把"science"译成"科学",借用中国古汉语"科举之学"以及近代"科学分科之学"之意,并在日本广泛应用。汉语中所用"科学"一词则是教育家,康有为1893年从日本首次引进的。1896年,严复在翻译《天演论》《原富》时,将"science"译为"科学",以代替"格致"。事实上,20世纪初期,"科学"与"格致"两个概念曾并存,但前者逐步取代后者。1912年,时任教育总长的蔡元培先生下令全国取消"格致科"。1915年,美国康乃尔大学的中国留学生任鸿隽等人创办了影响深远的杂志《科学》。从这一年开始,"格致"退出历史舞台,"科学"成为"science"的定译。此后,这个称谓就逐渐流行起来,并一直沿用至今。

二、现代科学的诞生

现代科学是西方在17世纪之后,由法国杰出的哲学家和自然科学家笛卡儿(R. Descartes,1596—1650)奠基之后才逐步形成的。所以,现代科学是西方现代文化的重要组成部分。笛卡尔从"我思故我在"的概念出发,认为思维是人存在的基础。但人是首先通过感觉才可以思维的。他进一步认为,人的感觉是不可靠的。因为对于同一经历或者事物,每个人的感觉不一样,尽管客观的事件是唯一的。比如对一种化学物质蜡油的感觉,每个人都不一样。既然无论谁的感觉和看法都是可疑的、不可靠的,那么仅仅对事物的感觉或看法决不可以作为知识系统的基础。

笛卡尔由此提出,只有通过对自然现象的观察、分析,并经过所谓的"逻辑推理"所得出的结论才是可靠的、唯一的,才有可能成为知识的一部分。所以,逻辑推理是知识的基础,一旦成为知识,便不可毁灭。但是,他同时指出知识的有限性,进而提出所谓的"质疑说"（Skepticism）。对未知真理的逼近，就是对现有知识的不断质疑和对未知的探索。于是，质疑便成为从已知向未知推进的原动力。笛卡尔的思想和他所创立的现代思维体系对现代科学产生深远的影响。可以认为，笛卡尔是现代科学的鼻祖。

大约在笛卡尔去世前一个世纪，哥白尼（1473—1543）于1543年发表了他关于"日心说"的名著《天体运行论》。在这之前十多年，他已经对自己的发现得出了结论。哥白尼的发现，对人类历史、文化、宗教尤其是科学的诞生产生了极为关键的影响。许多学者把他与达尔文并列，因为他们的理论在当时的社会非常富有争议，而且受到社会尤其是教会的极力批判和打击。但是他们的探索与发现使人类的进程和对自然的认识发生了历史性的变革。

当时社会的认识完全接受基督教对自然的解释。世界万物包括人类都可以从圣经得到详细的描述。但是哥白尼理论的出现使得人们开始认为，自然的解释可以从哥白尼理论中得到更为精确的解答，从而大大地冲击了教会的影响和在思维上的统治地位。在哥白尼之前的时代，民间和社会对自然认知的主流方法是所谓的"玄学"（Metaphysics）。这种方法显然不是科学，而是一些人们经验中的感应术和寓言。许多学者认为，哥白尼对宇宙的解释历史性地打击了这些玄学。于是，自哥白尼起科学开始萌芽。

如果说笛卡尔创立了现代科学的哲学体系，那么伽利略（1564—1642）就是物理学之父。伽利略1564年生于意大利的比萨，是与笛卡尔同时代的伟大科学家。他的贡献分三个大部分：天文学、物理学和工程技术。对于科学研究而言，伽利略最为伟大的贡献，在于他通过个人的实验过程而建立的一套极为系统、严谨、精确而且现代的科学方法。事实上，伽利略是物理学的奠基人。他有许多物理界十分重大而且经典的发现。比如，他对自由落体已经有了精确的观察和计算。他首先提出加速度的概念，并指出距离和时间的平方成正比。他还研究过钟摆的运动，通过测量得出钟摆的时间与幅度无关。他甚至试图测量光速，并认识了声音频率的概念。他的物理研究结果与笛卡儿、开普勒的科学发现并列，成为古典力学的先驱。

虽然他在天文学中的贡献最为著名，但事实上，他的物理学发现甚至为牛顿的古典物理和爱因斯坦的相对论奠定了重要的基础。所以爱因斯坦曾经说过："伽利略是现代物理之父。"对于科学的产生，更为重要的是他系统性地建立了真正的科学实验和科学方法。所以，从科学发展的意义上，伽利略的出现是划时代的。他与笛卡儿相辅相成，起到了科学的奠基作用。正因为此，人们一般认为：科学的产生是17世纪以后的事情。而17世纪以来人类对自然的探索和发现被定义为"现代科学"（Modern Science）。但是，这里的"现代"一词与19世纪末、20世纪初产生的所谓"现代主义"（Modernism）中的"现代"又有含义上的区别。

在笛卡尔与伽利略之后，现代科学开始形成。1660年英国成立了伦敦皇家学会（Royal Society of London）。不久，法国组建了巴黎科学院（Paris Academy of Science）。之后，类似的学术团体相继在欧洲各地（比如意大利、德国）建立起来。应该指出的是，今天的学术研究与笛卡儿之前有了本质的区别。更进一步说，现代科学的研究方式与古典时期有明显的不同。在古希腊、中世纪甚至在伽利略时期，对自然的探讨是一种个人的行为。每个人实验的方法、模型的建立以及理论的分析都没有统一的标准和规范。同时，哥白尼、伽利略的实验风格和研究方法都不是社会主流的思维意识。

但是现代科学的研究方式是以学术机构和学术团体的形式进行的。当今社会的科学家,包括社会科学家必须归属于某一个学术机构,并且以所在学术机构的名义在学术团体的范围内进行学术活动。比如物理学会、化学学会等等。今天的科学研究已经无法像古典时期那样以个体的形式进行了。即便有人可以以个人的形式进行研究,也很难被学术界接受。这是因为,现代科学最为关键的也是最为明显的标志之一是实验方法上的规范和统一。正因为此,科学论文里首当其冲的是"实验方法"。必须对采集数据的方法进行严格的评判之后才有可能建立数据本身的可靠性。而个人的行为很难对这种实验方法进行统一的规范。

必须指出的是,现代科学的产生实际上是一种新型文化思维在西方的出现。科学的诞生在西方近代思想史上占有绝对重要的地位。现代科学产生之后,在思想界出现了对教会的批判。最有代表性的思潮是18世纪的"启蒙运动"。欧洲的思想家和哲学家开始猛烈抨击基督教的思想统治,并且提出"自由"的概念和尊重个人思想的价值。还有人提出改革基督教而清除宗教迷信。启蒙运动为后来的法国革命提供了思想的基础,因而是"自由,民主"的序曲。18世纪启蒙运动中最具有代表性的思想家是法国哲学家伏尔泰(Voltaire)和苏格兰哲学家大卫·休谟(David Hume, 1711—1776)。伏尔泰(1694—1778)严厉批评基督教中的迷信成分,并且主张一种所谓的"自然信仰"。休谟并不完全反对上帝的存在,但他极力批评教会里出现的那些所谓上帝"显灵"的现象。他认为这是一种十分可笑的迷信。因为"显灵"决不符合自然界的规律和法则。用这种方法来证明上帝的存在是不可信的。由于他们在思想界的深刻影响,欧洲随后产生了"无神论"。无神论曾经风行一时,对整个社会的思维产生了巨大的影响。这种无神论意识最后导致后来与教会更为背道而驰的尼采"超人"论。尼采(1844—1900)的哲学与后来的弗洛伊德心理学成为现代社会思维的基础。

至此,经过300多年的努力,科学与宗教分庭抗礼,各分天下。因而我们说,科学不仅仅是一种学术,它首先是一种思想。

许多评论家指出,17世纪以前的社会是由上帝主宰的。但是17世纪之后由于对宗教的质疑,人类开始自己决定一切。完全可以认为,人类的自我觉醒与现代科学的产生有着直接的关系,因为科学的思想无论从思维还是到方法都与宗教信仰格格不入。但是,西方世界并没有由于科学的诞生而放弃了宗教。有趣的是,西方社会到今天已经完全接受了科学,可对于科学中一个十分重要的发现"进化论"却没有被西方社会彻底认同。科学在西方的出现既是思想进步的历史,也是文化发展的历史。因为文化的核心就是思维。西方文化有三大组成部分:希腊经典,基督教,科学与民主。事实上科学与民主就是17世纪之后作为一种新的思想而叠加在传统宗教之上的新文化。

因此,我们可以下结论,科学是一种西方的现代文化。或者说,科学是一种西方的现代思维意识。科学是一种思想。这种思想与世界上任何思想都具有明显的、本质的区别。科学的基础是数学,对象是宇宙,手段是假说、实验、推理和质疑,特征是唯一,目的是解译自然和社会。科学里没有权威,只有真理。

三、现代科学的定义

自人类文明以来,产生了许多探索自然的方法,其中很多方法都可以解决实际的问题,但是这些都不属于科学。目前有许多对科学的误解,认为只要能够解决问题、达到目的的思维和方法都属于科学。但事实上,对于真理的探索,人类历史上曾经产生过许多截然不同的方法和理论,科学仅仅是其中一种罢了,且有其十分严谨的定义。因而我们不能把所有人类的理论与方法都归结于科学之中。

更应明确指出的是,我们无法把所有可探寻真理和自然的方法、理论都定义为科学。除了科学之外,其他的方法和理论也同样可以达到认知自然的目的。比如有些方法可治愈人类的疾病;还有一些方法可以找到地理位置、矿藏,制造出有用的产品,比如烧制陶器、冶炼金属、净化水源、种植农作物。有些方法甚至可以建造宏伟的建筑,比如金字塔和长城。这些都是人类长期以来总结出来的经验和方法,但它们都不属于现代科学的范畴,因为这些方法和理论都没有任何严格意义上的科学定义。它们更确切的应该被定义为技术方法而不是科学方法。而科学是一个严谨而完整的系统和思维方式,不仅有特定而严格规范的科学方法,而且有系统的理论基础。

关于科学的定义,达尔文(1809—1882)最早认为"科学就是整理事实,以便从中得出普遍的规律或结论"。科学学的创始人 J. D. 贝尔纳认为"科学可以作为一种建制、一种方法、一种积累的知识传统、一种维持或发展生产的主要因素以及构成我们的诸信仰和对宇宙及人类的诸态度的最强大势力之一"。

1831 年,英国科学促进协会(The British Association for the Advancement of Science)将科学定义为通过观察和实验研究获得的关于自然界的系统知识。

《辞海》(1979 年版)对科学解释是"关于自然、社会思维的知识体系。"

《辞海》(1999 年版)对科学的进一步解释为"科学是运用范畴、定理、定律等思维形式反映现实世界各种现象的本质规律的知识体系。"

科学首先不同于常识,科学通过分类,以寻求事物之中的条理。此外,科学通过揭示支配事物的规律,以求说明事物。(法国《百科全书》)

科学是人类活动的一个范畴,它的职能是总结关于客观世界的知识,并使之系统化。"科学"这个概念本身不仅包括获得新知识的活动,而且还包括这个活动的结果。(前苏联《大百科全书》)

科学是任何涉及真实世界和它的现象的知识系统,这一知识系统需要无偏见的观察和系统化的实验。(《不列颠百科全书》)

综上所述,我们给科学定义作一个总结:科学首先指对应于自然领域的知识,经扩展后引用至社会、思维等领域,如社会科学。它涵盖两方面含义:(1)致力于揭示自然真象及规律,而对自然作理由充分的观察或研究。这一观察,通常指可通过必要的方法进行的,或能通过科学方法——一套用以评价经验知识的程序而进行的。(2)通过这样的研究而获得的有组织体系的知识。

四、现代科学的内涵及外延

(1)科学是以事实为基础的。这里的"事实"包括实验事实和观察事实。所谓实验事实,即在某种人为设定的条件下进行实验所取得的事实材料;所谓观察事实,即通过观察客观对象的实际变化过程所获得的事实记录材料。一般来说,自然科学由于其所研究的对象比较简单,过程比较确定,可逆性、可重复性强,因而更多地依赖实验事实,而社会科学由于所研究的对象极其庞大复杂,变化过程反复无常,具有不可逆性,因而更多地依赖观察事实。不过,这种区分也不是绝对的,一些自然科学,如天文学,就是主要通过观测记录天体运动变化的资料来进行研究的,而一些社会科学,在某些情况下,也可以进行某些实验。如管理学中有名的"霍桑试验"。

(2)科学具有抽象性和深刻性。科学绝不满足于对所研究的对象进行外在的现象描述,而是要进一步探讨现象背后所隐藏着的本质和规律。如"水往低处流",这只是一种现象的描述,这种描述至多只是为真正的科学研究奠定一个基础,还不能叫科学,只有当牛顿发现了"万有引力定律",并用这一定律来解释"水往低处流"等诸多自然现象的时候,才算真正进入了科学的大门。

(3)研究的基本任务就是揭示事物的本质和规律。所谓本质,就是一事物所具有的将该事物与其他事物区别开来、在该事物所具有的众多属性中居于主导地位并决定和制约该事物的其他属性、同该事物相始终共命运的那一种属性。所谓规律,就是事物运动各个侧面、各个环节、各个部分所具有的那种内在的必然的联系和趋势,或者,更一般更抽象地表达为,规律就是事物运动的概率分布。

(4)本质和规律都是客观存在的,并不是因人而异。例如,"掩耳盗铃"就是一个很典型的例证。一个人将自己的耳朵塞住,自己听不到铃声了,但这不等于铃声不存在了,别人仍然还能听到铃声,这就证明了铃声的存在是客观的。由此推广到一般科学领域也同样,尽管有的人以至所有的人都否认或没有认识到某些事物的本质和规律,但事物的本质和规律依然是存在的。事物的本质和规律的存在是不依赖于人的意识的。这是科学研究的基本前提。

(5)事物的本质和规律是可以认识的。这是科学研究得以存在的又一基本前提。如果事物的本质和规律是不可以认识的,那么任何科学理论都无从形成。

(6)科学是发展的。科学在探索事物的本质和规律的时候,并不是毕其功于一役,一下子完成的,而是有一个过程。起初人们的认识并不总是正确和完善的,以后逐渐趋于正确和完善。试图要求一种科学理论一开始就十分完善,不允许有错误,不允许有缺陷,这种态度本身就不是科学的。

(7)科学理论与现实之间必然存在差异。这是因为,科学研究不是对客观事物进行写真照相,而是通过抽象分析,除去事物所附带的各种非本质的属性和偶尔的变化,揭示事物的本质和规律。任何在理论与现实之间进行简单的照抄照搬,都必然会在现实面前碰壁。同时,要求科学理论完全符合现实,也是违反科学的本性的。

(8)科学的基本精神是独立探索,实事求是。真正的科学家绝不会轻易盲目地相信任何所谓的科学结论或真理,一切都要经过自己独立思考、分析、验证之后,再加以确认或否定。

五、科学的基本特征

科学作为知识体系具有以下特征:

1. 客观性

科学的客观性表现在三个方面：一方面其来源于客观事物，所以它的本质是客观的；另一方面，科学对于主题人是客观的，不以人的意志为转移的；第三方面科学的评价标准也是客观的。

2. 可证伪性

科学的可证伪性即科学可以用严格的客观证据以科学的方法证明自己的理论正确或错误。

3. 抽象性和深刻性

科学揭示事物的本质与规律，从这个定义中看出科学是种理论，是从实践中来的理论，那么它必然是抽象的。科学需要经过不断的检验也间接证明了其深刻性。

4. 可重复验证性

科学的重复验证性即可以在不同的地点、时间、空间，由不同的主体用科学的方法重复自己的理论。

5. 可动态发展性

科学在探索事物的本质和规律的时候，并不是一下子完成的，而是有一个过程。起初人们的认识并不总是正确和完善的，以后逐渐趋于正确和完善。科学作为认识的结果，是时间的函数，是发展着的知识体系。科学在一定条件下和一定范围内具有稳定的内容，但这种稳定是相对而言的、有条件的。科学是相对稳定性和动态发展性的辩证统一。

6. 可预测性

科学的可预测性是科学理论的重要功能，也是决定科学理论是否可取的重要标志。科学理论之所以有预言功能一方面是因为它本身具有逻辑上的推演能力，另一方面也是人类具有科学创造力的反映。科学理论的预言功能主要表现为以下几个方面：第一，对经验事实、经验规律的重复预言。第二，具有广阔的视野，能够预言某个新颖的、至今未曾料到的经验事实，这来源于科学理论的基本结构和逻辑解释模式。

六、现代科学的分类

现代科学发展的特点是不断向纵深发展，开拓新领域，建立新科学。同时向分化和综合发展，学科越分越细，又越来越综合，因而产生了：

分支学科——对原有对象某一特性或方面进行深入精细研究的基础上产生的；

边缘学科——是在各门科学的交叉的地方出现的、把关于低级物质运动形式的理论和方法用来研究高级物质运动形式所包含的某一过程或方面；

横断学科——以各个不同领域中的某一共同特性或方面为其研究对象，如控制论（研究自动机器、生物机体、思维和人类社会中调节和控制的共同规律）、信息论（研究各个领域普遍存在的信息传递、保存和处理规律）、系统论（研究各个领域的各种系统整体性的一般规律）。

综合学科——从统一的复杂对象的研究中产生，把各种不同的学科联合起来，组成一个有机统一的新科学。这种新科学的出现，既是各门科学的综合发展，又促进了这些科学的进一步分化。

科学分类就是依据某些带有客观性的根据和主观性的原则,划分科学的各个分支学科,确定这些学科的研究对象、内容和辖域,明确它们在科学中的位置和地位,揭示它们之间错综复杂的联系,从而达到宏观把握科学的总体结构、微观领悟学科的前后关联之目的。科学分类作为科学王国的地图,无论在理论上还是在实践上,都具有不容忽视和不可小视的意义。在理论上,它对于认识科学的总体画面、洞悉科学的构成框架、明晰科学内在关联、把握科学的研究范围、预测科学发展的趋势、估价技术的原创基点方面是绝对不可或缺的。在实践上,它对于科学部门的设立、科学规划的编制、科学政策的制订、科学资源的配置、科学研究的管理、科学信息的收集、科学教育的实施、科学传播的开展均具有举足轻重的作用。科学分类无论对于从事科学研究的科学家,还是对于想要学习和熟悉科学的非科学家,都是大有裨益的(李醒民.论科学的分类.武汉理工大学学报(社会科学版).2008年第2期)。

从古至今,人类一直在对科学进行各种各样的分类,但迄今为止都未形成定论。1623年,英国的弗兰西斯·培根(1561—1626)在他关于知识论的著作《论学术的进展》中,认为科学的发展表明了人类理性的能力(记忆力、想象力、判断力),科学分类也以此分为:历史(记忆的科学);诗歌、艺术(想象的科学);哲学(理性判断的科学)又分为第一哲学、自然学(关于自然界的科学,分为理论——物理和形而上学,实用——机械和化学,数学——几何、算术、实用数学)、人类科学(研究人的身体的科学——医学,人的精神的科学——逻辑、语言,研究社会的科学)。十八世纪末,法国思想家圣西门(1760—1825),按照各门科学所研究对象的分类为基础,把一切现象分为天文、物理、化学、生理四类,对应的学科为天文学、物理学、化学、生理学,并按照万有引力的观念(形而上学的机械论)作为知识体系的基础的科学分类为:数学;无机体物理学:天文学、物理学、化学;有机体物理学:生理学。

奥古斯特·孔德(1798—1857)的科学分类,在圣西门的体系上增加了社会学:数学(对象最为简单);天文学(几何天文学、力学天文学);物理学(重力学、热力学、声学、光学、电学);化学(无机化学、有机化学);生理学(生物体结构、组分及分类学,植物生理学,动物生理学);社会学(社会现象最为复杂)。

黑格尔(Hegel,1770—1831)在他《哲学科学全书纲要》巨著中阐述的哲学体系就是一个科学分类的系统,在绝对精神的变化发展过程中,各门科学相继产生出来:绝对精神在超时空的逻辑领域进行纯概念的推演,关于辩证思维的科学;逻辑发展阶段结束后,自我外化为自然界,开始是机械性阶段,只有纯粹量的关系,对应力学和数学;然后到物理性阶段,出现了具有质的特征、规定的物体,产生了无机自然界,对应于物理学(热、声、光、电、磁)和化学;最后是有机性阶段,产生了有机生命(以地质条件为前提),对应于地质学、植物学、动物学;人产生之后,绝对精神由主观精神(个人意识)发展到客观精神(社会),最后到达绝对精神自身,完成全部发展过程。主观精神阶段,对应于研究人体精神的人类学、精神现象学、心理学;客观精神阶段,包含家庭、公民社会、国家的学说;而在绝对精神阶段,则是关于社会意识的研究,包括艺术、宗教、哲学。

现代科学总分类:依据物质世界的运动,按照其矛盾的特殊性,可分为自然(研究自然界运动规律的自然科学)、社会(研究社会运动规律的社会科学)、思维(研究思维运动规律的思维科学)三个基本领域,和研究三大领域共同具有的量的关系的数学,以及研究三大领域最一般规律的哲学。五大基本部类科学，每一个都是由其小的部类、独立的基本学科组成的次级分类体系。目前通行的实用中的分类法主要有国际通用的多文种综合性文献分类法——《国际十进分类法》(Universal Decimal Classification 简称为 UDC,见下表 1-1)、《中华人民共和国学科分类与代码国家标准(GB/T 13745-92)》《授予博士、硕士学位和培养研究生的学科、专业目录》《普通高等学校本科专业目录》。UDC 法将大学科分为十类,其中的自然科学又被分为九类,医学被分为应用科学类。

表 1-1 《国际十进分类法》(UDC) 简表

类号	类名	类号	类名
000	总论	550	地质学、气象学
100	哲学、心理学	560	古生物学
200	宗教、神学	570	生物学、人类学
300	社会科学	580	植物学
400	语言、文字学	590	动物学
500	自然科学	600	应用科学
510	数学	610	医学
520	天文学、地质学	700	艺术、文体
530	物理学、力学	800	文学
540	化学、晶体学、矿物学	900	历史、地理

《中华人民共和国学科分类与代码国家标准(GB/T 13745-92)》设立了五个门类(A 自然科学、B 农业科学、C 医药科学、D 工程与技术科学、E 人文与社会科学)、58 个一级学科、573 个二级学科、近 6000 个三级学科。其中自然科学门类有 8 个一级学科,分别是:数学(代码 110,后同)、信息科学与系统科学(120)、力学(130)、物理学(140)、化学(150)、天文学(160)、地球科学(170)、生物学(180)。农业科学门类有 4 个一级学科:农学、林学、畜牧兽医学、水产学(210—240)。医药科学门类有 5 个一级学科:基础医学、临床医学、军事医学与特种医学、药学、中医学与中药学(310—360)。工程与技术科学门类有 9 个一级学科。人文与社会科学门类共 19 个一级学科:马克思主义、哲学、宗教学、语言学、文学、艺术学、历史学、考古学、经济学(710—790),政治学、法学、军事学、社会学、民族学、新闻学与传播学、图书馆情报与文献学、教育学、体育科学、统计学(810—910)。

《授予博士、硕士学位和培养研究生的学科、专业目录》由国务院学位委员会和国家教育委员会(现在的教育部)在 1990 年 10 月联合发布,并于 1997 年发布修改版,包括 12 个大学科门类,89 个一级学科,386 个二级学科。

《普通高等学校本科专业目录》由国家教育委员会于 1993 年首次颁布,1998 年颁布修改版,包括 11 大学科门类,72 个二级学科。《普通高等学校本科专业目录(2012 年)》分设哲学、经济学、法学、教育学、文学、历史学、理学、工学、农学、医学、管理学、艺术学 12 个学科门类。新增了艺术学学科门类。

第二节 科学与技术

一、科学与技术的概念

人们常把"科学技术"当成一个词,其实科学与技术是两个不同的概念。科学与技术是辩证统一的整体,既有联系又有区别。科学是人类在认识世界和改造世界过程中形成的正确反映客观世界的现象、内部结构和运动规律的系统理论知识。科学还提供认识世界和改造世界的态度和方法,提供科学的世界观和处世的科学精神。科学是人类的一种社会活动。目的是认识自然、社会及思维的规律,成果是科学知识。当代科学的发展使科学不仅仅是一种知识体系,同时也是一项基本的社会事业和一种社会发展过程。当代科学事业的规模,早已不是近代科学初期的个体单干时代,已经发展成为国家规模的事业,而且常常是国际性合作的事业。因此,科学的含义应包括:(1)知识和知识体系;(2)探索活动;(3)社会建制;(4)生产力。

技术一词始于古希腊语"τεχνη",有技能、技艺和技巧之意。古希腊思想家亚里士多德(Aristotle,公元前384—322)称技术是制造的智慧。拉丁语系中的"techne"是指制和做的技艺。1615年英国的巴克爵士创造了"technology"一词,它源于拉丁语的"Techne"(技艺、手艺)及"logos"(文字、词语)的组合,原意是指个人的手艺、技巧,家庭世代相传的制作方法和配方,后随着科学的不断发展,技术的涵盖力大大增强。在罗马时代,工程技术发达,人们对技术不只看到"制作"这实的方面,也看到了"知识形态"虚的方面。

17世纪,英国培根(1561—1626)曾提出要把技术作为操作性学问来研究。德国哲学家康德(1724—1804)也曾在《判断力批判》一书中讨论过技术。而后人们又提出了"技术论"。18世纪末,法国科学家狄德罗(1713—1784)在他主编的《百科全书》中给"技术"下了定义。他指出:"技术是为某一目的共同协作组成的各种工具和规则体系"。这个定义包含了以下几个重要观点:(1)技术是一种有实际目标的活动;(2)技术的实现要通过社会协调来完成;(3)技术的物质体现是手段、工具;(4)技术的非物质形式是方法、规则等知识;(5)技术本身是由许多要素组成的完整系统。这是较早给技术下的定义,至今仍有指导意义。直到现代,许多辞书上的技术定义,基本上没有超出狄德罗的技术概念范畴。

二、科学与技术的区别与联系

科学和技术是两个不同的概念,它们的区别见表1-2。那么它们之间又存在什么样的联系?《美国百科全书国际版》将科学定义为"系统化的实证知识,或者说是在不同时代和不同地点被视为实证的知识";根据狄德罗的说法:"技术是为某一目的共同协作组成的各种工具和规则的总和";《美国百科全书国际版》将技术定义为"制造或者做事的方式";《大英百科全书》也认为技术就是"人们用以改变或者操纵其环境的手段或者活动"。直到19世纪中期以前,"科学与技术创新的结合在这一时期仍然是非常松散的,因为,在许多工业活动中,技术创新并不要求以科学知识为基础"。但是,在第二次世界大战以后,科学与技术的这种相互隔绝的状态完全打破了。科学的技术化,技术的科学化,科学与技术的一体化,这已经成为我们这个时代科学技术的一个重要特点。现代技术是指人类在利用、改造、保护自然的过程中提高通过创新所积累的经验、知识、技巧以及为某一目的共同协作组成的工具和规则体系,这一体系是不断发展的。

技术是在科学的指导下,总结实践的经验,应用到在生产过程和其他实践过程中,包括从设计、装备、方法、规范到管理等相关的系统知识。技术直接指导生产,是现实的生产力。科学产生技术,技术推动科学,这两者互相促进。

科学的根本职能是认识世界,揭示客观事物的本质和运动规律,着重回答"是什么""为什么"的问题;技术的根本职能是改造世界,实现对客观世界的控制、利用和保护,着重回答"做什么""怎么做"的问题。科学属于由实践到理论的转化领域,它本身是意识形态的东西,属于社会的精神财富;技术属于由理论向实践转化的领域,它本身是物化了的科学知识,属于社会的物质财富。科学的成果表现为新现象、新规律、新法则的发现;技术的成果表现为新工具、新设备、新方法、新工艺的发明。

表1-2 科学和技术的区别

区别要点	构成要素	根本职能	任务	研究过程	劳动特点	成果表现形式
科学	概念、范畴、定律、原理、假说等。	主要解决"是什么"和"为什么"的问题	揭示自然界的新现象、新规律。	有较大的不确定性,难以预见未来有何发现。	自由度大些,个体性较强。	学术论文、学术专著等。
技术	经验、理论、技能(主体要素)、工具、机械装置(客体要素)。	主要解决"做什么"和"怎么做"的问题。	利用自然,控制自然,创造人工自然物。	目标明确:新产品、新工艺;技术开发工作计划性较强。	技术开发集体性较强。	工艺流程、设计方案、技术装置、技术发明专利等。

科学与技术相辅相成,在认识世界和改造世界的过程中是相互统一的。科学中有技术,如物理学、化学、生物学中有实验技术;技术中也有科学,如杠杆、滑轮中有力学。科学产生技术,如发现了相对论和核裂变,产生了原子弹和核电站。技术也产生科学,如射电望远镜的发明与使用,产生了射电天文学;扫描隧道显微镜、原子力显微镜等的发明与使用,产生了单分子科学。科学的成就推动技术的进步;技术的需要促进科学的发展。在科学转化为生产力的过程中,技术是中间环节,技术是科学原理的物化和应用。对于科学来说,技术是科学的延伸;对于技术来说,科学是技术的升华。

三、现代科学技术发展的基本特点

科学技术的概念包含:其一,科学技术是人类有关自然界和人类社会运行规律的知识体系,包括社会科学知识、自然科学知识以及技术知识等;其二,科学技术是人们为了扩大其知识储备及应用而进行的各种理论探索活动,包括研究开发、技术创新、工艺设计等等。而在这两个方面,现代科学技术发展都呈现出与近代科学技术发展迥然不同的特点,即综合化、体制化、一体化和全球化。

(1)综合化(Totalization)。作为17世纪以来通过一次次科学革命和技术革命而形成的庞大复杂的知识体系,现代科学技术的发展始终存在着不断分化和不断综合的两种趋势。19世纪末20世纪初以来,科学发展的突出特征就是学科分化的步伐大大加快,专业化程度越来越高,科学知识的层次性也越来越明显。另一方面,现代科学技术的深入发展在促使学科分化不断加速的同时,也使各学科之间的界限也越来越不分明,一个学科的发展必然会带动相关学科的全面发展,而且解决任何问题都不是哪一个学科所能够独立完成的。正是由于现代科学技术发展的高度分化与相互交叉趋势同时并存,各种学科之间出现了许多新的交叉学科、边缘学科,从而使科学技术呈现为连续的整体结构。

(2)体制化(System)。所谓科学技术活动的体制化就是科学、国家和产业的一体化,即科学技术的发展摆脱了过去那种由好奇心驱动的松散分散的个人行为状态,而转化成为一种有组织的社会行为,从而将科学技术探索的目标与产业发展目标和国家发展目标有机地结合了起来,将科学技术的发展纳入产业发展和国家发展的大框架之中,并在此基础上形成一种互为因果、相互促进的良性互动关系。

(3)一体化(Integration)。科学技术一体化是指科学和技术之间越来越明显的一体化趋势。科学的技术化,技术的科学化,科学与技术的一体化,这已经成为我们这个时代科学技术的一个重要特点。所谓科学的技术化,是指科学的发展越来越依赖于技术手段的重大突破,科学突破是建立在技术手段先行发展的基础之上的。科学理论的深入发展不仅依赖于技术手段的进一步发展,而且在很大程度上还受制于技术手段的发展水平。所谓技术的科学化,是指新技术发展中的科学成分越来越多,而经验性技艺的因素却越来越少,科学成果渗透到技术发展的各个领域并成为技术发展的理论基础。比如说,原子能技术是原子能物理学、量子物理学发展的结果;半导体技术是固体物理学发展的结果;超导技术、基因重组技术以及人工智能技术等无一不是相应的基础科学发展的结果。在许多情况下,技术是适应科学发展的需要并在科学理论的指导下发展起来的。所谓科学和技术的一体化,是指目前所进行的许多研究开发活动已经很难区别出哪一部分是属于纯粹的科学研究,哪一部分是属于技术研究的,现代科学与技术两者之间的界限变得越来越模糊不清,两者在很大程度上已经融为一体了。因此,现代科学技术发展的一个重要特点是:既不是传统的生产 — 技术 — 科学模式,也不是科学 — 技术 — 生产模式,而是科学、技术与生产三者正负双向联系的完整体系。科学中有技术,技术中有科学,而科学与技术又在生活过程中得到了完美的结合,从而真正体现了科学技术作为第一生产力的巨大威力。

(4)全球化(Globalization)。科学技术的全球化是由其本质特点所决定的,因为科学技术作为知识体系具有典型的公共产品的特征。实际上,在这个日趋全球化的时代,没有任何一项科学技术能够长期保持在某一个国家手中,也没有一个国家可以不依靠与其他国家的科学技术交流而长期保持其科技先进水平。即使是像美国这样明显居于领先地位的科技大国,本国的科学技术供应也只能占到其全部科学技术需求量的1/4,其余3/4则要通过与其他国家科学技术交流来获取。另一方面,随着经济全球化的迅速发展,人们面临的许多问题也越来越显示出明显的全球特征,比如人类遗传基因问题、全球气候变暖问题以及可持续发展问题等。在这种情况下,世界各国科学家与工程师所要研究探索的问题也渐趋一致,因而需要在全球层次上展开对话,进行讨论,由此而来的一个必然结果是:不同国家的科技工作者越来越多地进行科学研究方面的合作,他们共同完成的研究成果、发明、论文越来越多;科技活动的学术规范和行为标准也渐趋一致,包括标准的学术语言、适应的引注规范、知识产权保护法规及公约等。

除以上几个主要的基本特点外,还有现代科学技术的发展不断突破人类认识极限;科学理论超前发展;科技不断地交叉融合发展;科技全球化的步伐大大加快。18世纪以个人自由研究为主建立学术交流的集体组织;19世纪自由研究进入定向研究,出现分工协作的集体科研结构;20世纪进入"大科技"阶段,出现国家级统一规划的科研活动;20世纪推动科技全球化科技资源在全球范围整合的步伐。

四、当代高技术

高技术是从英文(High Technology)翻译过来的。一般说,高技术的含义不同于高级技术或先进技术(Advanced Technology, Sophisticated Technology),它具有特定含义和特点。总的来说,目前多数人赞成以下两种意见:一是认为高技术是对知识密集、技术密集类产业及其产品的通称,是一个综合的概念。二是认为高技术是指那些对一个国家军事、经济有重大影响,具有较大的社会意义,能形成产业的新技术或尖端技术。高技术是一个动态的概念,随着时间的推移,高技术的主要内容和涉及范围都会有所改变,新的高技术将陆续出现,一些发展成熟的技术也会变为一般技术。军用高技术是高技术的重要组成部分,是诸多高技术中为了满足国防现代化需要、能够产生新武器系统、作战指挥系统与作战方法而发展起来的那部分新技术群。高技术武器装备是以一种或多种军用高技术为基础研制而成的武器装备,是军用高技术的物化成果,包括开发型武器系统,研制新一代武器装备和对现有武器装备的技术改造等。

五、高技术的特征

由于高技术具有知识高度密集,学科高度综合的特性,并能直接而迅速地向经济、政治、文化、军事等各领域广泛渗透,所以,它对改变人们的观点,人类生活和社会结构将产生难以估量的、变革性的影响。高技术的基本特征是创新性、智力性、战略性、风险性、增值性、渗透性、带动性、时效性。(1)创新性,即高技术在广泛利用现代科学技术成果的基础上,通过高昂的投入,支持知识的开拓和积累,不断进行技术创新;(2)战略性,即指高技术状况是反映国家经济实力和国防实力的,直接关系到国家经济和军事地位;(3)智力性,指高新技术的发展,人才和智力是第一位的,其次才是资金;(4)风险性,即高技术几乎都处在科学技术的前沿,它的发展具有明显的超前研究的特点;(5)增值性,即它的应用可以大大提高经济效益和武器系统的效能,起着"力量倍增器"的作用;(6)渗透性,即高技术本身往往都是一些综合性、交叉性很强的技术领域,表现于多学科之中;(7)带动性,即高技术集约了各技术领域的精华。它广泛地应用到传统产业中去,就能带动各行业的技术进步;(8)时效性是指高新技术的市场竞争异常激烈,时间效益特别突出,只有及时投入最新成果,才能取得最大效益。

六、高技术的内容

高技术主要包含以下领域:生物技术、计算机和现代信息技术、激光技术、新材料技术、新能源技术、海洋开发技术、空间技术和环境保护技术。

(1)生物技术(Biotechnology)。也叫生物工程,主要包括基因工程、细胞工程、微生物发酵工程和酶工程,现代生物技术发展到高通量组学(Omics)芯片技术、基因与基因组人工设计与合成生物学等系统生物技术。有人预测它是本世纪高技术的核心。它以基因工程和蛋白质工程为标志,通过人为控制的方法,改变生物的遗传性状,定向地创造出生物新品种或新物种。生物技术的发展,预示着一个可以按照人类需要设计地球上生命的新时代的到来。

(2)计算机和现代信息技术。电子计算机的发展和应用是现代科学技术大变革的重要标志之一。现代信息技术是借助以微电子学为基础的计算机技术和电信技术的结合而形成的手段,对声音、图像、文字、数字和各种传感信号的信息进行获取、加工、处理、储存、传播和使用的能动技术。它的核心是信息学。

(3)激光技术(Laser Technique)。激光是20世纪60年代的新光源。激光技术是上个世纪最为活跃的科学技术领域之一,它是以科学为前导的新型技术。由于激光具有高亮度、高方向性、高单色性及高简并度等四大特点,它已经在通信、测量、机械加工、医学、军事以及科学研究等方面得到广泛的应用。如应用于军事上主要发展了以下五项激光技术:激光测距技术、激光制导技术、激光通信技术、强激光技术及激光模拟训练技术等。

(4)新材料技术。新材料技术是现代技术革命的基础,现代新兴技术的兴起是以新材料作为支柱的,有的甚至是以新材料的出现为先导的。新材料是指那些新近发展或正在发展之中的具有比传统材料的性能更为优异的一类材料。新材料技术是按照人的意志,通过物理研究、材料设计、材料加工、试验评价等一系列研究过程,创造出能满足各种需要的新型材料的技术。分子设计材料和超导材料是其标志技术。预计智能材料、强场材料、仿生材料、有机功能材料、高强轻型复合材料和纳米材料将大量被应用。室温超导材料一旦有所突破,将会改变电力、交通、传感、仪器、电脑等的面貌。

(5)新能源技术。新能源技术是现代高技术的支柱,包括核能技术、太阳能技术、风能、氢能、燃煤、磁流体发电技术、地热能技术、海洋能技术等。其中核能技术与太阳能技术是其标志技术,通过对核能、太阳能的开发利用,打破了以石油、煤炭为主体的传统能源观念,开创了能源的新时代。它将为人类提供无限丰富、取之不竭的能源。太阳能将成为未来全球能源的主流,它将创造一个全新的产业。

(6)空间技术。空间技术是现代技术革命的外向延伸。航天飞机和永久太空站是其标志技术。空间技术是一个国家科学技术发展水平的重要标志,开发和应用空间科技已成为世界各国现代化建设的重要手段。

(7)海洋开发技术。海洋开发技术是现代高技术革命的内向拓展,海洋开发技术是以综合高效开发海洋资源为目的的高技术。海洋挖掘和海水淡化是其标志技术,它是指人类对于海洋及其自然资源、环境条件等所进行的科学研究和开发利用活动。

(8)环境保护技术。环境保护技术是减少环境污染,保持生态平衡的各项技术的总称,它包括的范围十分广泛,主要是探讨如何利用现代化的科学技术和方法对全球的环境问题进行监测,以保护全球的生态环境状况,促进人与自然的可持续性和谐发展。人类正面临有史以来最严峻的环境危机。这种危机对未来人类的生存和发展产生深远的影响。人与自然之间的矛盾不断地增大,冲突不断地加剧。当今世界环境严重恶化:"温室效应"加剧,臭氧层遭到破坏,酸雨污染,森林锐减,生物遭到空前大"屠杀",土壤退化,淡水资源危机……这些环境问题已经扩展成区域性甚至全球性问题。人类要持续发展,就必须保护生态环境。

从总体上讲,当代高技术包括相互支撑、相互联系的七大高技术群,即信息技术群、新材料技术群、新能源技术群、生物技术群、海洋技术群、空间技术群和环境保护技术群。主要包括九大技术产业:生物工程、生物医药、光电子信息、智能机械、软件、超导体、太阳能、空间、海洋产业等。每个高技术群又包括许许多多的高技术,而且相互交叉、渗透,还不断涌现着新的高技术学科。军用高技术主要来自信息、电磁、新材料、航天、航海、侦察、预警、制导、控制、隐形、夜视、核化、定向能技术等,而未来生物技术的发展,也将在军用高技术发展中占有重要的一席之地。

第三节 科学研究

一、科学研究的概念

"研究"的英文一词是"research",前缀"re"是"再度、反复"之意,"search"表示"探索、寻求"之意,连起来就是"反复探索"的意思。美国著名方法论研究者唐·埃思里奇(D. Ethridge)对"研究"的定义具有一定的权威性,他认为"研究是获取新的可靠知识的系统方法"。

科学研究(Scientific Research)是指利用科研手段和设备,为了认识客观事物的内在本质和运动规律而进行的调查研究、实验、试制等一系列的活动。为创造发明新产品和新技术提供理论依据。广义地说,科学研究是指人们运用各种科学方法,遵循特定的程序所进行的创造(新)知识、整理修改知识,以及开拓知识新用途的探索性工作。创造(新)知识是指对未知事物进行探索,以求发现新知识、新规律、新原理,发明新方法、新手段等等。整理和修改知识是对已经产生的知识进行分析整理、综合归纳、鉴别运用,是使知识规范化、系统化。在整理、修改知识的过程中,往往也会创造知识。科学研究必须以取得新的结果作为衡量成功与否的标准。这是一种创造性劳动。科学研究必须在前人的基础上有所创新。科学研究全过程中贯穿创造性。科学研究的基本任务就是探索、认识未知。

综上所述,科学研究工作的实质内容包括两个部分:一是创造知识,是发展、创新,是发现、发明,是解决未知的问题;二是整理知识,是继承、借鉴,是对已产生的知识进行分析、鉴别和整理,是使知识系统化。

二、科学研究的类型

科学研究有多种分类方法。通常,按过程不同,科学研究分为基础研究、应用研究和开发研究。

1. 基础研究

基础研究是指以探索知识为目标的研究。它是对新理论、新原理的探讨,目的在于发现新的科学领域,为新的技术发明和创造提供理论前提。基础研究工作基本上在学科前沿,并在实验室中进行。它不着眼于当前的应用,没有特定的商业目的。我国把基础研究分为纯基础研究和应用基础研究两种,合称为"基础性研究"。其中,应用基础研究有一定的应用背景。按照1989年国家科委的定义,我国基础性研究的具体内容包括以下三个方面:(1)以认识自然现象,揭示客观规律为主要目的的纯基础研究;(2)围绕重大或广泛应用目标,探索新原理,开拓新领域的定向性研究;(3)对基本科学数据系统进行考察、采集、鉴定,并进行综合、分析、探索基本规律的工作。

2. 应用研究

应用研究是把基础研究发现的新的理论应用于特定的目标的研究,它是基础研究的继续,目的在于为基础研究的成果开辟具体的应用途径,如创造新产品、新方法、新技术、新材料等,使之转化为实用技术。应用研究有目的、有计划、有时间限制,其成果有实用价值,有一定保密性。

3. 开发研究

开发研究又称发展研究,是把基础研究、应用研究应用于生产实践的研究,是科学转化为生产力的中心环节。开发研究有具体明确的目标,计划性强,而且有严格的时间限制,完成后立即评价。其费用投入一般较大,有很强的保密性。

应用研究和开发研究的成果不断推动生产进步,使生产过程合理、效率提高、产品更新、成本降低。它的发展受到社会需求的强烈推动。

基础研究、应用研究、开发研究是整个科学研究系统三个互相联系的环节,它们在一个国家、一个专业领域的科学研究体系中协调一致地发展。科学研究应具备一定的条件,如需有一支合理的科技队伍、必要的科研经费、完善的科研技术装备以及科技试验场所等。

三、科学研究的要素

科学研究的基本要素主要有:研究者、研究对象、研究方法、研究机构、物质辅助手段、科学研究的已有成果、社会背景等七个要素。

四、科学研究的基本特征

1. 客观性

所谓客观性,是指研究所使用的一切方法和程序,均不受个人主观判断或无关因素的影响。

主要表现在：(1)科学研究的对象来源于客观世界,来源于人类生产、生活的现实,是客观现实的需要。(2)科学研究的过程要求严格的客观性。科学研究是研究事实和事实的意义,用事实说明问题,从中找出规律性的东西,并且要用事实来检验我们的观点是否客观真理,是否真正找出了规律性的东西。(3)科学研究的结论是可以检验的,能反映一定客观规律的结论,而非主观臆断。

2. 系统性

科学研究通常采用系统的方法。系统的方法通常是以一个明确的问题开始,直到结论的获得为止。

主要表现在：(1)任何科学研究都是建立在前人研究基础之上。进行科研,首先就要掌握前人的科研成果,正如牛顿曾说过要"站在巨人的肩膀上"。(2)科学研究必须注重事物之间的联系。(3)科学研究本身就是一种系统的研究活动。

3. 创造性

创造性是科学研究最本质的特征,其表现如下：(1)科学研究本身就是一种创造性的活动。科研的任务是探索自然界、人类社会和思维的未知领域,发现新规律,创造新成果,从而扩大我们对某一课题的认识。(2)科学研究需创造出新的、更加科学的方法。因为科研是用科学的方法去发现新的规律、发明新的具有社会价值的成果。进行科研,方法上的革新、突破很重要,"科学就是发现的方法",新的方法的发现与创造往往能开拓研究的新领域,深化研究进程,从而获得新的研究成果。(3)科学研究又是极艰巨的创造性劳动,需要付出艰苦的努力,要有勇气和毅力克服困难,努力攻坚,才能在方法上有所突破创新,才能获得新的发现,把我们对未知领域的认识不断向前推进。

4. 继承性和积累性

科学研究工作必须建立在科学的方法和知识的基础上,而这些方法和知识是人们通过大量的科学研究所积累发展形成的,我们利用了这些方法和知识,就体现了科学研究的继承性,同时我们在科学研究中的创新,也为科学的发展积累了知识。科学研究首先是收集和积累相关信息,然后对他人的研究工作、思路、方法进行分析、评价,最后提出自己的研究目标、任务和方案。

5. 探索性

这是科研工作区别于一般劳动性工作之所在。探索的目的在于获得新的认识、发现新的事实、阐明新的规律、建立新的理论、发明新的技术、研制新材料、新产品,探索是手段,创新是目的。

五、科学研究的方法与过程

"方法"(Method)一词源于希腊文"沿着"和"道路"这一术语,意为按照某种途径之意。科学研究方法(Scientific Research Method)是指科学研究者在从事某项科学研究活动时所采用的方法。

科学研究的方法较多,常见的有文献法、比较法、实验法、观察法、访问法、调查法、逻辑与非逻辑思维法、抽样法、个案法、历史法、定性法、定量法等。现代科学研究方法,包含数学法在各个学科中的应用；控制论、信息论、系统论等新理论的广泛使用。

科学研究没有一成不变的方法和途径,创造性始终贯穿科学研究的整个过程。在科学史有无数创造性的例子：

如伦琴发现 X 射线；琴纳通过接种牛痘防治天花,从而奠定了免疫学。他们埋头于实验,通过细心观察,最终发现了新的现象。

居里夫人按预定的概念与计划去实验,从大量的沥青铀矿中提炼出放射性元素钋和镭,最终取得了预期的结果。

达尔文通过广泛的观察、体会,"悟"出新概念,从而提出新理论——生物进化论。

有的人由纯粹的数理演绎提出新概念,预见新现象的存在,如麦克斯韦的电磁场理论；还有人修正旧的理论,提出新的假说,这些假说在当时似乎都违反常识,如爱因斯坦创立相对论。

有的人将不同学科联系、组织起来,建立起新领域而取得了成功,如维纳建立控制论。所有这一切都说明,获得创造性成果的途径是多种多样的。

科学研究的基本过程表示如下：

发现和提出问题 → 收集资料（文献检索）→ 提出假说 → 验证假说 → 形成理论

通常,科学研究的基本过程包括：发现和提出问题、收集资料、提出假说、检验假说、形成理论这五个基本步骤。以上每一个步骤都有不同的特征,完成这些步骤都需要科学方法和科学思维,这些科学方法和科学思维的综合就构成了科学精神的全部内涵。

1. 发现和提出问题

所有的科学研究在很大程度上都是在发现问题、提出问题、分析问题和解决问题。所有的学问,所有的创新也都孕育其中。当代著名科学方法论学者波普尔（K. R. PoPPer）指出过："正是问题激发我们去学习,去发展知识,去实践,去观察。"

科学研究是从科学问题的提出开始的,科学认识是探索自然界奥秘的活动,它从提出问题开始,问题在科学认识形成和发展过程中起着支配作用。确定了问题就确定了求解的目标,预设了求解范围和方法。问题是科学认识形成过程的核心。辩证唯物主义认为,人们在实践的基础上,不断的提出问题和解决问题,也就使科学认识不断的发展。在科学研究中,如果没有问题,科学也就停滞不前了。科学认识从问题开始与"认识来源与实践"并不矛盾,它们实质上是统一的。因为问题也是在时间的基础上提出来的,只是前者突出了问题是认识发展的重要环节,更深刻地表明了科学认识自始至终就是认识主体的能动的、创造性思维活动。

在科学面前,提出问题往往比解决问题更重要,正确地提出问题就解决了问题的一半。提出问题的途径有：(1)通过寻求事实之间的相互联系提出问题；(2)从理论与事实之间的矛盾中发现问题；(3)从某一个理论内部的矛盾（非自洽性）中发现问题；(4)从不同理论之间的分歧中发现问题；(5)从社会需求与已有生产技术手段的差距上发现问题。

2. 收集资料（文献检索）

科学问题的经验证据有两个来源：一是科学家自己进行的科学观测和科学实验。

科学观测是借助感官和仪器而进行的一种有目的、有计划、有选择性的感知活动;科学实验就是运用实验工具,通过人为控制、干预或模拟自然现象而进行的一种科学研究活动。这些科学观察和科学实验必须是可以重复进行的,得到的经验证据是能够被验证的;二是来自于权威证据。只有那些在科学家认可的书刊(即专业刊物、专业书籍)文献上得到正式发表的科学原理、模型、公式、图形、数据等权威证据才有可能被认为是经验证据。科学的发展是累积性的,通过对文献的了解可以把研究者推到研究的顶层,避免走弯路。选题要有文献的依据,设计研究内容和方法更需文献的启示。

我们获得这些经验证据能否成为这个科学问题的有效和可靠的经验证据,需要用理性思维和怀疑态度进行判断。理性思维是严格遵守逻辑规则、采用归纳与演绎、分析与综合等方法进行的推理活动。我们必须对掌握的和从别处收集来的经验数据是否完备可靠、观测与实验获得的数据有多大的误差做到心中完全有数。

3. 提出假说

经过以上一系列的科学思维处理后的经验证据,对提出的科学问题做出可检验和待检验的猜想性和尝试性的解答,这就形成了科学假说。形成假说的科学方法有很多,其中常用的方法有:(1)科学归纳法:从大量的经验证据寻找普遍特征;(2)类比方法:以一个事物的经验证据为基础向另一个事物的经验证据过渡;(3)统计方法:处理具有多种可能性的随机现象的经验数据;(4)数学方法:用抽象的符号和数学语言把经验证据统一起来。

科学假说的基本特征是:①假说的自洽性:假说的各个组成部分是符合逻辑的,不存在矛盾命题;②假说的兼容性:它与得到确证的科学原理是相互兼容的;③假说的解释性:它能够解释符合原来科学理论的经验证据和自己获得新的经验证据;④假说的预见性:通过科学思维能够推论出的经验证据超过它直接说明的经验证据的范围,因此包含着尚未检验的经验证据;⑤假说的可检验性:它是可以被经验证据证实或者被经验证据证伪的;⑥假说的简单性:简单性原则是一个美学原则,它要求尽可能少地包含彼此独立的假说或者公理;⑦假说的试探性:它只是尝试性的解答问题,是可修正的、改变的、并非唯一的。

对科学方法的选择是科学家的个人行为,不同的科学家有不同的思维方式和思维风格,但是不同形式的假说本质上应该是等价的,可以相互转换的,如物理学中量子理论中的薛定谔的波动力学与海森堡的矩阵力学。

一个假说的真伪必须接受后续的验证。科学家通过发表论文或者撰写著作的形式公开自己的假说,去接受科学共同体的验证。

非科学思维者也可以得出某一假说,但他们往往到此为止,不经过或者不愿意经过后续的检验假说和修正假说的过程,直接把假说当成理论或者真理进行传播。比如,在哥白尼(1473—1543)提出"日心说"之前,由古希腊学者欧多克斯提出,经亚里士多德完善,又为托勒密进一步发展的长期居于宗教统治地位的"地心说"整整禁锢了人们对宇宙观体系正确的认识长达1000多年之久。

4. 检验假说

检验科学假说的过程实际上是重新收集和认识经验证据的过程:一是科学家通过不断地观测与实验增加了新的经验证据;二是假说预测的经验证据需要接受检验;

三是原来的经验证据可能与新的假说预测的经验证据产生矛盾而重新检验。

只有在经过科学共同体多次检验的科学假说才能成为可靠知识的一部分——科学事实。科学事实是高度证实的科学假说,是可以重复检验的,形成了人类知识中的真理部分。例如,"大陆漂移学说"就是一个著名的假说。人们发现,非洲西部的海岸线和南美东部的海岸线彼此形状相吻合。对此,当时的地质学理论,如地球收缩说,就不能解释其原因。1910年,德国地球物理学家魏根纳依据已知的力学原理、海岸形状、地质和古气候方面的有限数量的科学材料,提出了大陆不是固定的,而是可以漂移的假定。后经过科学家们反复检验证实。再举一个爱因斯坦建立和验证广义相对论的例子:

1913—1915年爱因斯坦在导出协变形式的引力场方程经历短暂的欢乐后,等待着实验验证的曲折历程。由广义相对论,爱因斯坦预言,光线必被引力场所折弯。他在1914年算出,从远处的恒星发出的光线,如果过太阳表面,光线偏转的角度是0.87秒弧度,而在1915年11月他进一步修正为1.75秒弧度。爱因斯坦认为证实这个理论的最后证据只能来自"在日食过程中拍摄的靠近太阳的星星的照片,并希望在1914年的日食年做出最后的抉择。"爱因斯坦在给德国天文学家弗罗因特里希的信中说:"为了进一步证实这个理论的正确性,我们需要得到一个可靠的证据,否则,我们的理论就会夭折。"表达了他对验证理论的焦急心情。弗罗因特里希1914年7月率队远程跋涉到克里米亚做日食实验,当时德俄战争正在进行中,这期间弗罗因特里希被俄国人当做间谍抓起来。实验没有做成,爱因斯坦非常沮丧。直到1919年5月,英国的爱丁顿爵士领导的两个观测队分别在巴西和西非拍摄的日全食照片,其观测结果分别为1.61(±0.30)和1.98(±0.12)秒弧度。实验与爱因斯坦的预言吻合,爱因斯坦这才松了一口气。可见,爱因斯坦为证实这一理论,经历长达近五年时间的验证。与牛顿一样,爱因斯坦成为人类历史上最伟大的科学家。(http://wenku.baidu.com/view/80d1a02dcfc789eb172dc8dd.html)

5. 形成理论

科学理论是多个科学事实的整合建构。科学理论具有三个基本特征:

(1)客观真理性。科学理论正确地反映了客观事物的本质及其规律,因而具有客观真理性。科学理论的客观真理性要求科学理论必须具备三个基本条件:一是建立这一理论所凭借的事实材料必须是经过实践复核且证明是真实的。二是根据这些事实材料所提出的假定性规定已经得到实践确认,并经得起实践的进一步检验。三是根据这种理论所作出的科学预见已在实践中得到证明。客观真理性是科学理论首要的和基本的特征,也是理论与假说根本区别之所在。

(2)逻辑性。科学理论是以严密的逻辑形式表达和陈述的。概念明确、判断恰当、推理正确、论证严密,即合乎逻辑,是科学理论共具的特征和要求。严密理论的范畴和规律是一个个依次推导出来的,有着前后一贯的内在联系和秩序。科学理论一般具有演绎的逻辑结构和逻辑上的无矛盾性和尽可能的完备性等特点。尽管无矛盾性和完备性本身存在矛盾,但这种特点不能不为科学理论的严密性所要求。

同时,基于科学理论的逻辑性,使得理论中包含的各种概念和原理不再是孤立的简单堆砌,各种论点和论据也不再是互不相关的机械组合,而是根据自然界的有机联系,由它的知识单元按系统性原则组成的有内在联系的知识体系,从而使科学理论具有系统性特点。

（3）普遍性。科学理论是对物质世界特定领域的特定现象的共同本质的揭示,因而普遍适用于该领域的一切现象,不仅能对该领域的复杂多样的现象作出科学解释,也能预言出该领域的新现象。这是因为,科学理论的普遍性不是通过形式上"去异存同"的抽象达到的,而是通过对事物本质的深刻揭示而实现的。例如,经典电磁场理论通过揭示电磁波的规律性而普遍适用于电、磁、光等现象;量子理论通过揭示波粒二象性而普遍适用于各种微观客体。

科学理论的基本功能是解释功能和预见功能。解释功能是指人们能够利用科学理论推断出的结论来验证已经存在的经验证据。科学理论的预见功能是指人们能够从科学理论逻辑地推断出未知的经验证据,这些证据已经存在但不为人知、或者暂时不存在但必将发生。例如:相对论、量子力学、进化论、基因工程学、宇宙大爆炸等科学理论等就是目前人类拥有的最可靠的、最严格的知识体系,能够对宇宙、自然、生命的起源、发展、构成和未来给出最有力的解释或者预见。严格意义上的科学理论都是科学假说,科学理论也只是相对真理。由于科学是不断发展和进步的,更新的经验证据有的还没有纳入到现存的理论之中,有的与现存的理论相矛盾,因此产生了新的科学问题,科学研究活动进入到下一个循环过程。

六、科研工作者应具备的基本素质

科学研究是一项极其艰巨而复杂的创造性脑力劳动。科学研究工作最终是要由人来参与的,因此,在科学研究过程中人的因素是第一位。科研工作者应该具备必要的科研基本素质：

1. 渊博的知识,最佳的知识结构和扎实的科研基本能力

一个优秀的科研工作者应当具有丰富的知识,专业知识要扎实,要精通。科研工作者的知识不但要广博,而且其知识结构还应当合理。比如搞哲学的人,他首先应当具备广博的哲学知识,其次还应当具备外语知识、中文知识、自然科学知识、数学知识、逻辑知识、历史知识和宗教知识等等。一个素质良好的科研人员除了知识渊博和具有良好的知识结构之外,还应当具备扎实的科研能力。这些能力包括:外语能力、写作能力、演讲能力、计算机使用能力、调查研究能力、收集资料的能力、组织人员攻关能力、观察能力、社交能力、实验能力、合作能力、数学表达能力、逻辑思辨能力等。尤其是对软件工具要有一定的认识和充分地利用。一些集中大量的智慧人员开发出来的计算软件或是商用软件,对于科研工作是具有一定的帮助的。只要我们合理的运用这些软件,会成为科研工作中的一个有力的助手。比如常用的软件 Matlab、SAS、SPSS、Statistica、Minitab、ChemDraw、Autocad、Solidworks、Origin 等。

2. 严谨的科学作风和实事求是的科学态度

科学研究是追求真理的事业,真理来不得半点虚假,必须坚持从实际出发,实事求是,必须敢于坚持真理,修正错误,不弄虚作假,不虚夸乱造,要严谨治学。

3. 善于分析思考,培养勇于创新的意识

科学研究是创造性的劳动,这就要求科研人员在未知领域面前要善于分析思考总

结,具有勇于探索的心理和精神状态,对新事物具有极强的好奇心和敏感性,保持着探知自然界和社会之谜的强烈志趣和心情;不怕犯错误,有着通过一系列错误而发现真理的精神准备。科研工作者必须具备怀疑一切、批判一切的习惯和勇气。只有这样才能发现问题,才能有科研课题,才能创新。科研工作者不迷信权威,不迷信旧理论,不迷信众人之言。敢于怀疑常识,怀疑权威。

现代科技发展迅猛,出现了大量新的学科、方向,专业越来越细分。传统思维方式已不能适应现代科技的迅猛发展,创新是对传统的一种挑战,作为科技工作者,一定要有创新的思维方式。不论是科学发现还是技术发明,凡是创造活动都离不开创造者的创造性思维。因此,认识创造性思维的规律,学会创造性思维,对与科学家、发明家,尤其是致力于发现和发明等创造活动的人们来说都是极其重要的。

4. 文献、资料及信息的优秀检索能力

文献是各种媒介和形式的信息组合,包括文字、声像印刷品、电子信息、数据库等。

科研工作具有继承性和创造性两重性,其中继承性,就是掌握前任的工作,是创造性的基础。现代科学发展到今天,任何一个学科方向都积累了大量的经验和数据,只有站在前人的肩膀上,才能做出创造性的新成绩。这就要求科研工作者在从事研究工作上,尽可能多的获取与之相关的信息。

文献的检索与应用具有重要的意义,具体表现为:(1)课题方向的选择、实验方法的确定、数据分析讨论、成果鉴定、论文写作每一步都离不开对文献的掌握。(2)有效的文献利用,充分了解国内外的研究现状,可以防止重复研究。(3)充分掌握研究现状,可以理清思路、把握重点、发现问题、提出新设想并有所突破。

5. 不畏劳苦、刻苦勤奋、坚韧顽强的性格和为科学献身的激情

科学研究是艰苦的脑力劳动,科研工作者在科学研究这一漫长的征途上要耐得住寂寞、淡泊名利、潜心钻研;要具有不畏艰险、知难而上、锲而不舍、持之以恒和勇于奉献的精神。科学研究会经历多次失败,在失败面前要经得住打击和挫折。在这个过程中,只有具备坚强的意志和毅力的人,最终才能登上科学的最高峰。

6. 健全的身体心理素质和协作精神是科研工作的重要基础

在科学技术迅猛发展的今天,科学研究、科技发明的竞争程度越来越激烈,研究者的工作强度也越来越大。因此,健全的心理,强壮的体魄,积极、热情、向上的人生态度,对事物的好奇心和兴趣,对国家、社会、家庭、集体的责任心,团结协作精神是当代科研工作者必备的基本素质。

美国著名社会心理学家亚伯拉罕·马斯洛(Abraham Harold Maslow, 1908 – 1970)认为良好的心理素质表现为:具有充分的适应力;能充分地了解自己,并对自己的能力做出适度的评价;生活的目标切合实际;不脱离现实环境;能保持人格的完整与和谐;善于从经验中学习;能保持良好的人际关系;能适度地发泄情绪和控制情绪;在不违背集体利益的前提下,能有限度地发挥个性;在不违背社会规范的前提下,能恰当地满足个人的基本需求。

第四节 科学研究中的基本术语

术语(Terminology)是在特定学科领域用来表示概念的称谓的集合。术语是通过语音或文字来表达或限定科学概念的约定性语言符号,是思想和认识交流的工具。它是各门学科中的专门用语。术语可以是词,也可以是词组,用来正确标记生产技术、科学、艺术、社会生活等各个专门领域中的事物、现象、特性、关系和过程。术语具有以下几个基本特征:专业性、科学性、单一性及系统性。科学研究中经常会遇到一些专业术语,为了便于今后的学习和参考,现将科研中常见的一些基本术语及含义收集并归纳如下:

(1)概念(Concept):是对事物或现象的抽象概括,它是一类事物的属性在人们主观上的反映。如:物联网,基因工程,教育技术。

(2)定义(Definitions):是通过一个概念明确另一个概念内涵的逻辑方法。

(3)分类(Classify):是根据事物的共同点和差异点,将事物划分为不同种类的逻辑方法。

(4)总体(Population):在科学研究中,根据研究目的和某些特定原则加以选择的特定研究对象的总和。

(5)样本(Sample):根据一定的原则,从整体中采用合理方法抽取出的部分个体叫样本。

(6)置信度(Confidence Coefficient):又称置信水平,它指的是总体参数值落在样本统计值某一区间的概率,或者说总体参数值落在样本统计值某一区间中的把握性程度。

(7)信度(Reliability):指研究方法,程序和结果的可重复性,以及一致性、稳定性程度。

(8)效度(Validity):指研究揭示客观事物本质规律的准确程度。

(9)变量(Variable):是概念的具体表现形式。它是指具有可测性的概念(Measurable Concept),其属性在质和量上的变化程度可以测量。变量类型按照变量的测量层次可分为:定类变量、定序变量、定距变量、定比变量。按照相关关系又可分为:自变量(Independent Variable),它是引起其他变量变化的变量;因变量(Dependent Variable),它是由于其他变量变化而导致自身变化的变量。按照研究人员对其可控程度又可分为:主动变量(Active Variable),即研究者可以主动操纵的变量。如教学法、税率等;本征变量(Attribute Variable),即不能主动操纵只能加以测量的变量。如年龄、教育程度等。

变量间的关系:①相关关系(正负相关、简单相关、自相关等):两个相关的变量,可能是因果关系,也可能不是。②因果关系:A.定性判别:一因一果、一因多果、多因一果、多因多果、互为因果。B.定量判别:在定性基础上,回归分析,研究变量在数量层次上的因果关系。③无关系,不相关。

(10)命题(Proposition):是把两个或两个以上概念或变量关联起来的陈述。或者说它是反映现象之间的关系的陈述。命题的形式是一个非真即伪的陈述句。命题的类型有:①公理(Axiom or Postulation),它是一个假设,本身不需要直接检验。如,"运动是一切物质的基本属性"。②定理(Theorem),它是有公理推导出来,可以由经验检验。③经验概括(Empirical Generalizations),通过对大量事实的观察而归纳出来的,经验色彩较浓,抽象程度较低。例如,"随着经济的发展,人们的生活水平不断提高"。④假设(Hypothesis),假设由变量构成,它是在研究开始时提出的待检验的命题,它构成研究主题,它是研究者对于研究结果的一种设想。可以说,假设就是还没有被证明的定理。假设的提出和验证是研究工作的主线。

(11)定律(Law):定律可以看做是得到经验事实证实了的假设。如经典力学中的牛顿运动三定律。

(12)理论(Theory):凡是一套陈述或者类似定律的经验型概括,只要相互之间具有系统上的关联性以及经验上的可证性,就是一个理论。理论的两个条件缺一不可:(1)系统上的关联性就是严密的逻辑推理;(2)经验的事实验证。

(13)符号(Symbol or Notation):它是对象的人工指称物。从认识论角度看,符号是一定的可感知的物质对象,它在贮存、传递另一个对象的信息方面充当另一对象的替代物。符号也是思想、意义的承载体,在方法上是科学研究的有力工具。例如,"="在数学中是等价的符号;S是硫元素的符号。

(14)函数(Function):表示每个输入值对应唯一输出值的一种对应关系。函数 f 中对应输入值的输出值 x 的标准符号为 $f(x)$,符号 $y = f(x)$ 即表示"y 是 x 的函数"。

(15)数据(Data):是事实的体现,是对现实情况的记录,数据的含义不仅仅局限于数值数据,而且还包括非数值数据,例如,声音、文字、图像、标志等。

(16)思想模型(Idea / Though Model):是人们为科学研究而建立的对原型高度抽象化了的思想映像系统。它是科学理论与现实原型之间的中间环节。例如,原子模型、DNA 模型等。

(17)数学模型(Mathematical Model):是运用数学概念、理论所形成的思想模型。它的类型有:确定性数学模型、随机性数学模型、突变型数学模型、模糊性数学模型。

(18)理想模型(Ideal Model):它也是思想模型的特殊类型,既有高度的抽象性,又有某种极限特征。如数学里的点、线、面;质点,刚体,理想气体模型等。

(19)理想实验(Ideal Experiment):它是运用理想模型在思维中塑造实验过程,并进行严密逻辑推理的一种思维方法。它具有一般实验的结构模式,但又具有假想的性质。例如,伽利略理想惯性运动实验、爱因斯坦关于同时的相对性实验。

(20)定性研究(Qualitative Research):即质的研究,是在自然情境下,研究者与被研究者直接接触,通过面对面的交往,实地考察被研究者的日常生活状态和过程,了解被研究者所处的环境以及环境对他们产生的影响。其目的是从被研究者的角度来了解他们的行为及其意义。

(21)定量研究(Quantitative Research):即量的研究,是对事物可以量化的部分进行测量和分析,以检验研究者自己有关理论假设的一种研究方法。

(22)试验方案(Test Scheme):是根据试验目的和要求所拟进行比较的一组试验处理(Treatment)的总称。

(23)试验因素(Experimental Factor):指在科学试验中,被变动的并设有待比较的一组处理的因子称为试验因素,简称因素或因子。

(24)水平(Level):试验因素的量的不同级别或质的不同状态称为水平。试验水平可以是定性的,如供试的不同品种,具有质的区别,称为质量水平;也可以是定量的,如氮肥的施用量,具有量的差异,称为数量水平。

(25)单因素试验(Single-factor Experiment):整个试验中只变更、比较一个试验因素的不同水平,其他作为试验条件的因素均严格控制一致的试验。

(26)多因素试验(Multiple-factor or Factorial Experiment):在同一试验方案中包含两个或两个以上的试验因素,各个因素都分为不同水平,其他试验条件严格控制一致的试验。

(27)综合性试验(Comprehensive Experiment):为多因素试验的一种,但试验中各因素的各个水平不构成平衡的处理组合,而是将若干因素的某些水平结合在一起形成少数几个处理组合。这种试验的目的在于探讨一系列供试因素在某些处理组合的综合作用,而不在于检测因素的单独效应和相互作用。

(28)误差(Error):观察值与真值之间的差异。

(29)随机误差(Random Error):完全是偶然的,找不出确切原因引起的误差,也称偶然性误差(Spontaneous)。

(30)系统误差(Systematic Error):有一定原因引起的误差,也称偏差(Bias)。

(31)准确性(Accuracy):观察值与理论值之间的符合程度。

(32)精确性(Precision):指观察值之间的符合程度。

第五节 科学研究中常用的表格及图示

表格、图示是科学研究中常用的技术手段,也是学术论著中重要的表述形式。当研究过程中获取大量实验数据资料后或要形象地描述某一事物的特征时,可通过表格或图示形象直观地表示出来。

表格是用来表达数据和事物分类的一种常用有效的方式。它将科学研究中所观察到的或计算中所得到的各种数据按照统计学规律,采用一定的方式,集中地排列或组合在一起,便于分析和对比,从中发现某些规律性的东西。同时还可使论著表述得更加准确、简介、清晰,富有逻辑性。

图示是形象化语言,它可使论著内容表达更加简洁、清晰和准确,同时也可使得科学研究中事物之间的关系、量和量之间的关系、事物的结构、性质及变化关系等描述得更加清楚。

一、表格

将统计数据资料及其指标以表格的形式列出称为统计表(Statistical Table),简称表格(Table)。狭义的统计表只表示统计指标。

1. 列表的原则

(1)重点突出,简单明了。

(2)主次分明,层次清楚,符合逻辑。

2.表格的结构与编制要求

表格由表序、表题、栏目、线条、数据或符号及表注等所构成。如下表1-3,表1-4,表1-5所示。

(1)表序:表序应依其在正文中出现的先后顺序用阿拉伯数字从1开始依次编序,如表1,表2,表3等等。表序与表题均位于表的上方。

(2)表题:位于表的上方,概括表的主要内容,表题名务必具体贴切、简明扼要。

(3)栏目:是指表格顶线一栏目线之间的部分。有横标目和纵标目,横标目又称主辞,是研究事物的,通常位于表内左侧;纵标目,又称宾辞,列在表内上方,其表达结果与主辞呼应,读起来是一个完整句子。横标目及纵标目内容应做到文字简明,层次清楚。

(4)线条:多采用三线,即顶线、底线及栏目线,顶线、底线称为反线(即为粗线),栏目线为正线(即为细线),表1-3就是三线表;除此外还有三线半(表1-4)、四线(表1-5),以上表均忌斜线和竖线。力求简洁明了。

(5)数据或符号:数据或文字符号是表格的主要内容。表格内容如果是数据,表内数据一律采用阿拉伯数字,且这些数据归于同一栏之下(物理量及单位共用),整数数字以个位对齐,4位数字以上,需加千分空格;小数数字以小数点对齐,小数有效数字为4位以上者,在第3位后加千分空格;若数字前有正号"+"或负号"-",或数字与数字之间带有范围号"~"、斜线"/",则以这些符号对齐。表内不应有空项,无数字(即未测到数值)用"—"表示,数字若为零则填"0",暂缺项或未记录用"…"表示。

表1-3 表格结构(三线表)

表序	表题	栏目线 顶线
横标目名称	纵标目名称	
横标目内容	数据或文字符号	

底线

表1-4 表格结构(三线半表)

表序	表题			
		纵标目名称		
横标目名称		XX	YY	ZZ
横标目内容	数据或文字符号			

表1-5　表格结构（四线表）

表序	表题
横标目名称	纵标目名称
横标目内容	数据或文字符号*
合　计	

*表注

(6)内容排列：一般按事物发生频率大小顺序来排列，对比鲜明，重点突出。

(7)表注：表中某些内容需要说明时，应加表注。表注不是表的必备内容，如有必要，可在表内用所注对象处加注释记号"*""#"或字母(a、b、c)标记，然后在表的下方加以说明。如下表1-8及表1-9中所示。

(8)表格分栏和转栏

表的横向项目过多，纵向项目较少，一行排不下时，可在适当宽度处采取分段方式，制成叠表，段与段之间用双细线隔开。如表1-6所示。

表1-6　分段形式表格

物　质	A	B	C	D
回收率/%	56	62	73	78
物　质	E	F	G	H
回收率/%	82	85	90	93

若表的纵向项目过多，而横向项目较少时，可在表的适当高度处转栏，转栏处用双细线隔开。如表1-7所示。

表1-7　转栏形式表格

物质	回收率/%	熔点/℃	物质	回收率/%	熔点/℃
A	56	200~202	E	82	175~177
B	62	180~182	F	85	210~213
C	73	190~193	G	90	165~168
D	78	230~232	H	93	203~205

3.表格的种类

学术论文中经常使用的表格有三种：无线表、卡线表及软件自动表格。

(1)无线表

此类表中无任何表线，凡项目较少、内容较简单时，可设计成无线表，上述表1-3，表1-4，表1-5均为无线表。具体事例见表1-8。

Table 1-8　Percentage recoveries of rifamoin spiked in blank plasma[a]

	Spiked rifampin concentration (mg/L)		
	1.0	5.0	10.0
Inter-day	93 ± 8	98 ± 5	102 ± 3
Intra-day	95 ± 4	101 ± 3	97 ± 1

[a]Mean percentage of triplicate determinations ± S.D. ($n=3$)

(2)卡线表

卡线表中横向和纵向都用表线隔开,形成许多小方框,将项目名称和相应的数据填在小方框中,栏头用斜线分开,斜线左下方标注纵向栏目的属性,斜线右上方标明横向栏目属性。卡线表也是科技论文中普遍使用的一种表格,但由于卡线表横线和竖线较多,栏头还需画出斜线,较为繁琐,故近年来科技论文中普遍采用三线表或四线表形式。卡线表的形式见表1-9。

Table 1-9 Linear ranges of detection for amino acids

Analytes \ Results	Linearity (mol/L)	Lineare regression coefficient(R)	Concentration LOD* (10^{-6}mol/L)	Mass LOD* (fmol)
Arg	$1.0 \times 10^{-3} - 1.0 \times 10^{-5}$	0.998	0.35	7
Pro	$1.0 \times 10^{-3} - 4.0 \times 10^{-5}$	0.996	7.2	144
Hyp	$1.0 \times 10^{-3} - 3.5 \times 10^{-5}$	0.996	3.6	72
Met	$1.0 \times 10^{-3} - 1.0 \times 10^{-5}$	0.998	0.8	16
Ser	$1.0 \times 10^{-3} - 2.0 \times 10^{-5}$	0.997	1.6	32
Thr	$1.0 \times 10^{-3} - 3.0 \times 10^{-5}$	0.994	4.0	80
CysH	$1.0 \times 10^{-3} - 2.0 \times 10^{-5}$	0.996	2.7	54

*LOD：Linear ranges of detection

(3)软件自动表格

所谓软件自动表格是指计算机系统软件所附带的根据表中所需列数、行数自动生成的表格,软件自动表格快捷、方便,在学术论文中(尤其是人文社科)较普遍使用。如下表1-10及表1-11所示。

表1-10 中国语言文学本科专业点分布统计(2005—2009年)

专业名称	2005年	2006年	2007年	2008年	2009年
汉语言文学	443	458	524	530	537
语言学	65	67	76	85	88
对外汉语	105	158	182	214	233
中国少数民族语言文学	9	9	22	24	27
古典文献	6	7	9	9	9
中国语言文化	3	3	4	4	4
应用语言学	1	1	1	1	1
合　计	632	703	818	867	899

Table 1-11 ^{1}H and ^{13}C NMR assignments for the compound Ⅳ in acetone-d6

No.	^{13}C NMRδ$_C$	^{1}H NMRδ$_H$ (mult, J/Hz) 300MHz	^{1}H NMRδ$_H$ (mult, J/Hz) 500MHz DMSO	DEPT	HMBC	^{1}H-^{1}H COSY
1	131.4	/	/	C	H-5,α'	/
2	109.6	7.22(s)	7.21(d,1.5)	CH	H-6,α	H-6
3	149.7	/	/	C	H-2,5	/
4	149.3	/	/	C	H-2,5,6	/
5	112.1	6.94(m)	6.94(d,8.0)	CH	/	H-6
6	119.6	7.07(m)	7.06(d,1.5)	CH	H-2,α	H-5,H-2
α	125.9	7.05(m)	7.07(d,16.0)	CH	H-2,6	H-α'
α'	126.9	7.05(m)	7.05(d,16.0)	CH	H-2',6'	H-α
1'	130.9	/	/	C	H-3',5' H-α	/
2',6'	127.3	7.51(d,8.5)	7.51(d,8.5)	CH,CH	H-α'	H-3',5
3',5'	114.8	6.94(d,8.5)	6.92(d,8.5)	CH,CH	/	H-2',6'
4'	157.6	/	/	C	H-2',6' H-3',5' OCH$_2$	/
-OCH$_2$	65.1	4.73(s)	4.79(s)	CH$_2$	/	/
-CH$_2$	60.6	4.22(q)	4.20(q)	CH$_2$	CH$_3$	CH$_3$
-CH$_3$	13.6	1.25(t)	1.24(t)	CH$_3$	CH$_2$	CH$_2$
-OCH$_3$	55.3	3.81(s)	3.82(s)	CH$_3$	/	/
-OCH$_3$	55.3	3.85(s)	3.76(s)	CH$_3$	/	/
C=O	168.5	/	/	C	OCH$_2$ CH$_2$	/

二、图示

学术论文中的插图按印刷工艺可分为墨线图和实物照片图两大类。墨线图是指用墨线绘制出来的图形,按其功能不同可分为:示意图、流程图、构造图、电路图、计算机程序框图、数据图、化合物分析结构图以及分析测试仪器绘制出来的各种图谱等。照片图是指用照相机或摄像机拍照下来的真实物体的照片或用特殊设备拍摄下来的反映物体内部真实结构的X射线照片、扫描电镜照片、隧道显微镜照片和原子力显微镜照片等等。

科技论文中插图总的要求:①图要求大小比例适中,粗细均匀,数字清晰,照片黑白对比分明。与表一样图也要随文字放,先见文字,后见图。②每幅图都要有图序和图题,通常写在图的下方。下面就科研中常见的几种图示作一介绍。

1. 示意图

示意图(Diagram)用画图来说明某一具体物质或实验仪器的结构。示意图通常是用黑色的线条绘制的(背景为白色),也可制成彩色图。图的标注用大小写字母或阿拉伯数字清楚地表示。如下图1-12,图1-13所示:

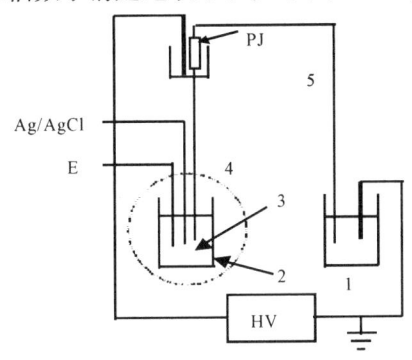

Figure 1-12. Schematic diagram on working principles of off-column reservoir interface used in CE-ECL. 1. Buffer vial; 2. Reaction vial; 3. Buffer solution and CL reagent solution; 4. PMT; 5. Electrophoretic capillary; PJ, porous polymer joint; E, working electrode; HV, high voltage supply.

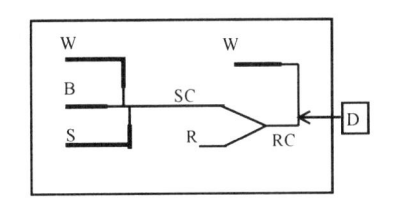

Figure 1-13. Schematic diagram of microchip-based CE-CL system. S, sample; B, buffer; W, waste; R, CL reagent; SC, separation channal; D, PMT detector; RC, reaction channel.

2. 数据图

数据图(Graphs)有的也称函数图,它是用于表述变量之间静态或动态关系,在学术论文中使用最为广泛。数据图通常包括线形图、条形图、圆形图、散点图、直方图等。

(1)线形图(Line Graphs)。线形图是用曲线或数据点表示两个变量(如重量、体积、压力、时间和浓度)之间的定量关系和趋势的双坐标轴图形。习惯上,自变量位于X轴(横坐标),因变量位于Y轴(纵坐标)。如果坐标轴的刻度是线性的,就要使它看上去就是线性的:从坐标轴的起点开始,等间距刻度标记,在标上刻度数字(如图1-14所示)。线形图要求:①线条清晰简洁;②图中的文字、符号及标值应易于辨认;③坐标轴旁的标目中应包含测量单位;④纵坐标标目的文字方向与坐标轴相垂直。

由于线形图曲线准确、简单、形象、直观,因此是学术论文中最普遍使用的表示量与量之间关系的插图。

(2)散点图(Scatter Gram)。散点图为双坐标图形,在图上标上每个数据点,同时用数学函数说明两个变量的相关性。如图1-15所示。

(3)条形图(Bar Graph)。条形图也有称柱形图的,为单坐标图形,用来比较不连续的变量或相对比例变量的数量或频率。条形图可以是水平的(见图1-16),也可以是垂直的(见图1-17)。条形图体现每组中的具体数据,突出的比较数据之间的差别,因而形象、直观。

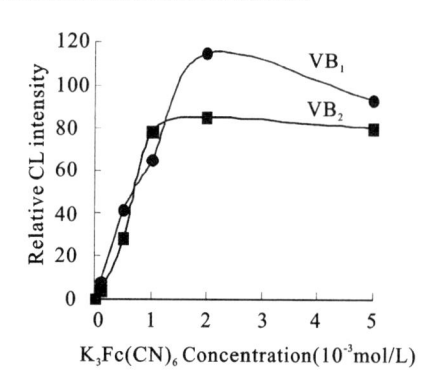

图 1-14 K₃Fe(CN)₆ 浓度的影响

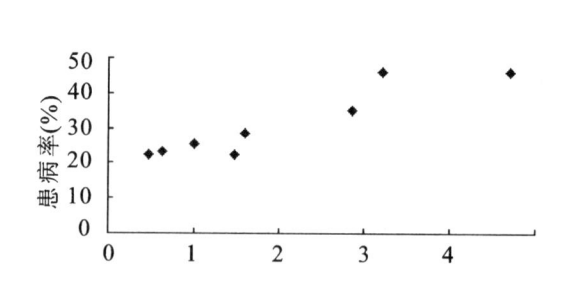

图 1-15 某地区饮水氟含量与氟骨症患病率关系图

条形图制图要求：①一般以横轴为基线，表示各个类别；纵轴表示其数值大小。②纵轴尺度必须从 0 开始，中间不宜折断。在同一图内尺度单位代表同一数量时，必须相等。③各直条宽度应相等，各直条之间的间隙也应相等，其宽度与直条的宽度相等或为直条宽度的 1/2。④直条的排列通常由高到低，以便比较。⑤复式条图绘制方法同上，所不同的是复式条图以组为单位，1 组包括 2 个以上直条，直条所表示的类别应用图例说明，同一组的直条间不留空隙。

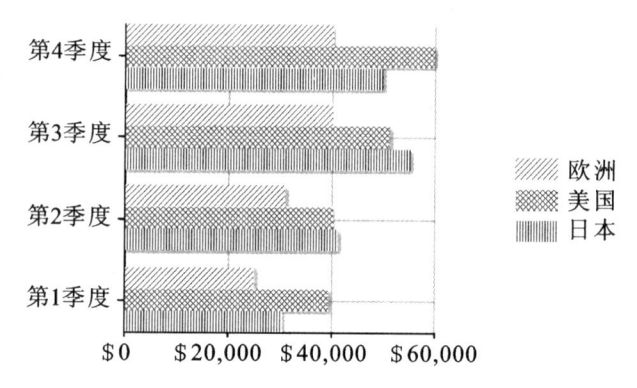

图 1-16 水平条形图示例

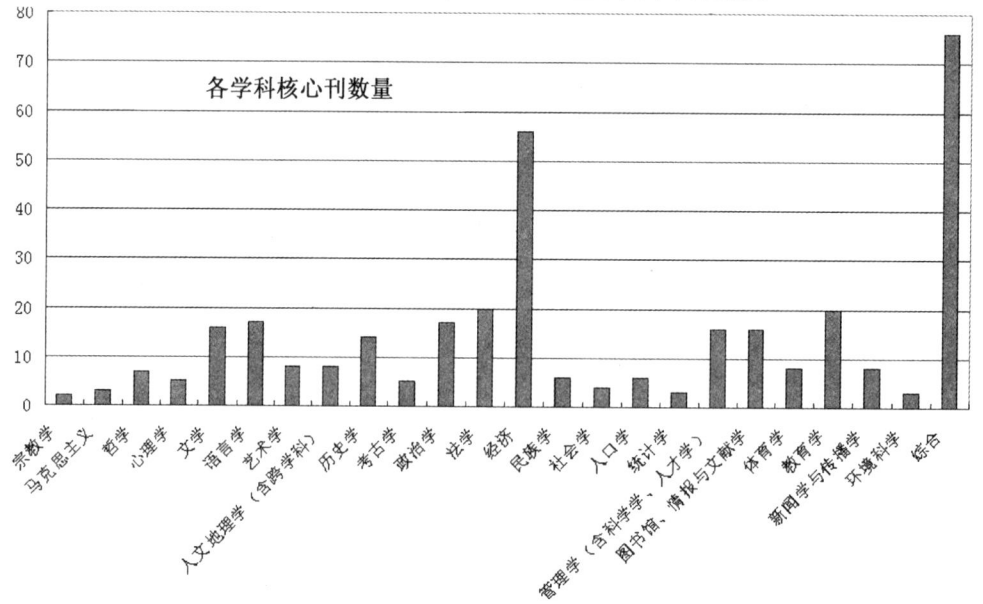

图 1-17 垂直条形图示例

（4）直方图（Histograms）。直方图用于表达连续性资料的频数分布。以不同直方形面积代表数量,各直方形面积与各组的数量成正比关系(见图1-18)。

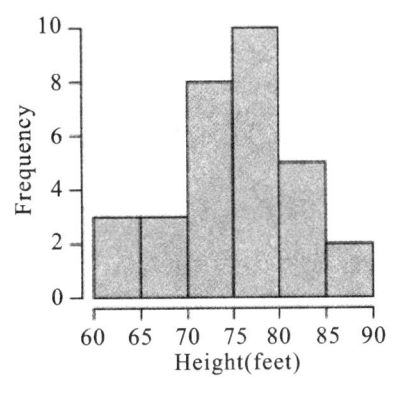

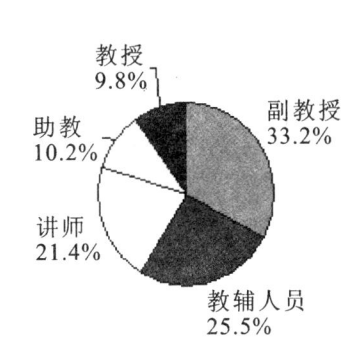

图1-18 直方图示意图

图1-19 某高校专业技术人员构成示意图

直方图制图要求:①一般纵轴表示被观察现象的频数(或频率),横轴表示连续变量,以各矩形(宽为组距)的面积表示各组段频数。②直方图的各直条间不留空隙;各直条间可用直线分隔,但也可不用直线分隔。③组距不等时,横轴仍表示连续变量,但纵轴是每个横轴单位的频数。

(5)圆形图(Pie Graph)。圆形图适用于百分构成比资料,表示事物各组成部分所占的比重或构成。以圆形的总面积代表100%,把面积按比例分成若干部分,以角度大小来表示各部分所占的比重(见图1-19)。

3. 原始证据图

原始证据图(Primary Evidence)是指直接获得原始记录的各类照片(如组织照片、X射线照片、显微照片)和直接从实验仪器中得到的实验记录(如凝胶电泳照片、色谱图、核磁共振图、红外光谱图、分光光度曲线图、动力学曲线图)等。如图1-20,图1-21,图1-23所示。

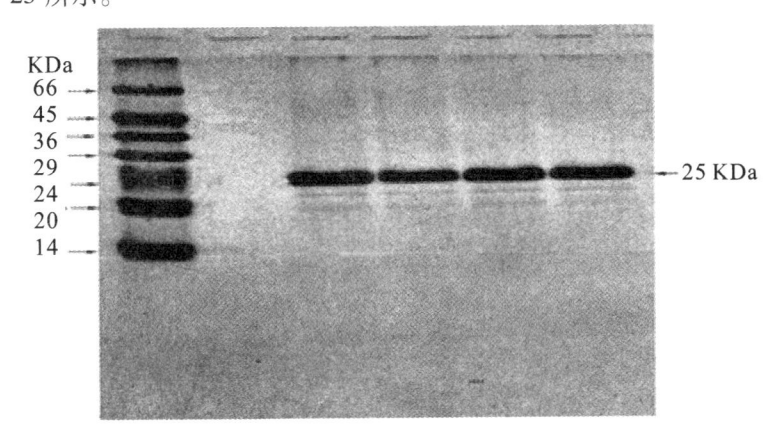

图1-20 甘薯SDS-聚丙烯酰胺凝胶电泳图谱

各类照片拍照时背景力求简单明了。有些照片(如X射线照片、显微照片、电泳照片)以黑白图片形式出现。黑白图片的轮廓必须明显清晰,立体感强,要有足够的对比度。光学及电子显微镜照片应注明放大倍数,必要时应注明拍照条件。有时需要

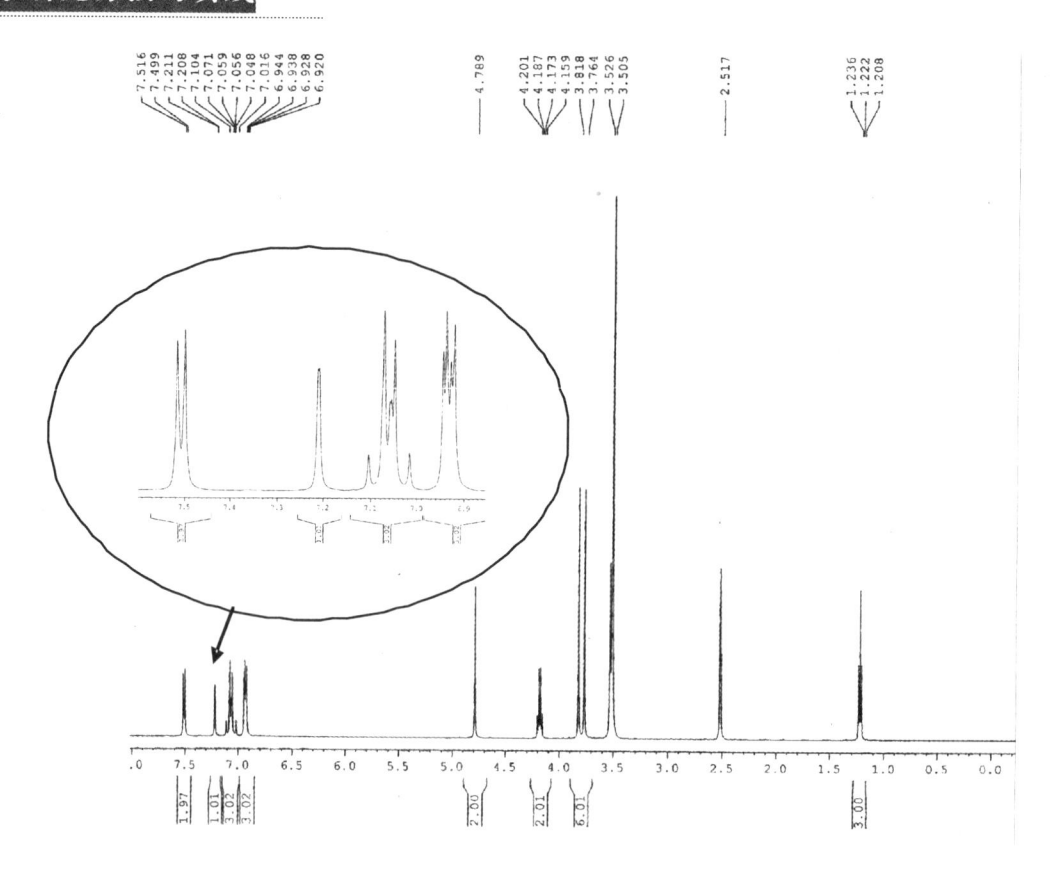

图 1-21 化合物Ⅳ的 ^{1}H NMR 谱(500Hz)

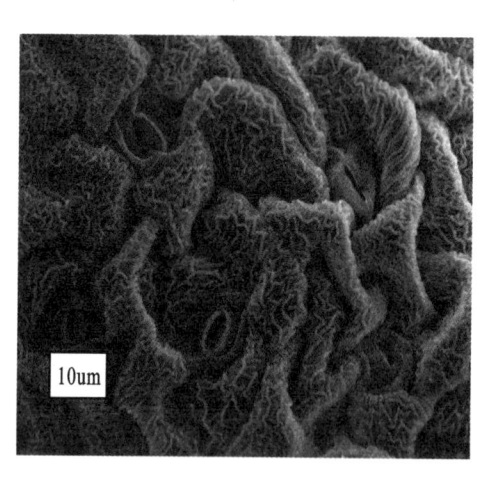

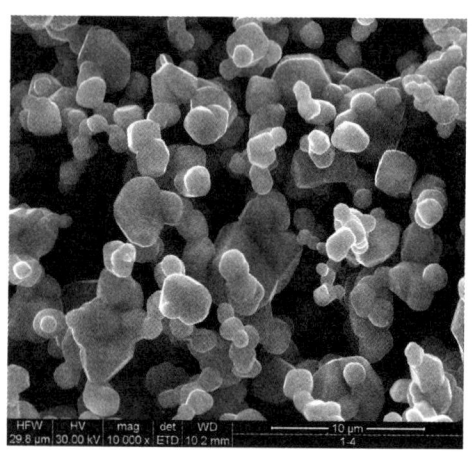

图 1-22 电子显微镜照片示意图 　　图 1-23 纳米材料照片示意图

突出照片中某一局部的细微结构,可在该照片的一个角落处插入高倍放大后的照片。现在,越来越多的照片是采用数码相机拍照的,有多种图像处理软件(如 photoshop)可以帮助作者方便地编辑照片。

4. 图序、图题及图注

图序是指论文中各种插图按照在文中出现的先后顺序用阿拉伯数字连续编排的

序号,如图1,图2,图3……。同一图序下有几个分图,也应连续编序,其序号可采用英文字母 A、B、C…或 a、b、c…。

图题是指图的标题。图题应简洁、准确,应能恰当地概括出该图所表述的内容。图序和图题应排在该图的下方居中。

图注是指插图中的文字说明。图注可根据插图幅面空白面积的大小,标注在图面上空白处。如插图上空白面积较小,图注可用与图题不同的字体和小一号的字排在图题下面,并在图面上注明需要说明部分的序号或符号。图1-24 所示。

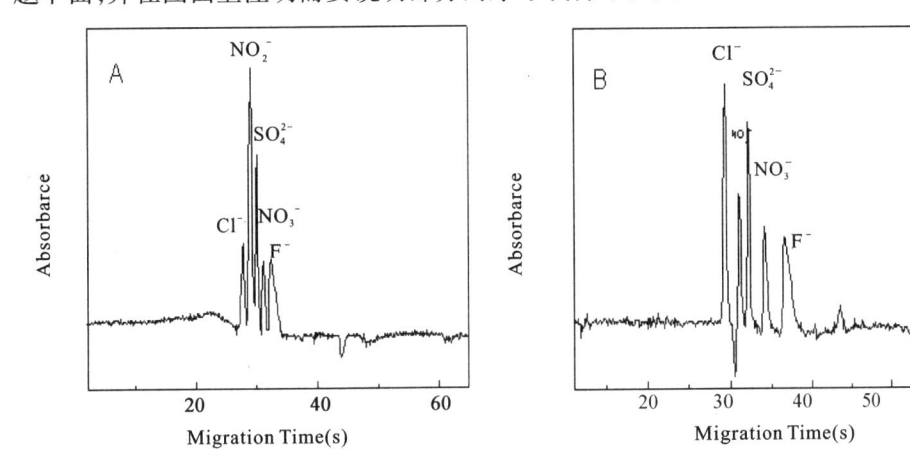

Figure 1-24. Effect of background electrolyte pH on separation. (A): pH 8.0, anions, Cl^- 0.5 mg/L, NO_2^- 2 mg/L, SO_4^{2-}, NO_3^-, F^- 1 mg/L; (B): pH 9.5, anions, each 1 mg/L; Ld = 11cm; HV = 5kV; 6.0mmol/L chromate; 2.5mmol/L; CTAB; 3.6% acetonitrile.

参考文献

[1] 赵祖华. 现代科学技术概论[M]. 北京:北京理工大学出版社 1999.2.

[2] 胡显章,曾国屏. 科学技术概论[M]. 第二版. 北京:高等教育出版社. 2006.

[3] 王春法. 当代科学技术发展的基本特点及其含义[J]. 学习与实践,2002,(1).

[4] 陈克晶,吴大青. 自然辩证法讲义(初稿)专题资料之四:科学分类问题[M]. 北京:人民教育出版社,1980.

[5] 杨沛霆,陈昌曙. 科学技术论[M]. 浙江教育出版社. 1985.12.

[6] http://www.zxxk.com/ArticleInfo.aspx?InfoID=53538

[7] 何兴宜. 科学研究结构及其特点的探讨[J]. 重庆师范学院学报(自然科学版),1988,(3).

[8] http://www.docin.com/p-467132544.html

[9] http://bbs.sciencenet.cn/blog-446474-383311.html

[10] http://www.ssoc.com.cn/fanwen/10.html

[11] 刘永新,于剑峰. 关于科技论文中表格处理的几个问题[J]. 东北师大学报(自然科学版),1994(增刊):62-65.

第二章 科学研究方法

科学研究方法或称科学认识的方法,一般是指科学认识主体为了认识客观事物的内在本质和运动规律,在探索自然现象、自然过程中所应用的方法。标准不同,方法的表现类型亦有所不同。从科学认识成果产生的整个过程看,科学研究方法包括科学发现方法与科学证明方法;从其成果的层次性分析,又有获取科学事实与构建、检验和评价科学理论的方法之别。并且它们相互区别、相互联系性称有机统一的方法整体。

科学研究的基本任务就是探索、认识未知。科学研究起源于问题,问题又有两类:一类是经验问题,关注的是经验事实与理论的相容性,即经验事实对理论的支持或否认,以及理论对观察的渗透,理论预测新的实验事实的能力等问题;另一类是概念问题,关注的是理论本身的自洽性、洞察力、精确度、统一性以及与其他理论的相容程度和理论竞争等问题。科学研究提供的对自然界作出统一理解的实在图景,解释性范式或模型就是"自然秩序理想",它使分散的经验事实互相联系起来,构成理论体系的基本公理和原则,是整个科学理论的基础和核心。从整个科学研究过程来看,科学研究方法是核心。

由于科学技术是一个极为庞大的体系,相应的研究方法也极为复杂。随着科学研究的不断深入,科学研究的方法也随之深入发展,各种方法依次发挥作用,又依次更替。常规的科学研究方法,如文献法、观察法、访谈法、问卷调查法、案例研究法、实验方法、统计法、逻辑思维法及非逻辑思维方法等在科学研究中仍然继续发挥其各自的作用。现代科学研究方法中的数学方法、系统论、控制论、信息论和复杂性方法的广泛应用,把科学研究方法推上了一个新台阶。

第一节 常规科学研究方法

一、文献调查法

1. 文献及文献调查法的定义

(1) 文献

文献是一切固化在一定物质载体上的知识,其本质是记录一切知识的载体,包括文字、图像、符号、声频、视频等技术手段记录的人类知识的载体。

基本要素:有一定的信息、有一定的物质载体、有一定的物质手段。

当代文献的特点:①数量急剧膨胀,呈现出加速度增长的趋势;②文献分布异常分散;③各种文献的内容重复交叉,互相渗透;④文献信息滞后性突出,并伴有不同程度的失真。

区分文献类型或形式有多种方法,其中最主要的是根据载体把其分为印刷型、缩微型、机读型和声像型。①印刷型:是文献的最基本方式,包括铅印、油印、胶印、石印等各种资料。优点是可直接、方便地阅读。②缩微型:是以感光材料为载体的文献,又可分为缩微胶卷和缩微平片,优点是体积小、便于保存、转移和传递。但阅读时须用阅读器。③计算机阅读型:是一种最新形式的载体。它主要通过编码和程序设计,把文献变成符号和机器语言,输入计算机,存储在磁带或磁盘上,阅读时,再由计算机输出,它能存储大量情报,可按任何形式组织这些情报,并能以极快的速度从中取出所需的情报。近年来出现的电子图书即属于这种类型。④声像型:又称直感型或视听型,是以声音和图像形式记录在载体上的文献,如唱片、录音带、录像带、科技电影、幻灯片等。

根据文献内容、性质和加工情况可将文献区分为:一次文献、二次文献、三次文献。一次文献指以作者本人的研究成果为依据而创作的原始文献,如期刊论文、研究报告、专利说明书、会议论文等。二次文献是对一次文献进行加工整理后产生的一类文献,如书目、题录、简介、文摘等检索工具。三次文献是在一、二次文献的基础上,经过综合分析而编写出来的文献,人们常把这类文献称为"情报研究"的成果,如综述、专题述评、学科年度总结、进展报告、数据手册等。与此类似,也有把情报区分成一次情报、二次情报、三次情报的。

文献在科学和社会发展中所起的作用表现在:①是科学研究和技术研究结果的最终表现形式;②是在空间、时间上传播情报的最佳手段;③是确认研究人员对某一发现或发明的优先权的基本手段;④是衡量研究人员创造性劳动效率的重要指标;⑤是研究人员自我表现和确认自己在科学中的地位的手段,因而是促进研究人员进行研究活动的重要激励因素;⑥是人类知识宝库的组成部分,是人类的共同财富。

(2)文献调查法的涵义

文献调查法是根据一定的调查目的而进行的搜集和分析文献资料的方法。

2. 文献调查法的要求

(1)内容有针对性;(2)数量上要充足;(3)形式上要多样;(4)时序上要连续;(5)重视原始资料;(6)摘取情报要求新;(7)对文献进行必要的鉴别。

3. 文献资料的收集方法

(1)查找文献的主要操作方法

①检索工具查找法。检索工具分为手工检索工具、机读检索工具。方法有顺查法、倒查法。②参考文献查找法(追溯查找法)。

(2)查找文献的途径

①形式途径:书名(篇名)、著者、序号。②内容途径:分类、主题。

4. 文献调查法的优缺点

(1)优点:超越时空条件限制;真实性、准确性高,比较可靠;实施方便;效率高、花费少。

(2)局限:结果缺乏直接性;时代、社会的局限性;滞后性;不完全性;对调查者的素质要求高。

二、观察法

1. 观察法的含义

所谓科学观察方法指的是主体在一定理论指导下,通过感觉器官或借助科学仪器,有目的、有计划地考察和描述自然发生的自然现象,即感知客观事物,获取科学事实这一感性材料的一种科学研究方法。它是搜集社会初级信息或原始资料的方法。

2. 观察法的特征

(1)它是主体有目的、有计划的自觉认识活动。

研究者是根据自己研究课题的需要而进行的观察活动,在研究的过程中具有明确的研究目的、研究对象等等。

(2)观察法是在自然发生的条件下进行科学研究的一种方法,具有较强的准确性。

(3)较好的能动性。

研究者在开展观察之前,要制定好提纲和程序,规定好观察的时间、空间、对象和记录的方法。在观察中,如果遇到未曾预料的情况就要做出必要的修改。

(4)调查手段主要靠人的感觉器官以及延伸物。

(5)观察到的是被调查者的外显行为。

(6)客观性与主观性的统一。

3. 观察法的类型

(1)从观察的场所来看分实验室观察和实地观察;(2)从观察者的角色看分局外观察和参与观察;(3)根据观察程序的不同分为结构式观察和非结构式观察;(4)根据观察对象的不同分为直接观察和间接观察;(5)根据据观察结果的陈述特征分为定性与定量观察方法;(6)根据其目的不同包括记录性(获取感性材料)与检验性(将结果与已有标准对照)观察方法。

4. 观察法的基本原则

(1)客观性原则:要求观察者按研究对象的本来面目去观察它和反映它。(2)全面性原则:要求在观察中,尽可能地观察研究对象的各个方面、各种因素、各种关系和各种规定,力求获得丰富而完整的科学事实,客观地反映事物的全貌。(3)典型性原则:注意选择具有代表性的对象和干扰比较小的观察环境是非常必要的。(4)深入持久性原则:要尽可能地对观察研究对象进行深入持久的观察研究。(5)遵守法律和道德原则。

5. 观察法实施的基本步骤

(1)准备阶段

①确定观察的目的

观察目的决定观察的对象以及应采用的方法。因此,明确观察目的是开展研究的基本前提。

②确定观察的对象

如何确定观察对象?从研究的目的出发,查阅有关资料,进行一些试探性的观察调查,掌握有关的基本情况。如要对某一个班级进行观察时,就需要借助其他设备,如录音、录像等,记录下所有被观察者的行为再进行观察研究。如果缺少这些辅助设备,也可以从全体中随机抽取一部分作为观察对象。

如何选择、界定所要观察的行为是关系到能否实现研究目的的重要环节。如果选择的行为不能有效符合研究目的,那么最后所得结论就会缺乏可信度;如果对行为的界定不明确、缺乏可操作性就会使记录的内容不明确,影响结果的可靠性。

③确定观察的行为

不同类型的观察法各有其优点,具体观察的侧重点和相关适用的客观条件也各有不同,因此要结合具体的情况,选择最有利的方法。观察方法中应包含这几个方面:观察的途径,安排观察的次数、时间和位置,以及是否采用辅助设备等等。

④编制记录表

观察记录表是确保观察到的事实材料准确客观的重要一环。为了使观察全面、系统和准确,就要编制观察记录表。一份好的观察记录表可以帮助观察者合理分配注意力,获取到有用的信息,也便于对下一步的结果进行整理。

观察记录表的设计应该从实际出发,依据所要研究的目的和观察对象来确定。如果采用时间取样法,则应尽可能预计被观察者可能出现的行为。如果采用事件取样法,则应关注所要观察的行为发生的背景、原因、变化以及结果等过程的相关因素。

观察记录表没有统一的格式,可以包含时间取样、事件取样、等级评定等各种方法。只要有助于解决研究问题,有助于收集资料并且合适可行的方法都可以用在同一张记录表中。

对于初步确定的记录表要先进行试用以确定是否需要纠正。经过试用,如存在漏洞等问题则应及时修改,最终确定合适、满意的记录表。

(2) 正式实施观察

在完成准备阶段的工作之后,就进入正式实施观察阶段。在观察的过程中,严格按照记录表中的内容进行观察记录,另一方面也要灵活处理突发情况。在观察的过程中,观察者要严格遵守客观性的原则,不把自己的主观判断带到观察中。尽量站在客观的角度看待所发生的行为,不因对被观察者的印象而影响记录,并且要尽量将自己的推论与自己观察到的事情相区别开来。

(3) 对观察结果加以整理与分析

(4) 写出观察的报告

在结论中写清楚观察对象的自然情况,以及观察过程中出现的现象,包括现象发生的背景、观察资料的统计结果以及根据结果所得推论等。结论可以是发现规律也可以是发现问题。

6. 观察误差产生的原因及减少误差的措施

观察误差产生的原因:(1)在观察主体方面的因素:思想因素、知识因素、心理因素、生理因素。(2)在观察客体方面的因素:客观事物发展不成熟;被观察者的反应性心理和行为;人为制造的假象。

如何减少观察误差:

(1)要对观察者进行培训,提高观察人员的素质、知识水平和观察能力。在有些研究当中,由于需要多名观察者或者其他原因,研究者与观察者不是同一人,加上在研究的过程中需要这些多名观察者进行分工合作,共同来完成研究的任务,这时候就有必要对研究者进行培训,进行相应的联系,使他们理解研究者的思路,掌握研究方法。

一般来说,对观察者进行培训的内容应包括几个方面:准确理解研究的目的,研究思路和步骤;明确所要观察的内容,并熟悉其操作性定义;熟悉观察的整个过程,掌握观察的要求和技巧,快速准确记录观察结果;客观记录行为或事件发生的过程,将"所见"和"所感"相区别。

(2)尽可能避免观察活动对被观察者的影响。由于被观察者会因为意识到自己被别人观察而出现一些掩饰的行为,使观察结果受到影响。所以为了减少对被观察者的影响,可以采用隐蔽观察法,借助录音、录像或单向玻璃等设备。

当研究者要了解被观察者的内心感受、事件的内部状态或者研究缺乏辅助设备,必须出现在观察现场,暴露观察者的身份时该怎么办呢?可以采用这两种方法加以解决:与被观察者建立良好的关系,取得信任,消除陌生感。被观察者保持其行为常态,并愿意向观察者表述自己的内心感受;频繁出现在观察的现场,使被观察者习惯观察者的存在。

7.观察法的优缺点

(1)优点:简便易行;真实可靠;直观生动。

(2)缺点:受时空条件限制;所得材料带有表面性和偶然性;对观察者的素质要求高;花费较多的人力和时间。

三、访谈法

1.访谈法的含义

访谈法也称访问法,是一种最古老、最普遍的收集资料的方法。访谈法是指调查员通过有计划地与被调查对象进行口头交谈,以了解有关社会实际情况的一种方法。访谈的过程实际上是访问者与被访问双方面对面的社会互动过程。

2.访谈法的特点

优点:可以双向沟通、控制性强、实用性广、成功率高。

缺点:受调查员的影响大、匿名性差、调查成本大。

3.访谈法的类型

访问因研究的目的、性质或对象的不同,而有各种不同的方法。

(1)根据访问中访问者与被访者的交流方式可分为直接访问和间接访问。

①直接访问就是访问者与被访者之间进行面对面的交谈。"走出去"或"请进来"。

②间接访问是访问者借助于某种工具对被访问者的访问。如电话访问、网上调查等。

优点:时间快、节省人力、费用低、保密性强。

缺点:只访问简单问题,属于被动调查。

(2)根据一次访问的人数,访问可分为个别访问和集体访问。

①个别访问是对单个调查对象的访问。

②集体访问是邀请若干个调查对象,通过集体座谈的方式搜集有关资料的方法,即开座谈会。开好座谈会:一要明确会议主题,确定参会人数,让参会者提前准备;二是选好场合和时间;三要避免权威人士左右其他人员发言;四是最后要总结。注意:敏

感问题不宜采取此方法。

(3)按照对访问过程的控制程度进行分类可分为结构式访问(标准化访问)与无结构式访问(非标准化访问)

①结构式访问是指按照统一设计、有一定结构的调查表或问卷表所进行的访问。访问对象采取概率抽样,访问过程高度标准化。

优点:访问结果便于量化、回收率高、调查结果可靠性高。

缺点:费用高、时间长。结构式访问往往用于大规模的社会调查,如人口普查等。

②无结构式访问是按照一个粗线条的提纲或一个题目,由访问者与被访问者在这个范围内进行交谈。

优点:弹性大、能对问题进行全面的了解。

缺点:费时、难量化。无结构式访问常常用于探索性的研究,用于深入了解个人心理奥秘、证言(如动机、价值观、态度、思想等)。

4. 访问的程序与技巧

(1)访问的准备

①准备访问提纲,弄懂问卷及访问手册;②对被访人的社区特征进行了解;③确定适当的访谈对象,并对访谈对象进行了解;④拟定实施访问的程序表;⑤准备工具。

(2)进入访问

①取得当地或单位的支持;②解决称呼问题;③接近被访问者:开门见山,自我介绍,讲明来意,请求支持;求同接近;友好接近;自然接近。开始问题回答顺利能使被访者信心增强。

(3)访问的控制

①提问控制:题目转换;对问题的追问;合适的发问与插话;提问的注意事项:始终保持中立态度;把握方向及主题焦点,减少题外话;注意时间上的顺序,特别是事件变迁问题;使用语言越简单越好;灵活掌握问题的提法与口气。

②表情与动作控制

在访问中,访问员自始至终都要使自己的表情有礼貌、谦虚、诚恳、耐心。注意:不要毫无表情,要做好听众。

(4)结束访问

原则:适可而止;把握结束谈话的时机。对被访者表示感谢。

5. 访问记录

无结构访问记录分为:当场记录和事后记录。

当场记录是边问边记录,但需征得调查对象的许可。优点是资料完整,不带偏见;缺点是可能失去对方表情、动作所表达的信息。最好录音。

事后记录是在访问之后靠回忆进行记录。缺点是会失掉许多情报。

四、问卷调查法

1. 问卷法的含义

问卷法是调查者通过事先统一设计的问卷来向被调查者了解情况、征询意见的一种资料收集方法。是访问法的延伸和发展。

2.问卷法的特点

优点:突破空间的限制,可大范围调查;有利于对调查资料进行定量分析和研究;避免主观偏见干扰;具有匿名性。

缺点:只获得有限的书面信息;不适合文化程度低的群体;问卷回收率和有效率比较低。

3.问卷的类型和结构

问卷是社会研究中搜集资料的一种工具。它的形式是一份精心设计的问题表格,用以测量人们的特征、行为和态度等。

(1)问卷的主要类型

问卷分为两种主要的类型:自填问卷和访问问卷。

自填问卷又依据发送到被调查者手中的方式的不同,分为邮寄问卷和发送问卷两类。邮寄问卷通过邮局寄给被调查者,被调查者填答完后又通过邮局寄回;发送问卷则由调查员或其他人将问卷送到被调查者手中,被调查者填答完后再由调查员逐一收回。此外,还有二者相结合的发送方式,比如登门或集中发送,然后通过邮局寄回等。

(2)问卷的基本结构

一般来说,一份问卷通常包括以下几个部分:封面信、指导语、问题及答案、其他资料。

①封面信。即一封致被调查者的短信,其作用在于向被调查者介绍和说明调查者的身份、调查目的等内容。封面信的篇幅虽然短小,但在整个问卷中却具有相当重要的作用。

在封面信中,一般需要说明下列内容:调查的主办单位或个人的身份;调查的内容和范围;调查的目的;调查对象的选取方法。

除以上内容外,通常还把填答问卷的方法、要求、回收问卷的方式和时间等等具体事项写进封面信。在信的结尾处一定要真诚地对被调查者表示感谢。

②指导语

所谓指导语即用来教被调查者如何正确填答问卷,教访问员如何正确完成问卷调查工作的一组陈述。指导语对于问卷的作用就相当于一部新机器的使用说明书。指导语有卷头指导语和卷中指导语之别;卷头指导语一般以"填表说明"的形式出现在封面信之后,正式调查问题之前。其作用是对填表的要求、方法、注意事项等作一个总的说明。

问卷中每一个有可能使回答者不清楚、不明白、难理解的地方,一切有可能成为回答者填答问卷的障碍的地方,都需要给予某种指导,而对于编写指导语来说,最主要的标准就是要简单易懂。

③问题和答案

问题和答案是问卷的主体,可以说,被调查者的各种情况正是通过问题和答案来收集。

问题可分为开放形式和封闭形式两大类;答案分为有关事实的、有关态度的和有关个人背景的三大类。

所谓开放式问卷,就是不为回答者提供具体的答案,而由回答者自由回答的问题。

优点:允许回答者自由发表意见,不受限制,所得资料丰富生动。缺点:第一,回答者有较高的知识水平和文字表达能力;第二,回答者花费较多的时间和精力,十分费神费力;第三,开放式问题所得到的资料难于处理,尤其难于定量的处理和分析。因为对于同一个问题,人们的回答往往是千差万别的,要对这样的回答进行分类,统计无疑是十分困难的。

所谓封闭式问题,就是在提出问题的同时,还给出若干个可能的答案,供回答者根据自己的实际情况从中选择一个作为回答。

优点:填写问卷十分方便,对文字表达能力也无特殊的要求;所得资料十分集中,而且特别便于进行统计处理和定量分析。缺点:封闭式问题所得的资料往往失去了开放式问题所得资料中所表现出来的那种自发性和表现力;回答中的偏误难以发现。

问卷适应范围:在实际的问卷调查中,研究者往往根据二者的不同特点,把它们用于不同目的、不同形式的调查中。例如,开放式问题常常用于探索性调查所用的问卷中,而正式调查所用的问卷则主要是封闭式问题。

4. 问卷设计基本原则

(1)把为被调查者着想作为问卷设计的出发点。

(2)对阻碍问卷调查的因素有明确的认识。

①主观障碍:畏难情绪;顾虑重重;漫不经心;毫无兴趣。

②客观障碍:阅读能力的限制;理解能力的限制;表达能力的限制;记忆能力的限制;计算能力的限制。

(3)从多个不同的角度来考虑问卷的设计工作。

①调查目的的影响;②调查内容的影响;③样本性质的影响;④资料处理分析方法的影响;⑤问卷使用方式的影响;⑥调查经费和时间的影响。

5. 问卷设计主要步骤

(1)探索性工作;(2)设计问卷初稿,运用卡片法和框图法;(3)试用和修改。

试用的结果,通常可对下述方面进行检查和分析:回收率;有效回收率;对未回答的问题的分析;对填答错误的分析。

试用的具体方法有客观检验法、主观评价法。

6. 问卷设计具体方法

(1)问题的形式

开放式问题由于不需要列出答案。所以,形式很简单,在设计时,只需在问题下面留出一块空白即可;封闭式问题,包括问题及答案两部分,形式复杂得多。

(2)答案的设计要求

①要保证答案具有穷尽性和互斥性;②要根据研究的需要来确定变量的测量层次;③遇到不可能或十分困难的答案,用"其他"一词做答案列出。

(3)问题的语言和提问方式

①尽量用简单的语言。人人明白,忌用社区、社会分层、核心家庭等术语。②问题要尽量简短。③避免双重含义问题。如"你父母是工人吗?"④问题不要带倾向性。如"你不抽烟,是吗?"⑤不用否定形式提问。如"你是否赞成物价不进行改革?"⑥不问回答者不知道的问题。如"你对我国的社会保障制度是否满意?"⑦不直接问敏感性问题。⑧问题的参考框架要明确。参考框架指问题对于什么背景而言,在什么范围内或对什么方面而言。

7. 问卷设计中的常见问题

（1）问题含糊；（2）概念抽象；（3）问题带有倾向性；（4）问题提法不妥；（5）双重含义问题；（6）问题与答案不协调；（7）答案设计不合理；（8）语言中的毛病；（9）其他方面的问题。如在表格设计、封面信、指导语等方面或印刷错误等。

8. 问卷的发放与回收

（1）有利于提高问卷的填答质量；（2）有利于提高问卷的回收率。注意：50%的回收率是发送问卷调查的最低要求。

五、案例研究法

1. 案例研究的起源及发展

案例法是由美国哈佛大学法学院创始。1870年，兰德尔出任哈佛大学法学院院长时，法律教育正面临巨大的压力：其一是传统的教学法受到全面反对；其二是法律文献急剧增长。兰德尔认为，"法律条文的意义在几个世纪以来的案例中得以扩展。这种发展大体上可以通过一系列的案例来追寻。"由此揭开了案例法的序幕。

案例法在法律和医学教育领域中的成功激励了商业教育领域。哈佛大学洛厄尔教授在哈佛创建商学院时建议，向最成功的职业学院法学院学习案例法。1908年案例法在哈佛商学院开始被引入商业教育领域。由于商业领域严重缺乏可用的案例，哈佛商学院最初仅借鉴了法律教育中的案例法，在商业法课程中使用案例法。由此，人们开始有针对性的研究和收集商业案例。

2. 案例研究的兴起

对案例研究的关注可以追溯到上世纪初，一些著名的管理学理论的原创性研究都来源于案例研究：霍桑实验提出人际关系学说，行为科学理论；闵斯伯格的管理者角色研究；早期的经验学派（The Empirical Approach）的研究成果。

孔茨（Harold Koontz1）在其著名的管理理论丛林论（1961年）和1982年再论中两次划分出了哈佛商学院所代表的案例学派（The Case Approach），奠定了这个学派的地位。

七十年代末八十年代初，日本经济的崛起使企业竞争力迅速提升，震惊美国管理界，一批日、美管理学者包括威廉大内、武泽信一、A. M 怀特希尔等人深入日本企业开展研究，产生了一批 Z 理论为代表的日美企业比较研究的成果。

同时 J. 彼得斯和 H. 沃特曼开展了美国 34 家企业管理经验的案例研究，总结出企业要管理有序、贵在行动、紧靠顾客、行自主、倡创业、以人促产、价值导向、不离本行和精兵简政、松弛有度。

20 世纪 80 年代后，通过案例研究总结出来了核心能力（Core Competence）、公司重组（Reengineering the Corporation）和平衡计分法（Balanced Scoring）等理论创新。如 1990 年 Prahalad CK 与 Hamel K，通过对日本 NEC 与美国通用电报电话公司（GTE）的案例比较研究提出企业核心能力的新理论。NEC 用了八年时间，销售收入从原来只占 GTE 的 38% 到超过 GTE 的 33%。通过案例研究，总结 NEC 在 20 世纪 80 年代高速成长的经验时，提出了核心竞争能力的重要性。

因此，现代管理理论的提出和创新更多基于企业管理的实践活动并通过案例研究方法而提炼和升华。现代企业管理的复杂性和各国企业实践活动的差异性进一步促使工商管理学科的理论研究更加重视案例研究方法。

3. 案例研究法的含义

案例研究是一种运用历史数据、档案材料、访谈、观察等方法收集数据,并运用可靠技术对一个事件进行分析从而得出带有普遍性结论的研究方法。

也有人认为案例研究是通过典型案例,详细描述现实现象是什么、分析其为什么会发生,并从中发现或探求现象的一般规律和特殊性,指导出研究结论或新的研究命题的一种方法。

案例研究是通过对一个或多个案例进行分析,通过多种渠道获取案例中的各种信息,分析他们的逻辑关系。

4. 案例研究法的分类

(1) 根据研究任务的不同可分为:①探索型案例研究(Exploratory)②描述型案例研究方法(Descriptive)③例证型案例研究方法(Illustrative)④实验型案例研究方法(Experimental)⑤解释性案例研究(Explanatory)

(2) 根据实际研究中运用案例数量的不同可分为

①单一案例研究

用于证实或证伪已有理论假设的某一个方面的问题,通常,单一案例研究不适用于系统构建新的理论框架。

优势:深入、深度地揭示案例所对应的经济现象的背景,以保证案例研究的可信度。

②多案例研究

研究者首先要将每一个案例及其主题作为独立的整体进行深入的分析,这被称作为案例内分析(Within-Case Analysis);依托于同一研究主旨,在彼此独立的案例内分析的基础上,研究者将对所有案例进行归纳、总结,并得出抽象的、精辟的研究结论,这一分析被称作为跨案例分析(Cross-Case Analysis)。

优势:多案例研究能够更好、更全面地反映案例背景的不同方面,尤其是在多个案例同时指向同一结论的时候,案例研究的有效性将显著提高。

(3) 其他案例研究类型及方法

①根据数据收集方法的不同来区分的案例研究类型。常见的数据收集方法有文献法(Documents)、档案记录法(Archives)、访谈法(Interviews)、观察法(Observations)等等。

②根据案例分析方法的不同来区分的案例研究类型。根据分析对象的不同可以分为两类,其一是数据分析中使用的方法,其二是对证据的一致性进行比较分析时采用的方法。两类方法可以各举一例:比如,数据分析中的类型匹配法(Pattern Matching),它是指运用案例中所反映出来的经验性数据、知识,与事先设定的对不同变量间关系的特定假设进行对比分析。再如,证据分析中的时间序列法(Chronological or Time Series Ordering),它是指沿着时间维度,对一段时期内的事态发展进行跟踪性研究,并分析事件变化的原因。

对应于上述各种方法的不同,就形成了多种多样的案例研究类型。一般情况下,研究者可以在同一个案例研究中同时运用两种以上的分析方法。

5. 案例法的优缺点

案例研究方法主要有以下优势：(1)案例研究的结果能被更多的读者所接受，而不局限于学术研究圈，给读者以身临其境的现实感。(2)案例研究为其他类似案例提供了易于理解的解释。(3)案例研究有可能发现被传统的统计方法忽视的特殊现象。(4)案例研究适合于个体研究者，而无需研究小组。

案例研究也存在一些缺陷和不足：(1)案例研究的结果不易归纳为普遍结论。(2)案例研究的严格性容易受到质疑。比如，如何选择案例就不像问卷法那样有普遍意义。(3)案例研究耗费时间长，案例报告也可能太长，反映的问题不明了。

6. 案例研究法的内容

(1)选择案例

选择的标准与研究的对象和研究要回答的问题有关，它确定了什么样的属性能为案例研究带来有意义的数据。可使用一个案例或包含多个案例。

(2)收集数据

①文献；②档案纪录；③访谈；④直接观察、实地观察现场；⑤参与观察；⑥实体的人造物。

(3)分析资料

资料分析包含检视、分类、列表、或是用其他方法重组证据，以探寻研究初始的命题。

(4)撰写报告

一般具有很大的灵活性，常分为相对独立的几个部分：①背景描述；②特定问题、现象的描述和分析；③分析与讨论；④小结与建议。

7. 案例研究的步骤

(1)依据案例提出问题与研究步骤。

(2)对研究问题进行相关文献综述、推导、提出问题分析框架、理论命题或者提出问题分析的理论视角。

(3)撰写规范性的研究案例。

(4)分析研究案例，并从中验证第二步骤的理论命题，或者发现企业实践中产生的新事实，新思想。

(5)提出研究结论并明确今后课题。

8. 案例研究有效性的评价标准

任何研究都有相应的评价其有效性和相关性的标准，案例研究方法不同于数理统计以及其他数量研究方法，它有自己的一套评价标准，主要有四种测试方法：

(1)构建的有效性(Construct Validity)，它是用来检验研究是否已经为要研究的概念建立了正确的可操作的测量标准。

(2)内部有效性(Internal Validity)，这种标准要求研究者的推导符合逻辑和正确的因果关系，防止产生不正确的结论，例如，假设有三个变量：X，Y，Z，如果研究者只发现 X 和 Y 之间有关系，而忽略了真正起作用的 Z，那么研究工作就没有实现内部有效性。

(3)外部有效性(External Validity)，它是指研究结论是否能够推广。

(4)可靠性(Reliability)，它要求数据搜集过程能够被重复，具有客观性，亦即不同的人通过案例研究得出的结论是一样的。

在实际研究中,前面三种测试标准是最关键的。

六、实验方法

1. 实验方法的起源和发展

实验法是在自然科学研究中创造形成的。伽利略(1564—1642)最先设计了物理斜面实验,因此被公认为是实验法的创始人。

实验法实验对象从物转到动物掀起了动物实验,然后再转到人,导致对人自然机体即生理实验。

对人的心理实验始于冯特(1832—1920)于1879年在德国来比锡大学建立的第一个心理实验室。德国艾宾浩斯记忆实验,美国桑代克(行为主义心理学创始人)学习心理实验是实验法在心理领域应用的典范。

涉及教育的实验产生实验教育学出现于20世纪初,代表人物有德国的拉伊·梅依曼、法国的比奈·西蒙等。这时期实验教育学值得注意的三大思潮:①儿童科学运动,如皮亚杰的儿童认知发展实验活动;②新教育运动,如蒙台梭利的幼儿教育改革实验活动;③本义的实验教育运动,如比奈·西蒙创立的儿童教育测验学。

2. 实验方法的含义

实验方法指人们根据一定的科学研究目的,利用科学仪器设备,在人为控制或模拟的特定条件下,排除各种干扰,对研究对象进行观察的方法。它为自然科学获取第一手资料,用于检验理论、假说正确性,可以人为控制研究对象、创造极端条件、模拟实验对象。

实验法一般步骤是:首先确定研究方向,然后查阅资料,确定具体课题,接着设计实验方案、假设结论,再控制单一变量进行实验、分析和整理数据,最后得出结论,反思实验过程中的不足以及可继续探索之处。它具有针对性,过程控制严密严谨,具有可重复性、可信性,且存在误差等基本特征。

科学实验法按不同作用分为析因实验、判决性实验、探索实验和比较(对照)实验、中间实验、模拟实验;从结果的性质进行分为定性实验、定量实验和结构分析实验;依据对象运动形式不同有物理、化学、生物、心理实验等。

3. 实验方法的特点

(1)有目的地操纵自变量。

研究者人为地去控制自变量的发生和发展,使实验沿着研究者预定的方向进行,从而取得自己所需要的研究结果。

(2)实验过程控制严密。

排除其他无关因素的影响,控制无关因素,使实验除了自变量以外的其他条件保持一致,这样才能保证实验研究的效度。

(3)有严谨的实验设计和程序。

在研究问题、研究假设、实验处理、被试的选择、条件的控制、实验设计的方式、实验材料与工具、实验程序等方面都要在实验设计中明确地规定下来,只有这样才能保证实验结果具有科学性和有效性。

(4)可以在相同的情况下重复进行,以便验证结果的可靠性与有效性。

只要理论假设正确,设计严密,操作严谨,经过重复实验后所得到的实验结果应大致相同。

4. 实验方法类型

实验法按照不同的标准,可作多种不同的分类。

(1)按照实验的组织方式不同,实验法可分为对照组实验和单一组实验。

对照组实验,也叫平行组实验,是指既有实验组又有对照组(控制组)的一种实验方法。实验组即实验单位,对照组是同实验组进行对比的单位。两组在范围、特征等方面基本相同。在对照组实验中,要同时对两个观察客体(试点客体和控制客体)做前测与后测,并比较其结果以检验理论假设。例如,要检验"管理是提高生产率的要素"这一假设,以某工厂某车间为实验组,实行新的管理方法,以另一个与此相似的车间为对照组,维持旧的管理方法,在一段时间的首尾,同时对两个车间做前测与后测,再比较其结果,得出结论。

单一组实验也叫连续实验,是对单一实验对象在不同的时间里进行前测与后测,比较其结果以检验假设的一种实验方法。在这种实验中,不存在与实验组平行的对照组(控制组)。同一组在引入自变量之前相当于实验中的对照组,在引入自变量之后则是实验中的实验组。检验假设所依据的不是平行的控制组与实验组的两种测量结果,而是同一个实验对象在自变量作用前和作用后的两种测量结果。

(2)按照实验的环境不同,实验法可分为实验室实验和现场实验。

实验室实验是在人工特别设置的环境下进行的实验调查。

现场实验是在自然的、现实的环境下进行的实验调查。实验者只能部分地控制实验环境的变化,实验对象除了受到引入自变量的实验激发外,还会受到其他外来因素的影响。

实验室实验和现场实验相比,前者实验结果的准确率要远远高于后者。但是社会领域的实验调查,仍然大多采取现场实验的方法,这是因为实验室实验的成本高,操作复杂,而且样本规模十分有限,所以难以广泛应用。

(3)按照实验的目的不同,实验法可分为研究性实验和应用性实验。

研究性实验是以揭示实验对象的本质及其发展规律为主要目的的实验方法,主要用于对某一领域理论的检验与探讨。如:对某种经济学、社会学、法学、教育学理论等进行证实或证伪的实验调查,就属于这一类。

应用性实验则是以解决实际工作当中存在的某些问题为主要目的的实验方法。如:对农村联产承包责任制、企业股份制的实验调查,就属于这一类。

(4)按照实验者和实验对象对于实验激发是否知情,实验法可分为单盲实验和双盲实验。

单盲实验是不让实验对象知道自己正在接受实验,由实验者实施实验激发和实验检测。目前多数实验都是这类实验。

双盲实验是不让实验对象和实验者双方知道正在进行实验,而由第三者实施实验激发和实验检测。

之所以有单盲实验和双盲实验,是为了避免两种情况:一是实验对象出于对实验激发的欢迎或反感而有意迎合或故意不配合实验者;二是实验者和实验对象出于对实验结果的某种心理预期而影响实验检测结果的真实性和准确性。

此外,按照调查的内容不同,实验法还可分为心理实验调查、教育实验调查、经济实验调查、法律实验调查、军事实验调查等等。

5. 实验的基本程序

实验法的实施程序与其他方法大致相同,分为准备工作、具体实施和资料处理三个阶段。

(1) 准备阶段

准备阶段的工作主要有以下几项:①确定实验课题及实验目的。一般做法是在有了初步的构想后,通过查阅文献和有关访谈,对初步构想的价值和可行性进行一些探索性研究,最终明确实验的主题、大致的内容范围和所要达到的目标。②提出理论假设。一般做法是仔细寻找出实验的主题和内容范围所涉及的各种变量,将它们分类,并认真分析它们之间的关系,建立各种变量之间的因果模型。③选取实验对象。选取的根据是实验的主题和变量间因果模型的需要,选取的方法既可以是随机抽样,也可以是主观指派。④选择实验方式和方法。根据实验的要求和可能,决定究竟采用哪种实验类型,如何分组,怎样控制实验过程,如何进行检测等。⑤制定实验方案。将已确定的实验主题、内容范围、理论假设、实验对象及实验方式方法等整理成文字,说明实验的时间安排、地点和场所、实验进程、实验和测量工具等,并形成系统的、条理分明的实验方案。

(2) 实施阶段

实施阶段的工作主要有以下几项:①前测。用一定的方法对实验对象的各种因变量做详细的测量,并做详细记录。如果是有对照组的实验,事先要做到能够控制实验环境和条件,以保证实验组与对照组的状态基本一致。②引入或改变自变量,对实验组进行实验激发。在激发的过程中,要仔细观察,认真做好观察记录。③后测。在经过一段时间后,选择适当时机对实验对象的各种因变量做再次详细测量,并做详细记录。

(3) 资料处理阶段

资料处理阶段的工作主要有以下几项:①整理分析资料。对全部观测资料进行统计分析,并对原假设进行检验,形成实验结果,对实验结果进行分析与处理,据此提出理论解释和推断。②撰写实验报告。

第二节 科学研究中的逻辑思维方法及非逻辑思维方法

一、逻辑思维方法的起源与发展

"逻辑"一词是一个外来词,据《辞海》记载,1902年,我国近代思想家严复(1853—1921)在他的译著《穆勒名学》序文中首次将"logic"一词意译为"名",音译为

"逻辑"。从此,"逻辑"这个词进入了中国的文化体系。"逻辑"导源于希腊文"λόγος(逻各斯)",原意具有思想、原则、理性、力量、规律等含义。公元前1世纪时派生出"λογική(逻辑)"这个词来指称一门学说。因此逻辑思维是指严格遵循逻辑规律,逐步分析与推导,最后得出合乎逻辑的正确答案和结论的思维活动。逻辑思维是科学思维的一种最普遍、最基本的类型。它包括形式逻辑和辩证逻辑思维两种形态。形式逻辑和辩证逻辑在科学认识中各有其不可取代的作用。

现代意义上的逻辑思维方法,应该是从西方产生的。它生成于古希腊的人文精神与科学精神的文化背景之中,作为科学思维的工具,从一开始就包含着演绎与归纳两种基本方法,后随文化变迁的需要而不断更新、完善。西方逻辑体系创始人亚里士多德总结了前人的思想积淀、吸收自然哲学家和思辨哲学家的思想精华,以认识真理、反对诡辩、正确表达思想为目的,构筑了一套有效推理、论证的方法体系。由于亚里士多德逻辑学脱胎于哲学,并以自然语言为主要表达方式,因此,到了中世纪,它被宗教统治者歪曲利用,成为论证经院哲学的工具。随着近代自然科学的创立与发展,被马克思称为"英国唯物主义和整个实验科学的真正始祖"的弗兰西斯·培根,在抨击经院逻辑的同时也批评了亚里士多德的逻辑方法,并提出将归纳逻辑方法作为新工具,去认识自然、复兴科学文化。但是他排斥演绎法,且其归纳法又缺乏严谨的定义,导致他的理想无法完全实现。

与培根不同,德国数学家、哲学家、逻辑学家莱布尼茨另辟蹊径,将数学方法引入亚里士多德逻辑中,他一方面高度评价亚里士多德的逻辑方法,另一方面又为亚里士多德逻辑指出了数学形式的发展方向,即以人工语言代替自然语言,把一般推理的规则改变为演算规则,以消除自然语言的歧义性、不规范性,使逻辑演算按确定的规则进行。虽然莱布尼茨数学化构想没能建立起符号逻辑的体系,但他对旧逻辑的形式化改造,给逻辑学的发展带来了重大转机,奠定了现代逻辑的研究基础,促成新的逻辑方法的诞生。倡导建立人工符号语言系统,对于克服自然语言的局限性,开辟普遍符号语言及逻辑数学化研究的新路有着重要意义。

之后,德国数学家、逻辑学家弗雷格构造了较为严格、完全的逻辑演算系统,成为现代逻辑体系创设的先行者,他提出的有关语言的逻辑分析理论,使现代逻辑方法向着更加完备的形态发展。他想让那些害怕符号与符号系统的哲学家与那些害怕哲理性讨论的数学家们联起手来,打通人文与科学之间研究的壁垒,借助逻辑方法,为各门学科的融合发展开辟广阔的视野。弗雷格努力将逻辑变成由公理和定理、规则构成的演绎体系,并探讨含义和指称等理论问题,促进了逻辑方法与哲学、语言学、数学等领域的密切结合,为相关科学的研究提供了全新的方法,在一定程度上改变了不同领域中人们研究问题的思维方式。

20世纪初,西方哲学发生的"语言转向",应该说是源于弗雷格的语义理论的形式化,又经罗素这位现代符号逻辑的集大成者,运用逻辑方法对命题和语词意义进行分析,进而将哲学家们引向了哲学发展的新路径。尤其是维特根斯坦在其《逻辑哲学论》中关于为思想的表达划清一条界线的阐述,视哲学本身为逻辑分析,使哲学变成一种关于命题意义的逻辑分析活动。

二、逻辑方法的具体内容

以逻辑规律为指导，根据事实材料，形成概念、作出判断，进行推理，构成理论体系的方法即是逻辑方法。

逻辑方法又有广义与狭义之分。某一逻辑理论体系的应用就是广义的逻辑方法。逻辑学包括传统形式逻辑、现代形式逻辑和辩证逻辑等。传统形式逻辑系统的应用，就广义的传统形式逻辑方法。包括亚里士多德逻辑和培根归纳逻辑方法，现代形式逻辑又分别包括很多分支逻辑系统。现代形式逻辑及其各分支的应用，就是广义的现代形式逻辑的逻辑方法。例如：命题逻辑、集合论、多值逻辑、认识论逻辑等。辩证逻辑的应用，就是广义的辩证逻辑方法。某一逻辑理论的基本规律的具体化和补充，并作为逻辑理论体系形成概念、作出判断，进行推理，构成理论体系的方法，就是狭义的逻辑方法。比较法、分析法、综合法、抽象法、概括法、定义法、划分法、演绎法、归纳法、类比法等方法就是狭义的传统形式逻辑的逻辑方法。形式化方法、公理化方法、假说演绎方法、数理统计方法、真值表方法、范式方法等方法，就是狭义的现代形式逻辑的逻辑方法。演绎与归纳相统一的方法，分析与综合相统一的方法，从抽象上升到具体的方法，逻辑与历史相统一的方法等，就是狭义的辩证逻辑的逻辑方法。

传统形式逻辑和现代形式逻辑方法是适用于某一类科学领域的一般性方法；而辩证逻辑的逻辑方法则是适用于一切科学领域的最有普遍性的方法。

逻辑方法是人类思维的一个重要方面。逻辑方法是随着人类思维的出现而出现，随着人类思维的发展而发展的。在古代，人类的认识活动主要依靠不充分的观察到的事实材料和简单的逻辑推理，直观地，笼统地认识自然界的一般性质，恩格斯称这种方法为"天才的自然哲学的直觉"。随着人类社会实践和科学的发展，人类思维能力也日益提高，能够自觉地把逻辑方法作为研究的对象，依附于具体科学的逻辑方法分化为具有独立意义的一般性方法。总结运用逻辑方法的经验，撰写有关逻辑方法的著作，形成了各种逻辑方法的科学体系。春秋战国时代，墨翟及其后继者撰写的《墨经》，研究了逻辑形式和逻辑规律。古代印度的逻辑学家创立了因明，研究了推理论证的问题。古代西方，德模克里特写了《论逻辑》一书，研究了归纳法问题，亚里士多德的《工具论》和《形而上学》研究了演绎推理和逻辑规律。从15世纪下半期到18世纪中期，随着资本主义产生和发展，科学技术也有了很大的发展。弗·培根在他的《新工具》里，研究了归纳法问题。建立了归纳逻辑基础。之后，笛卡尔在他的《方法论》中研究了演绎法和数学方法的作用。莱布尼兹提出了数理逻辑的有关思想，为开创数理逻辑奠定了基础。18世纪下半期到19世纪末，实验方法、数学方法、比较法和假说方法又有了显著的发展。德国古典哲学家对逻辑方法问题作了崭新的研究。唯心主义哲学家黑格尔写了《逻辑学》，全面地、系统地、深入地研究了辩证思维的形式、规律和方法。马克思主义经典作家非常重视逻辑规律和逻辑方法的研究，在批判黑格尔唯心主义基础上，提出了科学的唯物主义辩证逻辑的基本原理。20世纪以来，传统形式逻辑已成为一门独立的科学，现代形式逻辑也成为一门独立的科学，它的逻辑体系完整，逻辑分支门类繁多，辩证逻辑基本理论的研究和科学体系的探索都有进展。

逻辑方法不是纯主观的、先天的范畴，它是在人类社会实践基础上产生的，是人类思维经验的总结。逻辑方法只有符合客观世界的发展规律时,才是正确的,才能达到预期的目的。列宁说:"逻辑方法、思维范畴不是'人的工具',而是自然界和人的规律性的表现。"

下面我们介绍一些具体的逻辑方法。

1. 比较与类比

(1) 比较

比较是确定客观事物共同点和差异点的逻辑思维方法。通过比较同中求异,或者异中求同。比较可以在异类对象之间进行,也可以在同类对象之间进行,还可以在同一对象的不同方面,不同部分之间进行。

人们之所以能够认识个别是由于人具有辨别能力。辨别通常从比较开始,有比较才能鉴别。比较是人们常用的方法,买东西时挑一挑,拣一拣就是通过比较选取好一点的物品。

比较的类型有:

① 相同点的比较:由两个及两个以上对象进行比较而认识其异中之同。用公式表示为:

∵ A 对象有 a、b、c、d 属性,
  B 对象有 a、b、e、f 属性,
  C 对象有 a、b、g、h 属性,
∴ A、B、C 具有相同的属性 a、b。

② 相异点的比较:由两个及两个以上对象进行比较而认识其同中之异。用公式表示为:

∵ A 对象有 a、b、c、d、e 属性,
  B 对象有 a′、b′、c′、d、e、f 属性,
∴ A 以属性 a、b、c 与 B 相异。

③ 同异综合比较:由两个及两个以上对象进行比较而认识其同中之异与异中之同。可以用公式表示为:

∵ A 对象有 a、b…属性,
  B 对象有 a、b…p、q…属性,
∴ A 以属性 a、b…相似于 B,又以属性 p、q…相异于 B。

比较方法的作用:

① 可以建立科学概念。如比重、比热、比表面积等。

② 可以促进新的理论的诞生。如用比较的方法研究自然地理,产生了比较地理学;用比较的方法来研究两种或多种语言的异同,于是产生了比较语言学;用比较的方法研究生物机体和器官,于是产生了比较解剖学等。

③ 通过比较可以寻找出事物之间是否具有某种内在的联系。人类发现的化学元素有没有规律?通过比较描绘出化学元素发现的曲线。1957 年,德国学者洛夫斯基第一个把发现的化学元素以发现年代为序,对不同年代发现的数目做了比较,作出了一条曲线。后来我国的任宝成、周宝珠在这条曲线基础上,又以每十年发现元素数目作了一个比较,得出一个统计图。这张图表明发现元素的数目不是均匀上升的,它有

明显的波浪性,出现了三个波峰和三个波谷。这一发现给人们提出了一些问题:元素发现为什么不是均匀的?元素的发现与哪些因素有关系?元素的发现有没有规律性可循?

④证实某一假说或某一推测正确与否。例如门捷列夫在排列周期表时,发现按排列的规则进行,会出现一些空位,门捷列夫非常大胆地说,属于这些空位的元素将来一定会被发现。他还指出表中三个待填补的元素大致性质。1875年法国化学家发现了第一个待填补的元素——镓,1879年瑞典化学家发现了第二个待填补的元素——钪,1886年德国化学家发现了第三个待填补的元素——锗。

⑤对不能进行直接实验的项目或者变化缓慢不易被观察到的对象作定性鉴别和定量分析。例如,用光谱分析方法把某天体光谱与已知化学元素的标准谱线进行比较,可以确定天体的化学成分。1859年,基尔霍夫用这种方法证明太阳上含有地球常见的化学元素。

比较方法在科学发现中有着明显作用。但是,任何比较都不会十全十美,任何比较只是拿所比较的事物或概念的一个方面或几个方面来相比,而暂时地和有条件地撇开其他方面,因此,对于比较所得的结果,不能绝对化。同时,还需注意比较必须在同一关系下进行,比较要有明确的标准,比较既要抓着要害,又要注意全面性。

(2)类比

类比是由两个某些属性相同的对象,而推出它们在别的属性上也相同的推理形式。类比的公式如下:

∵ A 对象有 a、b、c、d 属性

　　B 对象有 a′、b′、c′属性,且分别与 a、b、c 相似

∴ B 对象可能具有与 A 对象中 d 相似的 d′属性。

类比推理在各种逻辑推理中最富有创造性。伽利略用类比方法发现了具有相同比例的船,为什么大船容易散架的原因。著名的天文学家开普勒运用类比方法取得了不少成果,因此说类比方法是他最好的老师。

然而,类比推理的结论是概率性的。概率的大小主要取决以下几个方面:

①类比对象之间的相同属性越多,结论的可靠性越大。如维纳提出的功能模拟法就是通过人与机器在动作功能方面的多项属性的类比得到的。

②如果能证明 A 类对象中 d 属性的存在是由 a、b、c 属性存在决定的,即 d 与 a、b、c 的关系不是偶然的,而是必然的。那么,B 类对象中具有 d 属性,这一推论是完全可靠的。如目前采用的双排刃齿联动钻头就是通过与恐龙牙齿的类比而发明出来的。

③如果在 B 类对象中发现某一属性与结论中的 d 属性不能并存,那么,无论 A、B 这两个对象的相同属性在数量上如何多,类比不可进行。比如,不少科学家把地球上的现象与火星上的现象进行类比,认为火星上可能有生命。可是宇宙飞船的探测证明火星上缺水、缺氧。这个情况与生命存在不能并存,因此,说"火金星上可能存在生命"的推论是错误的。

2.归纳和演绎

这两种推理的形式是科学发现与技术发明的有效方法。推理形式由特殊到一般和由一般到特殊,归纳和演绎则是认识过程。

(1)归纳法

归纳法(Induction)是由个别到一般的思维方法,即由若干个别事例推出一个一般性的结论,或用若干个别的判断作论据来证明一个论点或论题。要从事实材料中找到事物的一般本质或规律就要应用归纳法。它也是我们写论文时经常用到的一种逻辑方法。例如,人们发现金属中的金(Au)、银(Ag)、铜(Cu)、铁(Fe)、铅(Pb)、锡(Sn)、铝(Al)……都能导电,所以得出"凡是金属都能导电"的结论;化学家门捷列夫在人们认识的大量个别元素的基础上概括出化学元素周期律。这些就是归纳法。再如,我们总结我国经济建设的经验教训时发现:50年代前、中期按经济规律办事,经济得到了稳步的发展;60年代前期我们按经济规律办事,经济得到了很快的恢复和发展;十一届三中全会以来我们又采取了一系列符合实际情况的政策和措施,经济又开始恢复并健康快速向前发展。从而我们得出,只有按经济规律办事,我国经济才能得到发展这样的结论。

归纳法以认识对象的必然属性为基础,必然属性是某类事物全体对象所共有的属性。归纳法可分为完全归纳法和不完全归纳法。不完全归纳法可分简单枚举归纳法和科学归纳法。

①完全归纳法:对某一类事物的所有对象都进行分析,从而概括出该类事物都具有某种共性的结论。其公式表示如下:

$S_1 \to P$

$S_2 \to P$

$S_3 \to P$

……

$S_n \to P$

∴ $S \to P$,$S = \{S_1, S_2, \cdots, S_n\}$(S表示事物对象,P表示属性)

人们根据直角坐标系中锐角三角形内角之和等于180°,钝角三角形内角之和等于180°,直角三角形内角之和等于180°,推断出直角坐标系内所有三角形的内角之和必然是180°。这种推断方法就是完全归纳法。再如,某班有几十个学生,每个学生的学习成绩都优秀,因而可以说该班所有学生的学习成绩都优秀。

运用完全归纳推理必须注意两点:①所列举的前提应当是包括该类事物的每一个个别对象,一个也不能遗漏。②作为前提的每一个判断都应当是真的,即每一个个别对象都确实具有某种性质。如果满足了这两条要求,那么完全归纳推理的结论就必然是真实的。否则,结论就不是必然真实的。

由于完全归纳推理要求对某类事物的全部对象一一进行考察分析,所以,它的运用是有局限性的。如果某类事物的个别对象是无限的或者事实上是无法一一考察穷尽的,它就不能适用了。这时就只能运用不完全归纳推理了。

②不完全归纳法:就是对某一类事物中的部分对象所具有的某种属性进行考察,进而概括出该类事物的全部对象都有这种属性。

A. 简单枚举归纳法:是根据某一属性在一些同类对象中不断重复出现,而且没有遇到与之矛盾的情况,从而对该类所有对象作出一般性的结论。如S_1、S_2、S_3…是S类事物的一部分对象,已知它们都具有属性P且无一例外,则可推出该类事物S都有P

的属性。其公式表示如下：

∵ $S_1 \rightarrow P$

$S_2 \rightarrow P$

……

$S_n \rightarrow P$

∴ $S \rightarrow P$（$S_1, S_2, \cdots, S_n$ 是 S 类事物中的部分对象，枚举中未遇相反属性）。

要注意简单枚举归纳推理所依据的仅仅是没有发现相反的情况，而这一点对于作出一个一般性的结论来说，虽是必要的，但并不是充分的。因为，没有碰到相反的情况，并不能排除这个相反情况存在的可能性。而只要有相反情况的存在，无论暂时碰到与否，其一般性结论就必然是错的。

以前，人们运用这一方法归纳得出"所有的天鹅都是白的"，可是，有人在澳洲发现了黑色的天鹅。再如：通过分析硫酸（H_2SO_4）、硝酸（HNO_3）、磷酸（H_3PO_4）、碳酸（H_2CO_3）、高锰酸（$HMnO_4$）都含氧，得出结论所有的酸都含氧，而盐酸（HCl）、氢氟酸（HF）、氢硫酸（H_2S）等不含氧。上面提到的"凡是金属都导电"，而金属锗（Ge）在通常情况下导电性能却很差。为了提高不完全归纳法的可靠性，要尽可能广泛地收集同类事物的材料，并研究材料与属性间是否存在必然联系。

B. 求同法（或契合法）：在不同场合下考察到相同的现象，如果这些不同的场合只有一个共同的条件（研究对象），那么，这个条件就是该现象产生的原因。公式表示如下：

∵ A、B、C → a

A、D、E → a

A、F、G → a

∴ A 是 a 的原因。

我国医务工作者对 1972 年"烧热病"产生原因的确定，就是用这种方法。

C. 求异法（差异法）：如果某种现象在第一场合出现，在第二场合不出现，而这两个场合只有某一条件不同，那么，这个条件就是这种现象产生的原因。公式表示如下：

∵ A、B、C → a

B、C → —

∴ A 是 a 的原因。

比如把同样重量的铁、棉花从同一高度抛下，第一种场合有空气，所以两物下降的速度不一样。第二场合在真空中，下降的速度一样。因此人们得出结论，空气的阻力是使同重量、同高度的自由落体下降速度不同的原因。除了上述主要的三种方法外，还有求同共异法、共变法及剩余法，简单表述如下：

D. 求同共异法：

∵ A、B、C → a

A、D、E → a

F、G → —

∴ A 是 a 的原因。

E. 共变法：在其他条件不变情况下，如果一个现象发生变化，另一个现象也随之发生变化，那么，前一现象就是后一现象的原因或部分原因。可表示为：

∴ A_1、B、C → a_1
   A_2、B、C → a_2
   A_3、B、C → a_3
   ……………

∴ A 是 a 的原因。

F.剩余法：如果某一复合现象是由另一复合原因所引起的,那么,把其中确认有因果联系的部分减去,则剩下的部分也必然有因果联系。可表示为:

∴ A、B、C → a、b、c
   B → b
   C → c

∴ A 是 a 的原因或部分原因。

剩余法也是科学研究中常用的一种逻辑方法。比如,居里夫人对镭的发现就是运用这一方法的一个典型例子。居里夫人在对沥青铀矿的实验研究中,发现它所放出的射线比纯铀放出的强得多,于是,她再三反复研究,后来果然发现在沥青铀矿中还有一种新的放射性元素——镭。

以上 B—F 几种方法都是在不完全归纳法的基础上分析某类事物中一些事物之所以有某种属性的原因,然后推论出该类事物中所有事物都具有该种属性的推理方法,也称因果归纳推理法。

（2）演绎法

所谓演绎法(Deduction)或称演绎推理(Deductive Reasoning)是指人们以一定的反映客观规律的理论认识为依据,从服从该认识的已知部分推知事物的未知部分的思维方法。演绎法是由一般到个别的认识方法。

演绎推理方法有多种形式,如三段论、假言推理和选言推理等形式。其中最常见的形式是三段论。

①三段论

三段论是指由两个简单判断作前提和一个简单判断作结论组成的推理。三段论中包含三个部分:一是大前提;二是小前提;三是结论。

运用三段论,其前提一般应是真实的,符合客观实际的,否则就推不出正确的结论。任何一个三段论都包含着三个不同的项,即大项、中项和小项。结论中的主项叫"小项",通常用拉丁文 S 表示;结论中的谓项叫"大项",通常用拉丁文 P 表示;在两个前提中个出现一次,而在结论中没有出现的项叫"中项",通常用拉丁文 M 来表示。在三段论中的两个前提中,包含有大项的那个前提叫"大前提",包含有小项的那个前提叫"小前提"。三段论的结构可用如下形式表示:

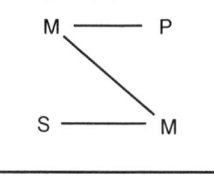

M —— P
S —— M
―――――
S —— P

演绎法的三段论结构的说明:
A. 三段论的论证过程是一个整体;
B. 三段论含有三个命题;
C. 在论证过程中,三个项每个都要用到两次,而两次使用时每个项都必须保持相同的含义。
D. 三段论中,大前提是一般性的原(事)理原则,小前提是论证的个别特殊的对象或事物,结论是推导出的特殊事物的结论。

列表表示如下:

结　构	形　式
大前提	所有M是P
小前提	所有S是M
结　论	所有S是P

演绎法有确定性与不确定性两种表述形式:

表述形式	确定性表达	不确定性表达
大前提	如果A发生,则B也发生	如果A发生,则B可能发生
小前提	A发生了	A发生了
结　论	B一定会发生	B可能会发生

例如,毛泽东在《为人民服务》一文中,在评价张思德的死时这样写道,人总是要死的,但死的意义有不同。中国古时候有个文学家叫做司马迁的说过:"人固有一死,或重于泰山,或轻于鸿毛。"为人民利益而死,就比泰山还重;替法西斯卖力,替剥削阶级和压迫人民的人去死,就比鸿毛还轻。张思德同志是为人民利益而死的,他的死是比泰山还要重的。上例就是典型的演绎论证。

"为人民利益而死,就比泰山还重"是大前提(一般事理),"张思德同志是为人民利益而死的"是小前提(个别事物),张思德的死"是比泰山还要重的"是结论。

再如:凡稀有动物都受《野生动物保护法》的保护,朱鹮是稀有动物,所以,朱鹮受《野生动物保护法》的保护。这也是一个三段论,它由两个包含着一个共同项"稀有动物"的性质判断为前提,推出一个性质判断为结论。在上例中,"朱鹮"是小项(S),"受《野生动物保护法》的保护"是大项(P),"稀有动物"是中项(M)。"凡稀有动物都受《野生动物保护法》的保护"是大前提,"朱鹮是稀有动物"是小前提,"朱鹮受《野生动物保护法》的保护"是结论。

②假言推理

假言推理是以假言判断为前提的推理,可分为充分条件假言推理和必要条件假言推理两种。

A. 充分条件假言推理的基本原则是:小前提肯定大前提的前件,结论就肯定大前提的后件;小前提否定大前提的后件,结论就否定大前提的前件。如:如果一个图形是正方形,那么它的四边相等;这个图形四边不相等,所以,它不是正方形。

B. 必要条件假言推理的基本原则是:小前提肯定大前提的后件,结论就要肯定大前提的前件;小前提否定大前提的前件,结论就要否定大前提的后件。如:氯化钠溶解时,只有达到一定的温度,氯化钠才能完全溶解;这次溶解没有达到一定的温度,所以,氯化钠没有完全溶解。

③选言推理

选言推理是以选言判断为前提的推理,可分为相容的选言推理和不相容的选言推理两种。

A. 相容的选言推理的基本原则是:大前提是一个相容的选言判断,小前提否定了其中一个(或一部分)选言肢,结论就要肯定剩下的一个选言肢。例如:这个三段论的错误,或者是前提不正确,或者是推理不符合规则;这个三段论的前提是正确的,所以,这个三段论的错误是推理不符合规则。

B. 不相容的选言推理的基本原则是:大前提是个不相容的选言判断,小前提肯定其中的一个选言肢,结论则否定其他选言肢;小前提否定除其中一个以外的选言肢,结论则肯定剩下的那个选言肢。如下面的两个例子:一个词,或者是褒义的,或者是贬义的,或者是中性的。"研究"是个中性词,所以,"研究"不是褒义词,也不是贬义词。分子间作用力,或者是色散力,或者是诱导力,或者是取向力。这个分子间作用力不是色散力和诱导力,所以,它是取向力。

演绎法的作用:①演绎是建立科学体系的有效手段。经过实践证实的假说就可以上升为定律或公理。人们从公理出发,利用逻辑推理(包括数学演算)就可以得出一批新的结论。根据这些新的结论以及原来的定律、定理等,又可以推出另一批新的结论,如此下去,可以建立起一套完整的体系,得出重大的科学发现与技术发明原理。欧几里德就是根据九条公理,推演出平面几何学体系。②演绎推理是作出科学预见、提出科学假说的一种手段。因为演绎是根据经过实践检验过的普遍性原理,推出在个别情况下存在的新的结论。该结论与普遍原理有逻辑必然性,因此具有预见性。关于自由落体理论,在比萨斜塔实验之前,人们一直相信亚里士多德的理论。这一理论认为物体下落的速度与重量成正比。可是,伽利略运用演绎推理证明了这种理论自相矛盾,所以是错误的。③演绎是预见科学事实,提出科学假说的一个必要环节。科学假说只有经过实验检验才能发展为科学理论。怎样去验证假说呢?方法之一是由假说推演出一个结论,用它去指导实验、设计实验,如果实验成功,则证明假说是可靠的,可以上升为理论。由假说推演出结论的过程就需运用演绎法。达尔文进化学说对细菌突变原因的解释就是一个例证。

演绎法的特点:①演绎法的前提的一般性知识和结论的个别性知识之间具有必然的联系,结论蕴含在前提中,没超出前提知识范围。②演绎法的结论是否正确,既取决于作为出发点的一般性知识是否正确反映客观事物的本质,又取决于前提和结论之间是否正确地反映事物之间的联系。如果前提是经过实践检验的正确反映事物本质的普遍原理或公理,演绎过程中又遵循了逻辑规则,那得出的结论可靠。如在马克思主义原理指导下,在中国革命实践基础上形成的关于中国革命的理论,是正确可靠的。③演绎法的思维运动方向是由一般到个别,由抽象到具体,即演绎的前提是一般性知识,是抽象性的,而它的结论却是个别性知识,是具体的。

演绎法局限性:①演绎法不能解决思维活动中演绎前提的真实性问题。前提的真实性要靠其他科学方法和实践来检验。如果演绎前提不可靠，即便没有违犯逻辑规则，也不能保证结论的正确。②演绎法不具有绝对性普遍意义。因为演绎法是从一般推知个别事实，它只说明一般与个别的统一，不能揭示一般与个别的差异。再说，具体事物是发展的，当事物由于发展而出现了一般没有的特点时，以一般直接、简单地演绎到个别就往往不能成功。③演绎法得出的结论正确与否，有待于实践检验。它只能从逻辑上保证其结论的正确性，而不能从内容上确保其结论的真理性。

必须指出，归纳与演绎是辩证统一的，二者缺一不可。归纳以演绎为先导，演绎以归纳为前提，二者总是相互联系、相互渗透、相互补充，没有绝对的界限，要防止把二者割裂开来的形而上学观点。数学归纳法就是归纳与演绎相互交替使用的一种证明方法。

3. 分析与综合

分析与综合是对感性材料进行抽象思维的基本方法，也是科学发现与技术发明中的常用方法。当然这种方法与上文谈到的比较与分类方法不是彼此绝对分开的，而是相互渗透的。在比较与分类中包括分析与综合，而分析与综合的过程也应用比较和分类方法。

（1）分析方法

分析方法就是对整体事物和复杂事物进行分解的研究方法，它包括把整体事物分解为各个部分和把复杂事物分解为简单的要素并对分解的部分和要素进行考察，作出新的发现，提出新的发明思路。

客观事物是普遍联系的整体，为了研究某一部分的特性，或者某些因素的作用，必须将部分从整体中孤立出来，暂时割断与整体的联系，或者将其他因素保持不变的值，突出被研究的部分或因素。研究事物的整体时，把整体分为各个部分或若干大的因素，再把它们分为许多小部分和若干小因素，逐级加以分析研究，最后达到对整体的认识。这种离开整体去考察部分，离开因素之间的联系去考察联系的方法，在发现与发明中是十分重要的。各门学科如果离开了这种分析的方法，便无法前进。自然科学从文艺复兴开始搜集材料，到十八世纪获得突飞猛进的发展，从方法论上说，分析的方法起了很重要作用，正如列宁所说："如果不把不间断的东西割断，不使活生生的东西简单化、粗糙化，不加以割碎，不使之僵化，那么我们就不能想象、表达、测量、描述运动"。（《哲学笔记》人民出版社出版 1972 年版第 285 页）。

分析方法的种类较多，如定性分析法、定量分析法、实验分析法、思维分析法……。在发现和发明过程中，这些方法往往是相互结合，同时并用的。例如原子核结构模型的发现就是实验分析、思维分析、定性分析和定量分析结合的产物。当人们发现镭可以自动放出三种射线（α射线、β射线、γ射线）以后，通过实验并验证α射线是带正电的粒子流，它以相当高的速度从放射源中放射出来；β射线也称为"乙种射线"，它的能量非常高。γ射线是一种光子流，不带电，因而在磁场中也不偏转，但它比一般光线的光子能量高得多，因此具有很强的贯穿能力。面对这些实验事实，人们进一步分析它们是来自物质结构中那个层次。根据经验，α粒子只能从原子核中放射出来，因为带正电，极轻的核外电子，不可转变为比它重几千倍的、带正电的粒子。β射线和γ射线初看起来，可能来自核外电子，但是从能量的角度分析，就会发现并非如此。核外电子的能量是相当高的,比如氢原子的能级跃迁(即核外电子从较高能级到较低的能级)最多只能放出十几电子伏的光子。相比之下,β射线或γ射线能量(指其中每个电子或每个光子的能量)却是几十万电子伏,分析结果表明这两种射线都不是来自于核外电子,而是来自于核内。这说明原子核是有结构的。为了证明这一点,卢瑟福先作了定性实验,他用天然放射性物质放射出来的α粒子做"炮弹"轰击氮(N)的原子核,证明了原子核是有结构的。这种定性实验分析证明,思维中的抽象分析是正确的。为了确定被轰出的粒子是什么,卢瑟福作了定量分析实验,发现被轰击出来的是质子。卢瑟福的实验不但首次证明原子核是有结构的,还证明了元素是可以转化的。

从这个例子可以看出分析方法在科学研究中有着重要作用,它的作用可以概括为两个方面:①分析方法可以最后确定经验材料中的真象和假象。如上述例子经过分析就可以排除β射线与γ射线来自核外电子的假象。②分析方法可以使人们的认识深入到事物的细节和更深的层次,为综合打下基础。在卢瑟福之后,又有许多人重复作了类似实验,发现硼、氟、钠、铅、磷等在受到轰击的时候,也会发射出质子。在这个基础上经过综合,得出结论:质子是原子核的基本成分之一。又经过多次分析实验发现了中子,这些成果成为卢瑟福提出原子核结构模型的依据。

分解复杂事物为简单因素,把整体分解为部分,不是主观随意的,分解出的要素和部分必须使它具有相对的独立性,在整体事物中具有特殊性为依据。这样在分析中所得到的材料才具有实际意义。同时运用分析方法时,尤其要强调联系的观点和整体的观点。

(2)综合方法

综合就是在思维过程中把发现与发明对象的各个部分、各个方面和各个因素联系起来考察,得出有关它们共性的、本质的认识。

综合建立在分析基础上,通过分析已经了解各部分、各方面及各种因素的基本情况。综合就是在思维中把上述提供的线索加以提炼。因此综合不是主观地、任意地、把对象的各个部分、各个方面或各种因素捏合在一起或者机械相加。

分析是从事物的外部进入内部,从现象进入本质。所以,综合也不是事物的外部简单联系,而是事物内部的本质联系。人们对光的认识,在历史上已经争论了好几个世纪,直到本世纪初才有比较明确的认识。有一类实验证明光具有波动特性,这就是光的干涉实验。另一类实验,如黑体辐射的能量分布规律、光电效应、康普顿效应等实验,表明光具有微粒特征,每一束光线都好像是由一颗颗光微粒构成的。这微粒叫做光子,每个光子都具有一定能量和一定的动量,并以光速飞行。光粒子说1905年已建立起来。在分析这两类实验的基础上,经过综合得出"光具有波、粒二象性"。这种综合不是说把波动性和粒子性简单相加,光"既是粒子,又是波",也不是说光是小巧的粒子沿着波浪的轨道运动,而应该理解为波动性和粒子性是光不可分割的属性。实际上,我们从描述粒子性的物理量(如动量P)和描述波动的物理量(如波长λ),可以看出在某些场合,(如光与光作用)光主要表现为波动特性,在另外场合(光与原子、分子之间相互作用),主要表现为光的粒子特性。

综合方法在科学抽象中有着重要作用,主要表现为两个方面:①综合是从感性认识进入理性认识过程中很关键的一步,如果说分析是感性具体到达思维中的抽象,那综合则是从思维中的抽象到达思维中的具体,因此经过综合使认识发生一次飞跃,只有经过这一步,才能认识事物整体性,联系性和规律性。②在综合过程中可以充分发挥思维的能动性,克服由于分解研究时所带来的认识上的局限性。例如,自然界中的各种元素表现出丰富的多样性,又有着深刻的统一性。当人们分别地考察这些元素时,把各个元素各自的特性掌握以后,就要用综合的方法,把这些联系恢复起来。这时元素之间量转化为质的辩证发展图景就出现在我们面前,这就是著名的元素周期律。

分析与综合按其思维的方向是相反的,一是在整体基础上去认识部分,一是在对部分认识的基础上又去重新认识整体,二者是辩证统一的。恩格斯说:"思维即把相互联系的要素联合为一个统一体,同样也把意识的对象分解为他们的要素。没有分析就没有综合。"(《反杜林论》人民出版社,1970年版,第35页)分析与综合是统一的。这种统一性就在于:第一,分析是以整体或联系为基础的,分析不是最终目的,分析是为了综合。认识部分是为了认识整体,所以在分析时就要有整体思想。综合建立在分析的基础上,只有对整体的各个部分、各个方面及各种要素分析清楚,综合才有新的内容,否则综合就是空洞无物的。总之,只有分析没有综合,这样的分析是片面的分析,是肤浅的认识。只有综合没有分析,其结论是空中楼阁,是站不住脚的。所以分析与综合是相互联系,相互补充的统一体。第二,分析与综合是统一认识过程中的两个方面,二者是对立的统一,在一定条件下相互转化。这种转化包括两方面涵义,一是说认识的发展总是从分析走向综合,又在综合基础上走向新的分析,使认识不断深化。人类对自然界的接触可以说是点滴的,局部的,一个一个零散的认识,这是最初状态的认识。经过一个阶段,人们由局部认识开始进入综合性认识,这就是以古希腊人为代表的古代人的自然观。随着生产与科学的发展,这种朴素的综合认识又让位给对自然界分析性的认识阶段,这就是十八世纪的自然科学。但由于当时把这种方法绝对化,所以出现了形而上学自然观。但是分析必然要再次走上综合。这样,一个普遍联系不断发展的自然观又形成了,这就是辩证唯物主义自然观。可以预见,今后认识发展也将是不断进行分析,不断进行综合,但不会像以往那样分阶段地进行。它将以统一整体存在于科学发现与技术发明之中。二是这种转化表现在一定条件下的分析,可以看做另一条件下的综合。同样,在一定条件下的综合,可以看作另一条件下的分析。分析与综合是可以相互转化的统一性。

4. 证明与反驳

(1)证明方法

证明方法是根据已知真实的判断来确定某一判断的真实性的思维形式。在科学发现与技术发明过程中,时常用这种方法去证实某一定律、定理、观点的正确性。证明的最基本规则如下:

对论题来说,论题必须明确,并在论证过程中要始终保持统一,保持稳定性。在论证过程中论题一旦确定,就不能随便扩大或缩小,更不能偷换。

对于论据的要求有两个方面:第一,是用来证明论题的论据,应该是真实的,无可怀疑的。论据的错误常有两种情况:一是论据本身是有待于证明的,它的真实性是不确定的;二是论据本身是正确的,但是由于扩大论据本身的适用范围,因此对于被论证的论题来说,这个论据也是不真实的。例如热力学唯心主义,用在孤立系统内,热过程的不可逆性,来论证宇宙热过程的不可逆性。因此得出宇宙总有一天会达到"热寂"。这种把有限范围内适用的论据用于宇宙这个无限的范围,是不真实的。第二,论据的真实性不能依靠论题来证明,否则就会犯循环论证的错误。如当我们证明"地球是圆的"时候,是用站在高处看海中的帆船驶来,总是先见桅杆,然后见到船身。如反过来问为什么会这样呢?因为地球是圆的。这就是以论题的正确性来证明论据的正确性。

对论证的要求是,论证要合乎逻辑,就是说论题和论据有必然联系,这种必然性是通过论证揭示出来的。如果在论证过程中没有揭示出这种必然性,说明论证不符合逻辑。论证要使论题与论据具有一致性。例如,"三角形三内角之和等于180°"的论据之一是"过直线外一点可以而且只能引一条与已知直线平行的直线。"这个论据,只能在欧氏几何中成立,在非欧几何中是不能成立的。按照证明的种类可分为直接证明和间接证明两种,直接证明是从已有的论据中按照推理规则得出论题的证明,也就是说由论据的真实性直接证明论题的真实性。间接证明是先论证与原论题相矛盾的论题是假,然后根据逻辑的排中律来证明原论题是正确的。

(2)反驳方法

反驳就是引用其他已知为真的判断来确定某一判断的虚假性的思维过程。在论证问题时证明与反驳是相互联系的,前者即所谓立,后者即所谓破。在发现与发明过程中,常常既需要证明自己的论题,又需要反驳他人提出来的错误论题。反驳的方法很多,归结起来就是从论题、论据和论证三个方面进行反驳。

首先,从论题方面反驳。有以下三种方法:

①列出事实进行反驳。事实胜于雄辩。例如,人们在研究无机物与有机物的区别时,曾经提出这样一个观点:无机物是能以人工方法用其元素制成的一种物质,而有机物是不能人工合成的,只能是从动植物身上索取。这个观点被化学发展的事实驳倒。1828年德国化学家(Friedrch Wholer,1800—1882)用无机物成功地合成了尿素。在这之后又相继用无机物合成草酸、蚁酸、油脂等,这些事实充分证明有机物是可以用无机物人工合成的,因此那种认为无机物不能人工合成有机物的观点,就被彻底驳倒了。

②独立地证明与所反驳的论题相对立的新论题是真的。根据矛盾律或排中律,那么被反驳的论题就是假的,这可以应用以上所讲的证明方法。

③用归谬法反驳。即使对方的论题导致荒谬的结果,从而证明了对方的论题是不能成立的。例如,我们要反驳"一条直线的垂线与斜线不相交"这样一个论题,就可以用归谬法推出与假设相矛盾的结果,从而证明这个假设是错误的。

其次,从论据方面反驳,指出论证论题的论据是假的,或是不充分的。显然,当论据不成立时,用论据证明的论题的真实性就受到怀疑,由于论据不充分,被证明的论题也不能使人完全信服。应该说明的是当论据为假或论据不充分时,决不能说明论题是假的,但至少是使人不能信服的。

最后,从论证方面反驳:即指出论题与论据没有必然性联系,也就是说证明不合逻辑,可以说论题没有得到证明。上文从逻辑结构上分析了反驳方法,最常用的还是从反驳论题入手的方法,这是最有效的方法。当然反驳不是孤立进行的,它往往是与证明某一论题结合着进行的。因此证明与反驳是同一论证过程中的两个方面。证明某一论题的正确,同时也就反驳了与此论题相矛盾的论题。总之证明与反驳是相辅相成的。

5. 具体与抽象

具体与抽象是人们思维过程中不可分割的两个阶段、两种方法。人们的思维先从感性的具体出发，经过科学的抽象，上升到思维的具体认识。

(1) 具体

具体是指对客观存在着的，或者在认识过程中反映出来的对事物的整体认识。马克思曾经说过："具体之所以具体，因为它是许多规定的综合，因而是多样性的统一。"在整个思维活动中，我们可以将具体概括出两种含义，即感性的具体和理性的具体。

感性的具体是人的感官能直接感受到的，是客观事物的具体性的反映。它属于初级阶段，是人们通过感官所获得的对事物外部特征和外部联系的综合认识，是对事物生动而具体的反映，但同时也是对事物的笼统的认识。

理性的具体是人们对感官不能直接感觉到的客观事物的本质和内在联系的认识。具体的特点，在于它是多样性的统一，具体是一个内容丰富的活生生的矛盾统一的整体。

(2) 抽象

抽象是通过分析客观事物后，排除其个别的、偶然的、非本质的东西，掌握其共同的、必然的、本质的东西的思维方法。抽象的结果是形成概念，概念作为抽象的规定，分别从某几个侧面揭示事物的本质属性。

(3) 具体与抽象的关系

具体与抽象的思维方式存在着对立与统一的辩证关系，二者既相互对立，又相互依存、相互转化。在思维过程中是一个过程的两个方面。人们认识事物，必须从客观的具体实际出发，找寻丰富的材料，以便获取感性的具体认识。但这个具体是低级的，表现是具体的，还必须应用抽象力，把事物各个方面的属性、特征、关系分解开来，单独地进行考察，这样就形成了各种简单的概念。这样，认识就能从具体上升到抽象。

三、逻辑思维方法对于科学研究的重要性

逻辑思维方法对科学研究之所以重要，是由科学本身的性质所决定的。尽管从不同角度对科学的构成可以作不同的划分，但就文艺复兴以来诞生的近代科学而言，我们可以把它分为四个部分：(1) 科学事实或对人类自然现象的发现；(2) 对科学事实的试探性解释或对自然现象背后原因的猜测；(3) 以这些解释或猜测为前提、为基础推演出的有关定律、公式、结论或预言等；(4) 对这些定律、公式、结论或预言等进行检验。

必须指出的是，科学的这四个组成部分是相互联系、相互制约、相互依存的，它们共同构成了一个不可分割的有机整体。换句话说，任何一个单独的部分都不能称为科学。第一部分是科学的基础，没有它科学就成了空中楼阁；第二部分是科学的核心，科学之所以是科学，不是经验总结或对自然现象的忠实描述，而是因为它是对自然现象背后原因的猜测，并以这种原因来解释这些现象为什么会如此发生；第三部分是科学的推论，这是科学之所以能够变为技术或能够成为人们社会实践的理论指导的前提和基础；第四部分是科学的证明，这是人们之所以相信科学，承认科学，把科学看成是

"真理"的保证。

不难看出,如果只有第一部分,那么,这种知识只能叫做经验。如果只有第一、第二部分,那么我们当然就分不清它们究竟是科学、哲学还是宗教,因为无论是科学、哲学还是宗教,都是对现象的解释体系。如果只有第一、第二、第三部分,没有第四部分,那么,我们就无法让人们相信、接受科学,而且在很大程度上,我们也无法把科学与伪科学或甚至迷信区分开。

我们不妨举两个实例来说明科学的这四个部分的涵义。人们在日常生活中经常会观察到或发现这样的现象:在同一介质中光沿直线传播;光有折射和反射现象;还有干涉、衍射现象等;这些都是大家公认的科学事实(第一部分)。人们当然要问,为什么光会产生这些现象呢?或者说,应当如何解释这些现象呢?惠更斯首先明确提出了光的波动说,认为光的本性如果是一种波动,那么就可以很好地解释这些现象(第二部分)。然而,既然光是一种波动,那么它就应当有波的一切性质:波长、周期、传输速度、波峰、波谷、驻波、多普勒效应、在不同介质中传播速度不同等,并可以据此推导出波长×频率 = 速度,推导出折射定律,推导出干涉定律,推导出"泊松亮点"等等(第三部分)。那么,这种波动说究竟对不对呢?假如惠更斯和后来的菲涅耳胡说八道咋办?很简单,只要对这些假说或猜测进行严格检验就行。事实上,科学史上对光的波动说所进行的观察和实验检验几乎数不胜数(第四部分)。

再如人们在实验中发现,黑体辐射的规律与经典物理学理论相矛盾,出现了所谓的"紫外灾难"现象(第一部分)。为什么自然界会出现这样的现象呢?或者说,它是由什么原因引起的呢?应当如何解释呢?普朗克猜测,这是由于黑体辐射能量时,并不是连续的,而是把能量分成一份一份地,或量子化地释放出来的,这就是著名的能量子假说(第二部分)。既然黑体辐射能量时是以量子化方式释放的,那么根据世界统一性原理,在其他情况下,能量的释放和吸收当然也是量子化的。据此,可以推导出一系列量子力学公式、定律和预言,如原子的量子化轨道,原子的光谱线公式等等(第三部分)。这些公式、定律和预言能否在实验中或观察中得到确证,当然是检验能量子假说是否"正确"的唯一标准。众所周知,正是由于在能量子假说基础上推导出的一系列公式、定律和预言在实验中都得到了确证,经受住了严格的检验,因此才被人们广泛接受(第四部分)。接下来的问题显然是为了进行科学研究把科学推向前进,人们必须观察到尽可能多的自然现象或获得尽可能多的科学事实,因为这些感性材料是科学研究的基础,是科学研究的"原始材料"。换言之,不发现自然现象或获得科学事实,当然就谈不上对自然现象背后的原因进行猜测或对科学事实进行解释。那么,如何才能发现尽可能多的自然现象或获得尽可能多的科学事实呢?当然只有通过两种方法:观察和实验。不过,通过观察方法发现自然现象或获得科学事实有许多局限性,甚至有许多重大缺陷。第一,自然状态下产生的自然现象通常都非常复杂,各种因素交织在一起,使人们分不清哪些是偶然的、次要的、非本质的因素,哪些是必然的、主要的、本质的因素。这样一来,就极大地影响了通过观察所发现的自然现象作为科学研究的第一手材料的可靠性。第二,自然状态下的许多自然现象对人们的认知而言,不是太慢,就是太快,有些现象甚至出现过一次就再也不会重复,这无疑给人们的研究造成了极大困难。第三,许多自然现象在通常状态下是不出现的,只有在极端状态下才会出现,但是,自然界中当然不会出现相应的极端状态。这就意味着,单凭观察,有许多自然现象人们永远也发现不了。例如,在极低温的状态下,金属导体的电阻会突然消失,出现所谓的超导现象;在强电场中,原子发出的光谱线会分裂成几条;高速运动的正负电子相撞会变为 C 射线等等。

而实验方法则不同,由于它本质上是人们根据一定的研究目的,运用适当的物质手段,人为地控制、模拟或创造自然现象,以获取科学事实的一种方法,因此它完全可以克服观察方法的许多局限性。事实上,在实验中,科学工作者可以根据需要获得系统的、典型的、定向的、纯粹的、精确的自然现象,使之成为非常可靠的科学事实;可以根据需要加速、延缓或再现自然过程;还可以根据需要创造出自然界中不可能出现的极端状态,如超高真空、超低温、超强电磁场、超高压等,以发现更多的在自然状态下不可能出现的自然现象。

所以说,科学的第一部分主要依靠实验方法,尤其在今天,科学研究的第一手材料的获得越来越依赖于实验方法。

当人们在观察和实验中发现了许多自然现象或获得了许多科学事实后,就要对这些自然现象产生的原因进行猜测或对这些科学事实进行解释。那么,如何猜测或如何解释才能令人信服呢? 才能被学术界或其他人接受? 答案是:必须合逻辑。就是说,这种猜测或解释必须是经过合逻辑的推理得到的。或者说,这些猜测或解释应当是有关事实的逻辑结论。按照这种观点,我们就可以弄明白,为什么牛顿会提出万有引力假说。因为苹果总是掉在地上,不飞到天上去,人无论把物体向上抛多高,该物体总会落回到地球上的一个合逻辑的推理就是,地球与苹果和这些抛物体之间必定存在相互吸引的力。既然地球与苹果和这些抛物体之间有相互吸引力,那么合逻辑的推论就应当是,地球与其他物体之间,地球上的任何物体之间也有相互吸引力。既然地球与其他物体之间,地球上的任何物体之间有相互吸引力,那么宇宙中的任何物体之间也肯定都有相互吸引力。同样道理,为什么阿基米德会提出浮力假说呢? 因为有重量的木头不沉到水底的一个合逻辑的推理就是水对木头有向上的浮力。既然水对木头有浮力,那么水对浸在其中的其他任何物体肯定也有浮力。既然水有浮力,那么其他液体肯定也有浮力。很显然,如果地球与月球、太阳之间有相互吸引力,而木星与水星之间没有相互吸引力;如果水对浸在其中的物体有浮力,而其他液体对浸在其中的物体没有浮力的话,这肯定是不合逻辑的,是不可思议的。

从这里我们不难看出,对现象背后原因进行猜测或对事实进行解释本质上就是一种逻辑推理,人类的这种合逻辑的推理(所谓"理性思维"的实质)和自然界的"规律"当然是吻合的。或者说,"我们头脑中出现的理性与我们在世界中观察到的秩序,这两者之间有着一种深层的一致。"其实,康德所说的"人的理性为自然界立法"的深刻内涵也在于此。

尽管人们用合逻辑的推理对自然现象背后的原因进行猜测或对科学事实进行解释,照道理"应当如此",但这些猜测或解释是否"正确"在其自身范围内毕竟是得不到解决的,只有通过人类的经验来检验。但在通常情况下,这些猜测或解释无法通过人类经验来直接检验。比如说,牛顿猜测,宇宙中任何物体之间都有相互吸引力,然而我们无论怎么看,怎么听,怎么闻,怎么尝都感知不到"引力"。同样,凭人类的感觉器官永远也不可能感知到光是一种波或是一种粒子,热是一种无重的流体,原子的结构与太阳系的结构差不多。那么,我们应当如何通过人类经验来检验这些猜测或解释的"正确"与否呢?只有一种办法,那就是以这些猜测或解释为前提,通过严密的逻辑推理,推导出一系列结论,然后再把这些结论与人类经验相对照。由于这些结论和前提之间存在着逻辑上的一致性,因此,它们可以被看做是等价的,是同义反复。换言之,如果这些结论与人类经验相吻合,那么就认为其前提(即猜测或解释)是对的;反之,如果这些结论与人类经验不吻合,那么就认为其前提是错的。这就是科学检验所遵循的一个基本原则:后件为真(或假),前件亦为真(或假)。

不言而喻,推导出的这些结论就是我们熟知的科学公式、定律、预言等。必须特别指出的是,由于数学与逻辑本质上是一回事(罗素说过,"逻辑是数学的少年时代,数学是逻辑的成人时代。"),而且借助数学作为逻辑推理的工具不仅更有效,而且更具有可靠性。所以,在许多情况下,尤其当科学发展到一定水平,达到基本成熟的时候,人们往往都运用数学方法来进行逻辑推理。比如,人们可以根据万有引力假说推导出万有引力公式,可以推导出地球上物体的运动轨迹必定是抛物线,行星绕太阳转的轨道必定是椭圆,可以推导出人造卫星可以绕地球运行,等等。

这就是说,科学的第二部分和第三部分都必须依靠逻辑方法(包括数学方法)。

众所周知,对科学假说的检验必须依靠人类经验。而人类经验的获得主要有两种途径:通过观察,或者通过实验。如前所述,通过观察所获得的经验不如通过实验所获得的经验定向、系统、精确、纯粹和可靠,因此,用观察方法所获得的经验来检验科学假说具有很大局限性,而且在许多情况下甚至根本无法进行精确地检验。所以,对科学假说进行严格检验主要通过实验方法。尤其重要的是,与观察相比,由于实验不受时间和空间的限制,不受自然因素的制约,因而它可以非常方便、非常精确和非常可靠地对有关假说进行检验,有人甚至认为它在很大程度上可以对科学假说作一锤定音式的判决性检验。所以,科学的第四部分(即对有关知识进行检验)必须主要依靠实验方法。

综上所述,我们可以得出结论,科学的第一部分和第四部分必须借助实验方法,而第二部分和第三部分必须依赖逻辑方法,所以,实验方法和逻辑方法就成了科学(严格地讲是"西方科学")所不可或缺的两种最主要方法,对推动科学的诞生和发展特别重要。

逻辑思维方法的功能作用由以上讨论分析可归纳为:(1)逻辑思维方法是扩大已有知识、获得新知识的工具;(2)逻辑思维方法因其规则严密确切而成为判断依据,并为科学知识的合理性提供逻辑证明;(3)逻辑思维方法是预见科学事实,提出和检验假说的工具;(4)逻辑思维方法既是使认识由现象到本质,并通向科学发现的重要条件,又是建构科学理论体系的重要工具。

四、非逻辑思维方法

逻辑思维方法是指主体在科学认识过程中借助于概念、判断、推理等思维形式,遵循一定逻辑规则而揭示事物本质或规律的理论思维或抽象思维方法,是最普遍、最基本的科学思维方法。

非逻辑思维是与逻辑思维相对的一种思维方式,它是指不受固定逻辑规则等制约的间断与跳跃式、突发与创造性的思维方式。其特点:具有间断性、跳跃性,或突发性、突变性和突破性等。

非逻辑思维方法主要有形象思维方法和直觉思维方法两种基本类型。形象思维是在形象地反映客体的具体形式或姿态的感性认识基础上,通过意象、联想和想象来揭示对象的本质及其规律的思维形式。直觉思维是指不受某种固定的逻辑规则约束而直接领悟事物本质的一种思维形式。有时还伴随着被称为"灵感"的特殊心理体验和心理过程,它是认识主体的创造力突然达到超水平发挥的一种特定心理状态。创造性思维是指以新颖的思路或独特的方式来阐明问题的一种思维方式,也是对富有创造力,能导致创造性成果的各种思维形式的总称。创造性思维既是人类抽象思维(逻辑思维)活动的核心和最高形式,也是非逻辑的创造性形象思维和直觉、灵感、顿悟思维,而更多情况下是这两种思维形式的整合。如科学家的预见、诗人的激情、政治家的判断、创造者的灵感、探索者的直觉等等都与创造性思维有直接的联系。

1. 形象思维方法

形象思维与逻辑思维的区别在于形象思维其基本"细胞"是形象的意象,其一般形式是运用意象进行联想和想象,而逻辑思维其基本"细胞"是抽象的概念,其一般形式是运用概念进行判断和推理。意象的概念是指对同一类事物形象的一般特征的反映。联想(广义)是指由一事物想到另一事物的思维活动。想象是指主体在某些科学事实和已知知识基础上,让思维自由神驰,对头脑中的各种观念或思维元素进行整理、加工、改造和组合,从而领悟事物本质和规律的过程。其功能是使主体在没有逻辑思维所必需的充分的知识的情况下采取决定和得出结论,从已知对象联想到未知对象,从而构思出未知对象的鲜明形象。如 Albert Einstein 在创立狭义相对论过程中想象过人以光速运行;在创建广义相对论时设想光线穿过升降机发生弯曲。J. J. Thomason、E. Rutherford、N. Bohr 等人根据前人的实验事实,运用想象建立了各种原子模型。

形象思维的方法论意义:(1)直观形象地揭示对象的本质和规律。(2)能突破现实的局限,抓住主要矛盾,对研究对象进行纯化和简化,以利于揭示对象的本质和规律。(3)在技术领域有着更为突出的意义。例如,1865 年德国化学家 F. A. 凯库勒在梦境中看到一条蛇首尾相连,梦醒后触发他提出苯(C_6H_6)的六元环状结构式(如图 2-1 所示),就是形象思维的典型例子。

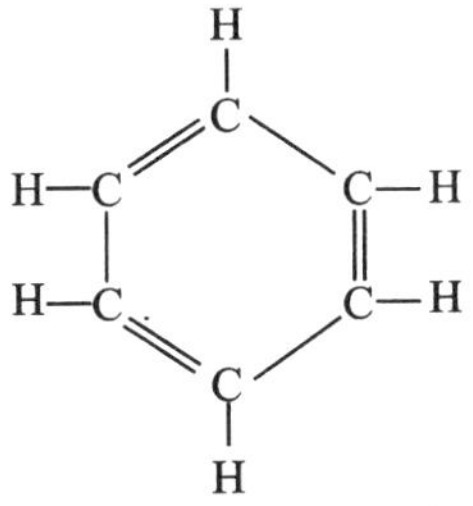

图 2-1 苯的凯库勒结构式

凯库勒受到梦境的启示,发现苯的环状结构,从表面上看,是一种偶然,但实际上这正是他长期以来从事研究工作(在这之前,他已提出著名的碳四价理论和碳链学说)并在这基础上连续数月来日夜思考而导致的必然。

2. 直觉思维方法

直觉思维方法是指不受某种固定逻辑规则约束而直接领悟事物本质的一种思维形式。这种直接领悟事物本质的思维能力亦称直觉力或思维洞察力。正如美国科学家霍尔所说的那样，"不要问为什么，直觉是不管为什么的"。

这种思维形式具有(间断与跳跃的)非逻辑性、突发性和独创性等基本特征；而且具有寻找事物联系、优选和预见事实，以及构建科学理论的功能。其主要类型包括直觉判断(最基本形式)和灵感。

直觉判断是指对客观事物及其相互关系的一种迅捷的识别、敏锐的觉察、直接的理解和综合的判断。由此所形成的能力即思维的洞察力。直觉判断不是按部就班的逻辑推理，而是从整体上直接把握客体。

如美国化学家鲍林正是运用量子力学等知识，在对大量事实总和的思索中，借助于直觉创立了关于化学键的共振论，"我怀着一种好奇心———一种直觉，感到可以用化学键来解释物质的性质。"

灵感是指主体对于曾经反复进行探索而尚未解决的问题，由于受到某种偶然因素的激发而产生顿悟，从而使问题得以解决的思维过程。灵感也是指一种特殊的心理体验和心理过程，它是认识主体的创造力突然达到超水平发挥的一种特殊心理状态。灵感产生的条件：(1)对解决问题的执着思考；(2)注意力集中；(3)摆脱分散注意力的各种干扰；(4)放松的心理状态。例如，牛顿在观察了苹果落地后激发了他的灵感，牛顿适时地抓住了灵感闪现的火花，发现万有引力定律也是源于牛顿长期对物体运动规律研究的结果。

直觉思维的方法论意义：(1)从整体上认识和猜想，省略很多中间步骤，一下子得出结论，是突然性的质的飞跃。(2)直觉思维是在长期的准备中才起作用的。(3)从直觉到认识，尚需逻辑加工和处理及实践的验证。

3."机遇"问题

有意识地抓住观察实验中的"机遇"问题。机遇是人们在观察和实验中发现的出乎意料的现象或事件。例如，瑞士化学家雄班在厨房里利用纤维素做原料合成别的大分子实验时，不小心弄洒了一瓶硫酸和硝酸的混合物，他急忙抓起妻子的棉围裙去擦，然后把它放到炉子上哄烤，不料围裙"噗"的一声着起火来，并烧得干干净净，但是却没有发生浓烟。受这一意外现象的启示，雄班发明了威力巨大而又无烟的烈性炸药。

随着思维科学的发展，人们才越来越认识到形象思维、直觉思维等非逻辑思维在科学认识中的作用，并把它们与逻辑思维一起看作科学思维的三种基本类型。而在逻辑思维一统天下的时候，爱因斯坦就认识到非逻辑思维的作用，并且认为它的作用甚至超过了逻辑思维，在他的瑞士首都伯尔尼的故居中的墙壁上有这样一句话："一切发现都不是逻辑思维的结果，尽管那些结果看起来很接近逻辑规律。"爱因斯坦还说："想象力比知识更重要，因为知识是有限的，而想象力概括着世界上的一切，推动着进步，并且是知识进化的源泉。"比如牛顿就是通过苹果从树上掉下来这一直观的想象而发现万有引力的。可见，非逻辑思维也应该是科技工作者应具备的一种科学思维能力。

在科学研究中，利用非逻辑思维实现创新的例子也不少，维生素 K 的发现就是一个典型的例子。1929 年,丹麦的一位名叫达姆的博士特制了一种饲料,他利用小鸡作为材料进行生化研究,结果发现用这种特制饲料喂养的小鸡皮下和肌肉都有出血的现象,如果用针尖刺破,小鸡就会流血不止,随即死亡。此后的许多年时间内,达姆进行了无数次试验,包括将一些已发现的维生素添加进饲料,仍不能使患病的小鸡康复。直到 1939 年的一天,达姆在农村调研时,发现农家的小鸡没有一只患出血症的,达姆灵机一动,他猜出在农家小鸡所吃的饲料中一定含有一种能防治小鸡出血症的特殊物质,于是进行了深入研究,最后终于发现绿色植物的叶子对防治小鸡的出血症有奇效。随后达姆又对绿色植物的叶子进行了仔细研究,从中提炼出了一种黄色液体,发现了维生素 K。在发现维生素 K 的过程中,达姆的灵机一动,所运用的就是非逻辑思维。

现在,越来越多的教育心理学家认为,一个人的才能除了取决于知识、技能外,往往还取决于他的逻辑思维和非逻辑思维能力。思维能力,尤其是非逻辑思维能力的缺陷会影响人们对知识的科学加工和创造性运用。这类事例在人类历史上并不少见。众所周知,青霉素是英国细菌学家弗莱明在 1928 年发明的。当时,弗莱明在研究葡萄球菌的变种时,发现培养皿的边沿生长了一些霉菌,而这些霉菌周围的葡萄球菌没有了。在此之前,日本科学家古在由直也曾发现过这种现象,他经过仔细思考后,将这一现象归为普通的污染现象,认为是霉菌的迅速繁衍,消耗了葡萄球菌生长所需养分的缘故,因此未做深入研究。而弗莱明大胆运用非逻辑思维,将这一现象想象成是"霉菌杀死了葡萄球菌"的结果。随即对这一设想进行了检验,终于从霉菌中分离出了一种能抑制细菌生成的抗菌素——青霉素,为人类战胜肺炎、白喉、脑膜炎等"绝症"提供了有力的武器,1945 年弗莱明也因此获得了诺贝尔奖。同样的例子还有,前苏联科学院的夏尔布里津教授在 1981 年前就通过实验发现了物质在超低温下电阻消失的现象,但由于他在经过一番思考后,将这一现象归因于"物质表面异常"而未加深入研究。五年后,瑞士苏黎借研究所的缪勒和柏诺兹两人根据与夏尔布里津教授相似的实验现象,提出了超导理论,他两人也因此荣获了 1987 年的诺贝尔物理学奖。

需要指出的是,逻辑思维和非逻辑思维总是相互交织,相互渗透的。在科学研究中,虽然逻辑思维往往处于决定和支配的地位,但非逻辑思维则处于从属和补充的地位,非逻辑思维的运作与使用离不开逻辑思维;但同样的是,逻辑思维的发展也离不开非逻辑思维的作用。一方面,非逻辑思维以逻辑思维为基础,这样才能保证思维的正确方向;另一方面,逻辑思维需要非逻辑思维的强大动力,这样才可以使逻辑思维始终处于激发状态,其持续性才能保证。

4. 创造性思维的基本特征

创造性思维是一种具有开创意义的思维活动,即开拓人类认识新领域,开创人类认识新成果的思维活动,它往往表现为发明新技术、形成新观念,提出新方案和决策,创建新理论。创造性思维是以感知、记忆、思考、联想、理解等能力为基础,有综合性、探索性和求新性特征的高级心理活动。

创造性思维的特点:

(1)思维的求实性:体现在善于发现社会的需求,发现人们在理想与现实之间的差距。从满足社会的需求出发,拓展思维的空间。

(2)思维的批判性:思维的批判性首先体现在敢于用科学的怀疑精神,对待自己和他人的原有知识,包括权威的论断。敢于独立地发现问题、分析问题、解决问题。

(3)思维的连贯性:日常勤于思维的人,就易于进入创造性思维的状态,就易激活潜意识,从而产生灵感。

(4)思维的灵活性:创造性思维思路开阔,善于从全方位思考,思路若遇难题受阻,不拘泥于一种模式,能灵活变换某种因素,从新角度去思考,善于巧妙地转变思维方向,随机应变,想出适合时宜的办法。

(5)思维的综合性:体现了对已有智慧、知识的融汇和升华,不是简单的相加、拼凑。综合后的整体大于原来部分之和,综合可以变不利因素为有利因素,变平凡为神奇。

影响创造性思维的因素:

惯常定势:在长期的思维实践中,每个人都形成了一种惯用的格式化的思考模式,当面临问题的时候,我们便会不假思索的把它纳入特定的思维框架中,并沿着特定的路径对它们进行思考和处理,这就是思维的惯常定势。通常又分为:从众定势、权威定势、唯经验定势、唯书本定势。

满足现状:这是一个知识爆炸的年代,知识的更新速度很快,特别是对于我们以后要致力于科研工作的人,满足现状实际上就是在退步,很难谈得上再去创新。

刻板僵化:刻板僵化是用一种固定的眼光看待事物,缺乏思维应有的弹性,不能考虑问题解决的多种途径的思维方式。思维僵化的人喜欢墨守成规、教条,不喜欢创新和变化。

消极心理:一个人能否成功,心态非常关键。消极的心态会摧毁人们的信心,使希望泯灭,意志消沉,失去前进的动力,使创造能力丧失。

第三节 现代科学研究方法

一、数学法

数学是一门很古老的学科,人们很早就学会运用数学方法把各种事物、现象、过程的空间形式和数量关系抽象出来加以研究。随着科学技术的发展,数学方法的应用日趋普遍,成为通向一切科学大门的钥匙。各门学科用数学方法研究问题已经成为当今科学发展的一个重要趋势。

1. 含义

所谓方法,是指人们为了达到某种目的而采取的手段、途径和行为方式中所包含的可操作的规则或模式。人们通过长期的实践,发现了许多运用数学思想的手段、门路或程序。同一手段、门路或程序被重复运用了多次,并且都达到了预期的目的,就成为数学方法。因此,数学方法是以数学为工具进行科学研究的方法,即用数学语言表达事物的状态、关系和过程,经过推导、运算与分析,以形成解释、判断和预言的方法。

2. 特点

数学方法具有以下三个基本特征:

(1)高度的抽象性和概括性。

在科学研究中成功地运用数学方法的关键,就在于针对所要研究的问题提炼出一个合适的数学模型,这个模型既能反映问题的本质,又能使问题得到必要的简化,以利于展开数学推导。建立数学模型就是对问题进行具体分析的科学抽象及概括过程。

(2)逻辑的严密性及结论的确定性。

数学概念是明确定义的,数学理论是按照严格的逻辑法则推理得出的,因此数学结论具有逻辑的必然性和量的必然性。

(3)应用的普遍性和可操作性。

原则上,现代数学适用于任何学科。现代数学不仅能精确描述力学及物理学中大量宏观现象的运动规律,而且已经发展到可以用来精确描述物理、化学、生物学中的一些极其复杂的微观领域的运动规律,以及被用来研究经济学、教育学、心理学、人口学、地理学、考古学、新闻学、法学等人文社科方面的问题。

3. 作用

数学方法在科学技术研究中具有举足轻重的地位和作用:

(1)为科学技术研究提供简洁精确的形式化语言。

数学模型就是运用数学的形式化语言在观测和实验的基础上建立起来的,它有助于人们的认识和把握超出感性经验之外的客观世界。数学方法是科学抽象的一种思维方法,其根本特点在于撇开研究对象的其他一切特性,只抽取出各种量、量的变化及各种量之间的关系,即在符合客观的前提下,利用简洁精确的数学语言进行逻辑推导、运算和量的分析,从而揭示研究对象的规律性。

(2)为各学科提供数量分析及计算的方法。

一门学科从定性描述发展到定量分析及运算,是这门学科发展成熟的重要标志,其间数学方法的应用起到了决定性的作用。例如,现代教育科学研究离不开数学基础及数量化方法。现代教育科学研究就其方法和理论来说,涉及人体科学,思维科学,心理科学,社会科学和自然科学等诸多领域,它不仅要研究教育的基础理论,教育的发展,还要研究教育的评价,探索研究的方法,随着教育科学研究的不断深入,当代教育科学研究其显著的特点之一就是广泛运用数量化方法和数学模型,逐步将定性化分析与定量化分析相结合,以适应教育科学发展的需要。

(3)为科学技术提供逻辑推理的工具。

数学法的逻辑严密性这一特点使它成为建立一种理论体系的手段。在这方面最有意义的就是公理化方法。数学逻辑用数学方法研究推理过程,把逻辑推理形式加以公理化、符号化,为建立和发展科学的理论提供有效的工具。

随着计算机的广泛应用,自动控制技术的日益完善,系统工程方法的发展,数学方法已经渗透到了各门学科和社会生活的方方面面。过去一般认为,在物理、化学研究中所采用的实验方法,在数学中是难以实现的。但是随着计算机的快速发展,数学已成为一种特殊的实验方法。我们通常所使用的仿真模拟方法实际上就是一种数学方法和计算机运用的结合。数学方法和计算机运用的结合极大地提高了科研的效率,已成为现代科学研究中一个十分重要的方法。

二、系统论

系统思想源远流长,"系统"一词来源于古希腊语,是由部分构成整体的意思。但作为一门科学的系统论,人们公认是美籍奥地利人、理论生物学家 L. V. 贝塔朗菲(L. Von. Bertalanffy)创立的。他在 1932 年发表"抗体系统论",提出了系统论的思想。1937 年提出了一般系统论原理,奠定了这门科学的理论基础。但是他的论文《关于一般系统论》在 1945 年才公开发表,到 1948 年他在美国再次讲授"一般系统论"时,该理论才得到学术界的重视。确立这门科学学术地位的是 1968 年贝塔朗菲发表的专著《一般系统理论基础、发展和应用》,该书被公认为是这门学科的代表作。

系统论认为,整体性、关联性,等级结构性、动态平衡性、时序性等是所有系统的共同的基本特征。这些既是系统所具有的基本思想观点,也是系统方法的基本原则,表现了系统论不仅是反映客观规律的科学理论,具有科学方法论的含义,这正是系统论这门科学的特点。贝塔朗菲对此曾作过说明,英语"System Approach"直译为系统方法,也可译成系统论,因为它既可代表概念、观点、模型,又可表示数学方法。他说,我们故意用"Approach"这样一个不太严格的词,正好表明这门学科的性质特点。

1. 含义

今天人们从各种角度上研究系统,对系统下的定义不下几十种。比如说"系统是诸元素及其顺常行为的给定集合""系统是有组织的和被组织化的全体""系统是有联系的物质和过程的集合""系统是许多要素保持有机的秩序,向同一目的行动的东西",等等。一般系统论则试图给一个能描示各种系统共同特征的一般的系统定义,通常把系统定义为:由若干要素以一定结构形式联结构成的具有某种功能的有机整体。在这个定义中包括了系统、要素、结构、功能四个概念,表明了要素与要素、要素与系统、系统与环境三方面的关系。它研究各种系统的共同特征,用数学方法定量地描述其功能,寻求并确立适用于一切系统的原理、原则和数学模型,是具有逻辑和数学性质的一门新兴的科学。

2. 特点及原则

(1)系统论的核心思想是系统的整体观念。贝塔朗菲强调,任何系统都是一个有机的整体,它不是各个部分的机械组合或简单相加,系统的整体功能是各要素在孤立状态下所没有的性质。他用亚里士多德的"整体大于部分之和"的名言来说明系统的整体性,反对那种认为要素性能好,整体性能一定好,以局部说明整体的机械论的观点。同时认为,系统中各要素不是孤立地存在着,每个要素在系统中都处于一定的位置上,起着特定的作用。要素之间相互关联,构成了一个不可分割的整体。要素是整体中的要素,如果将要素从系统整体中割离出来,它将失去要素的作用。正像手在人体中是劳动的器官,一旦将手从人体中砍下来,那时它将不再是劳动的器官了一样。

(2)定量化。系统科学方法在描述客体时,总是尽量用数学语言,使问题得到较精确的定量统计,因而使得包括社会、经济在内的许多复杂系统的研究,从定性走向量化。正因为系统科学具有这样的数学特征,所以,至今还有人把其相关的部分视为数学的分支。事实上,它的确有力地推动了应用数学的发展。

(3)最优化。这一特征体现了系统科学方法解决问题时所要达到的目标,这是传统方法所不能及的。它可以根据需要和可能为系统确定出优化目标,运用新技术手段和处理方法,把整个系统逐级分成不同等级和层次,在动态中协调整体和部分的关系,使部分的功能和目标服从系统总体的最佳目标,以达到总体最优。

(4)模型化。所谓模型,就是对实体的特征和变化规律的一种科学抽象或模仿,它是由描述系统本质或特征的诸因素构成的,集中地表明这些因素之间的关系。模型化就是指运用系统方法时,由于系统比较大或比较复杂,难于直接进行分析和试验,或者直接试验付出代价过大,因而一般需要通过设计出系统模型来代替真实系统,通过对系统模型的研究来掌握真实系统的本质和规律。例如,军事上由于实地现场可能很广,有的甚至在敌方的控制之下,军事指挥员不可能亲临所有现场,因而广泛使用沙盘来研究地形,制定作战计划。系统方法的模型化,在现代化的大实践系统和复杂的社会管理中具有极其重要的作用。

3. 基本方法

系统论的基本思想方法,就是把所研究和处理的对象,当做一个系统,分析系统的结构和功能,研究系统、要素、环境三者的相互关系和变动的规律性,并优化系统观点看问题,世界上任何事物都可以看成是一个系统,系统是普遍存在的。大至渺茫的宇宙,小至微观的原子,一粒种子、一群蜜蜂、一台机器、一个工厂、一个学会团体……都是系统,整个世界就是系统的集合。

系统是多种多样的,可以根据不同的原则和情况来划分系统的类型。按人类干预的情况可划分自然系统、人工系统;按学科领域就可分成自然系统、社会系统和思维系统;按范围划分则有宏观系统、微观系统;按与环境的关系划分就有开放系统、封闭系统、孤立系统;按状态划分就有平衡系统、非平衡系统、近平衡系统、远平衡系统等等。此外还有大系统、小系统的相对区别。

4. 当前研究情况

系统理论目前已经显现出几个值得注意的趋势和特点。第一,系统论与控制论、信息论、运筹学、系统工程、电子计算机和现代通讯技术等新兴学科相互渗透、紧密结合的趋势;第二,系统论、控制论、信息论,正朝着"三归一"的方向发展,现已明确系统论是其他两论的基础;第三,耗散结构论、协同学、突变论、模糊系统理论等等新的科学理论,从各方面丰富发展了系统论的内容,有必要概括出一门系统学作为系统科学的基础科学理论;第四,系统科学的哲学和方法论问题日益引起人们的重视。在系统科学的这些发展形势下,国内外许多学者致力于综合各种系统理论的研究,探索建立统一的系统科学体系的途径。一般系统论创始人贝塔朗菲,就把他的系统论分为狭义系统论与广义系统论两部分。他的狭义系统论着重对系统本身进行分析研究;而他的广义系统论则是对一类相关的系统科学来理性分析研究。

其中包括三个方面的内容:(1)系统的科学、数学系统论;(2)系统技术,涉及控制论、信息论、运筹学和系统工程等领域;(3)系统哲学,包括系统的本体论、认识论、价值论等方面的内容。有人提出试用信息、能量、物质和时间作为基本概念建立新的统一理论。

1976年,瑞典斯德哥尔摩大学萨缪尔教授在一般系统论年会上发表了将系统论、控制论、信息论综合成一门新学科的设想。在这种情况下,美国的《系统工程》杂志也改称为《系统科学》杂志。

我国有的学者认为系统科学应包括"系统概念、一般系统理论、系统理论分论、系统方法论（系统工程和系统分析包括在内）和系统方法的应用"等五个部分。

我国著名科学家钱学森教授多年致力于系统工程的研究，十分重视建立统一的系统科学体系的问题。自1979年以来，他多次发表文章把系统科学看成是与自然科学、社会科学等相并列的一大门类科学。系统科学像自然科学一样也区分为系统的工程技术（包括系统工程、自动化技术和通讯技术）；系统的技术科学（包括支筹学、控制论、巨系统理论、信息论）；系统的基础科学（即系统学）；系统观（即系统的哲学和方法论部分，是系统科学与马克思主义的哲学连接的桥梁四个层次）。这些研究表明，不久的将来系统论将以崭新的面貌矗立于科学之林。

值得关注的是，我国学者林福永教授提出和发展了一种新的系统论，称为一般系统结构理论。一般系统结构理论从数学上提出了一个新的一般系统概念体系，特别是揭示系统组成部分之间的关联的新概念，如关系、关系环、系统结构等；在此基础上，抓住了系统环境、系统结构和系统行为以及它们之间的关系及规律这些一切系统都具有的共性问题，从数学上证明了系统环境、系统结构和系统行为之间存在固有的关系及规律，在给定的系统环境中，系统行为仅由系统基层次上的系统结构决定和支配。这一结论为系统研究提供了精确的理论基础。在这一结论的基础上，一般系统结构理论从理论上揭示了一系列的一般系统原理与规律，解决了一系列的一般系统问题，如系统基层次的存在性及特性问题，是否存在从简单到复杂的自然法则的问题，以及什么是复杂性根源的问题等，从而把系统论发展到了具有精确的理论内容并且能够有效解决实际系统问题的高度。

三、控制论

"控制论"一词最初来源希腊文"mberuhhtz"，原意为"操舵术"，就是掌舵的方法和技术的意思。在古希腊哲学家柏拉图的著作中，经常用它来表示管理人的艺术。现代的控制论理论诞生于近代，自从1948年诺伯特·维纳发表了著名的《控制论——关于在动物和机器中控制和通讯的科学》一书以来，控制论的思想和方法已经渗透到了几乎所有的自然科学和社会科学领域。维纳把控制论看做是一门研究机器、生命社会中控制和通讯的一般规律的科学，是研究动态系统在变的环境条件下如何保持平衡状态或稳定状态的科学。他特意创造"Cybernetics"这个英语新词来命名这门科学。

1. 含义

1834年，著名的法国物理学家安培写了一篇论述科学哲理的文章，他进行科学分类时，把管理国家的科学称为"控制论"，他把希腊文译成法文"Cybernetigue"。在这个意义下，"控制论"一词被编入19世纪许多著词典中。维纳发明"控制论"这个词正是受了安培等人的启发。

在控制论中，"控制"的定义是为了"改善"某个或某些受控对象的功能或发展，需要获得并使用信息，以这种信息为基础而选出的在该对象上的作用，就叫做控制。由此可见，控制的基础是信息，一切信息传递都是为了控制，进而任何控制又都有赖于信息反馈来实现。信息反馈是控制论的一个极其重要的概念。通俗地说，信息反馈就是指由控制系统把信息输送出去,又把其作用结果返送回来,并对信息的再输出发生影响,起到制约的作用,以达到预定的目的。

2. 特点

(1)要有一个预定的稳定状态或平衡状态。例如,在速度控制系统中,速度的给定值就是预定的稳定状态。

(2)从外部环境到系统内部有一种信息的传递。例如,在速度控制系统中,转速的变化引起的离心力的变化,就是一种从外部传递到系统内部的信息。

(3)这种系统具有一种专门设计用来校正行动的装置。例如,速度控制系统中通过调速器旋转杆张开的角度控制蒸汽机的进汽阀门升降装置。

(4)这种系统为了在不断变化的环境中维持自身的稳定,内部都具有自动调节的机制,换言之,控制系统都是一种动态系统。

3. 控制论在管理上的应用

从控制系统的主要特征出发来考察管理系统,可以得出这样的论:管理系统是一种典型的控制系统。管理系统中的控制过程在本质上与工程的、生物的系统是一样的,都是通过信息反馈来揭示成效与标准之间的差,并采取纠正措施,使系统稳定在预定的目标状态上的。因此,从理论说,适合于工程的、生物的控制论的理论与方法,也适合于分析和说明管理控制问题。

维纳在阐述他创立控制论的目的时说:"控制论的目的在于创造一种语言和技术,使我们有效地研究一般的控制和通讯问题,同时也寻找一套恰当的思想和技术,以便通讯和控制问题的各种特殊表现都能借助一定的概念以分类。"的确,控制论为其他领域的科学研究提供了一套思想和技术,以致在维纳的《控制论》一书发表后的几十年中,各种冠以控制论名称的边学科如雨后春笋般生长出来。如工程控制论、生物控制论、神经控制论、经济控制论以及社会控制论等。而管理更是控制论应用的一个重要领域。可以这样认为,人们对控制论原理最早的认识和最初的运用是在管理面。从这个意义上说,控制论之于管理恰似青出于蓝。用控制论的概念和方法分析管理控制过程,更便于揭示和描述其内在机理。

4. 控制论的科学地位

与研究物质结构和能量转换的传统科学不同,控制论研究系统的信息变换和控制过程。尽管一般系统具有质料、能量和信息三个要素,但控制论只把质料和能量看作系统工作的必要前提,并不追究系统是用什么质料构造的,能量是如何转换的,而是着眼于信息方面,研究系统的行为方式。控制论的另一位创始人——英国生理医学家W. R. 阿什贝认为,控制论也是一种"机器理论",但它所关注的不是物件而是动作方式。可以进一步说,控制论是以现实的(电子的、机械的、神经的或经济的)机器为原型,研究"一切可能的机器"——一切物质动态系统的功能,揭示它们在行为方式方面的一般规律。因此,与那些只研究特定的物态系统,揭示某一领域具体规律的专门科学相比较,控制论是一门带有普遍性的横断科学。

四、信息论

信息论是运用概率论与数理统计的方法研究信息、信息熵、通信系统、数据传输、密码学、数据压缩等问题的应用数学学科。

信息论将信息的传递作为一种统计现象来考虑,给出了估算通信信道容量的方法。信息传输和信息压缩是信息论研究中的两大领域。这两个方面又由信息传输定理、信源-信道隔离定理相互联系。

1. 产生

信息论是关于信息的本质和传输规律的科学的理论,是研究信息的计量、发送、传递、交换、接收和储存的一门新兴学科。

信息论的创始人是美贝尔电话研究所的数学家申农(C. E. Shannon 1916—),他为了解决通讯技术中的信息编码问题,勇于打破常规,把发射信息和接收信息作为一个整体的通讯过程来研究,提出通讯系统的一般模型;同时建立了信息量的统计公式,奠定了信息论的理论基础。1948年申农发表的《通讯的数学理论》一文,成为信息论诞生的标志。申农创立信息论,是在前人研究的基础上完成的。1922年卡松提出边带理论,指明信号在调制(编码)与传送过程中与频谱宽度的关系。1922年哈特莱发表《信息传输》的一文,首先提出消息是代码、符号而不是信息内容本身,把信息与消息区分开来,并提出用消息可能数目的对数来度量消息中所含有的信息量,为信息论的创立提供了思路。美国统计学家费希尔从古典统计理论角度研究了信息理论,苏联数学家哥尔莫戈洛夫也对信息论作过研究。控制论创始人维纳建立了维纳滤波理论和信号预测理论,也提出了信息量的统计数学公式,甚至有人认为维纳也是信息论创始人之一。在信息论的发展中,还有许多科学家对它做出了卓越的贡献。法国物理学家L.布里渊(L. Brillouin)1956年出版的《科学与信息论》专著,从热力学和生命等许多方面探讨信息论,把热力学熵与信息熵直接联系起来,使热力学中争论了一个世纪之久的"麦克斯韦尔妖"的佯谬问题得到了满意的解释。英国神经生理学家(W. B. Ashby)1964年发表的《系统与信息》等文章,还把信息论推广应用于生物学和神经生理学领域,也成为信息论的重要著作。

信息论为控制论、自动化技术和现代化通讯技术奠定了理论基础,为研究大脑结构、遗传密码、生命系统和神经病理象开辟了新的途径,为管理的科学化和决策的科学性提供了思想武器。信息方法推动了当代以电子计算机和现代通讯技术为中心的新技术革命的浪潮,促进了认识论的研究和发展,将进一步提高人类认识与改造自然界的能力。

2. 含义

信息论是一门用数理统计方法来研究信息的度量、传递和变换规律的科学。它主要是研究通讯和控制系统中普遍存在着信息传递的共同规律以及研究最佳解决信息的获限、度量、变换、储存和传递等问题的基础理论。

3. 特点

(1)用信息概念作为分析和处理问题的基础,完全撇开对象的具体运动形态。

(2)把系统的有目的的运动抽象为一个信息变换过程。在信息流动变换过程中,利用反馈信息来使得系统按预定目标实现控制。

(3)把两个系统之间的相互联系看做是依赖信息通道进行信息交换来实现的。

4. 研究范围

信息论的研究范围极为广阔。一般把信息论分成三种不同类型:

（1）狭义信息论是一门应用数理统计方法来研究信息处理和信息传递的科学。它是研究存在于通讯和控制系统中普遍存在着的信息传递的共同规律，以及如何提高各信息传输系统的有效性和可靠性的一门通讯理论。

（2）一般信息论主要是研究通讯问题，但还包括噪声理论、信号滤波与预测、调制与信息处理等问题。

（3）广义信息论不仅包括狭义信息论和一般信息论的问题，而且还包括所有与信息有关的领域，如心理学、语言学、神经心理学、语义学等。

5. 信息科学

目前，人们已把早先建立的有关信息的规律与理论广泛应用于物理学、化学、生物学等学科中去。一门研究信息的产生、获取、变换、传输、存储、处理、显示、识别和利用的信息科学正在形成。

信息科学是人们在对信息的认识与利用不断扩大的过程中，在信息论、电子学、计算机科学、人工智能、系统工程学、自动化技术等多学科基础上发展起来的一门边缘性新学科。它的任务主要是研究信息的性质，研究机器、生物和人类关于各种信息的获取、变换、传输、处理、利用和控制的一般规律，设计和研制各种信息机器和控制设备，实现操作自动化，以便尽可能地把人脑从自然力的束缚下解放出来，提高人类认识世界和改造世界的能力。信息科学在安全问题的研究中也有着重要应用。

6. 信息论的应用及意义

信息论被广泛应用于编码学、密码学与密码分析学、数据传输、数据压缩、检测理论、估计理论等学科领域。

信息论的意义和应用范围已超出通信的领域。自然界和社会中有许多现象和问题，如生物神经的感知系统、遗传信息的传递等，均与信息论中研究的信息传输和信息处理系统相类似。因此信息论的思想对许多学科如物理学、生物学、遗传学、控制论、计算机科学、数理统计学、语言学、心理学、教育学、经济管理、保密学研究等都有一定的影响和作用。另一方面，由于借助负熵定义的信息量只能反映符号出现的概率分布（不肯定性），不能反映信息的语义和语用层次。一篇重要的报告和一篇胡说乱道的文章可以具有同样的信息，这显然不符合常识。因此现阶段信息论的应用又有很大的局限性。把信息的度量推广到适合于语义信息和语用信息的情况，曾经做过许多尝试，但至今还没有显著的进展。

7. 信息论与信息论方法

信息论与信息论方法是两个相互关联、又有区别的概念。信息论是指研究信息传递和信息交换规律的一门科学。信息方法是在现代通讯理论、数学理论和控制论以及无线电通信技术、自动化技术和电子计算机等现代科学技术发展的基础上，形成和发展起来的用于研究各种信息传输与变换系统共同规律的一种现代科学方法。应用信息论方法的一般步骤是：第一，建立信息流程模型；第二，明确系统中各个环节及系统整体对信息的变换因子或传递函数；第三，明确计算系统的最大熵及外部干扰所引起的熵增情况；最后，设计出通讯系统和控制系统，并使之形象化。

五、其他复杂性科学

1. 耗散结构理论

（1）理论提出

耗散结构理论（Dissipative Structure）是由比利化学家伊里亚·普里高津（Ilya Prigogine）教授和他领导的布鲁塞尔学派经过多年的努力研究建立起来的一种新的关于非平衡系统自组织的理论——耗散结构理论。这一理论于1969年由普里高津在一次"理论物理学和生物学"的国际会议上正式提出。这一理论的建立极大地拓宽了物理学的研究领域，即把复杂系统纳入了物理学研究的内容之中。普里高津创立的耗散结构理论，是研究一个系统从混沌无序向有序转化的机理、条件和规律的科学，他为此曾获1977年诺贝尔化学奖，但他的研究结果迄今仍不是学术界公认的完整理论。

（2）理论主要内容

耗散结构理论可概括为：一个远离平衡态的非线性的开放系统（不管是物理的、化学的、生物的乃至社会的、经济的系统）通过不断地与外界交换物质和能量，在系统内部某个参量的变化达到一定的阈值时，通过涨落，系统可能发生突变即非平衡相变，由原来的混沌无序状态转变为一种在时间上、空间上或功能上的有序状态。这种在远离平衡的非线性区形成的新的稳定的宏观有序结构，由于需要不断与外界交换物质或能量才能维持，因此称之为"耗散结构"。这里，平衡是指在与外界没有物质交换的条件下，宏观体系的各部分在长时间内不发生任何变化。稳定则是指在空间和时间上呈现某种宏观有序现象。平衡结构是指平衡态下静态的稳定化有序结构。耗散结构理论的提出，使人们认识了自然界一大类动态的"活"的有序结构，使我们认识到一切有生命的系统与非生命系统的一个重大差别是：生命系统稳定和发展的条件恰恰在于非平衡，而不是平衡。

耗散结构由于不断和外环境交换能量物质和熵而能继续维持平衡的结构，对这种结构的研究，解释了自然界许多以前无法解释的现象。

（3）耗散结构形成的条件

稳定化结构的形成是系统诞生的标志，而系统从一种旧的稳定化结构演变为另一种新的稳定化结构则是系统进化的标志。

①开放是新生的希望

系统正确且充分地对外开放是系统形成耗散结构的首要条件，只有保证系统与外界的能量、物质、信息交流，系统才可能进化。

②非平衡是有序之源

只有在远离平衡区，非平衡定态才可能失稳，发展过程才能使宏观有序增加，并产生突变而导致宏观结构的形成。突变本是一种失稳现象，只有远离平衡，才可能打破系统原有的稳定而驱动系统去寻找新的稳定态。正是在远离平衡态下，自然界才展现出所潜藏的多姿多彩的演化能力，并为多元化发展之选择提供了条件与可能。

③不稳定性原理

新结构的出现以原有结构失稳为前提，或以破坏系统与环境的稳定平衡为前提。而新结构的确立又以新的稳定为标志。可谓"先解构，后建构"。

系统失稳后,至少面对进化、解体以及回到原稳态三种可能。因此,任何系统的演化都要承担一定的风险。只有非线性系统,在非平衡态下,可能同时存在稳定轨道和不稳定轨道,甚至同一条轨道部分稳定、部分不稳定,因而既能使旧模式失稳,又能使新秩序稳定下来,从而可能越过不稳定点,通过自组织,形成耗散结构。

④通过涨落达到有序

涨落可看作是偏离系统既定宏观状态的各种集体运动,即状态量对其平均值的偏离。它既是破坏原结构导致失稳的因素,也是宏观有序结构产生的种子。因此,涨落在平衡结构中是一种消极的因素,一种有待克服的偏差或扰动;但在非平衡过程中却起着积极的作用,它是系统发生演变乃至产生新结构的触发器。

⑤非线性导致自组织非线性有可能使系统内部发生具有自催化反应的超循环,由于增加了单独要素所没有的相互作用,而能使系统在整体上产生非加和的突现性,亦即整体大于(或不等于)部分之和。可以说,所有的自组织都是由非线性作用导致的。

(4) 对哲学思想的影响

耗散结构理论的提出对当代哲学思想产生了深远的影响,该理论引起了哲学家们的广泛注意。在耗散结构理论创立前,世界被一分为二:其一是物理世界,这个世界是简单的、被动的、僵死的,不变的可逆的和决定论的量的世界;另一个世界是生物界和人类社会,这个世界是复杂的、主动的、活跃的、进化的,不可逆和非决定论的质的世界。物理世界和生命世界之间存在着巨大的差异和不可逾越的鸿沟,它们是完全分离的,从而伴随而来的是两种科学,两种文化的对立。而耗散结构理论则在把两者重新统一起来的过程中起着重要的作用。耗散结构理论极大地丰富了哲学思想,在可逆与不可逆,对称与非对称,平衡与非平衡,有序与无序,稳定与不稳定,简单与复杂,局部与整体,决定论和非决定论等诸多哲学范畴都有其独特的贡献。

(5) 应用领域

耗散结构理论提出之初就被应用到人体和生命医学等自然科学领域的研究,随后广泛应用到其他领域,包括社会经济领域等人类社会系统。

2. 协同论

协同论是研究不同事物共同特征及其协同机理的新兴学科,是近十几年来获得发展并被广泛应用的综合性学科。它着重探讨各种系统从无序变为有序时的相似性。协同论的创始人哈肯说过,他把这个学科称为"协同学",一方面是由于我们所研究的对象是许多子系统的联合作用,以产生宏观尺度上结构和功能;另一方面,它又是由许多不同的学科进行合作,来发现自组织系统的一般原理。

协同论认为,千差万别的系统,尽管其属性不同,但在整个环境中,各个系统间存在着相互影响而又相互合作的关系。其中也包括通常的社会现象,如不同单位间的相互配合与协作,部门间关系的协调,企业间相互竞争的作用,以及系统中的相互干扰和制约等。协同论指出,大量子系统组成的系统,在一定条件下,由于子系统相互作用和协作,这种系统会研究内容,可以概括地认为是研究从自然界到人类社会各种系统的发展演变,探讨其转变所遵守的共同规律。应用协同论方法可以把已经取得的研究成果类比拓宽于其他学科,为探索未知领域提供有效的手段,还可以用于找出影响系统变化的控制因素,进而发挥系统内子系统间的协同作用。

主要研究远离平衡态的开放系统在与外界有物质或能量交换的情况下,如何通过自己内部协同作用,自发地出现时间、空间和功能上的有序结构。协同论以现代科学的最新成果——系统论、信息论、控制论、突变论等为基础,吸取了结构耗散理论的大量营养,采用统计学和动力学相结合的方法,通过对不同的领域的分析,提出了多维相空间理论,建立了一整套的数学模型和处理方案,在微观到宏观的过渡上,描述了各种系统和现象中从无序到有序转变的共同规律。

3. 突变论

突变论(Catastrophe Theory)的诞生,是以法国数学家勒内·托姆勒内·托姆(Renethom)于1972年出版的《结构稳定性和形态发生学》一书作为标志。他在这本书中阐述了突变理论,并因此荣获国际数学界的最高奖——菲尔兹奖章。

突变论是研究客观世界非连续性突然变化现象的一门新兴学科,自本世纪70年代创立以来,获得迅速发展和广泛应用,引起了科学界的重视。被称之为"是牛顿和莱布尼茨发明微积分三百年以来数学上最大的革命"。

突变理论研究的是从一种稳定组态跃迁到另一种稳定组态的现象和规律。它指出自然界或人类社会中任何一种运动状态,都有稳定态和非稳定态之分。在微小的偶然扰动因素作用下,仍然能够保持原来状态的是稳定态;而一旦受到微扰就迅速离开原来状态的则是非稳定态,稳定态与非稳定态相互交错。非线性系统从某一个稳定态(平衡态)到另一个稳定态的转化,是以突变形式发生的。

突变论的主要特点是用形象而精确的数学模型来描述和预测事物的连续性中断的质变过程。突变论是一门着重应用的科学,它既可以用在"硬"科学方面,又可以用于"软"科学方面。当突变论作为一门数学分支时,它是关于奇点的理论,它可以根据势函数而把临界点分类,并且研究各种临界点附近的非连续现象的特征。突变理论作为研究系统序演化的有力数学工具,能较好地解说和预测自然界和社会上的突然现象,在数学、物理学、化学、生物学、工程技术、社会科学等方面有着广阔的应用前景。

突变论与耗散结构论、协同论一起,在有序与无序的转化机制上,把系统的形成、结构和发展联系起来,成为推动系统科学发展的重要学科之一。

4. 混沌学

混沌学或混沌理论(Chaos),是美国气象学家爱德华·诺顿·洛仑兹于1963年提出的。混沌理论是关于非线性系统在一定参数条件下展现分岔(Bifurcation)、周期运动与非周期运动相互纠缠,以至于通向某种非周期有序运动的理论。

混沌理论认为在混沌系统中,初始条件十分微小的变化,经过不断放大,对其未来状态会造成极其巨大的差别。混沌是决定性动力学系统中出现的一种貌似随机的运动,其本质是系统的长期行为对初始条件的敏感性。系统对初值的敏感性有如洛仑兹描述蝴蝶效应中所说:"一只蝴蝶在巴西扇动翅膀,可能会在德州引起一场龙卷风",这就是混沌。

混沌来自于非线性动力系统,而动力系统又描述的是任意随时间发展变化的过程,并且这样的系统产生于生活的各个方面。混沌学的另一个重要特点是它致力于研究定型的变化,而非日常我们做熟悉的定量。这是由它的成立的目的——解决复杂的,多因素替换成为引起变化的主导因素的系统而决定的。它的基本观点是积累效应和度,即事物总处在平衡状态下的观点。它与哲学一样是适用面最广的科学。

混沌理论在气象、航空及航天等领域的研究方面有重大的作用。在许多科学学科,如数学、生物学、信息技术、经济学、工程学、金融学、哲学、物理学、政治学、人口学、心理学和机器人学等得到广泛应用。

第四节 教育科学研究方法

一、行动研究法

1. 行动研究法的含义

目前,人们对"行动研究"的概念有着多种解释。英国学者艾略特(Elliott)认为行动研究是社会情境的研究,是从改善社会情境中行动质量的角度来进行研究的一种研究取向。《国际教育百科全书》中将"行动研究"定义为由社会情境(教育情境)的参与者为提高对所从事的社会或教育实践的理性认识,为加深对实践活动及其依赖的背景的理解所进行的反思研究。还有学者认为教育行动研究是一种有计划、有步骤地对教育实践当中出现的问题,经过教师或者教师与专家研究人员合作,以及边研究边行动,从而以解决好出现的实际问题作为目的的科学研究方法。在行动研究中,被研究者不再是研究的客体或对象,他们是作为研究的主体。通过研究和行动的双重活动,参与者将研究的发现直接运用于自己的社会实践,进而提高自己改变社会现实的行动能力。研究的目的是推动教育教学的真正改革。在行动研究中,研究者扮演的只是一个触媒的角色,帮助参与者确认和定义研究的问题,对分析和解决问题提供自己的思考角度。

综上所述,行动研究法是一种日益受到人们关注的将教育理论与实践融为一体的且适应小范围内探索教育问题的教育研究方法。实施行动研究法的目的在于针对教育教学实践中的问题,通过行动来进行解决,以提高教育教学实践的质量,从而推动教育教学改革的深入。

2. 行动研究法的特点

(1)极强的实践性

在行动研究的过程中,研究者是基于实践当中所发生的问题直接或间接地将之发展为研究的课题,并将可能会解决问题的各种方法作为变量,然后再系统地在行动的过程中对其方法逐个进行检验。行动的过程便是解决问题的过程;行动的结果也就是问题的初步过程。在行动研究的过程中,实践者不但直接参与了整个研究的过程,而且在这整个研究的过程当中,他是"科学共同体"中平等的一员。行动研究的根本目的是为了实践本身的改进。因而正如施密斯所说的:"行动研究的精义是一种革新的过程,且这种革新过程的目的在于某个人或某个团体自己的而不是其他人的实践之改善,因为'改善'是一个难以终结的目标。"因此这也要求了行动研究必须是一个不间断地螺旋上升、循环往复的过程。

(2) 极强的合作性

在行动研究的过程中，从事两种不同性质活动的主体即实践者与研究者是自始至终紧密结合在一起的，在研究过程中，包含有教师与教师之间，教师与学校管理者之间，教师与学生之间，教师与校外研究者之间的协作。此种研究方法提倡研究者不仅要深入实践第一线，而且要使教育实践者同时成为自己实践情境的研究者，最终成为研究者。同时，研究者深入到实践的第一线，向实践者学习，这样不仅使研究的针对性变得更强，而且也真正做到了从实践中来，到实践中去，最终导致整个研究过程的高效运作。所以，行动研究具有极强的合作性。它自始至终都是理论与实践的结合，是行动与研究的结合，是研究者与实践者的结合，是科学理想与职业理想的结合。

(3) 及时的反馈性

通常一个问题被专家发现到解决的过程中都须经过发现问题、明确问题、收集资料、提出解决方案、实践者试验、研究者验证、改进方案、推广方案几个环节，而在这每一个环节中又需要在不同的人员间进行交换，这样就不可避免地会使出错的机会大增。而如果采用行动研究法，实践者直接进入研究，这样就能缩短信息往返的环节，从而能够减少在不同人员间信息转换出错的概率，使问题的解决更为迅速、高效。因为在研究的过程中倘若出现了较为有效的结果，可以立即将结果反馈在教学活动中去，影响教育的实践过程。更重要的是，实践者与研究者统一于一人，这样就可以使行动与研究真正处于一种研究与反馈的动态结合之中。

(4) 紧密的兼容性

行动研究不是一种独立于其他教育科学研究方法的特殊方法。它是依据研究者要解决的实践问题不同来选择的多种教育研究方法于一体的一种多元化研究方法。在实施行动研究方法的过程中也须与其他研究方法相结合，如我们需要科学地使用观察法、访谈法等来收集我们研究中所需要的资料，有时候还需要采用统计分析法对收集的数据进行整理等。又由于在不同的环境中实践者所面临的问题总是不同的，所以在行动研究中作为研究对象的样本也将是不同的。这就决定了行动研究应该是有弹性的，而不是僵硬地遵循固定的程序。这也就要求了参与研究的人员不仅要掌握一定的研究技能，而且要具有对实践问题的敏感能力、有适时调节研究方法或侧重点的应变能力。

3. 行动研究法的一般步骤

从行动研究被提出以来，倡导者们都力图寻找一种能够被普遍推广的操作模式，以使行动研究在实施方面更加规范和明确。然而，由于行动研究不同的理论背景使得行动研究有了许多模式，这也使得不同的研究者在实施行动研究的具体步骤上呈现出一些差异。但在基本的操作过程中，行动研究基本上都遵循着"行动研究"先驱者勒温所确立的一些基本思想，即把对问题的勘察、界定与分析定位于研究的起点；然后在此基础上做出一个如何达到目标的总体计划以及决定采取某种行为；接着执行已经确定的总体计划；再对执行总体计划的全过程进行观察并对具体实施情况进行评价；最后在评价的基础上对总体计划进行必要的修改。如此循环往复，不断提高。所以可以证明：从总体上，行动研究的进程是一个螺旋循环的过程。

早期研究者对行动研究提出了一些可操作化的描述，如柯雷确定的五个连续的步骤：明确问题；计划及其确立解决问题的行动过程及其目标；按照确立的计划进行行动,并且在行动的过程中随时做好记录,以明确好目标已达到了何种程度;对收集到的材料进行整理,并总结出行动与目标之间的关系与原则;在实践过程中检验关系与原侧。我国台湾的学者也描述了几个非常规操作化的行动研究步骤,即发现问题;分析问题;拟定计划;收集资料;批判与修正;试行与检验;提出报告。与之相反的是,强调行动研究作为一种特殊的研究形式所应该具备的"某种精神"或者"基本思想"。例如,温特在《从经验中学:行动研究的原则与实践》中强调行动研究的关键过程即为观察、反思和运用。凯米斯和麦克塔格特对行动研究的过程的描述更多地继承了勒温的传统,即计划,行动,系统地观察,反思,然后重新计划,进一步应用、再观察、反思。格伦迪对行动研究过程的描述与凯米斯等的观点基本相同,但她认为的是在计划之前,应该先有对问题的勘察。

固定的整齐划一的行动研究模式没有必要也是不可能的,因为如果这样的话就与行动研究的主旨相违背。行动研究可以在遵循其基本精神的基础上具有多种多样的形式,不过,从行动研究的总体过程来说,无论是哪一种行动研究的过程都不可缺少三个环节。即"计划""实施"与"反思"。

(1) 计划

计划是行动研究的第一个环节,在该环节应该以大量事实和收集的资料为前提,然后产生对问题的认识,再学习与之相关的文献资料,综合有关理论和方法,结合本身的实际工作经验来写出可行的研究计划。在此阶段主要完成的任务是发现问题、明确问题、分析问题、制定计划。

行动研究是一种以问题作为中心的研究方式。所以发现问题是行动研究的起点。而发现的问题指的是教师或研究者在日常的教育教学中所遇到的或观察到的看似很平常的问题。比如,学生学习某门课的积极性不高,班上课堂纪律不好,学生的不良饮食习惯等等。教师在发现这些问题后,要解决这些问题,首先就需要进一步地明确问题以及分析问题:明确问题属于什么类型、这个问题属于哪个范畴、属于何种性质的问题、此问题是何种原因所导致的,要解决这些问题受到哪些因素的制约,以便为下一步研究提供依据。教师或研究者凭借自己的经验跟观察力发现实践当中存在的问题。比如说,①我们遇到了一个什么问题? 是有关教师教学方法的问题? 还是学生的个人心理问题? 还是学习动机问题? 与自己的期望或价值有什么冲突? 等等。②这些问题对自己、对班级、对学生的重要性怎样? ③这些问题是所有班级或者是所有相同年龄阶段的学生普遍都存在有的? 还是只有某一个班级的学生具有这些问题,只有某一门课存在这些问题,还是只是某一个学生有这种问题? ④产生这些问题的原因有哪些? 主要是受社会环境的影响,还是主要受学校氛围的影响? 还是受到班风的影响? 还是学生自己家庭背景的影响? 还是教师教学方法、方式的影响? 还是教学内容复杂程度的影响? 还是学生个人心理方面的问题? 等等。⑤存在的问题可能会导致什么样的影响? ⑥在解决存在的问题时会受到哪些因素的制约? 哪些因素可以通过人为努力改变,哪些因素即使不能改变但能够在一定的时期内通过人们共同创造环境、条件将之改变? 等等。

在对所出现的问题认真地做了分析和界定之后,那么就考虑如何解决好这一问题,即研究者可以根据自己的经验或者借鉴他人的经验,再参考相关的教育理论设计出一套系统的有可能解决好这一问题的总体计划。总体计划一般应该包括以下几个方面：

①实施计划后达到的预期目标。在陈述具体目标内容时要尽量做到客观、具体，使预期目标具有可操作性、可监测性、可控制性和清晰性。比如，要让学生树立学习动机，应该首先要对"学习动机"这个概念进行较详细的分析，分解为一些可操作、可监测的目标，比如，对某门课中老师讲授的某个概念或某个道理学生接受的态度或方式、学生提出疑难的数量、对所学内容在相应实际情境中的迁移状况等等。

②对研究问题可以试图改变的因素。比如为了使学生建立强烈的学习动机，我们可以先对问题形成的原因进行充分的分析，然后可以采取改变教学内容的呈现方式或者将教学内容的讲解过程尽量生活化、情景化，或者考虑改变学生座次的安排，或者讲解一些有关榜样人物的事迹等等。当然，为了我们能够更准确、更方便地对研究结果进行分析，在研究过程中，一次改变的因素不应该太多。

③行动的步骤与行动的时间安排。这个安排过程是研究过程中非常重要的环节，正如哲学中说的，意识对行为具有指导作用。那么我们制定的行动步骤与时间的安排对我们接下来的研究全过程具有指导、指挥作用。由于在行动过程中不可避免会出现之前意料不到的种种情况或者会产生制约到研究效果的种种因素，所以制定研究的总体计划（实施的每一个步骤和实施的具体时间）要具有足够的灵活性和广阔的开放空间。

④确定好参加研究的所有人员及他们各自承担的任务。在进行研究之前首先确定好在研究过程中有可能会涉及的相关人员及他们各自需要对哪个问题作出回答，这样能保证研究过程的顺利进行。比如，针对学生对某门课程的学习兴趣的状况进行研究，可以首先确定与本研究有密切关系的人：校长、任课教师、其他教师、家长、学生群体、学生本人等等，以及可以确定从校长那里了解学校的管理体制、可以确定从任课教师那里了解教师的教学方法、可以确定从其他教师那里了解任课教师对工作的态度、可以确定从家长那里了解对他们自己孩子的期望值及教育方法、可以确定从学生群体那里了解整个学校的学风、可以确定从学生本人那里了解他对生活的态度及个人心理品质等等。同时，研究人员应该事先在心理上准备好如何与这些参与研究的人员处理好关系，按照何种恰当的方式来与他们进行交流以能够获得必要的信息，如何能够让他们的回答更接近客观实际等等。

⑤采取何种途径收集资料。在开展研究时确定好选用哪种方式、方法来收集研究所需要的资料。比如，某中学初二年级某班的物理课教师发现班上绝大多数学生从开学以来有几次月考成绩都不理想（研究者发现问题）。于是，他一方面查阅有关影响学习效果的原因的文献资料，一方面与同级物理课的教师协商、共同探讨，再仔细地观察班上学生在课堂上的反应以及平时的学习状况，最后确定"如何激发学生学习物理的兴趣"为最重要的问题（研究者明确问题）。根据确定的研究主题，然后大量地收集与激发学生兴趣有关的文献，根据对文献及绝大多数学生存在的问题进行分析后，老师决定采用调查研究法对班上学生进行学习兴趣的研究。他自编了一套评价学生"物理课学习量表"。通过测验后，对测验收集的资料开展进一步的分析找出学生对学习物理课的兴趣低落的原因，然后进行针对性的改进（研究者分析问题和制定计划）。

（2）实施

实施是行动研究的第二个环节，也是研究的关键环节。在这一环节里面研究者要完成对已拟定好的研究计划展开实际的行动以及对展开的实际行动进行观察。研究者在获得了有关于研究问题的相关信息,经过仔细的思考、理解后,有目的、有计划地展开研究步骤。就像研究计划阶段中所举的例子,老师根据计划对学生进行观察、调查,通过进一步的分析,最后发现班上绝大多数学生对物理课学习兴趣低落的主要原因是任课教师在课堂中没有安排实验课、对重要的问题没有开展讨论,同时也没有开展过与物理知识有关的户外活动。于是老师调整好教学结构,每周安排两节物理实验课,一节讨论课,每两周举行一次户外活动课,从而激发学生学习物理的兴趣,也提高了学习效果。

由于行动研究中的行动与其他研究方法中的行动相比,具有更大的情境性和实践性,它是在不脱离正常教学秩序的条件下而进行的,因此,在行动研究的实施阶段按照事先拟定的计划进行研究需要注意到:研究在按照原定计划进行的同时还需充分考虑现实因素的变化,根据现实因素的变化应当适当地对原先的计划做出合理的调整;在对原先的计划做出调整的同时须做好记录,并且能够说明为何做出调整,以确保对研究结果分析的客观性。

在实施计划的过程中,在进行每一步行动时做好相对应的观察和记录,收集有关资料,以便能够了解原先拟定的研究计划实施到了何种程度,对本研究的过程和结果能够做出客观的分析。所以,在收集研究资料时除了采用文献调查等方法以外,还可以采用观察法、访谈与问卷法相结合的方法。

观察主要是指对与研究问题相关的一切现象、整个行动过程、研究的结果、研究背景以及研究者本身特点进行尽可能全面的考察。研究者可以与相关领域的研究专家或者同事共同协作,可以请他们协力对课堂教学情况进行观察和记录。这样以确保问题更容易被发现。但由于非班上的学生是以一个陌生的面孔在课堂中出现,一般都会影响课堂的气氛和学生的心理状况。所以,教师可以在上课前几分钟委托好一个或两个学生请这一个或两个学生对接下来的课堂教学中学生的反应状况进行观察和记录,选用这种方法虽可以减少对课堂的气氛和学生的心理状况的影响,但由于学生跟老师之间的认识水平存在差异,也会影响被委托学生对课堂中教师讲授的知识的学习。所以,最好是教师(研究者)自己进行观察,但是在观察时应注意几个方面:收集的资料和观察的内容要全面、观察的态度要保持客观,根据现场相应的实际情况采用多种方法进行观察。

访谈与问卷法主要是研究者为了获得对课堂全过程的了解而采取的收集资料的方法。访谈是研究者与被访谈的对象进行谈话以能够更加深刻地对课堂教学问题产生的背景、成因、过程、及影响进行更全面的理解的一种方法。在进行正式访谈之前研究者应该设计一个访谈提纲,这样有助于获得必要的信息,也能使访谈过程高效、顺利地进行,研究者选用被访谈者应该视不同的问题而确定。问卷法是以语言为媒介,使用严格设计的问题或表格,收集研究对象的资料,此种方法偏重对个人背景、信念、态度意见、知识水平、倾向或对事物的看法、认识等方面的资料。在行动研究中,运用此种方法能够获得比较客观的材料以及与研究有关的信息。

收集与研究问题有关的对象的资料并且随时做好记录。比如,针对前面已经举过的这个例子:某中学初二年级某班绝大多数学生从开学以来有几次月考成绩都不理想。研究者要收集这个研究问题中有关研究对象的资料,那么就要收集学生们的个人资料和任课教师本人的资料。收集学生们的家庭背景、学生的个人简历、学生平时学习态度、学生的个性特点等等;收集任课教师本人的工作历史、任课教师平时的工作态度及对生活的态度、任课教师上课的风格、任课教师的教学方法、方式、任课教师的实际知识水平等等,研究者在着手对这些资料进行收集时要随时做好记录,以便自己随时可以对获得的资料进行再分析和再确认;有利于一段时间后对整个研究过程进行分析和总结、得出更客观化的结果。

(3)反思

反思是行动研究的第三个环节。俗话说"扪心自问""反求诸己""吾日三省吾身",这说明了反思在生活学习工作中具有不可或缺的重要作用。所以,作为研究者更要对之前行动实施的效果和研究的全过程进行全面性的总结、评价,尽量让研究过程研究效果接近完美。

我们可以从以下几个方面对研究的效果和研究的全过程进行反思:①是否明确地确定问题?即对研究问题涉及的范围、属于何种性质、形成过程及可能会产生的影响进行明确地确定。②是否有清楚的行动的可操作定义?即将抽象的理论、概念在研究过程中进行实际运用,用可操作的行为具体地表示出来。③是否有系统的、全面的研究计划?即拟定的研究计划要涉及研究中各方面的因素,制定的研究步骤要科学、详细。④是否已坚持拟定的计划进行?即计划在研究过程中要把制定的研究步骤按部就班地完成,不能随意改变计划。⑤是否无误地收集和记录资料?即对资料的收集和记录要尽可能地做到全面、详细、客观,以便研究者在对研究问题进行分析和作结论时能够起到有效参考的作用。⑥是否有很高的信度和效度?即行动研究过程中所收集的一切资料不仅要科学实际,而且要尽可能地与研究目的相关;研究问题得出的最终结论要经得住他人的多次验证。⑦是否全面地、准确无误地对资料进行了分析和解释?即对研究过程中所获得的相关资料要进行科学合理的分析:查阅相关文献,反复多次验证,结合相关理论和经验,多次将得出的结论运用于问题情境当中等等,最后作出科学的解释。

4. 行动研究法的适用范围

行动研究主要适用于对教育教学过程中实际问题的研究以及微观的实际问题的研究。它是在教育实际情境的条件下进行的,研究的内容概括起来主要包含以下几个方面:(1)对课堂教学的研究,探究适用于改革教学过程的措施;(2)对课程进行中小范围的改革研究;(3)寻求提高教师职业技能方面的新技术、新方法;(4)着手评价学校管理方面;(5)对已界定的问题寻求解决的方法,如针对提高学习困难儿童认知水平的研究、矫正学习困难学生不良心理行为的研究等等。

5. 行动研究法的优点及局限性

行动研究法的优点主要表现在:

(1)适应性和灵活性

由于行动研究法是在现实的教育实际问题,教育实际情境中而进行的研究所以整个研究过程易于操作,即便是没有接受过严格教育测量和教育实验训练的中小学教师也能完成整个研究过程。在具体研究的过程中,研究者根据具体界定的问题拟定研究计划然后进行实际的研究,由于行动研究本身具有的特点,研究者可以一边行动一边调整行动方案,这样就没有严格、固定的实验控制,就有利于研究者在复杂的研究现象和领域内进行。

(2)评价的持续性和反馈的及时性

行动研究评价的持续性主要说明行动研究自始至终都集诊断性评价、形成性评价、总结性评价于一体。行动研究反馈的及时性主要说明行动研究包含了两个方面。即研究者对自己的研究过程可以随时进行及时的总结,这样就能使教育实践与科学研究处于动态结合与反馈当中;研究者一旦发现了比较肯定的结果便可以立即将结果反馈,最后运用到实践中去。

(3)较强的实践性与参与性

较强的实践性体现在行动研究是与具体的实际问题相联系着的。较强的参与性体现在研究人员可以由专职研究人员、行政领导和一线教师等联合构成,并且研究者在行动研究的过程中能够直接或间接地参与整个研究过程中方案的修改与实施。

(4)综合使用了多种研究方法

各种研究方法都不是孤立存在于研究当中的,在采用一种研究方法的同时可能会兼用到其他的研究方法。在一个较成功的行动研究当中,也不可避免地需要灵活和合理的运用到多种研究方法,比如在进行行动研究中我们在收集资料时需要用到观察法、问卷调查法、实验法等等。

行动研究法存在的局限性主要表现在:①由于行动研究对于没有接受过严格教育测量和教育实验训练的中小学教师都能完成整个研究过程,而且研究者在研究过程中可以一边行动一边调整行动方案,这样在研究过程中由于没有了严格、固定的实验控制,可能会缺乏严密的科学性,最终就不一定能保证研究的准确性和可靠性程度,进而最终的研究成果也可能得不到顺利的推广。②由于行动研究的目的是在于针对教育教学实践中的问题,通过行动来进行解决,重在改善实际的问题行为而不在于建立理论或规律。所以,它对构建教育理论体系发挥的作用也不大。

5. 行动研究对我国教育研究的作用

由于行动研究自身具有的特点,它除了适用于教育实践问题研究之外,对教师在教育实践方面也发挥了重大的作用。行动研究与传统的研究相比,它更注重了理论与实践的结合,而且行动研究的结果可以验证教育实践过程,并且由一线教师所收集和分析的数据可以丰富理论及研究。行动研究法对我国教育研究的作用有以下几个方面:

(1)行动研究可以促进教育实践

当教师对他们的教育实践进行反思和批评时,他们就会用他们所观察到的现象和收集到的信息来对教育实践作出决策。由于在行动研究过程中需要教师进行反思以及研究人员之间的协作,所以它可以促进教育实践的发展。在许多教师看来,只要自己掌握了专业技能就可以在工作中获得成功。然而,真正可以获得成功的教师是要能够不断地对自己工作中实施的行为以及出现的问题现象及时进行深刻的反思,因为只有教师真正做到了这一点,才能不断地让自己的教育实践过程得以完善。

(2)行动研究使教师成为真正意义上的决策者

教师通过进行行动研究之后,利用自己收集的数据来帮助自己的学生和教学做决策,这时候教师就成为了决策者。因而教师就可以将自己的技能、天赋、创造力等等运用到教育中。进而行动研究就能够有效地促进学校教育教学质量的发展以及科研条件的改善。

(3) 行动研究能够促进教师专业技能的发展

①从行动研究的问题来看,行动研究的研究问题来源于教师日常工作中所遇到的问题,研究的进程也是在真实的情境之中得以发展的。这就要求教师要不断发现教育教学中所存在的问题,然后针对问题进行研究,通过解决问题改进教育教学过程,提高教学质量;②从行动研究的主体来看,行动研究的主体是从事实际工作的、从事教育实践的教师。它也确定了教师是处于研究者地位。教师与专职的理论研究者一样都具有自己特定的思想和能力,他们也是教育研究的主体与理论观念的倡导者与实践者,在教育教学实践中他们也扮演着研究者的角色。为了满足学生们的要求,他们也需要不断地进行创造性的劳动;③从行动研究的目的来看,行动研究的目的是为了提高实践能力和行动质量,改进实际工作。在教育领域中,行动研究关注的是教师们日常遇到的和有待解决的实践问题,是教师们对实际问题的认识、感受和经验。这样教师在行动研究中,通过对教育教学实践中问题的研究和关注,就能改进自己的教育教学工作和自身行动的质量。

二、教育历史法

1. 教育历史法的含义

教育科学的历史法是通过搜集某种教育现象发生、发展和演变的历史事实,加以系统客观的分析研究,从而揭示其发展规律的一种研究方法。采用历史法研究教育科学,可以揭示出一定时期的教育理论与实践受到当时社会政治、经济、哲学、宗教、文化、科技等条件的制约和影响,同时又继承以往的教育传统而形成这一时期教育发展的独特模式和传统。

2. 教育历史法的适用范围

历史法在教育科学中的适用范围包括以下几点:

(1) 对各个时期教育发展情况的研究。研究者注重以历史发展的逻辑顺序完整地认识教育发展史的基本脉络。

(2) 对历史上教育家们的教育思想理论观点的研究。历代许多有影响的教育家在其教育实践的基础上,创造性地继承和发展了前人的思想成果,形成各自的学术观点和理论体系,反映出一定时代教育理论发展的轨迹和规律。

(3) 对一个时期教育流派、教育思潮的分析研究以及对不同教育流派理论的比较研究。这一研究在揭示各历史阶段不同思潮和流派对教育实践以及后世教育制度、教育理论发展的影响。

(4) 对一定时期教育制度,如法令、计划、政策等的评价分析,研究我国及世界各国在长期的历史发展中形成的较为完备系统的教育制度并探讨其不同的教育传统和教育模式。

(5) 对外国教育发展状况的分析。这方面侧重对国际教育的比较研究。

(6) 研究者还可以在诸如少数民族教育史、地方教育史以及古代的科技教育、艺术教育、对外教育交流等方面开拓新的研究领域。

3. 教育历史法的实施步骤

(1) 分析研究课题的性质、所要达到的目标以及有关的资料条件。

历史研究与其他研究活动相比具有自己的特殊性。第一,明确该研究所要达到的目的;第二,应该从理论和实践两方面分析该研究问题的价值以及从资料情况、研究人员条件等方面分析课题的可行性;第三,确定研究问题的呈现方式。

(2) 搜集和鉴别史料。

史料可分为文字史料、事物史料和口传史料,主要包括经史书籍、档案、墓志碑刻以及地方志在内的历史文献,有关故事、传说、民谣、礼俗等口传信息以及实物遗迹等。在教育的历史研究中,研究者首先要认真挖掘史料,其次将散见于其他书籍中的有关内容搜集起来并加以编排,以反映遗失典籍的梗概。对同一部书的不同版本或同一版本的不同卷次之间存在的文字差误进行对照并判定是非。通过精确了解所研究估计的原意,对搜集到的史料进行鉴定。

(3) 对史料进行分析研究,形成结论。

分析是指通过对史料的分解剖析来明确史料所提供信息的性质、特点以及所能说明的问题,解释是指对史料所提供信息的历史性予以补充说明,使人们进一步明确史料与研究现象的本质性的联系。通过分析和解释,研究者在头脑中形成了对研究对象的局部特征的理解,而后再对各个局部特征进行综合、整理、逐渐概括出所研究的教育现象的根本属性,形成最终的研究结论。

4. 教育历史法的实施要求

(1) 要以马克思主义理论为指导。

历史法使用一定的观点去研究某种事实材料,从而达到认识客观事物的目的。史观不同,研究的结果也大不一样,但要真正把科学研究变为创造性活动,解决前任没有解决的问题,推进人类对客观世界的认识,就必须借助与马克思主义理论的指导。

(2) 要有全局观念并注意抓主要事实材料。

历史法所研究的只是对象整体的运动过程,不是它的所有部分和所有方面,因此我们不能也无须将研究对象的一切事实材料都搜集起来,只要抓住反映事实的主要材料,抓住反映事实各主要关节的材料和带有普遍意义的材料,就能把握对象的本质和必然性。

(3) 要重视研究对象发展的时间顺序和空间变换。

在将研究结果写成论文时,要尽量避免倒序的形式,有利于按进程将事物发展的规律性清晰地揭示出来。

三、教育预测法

1. 教育预测法的含义

教育预测法是指依据已知的教育客观事实、科学理论、科学思想和科学方法,揭示教育的发展规律,探索和推测未来教育将会发生的趋势的一种研究方法。

2. 教育预测法的一般程序

(1) 选择课题

教育预测不单是为了设想事物的未来状态,重要的是依据预测结果决定当前的行动,采取相应的措施。

(2)搜集资料

课题确定后,就要围绕课题去搜集相关的资料。在搜集的过程中,应随时进行分析。剔除那些虚假的核对预测没有意义的部分,整理出有科学价值的资料和信息。还要对它们的完备程度进行判断,以确定进一步搜集资料的需要程序。

(3)选择方法

按照预测课题的种类和性质,对预测结果精确度的要求,现已掌握资料的质量和数量,以及用于预测工作的人力、物力、财力和时间期限等要求来选择预测的具体方法。

(4)分析结果

预测的结果有时并一定正确。因此,应对预测结果加以分析和评价,以确定是否适用,或用一定的办法对预测结果加以修正,使之符合实际。在可能的情况下,可以采用其他方法对同一对象进行预测,将得到的结果加以比较,找出较符合实际的结论,提供给决策者参考。

3. 教育预测法的类型

在教育研究中实际应用较广,主要由以下几种预测方法:

(1)前景设想法

前景设想法是在已有事实材料的基础上,运用主观的想象,直接分析教育未来的多种可能性,设想未来情景并提出实现它的方法或途径,对未来的发展做理论上的描述。此方法是根据大量事实材料,通过逻辑分析判断,逻辑推理创造出的具有科学性的预测。此方法可以为制定教育的远景规划提供方向性的指导,使教育工作者能够用战略性的眼光来看待教育的发展趋势。

(2)类推法

类推法主要是根据历史和现实的情况,对处于同样条件下的未来发展情况进行预测。由于教育始终处于同样条件下发展的情况是不可能的,因此这种方法对预测教育发展似乎意义不大,但如果利用人口数量构成的数据材料,预测未来若干年内学龄人口及其分布情况,为制定近期教育发展计划提供依据,那么这种方法就显出既简单,且实用价值又高的特点。例如,以中小学现有学生数和学龄前各年龄组人口为基数,用类推法可以预测出今后一个时期内初中阶段的在校生数。

(3)趋势外延法

趋势外延法主要是用简单的教学方法把教育的某些变量的过去和现在的变动趋势外延到未来,从而得出未来的预测数值,进而推断将来的教育发展趋势。变动趋势是根据有关统计数据测定的。测定的变动趋势可以表现为绝对量或比率,也可以是数学方程式。如果采用数学方程式进行趋势外延,一般先把有关数据制图,然后根据图形选定曲线方程式。常用的趋势方程式是直线方程是和指数方程式,预测是根据估算的数学方程式进行外延。

(4)回归模型法

回归模型法是根据变量之间的相互关系(表现为数学方程式),利用其他变量的已知数值来推断所预测变量的数值。因此,准确认识变量之间的关系,制定回归模型是采用这一方法的首要条件。制定回归模型,首先是选定与预测的变量(因变量)相关的其他变量(自变量)。其次是确定回归模型的形式,即确定所预测变量与选定的变量之间函数关系。形式确定后根据各个变量的历史资料估算方程式的参数值。预测时根据估算的回归模型,用已知的自变量数值推算出预测变量的数值。

(5)专家调查法

专家调查法是根据所要预测的问题,先选择有关的专家,请他们凭自己的专长和经验,提出自己对有关教育问题的直观认识和分析判断,而后在专家们提供资料的基础上写成综合报告,再交给他们修正或作进一步解释,最后得出的结论就是所要预测的问题的结果。在国外,这种方法被称为德尔菲法。

专家调查法的主要过程是:①成立有预测人员组成的调查组。其主要职责是联系专家,拟定问题调查提纲,分析调查结果。②选择有关专家。首先要确定好有关专家的范围,不要只限于本专业的有关专家而轻视非本专业的专家,这样才不至于出现片面性。其次要根据具体问题来确定适当的专家人数,一般10—15人为好。当然这个人数也不是绝对的。③拟定问题调查提纲。拟定问题调查提纲必须慎重细心,措辞要明确清楚,问题必须选择得当,问题的数量应有所限制,对有怀疑的问题也有必要提供少量的实际资料。④实施调查分析。首先,发现问题调查提纲并要求专家们根据收到的调查提纲提出看法。专家们答复后,研究者收回调查提纲并对之进行整理加工。其次,研究者向专家们提供有关资料,要求专家进一步提出看法后修改自己先前的预测。调查小组再一次加工并提出进一步的明确要求。再次,要求专家们根据收到的资料提出看法,研究者再次修改自己原先的预测并进一步提出要求。最后,要求专家们在前几次预测的基础上根据他所得的全部资料,提出他的最后预测以及预测的根据。⑤处理调查结果。将专家们的最后预测结果整理成表,进行统计和分析,最后得出有关的预测结果。

以上介绍了五种教育预测方法,但在实际运用中远不止这五种。各种方法在运用中也不是单独使用的,往往是相互结合、参照使用。在教育科研中,要根据不同的情况,采用与之相适应的预测方法并尽可能地参照其他方法,使预测的结果更为科学、准确。

参考文献

[1] 宁莉娜.中国近代文化革新视域中的西方逻辑方法[J].求是学刊,2006,33,(6).
[2] 许良英.爱因斯坦文集(第1卷)[M].北京:商务印书馆,1977.574.
[3] 高策等.杨振宁论中国传统文化与科学技术[J].科学技术与辩证法,1998,(2):39.
[4] 阿利斯科·E·麦克格拉斯.科学与宗教引论[M].王毅译.上海人民出版社,2000.161.
[5] 罗素.数理哲学导论[M].北京:商务印书馆,1982.182.
[6] 钱兆华.为什么实验方法和逻辑方法对科学特别重要?[J].科学技术与辩证法,2004,(4):第21卷第2期.
[7] 张启瑞主编.中国法人百科全书7卷.中国物价出版社,1999.05
[8] 华东师范大学哲学系逻辑学教研室编.形式逻辑[M].(第四版).上海:华东师范大学出版社,2009.6.
[9] http://hi.baidu.com/meihao_528899/item/fd90bed8e0ed2d3a39f6f777
[10] 张路安,马晓丽.逻辑思维与非逻辑思维的关系研究[J].教育探索,2007,(9).
[11] 欧阳康.社会科学研究方法[M].北京:高等教育出版社.2001.268

[12] 钟义信.信息科学原理[M].北京:北京邮电大学出版社第三版.2002.10,50.

[13] 傅祖芸.信息论:基础理论与应用[M].北京:电子工业出版社.2007.5.

[14] 袁荃.社会研究方法[M].武汉:湖北科学技术出版社.2012.165-166.

[15] 张广照,吴其同.新兴学科词典[M].长春:吉林人民出版社.2003.142.

[16] 蒲蕊.行动研究:教师专业发展的有效途径[J].教育与管理,2006,(01):3-6.

[17] 寇冬泉,黄技.行动研究法及其操作程序与要领[J].广西教育学院学报,2003,(3):26-30.

[18] 王爱民,刘文.行动研究及其在教育研究和实践中的意义[J].辽宁师范大学学报,2008,31(1):44-47.

[19] 张水玲.行动研究:一种促进校本教师培训的有效方法[J].师资培训研究,2003,(4):33-36.

[20] 汪小瑜,杨挺.传承与嬗变:教育科学研究方法的多元取向[J].西南大学学报,2009,(7):141-142.

[21] 吴祯福.以行动研究法促进教与学的良性循环[J].北京外国语大学学报,2005,(6):43-46.

[22] 胡中锋.教育科学研究方法[M].北京:清华大学出版社,2011.

[23] 赵新云.教育科学研究方法[M].北京:中国人民大学出版社,2009.

[24] 钟媚.行动研究过程的关键元素:计划、实施与反思[J].广东教育,2005,(10):27-28.

[25] Creswell J W. Educational Research: Planning, Conducting and Evaluating Quatitative and Qualitative Research[M]. Pearson Merrill Prentice Hall,2005:44-57.

[26] 金哲华,俞爱宗.教育科学研究方法[M].北京:北京科学出版社,2011.

[27] 田学红.教育科学研究方法指导[M].杭州:浙江大学出版社,2006.

[28] 刘新平,刘存侠.教育统计与测评导论[M].北京:科学出版社,2003.

第三章 信息检索介绍

第一节 信息和信息检索

一、信息

1. 基本概念

（1）信息

信息（Information）一词的概念最早来自拉丁语，译为"通知、报道或消息"。信息是一种十分广泛的概念，它在自然界、人类社会以及人类思维活动中普遍存在。不同事物有着不同的特征。这些特征通过一定的物质形式（如声波、电磁波、图像等）给人带来某种信息。例如，人的大脑通过感觉器官所接收到的有关外界及其变化的消息，就是一种信息。因此，信息可以定义为：生物以及具有自动控制功能的系统，通过感觉器官和相应的设备与外界进行交换的一切内容。也可以认为信息是人对客观事物属性以及运动状态的感知。《情报与文献工作词汇基本术语》（GB4894-85）中对信息的定义是：信息是物质存在的一种方式、形态或运动状态，也是事物的一种普遍属性，一般指数据、信息中包含的意义，可以使信息中所描述事件的不确定性减少。

信息具有以下基本特征：①普遍性及客观性；②时效性及价值性；③共享性；④可识别性；⑤载体依附性（可存储性）；⑥可加工性。

（2）知识

知识（Knowledge）是人类社会实践经验和认识的总结，是人的主观世界对于客观世界的概括和如实反映。知识是人类通过信息对自然界、人类社会以及思维方式与运动规律的认识，是人的大脑通过思维加工、重新组合的系统化信息的集合。因此，人类不仅要通过信息感知世界，认识和改造世界，而且要将所获得的部分信息升华为知识。也就是人们在认识和改造世界的过程中，对信息认知的那部分内容就是知识，可见知识是信息的一部分。

（3）情报

关于情报（Intelligence）的定义，国内外学术界众说纷纭，至今还没有定论，但大家的基本共识为：情报是指传递着有特定效用的知识。因此，情报的三个基本属性是：知识性、传递性和效用性。

（4）文献

文献（Document，Literature）是用文字、图形、符号、声频、视频等技术手段记录人类知识的一种载体。国际标准化组织《文献情报术语国际标准》(ISO/DIS5217)对文献的解释是:"在存储、检索、利用或传递记录信息的过程中,可作为一个单元处理的,在载体内、载体上或依附载体而存储有信息或数据的载体。"

由上述概念的描述可见,知识是信息中的一部分,情报是知识中的一部分,文献是知识的一种载体。文献不仅是情报传递的主要物质形式,也是吸收利用情报的主要手段。

2. 现代文献信息源的类型

(1)按载体形态划分:书写型、印刷型、缩微型、视听型、电子型。

书写型:主要指古旧文献和未经复印的手稿以及技术档案之类的资料。

印刷型:以纸张为载体,以印刷的方式制作的文献资料,包括图书、报纸、杂志等。

微缩型:通过光电技术设备,以感光材料为载体,以缩微的手段将文献载体中的文字、符号、图像等影印在感光材料上的文献形式,常见的有缩微胶卷和缩微胶片。

视听型:是以磁记录或光学技术为记录手段而产生的一种文献形式,如录像带、录音带、唱片、光盘等。

电子型:即电子出版物,又称机读型文献。它是以磁性或塑性材料为载体,以穿孔或电磁、光学字符为记录手段,将信息存储在磁带、磁盘、光盘等媒体中,通过计算机对电子格式的信息进行存取和处理,形成多种类型的电子出版物,包括电子图书、电子期刊、光盘数据库产品或软盘、磁带等产品,以及电传文本、电子邮件等。

(2)按加工级次划分:零次文献、一次文献、二次文献、三次文献。

零次文献:尚未发表或不公开交流的比较原始的资料,如书信、手稿、实验的原始记录等。

一次文献:又称原始文献,是以著者本人的研究工作或研究成果为依据撰写的论著、论文、技术说明书等,只要是作者根据自己的科研成果发表的原始创作都属于一次文献。

二次文献:把一次文献收集起来,按照一定的方法进行加工整理,使之系统化,便于查找而形成的文献。如目录、题录、索引、文摘等。

三次文献:选用大量有关文献,经过综合、分析、研究而编写出来的文献。如各种综述、评述、学科年度总结、年鉴、数据手册等。

(3)按出版形式分:图书、期刊、报纸、科技报告、会议文献、标准文献,学位论文等。

图书:以印刷方式单本刊行的,对已发表的科技成果、生产技术和经验进行选择、比较、核对、组织而成。图书可分为以下几种类型:专著、丛书、教科书、词典、手册、百科全书等。

期刊:指名称固定、开本一致,汇集了多位著者论文,定期或不定期出版的连续出版物。期刊上刊载的论文大多是原始文献,包括许多新成果、新技术、新动向。据统计,从期刊上得到的科技情报约占情报来源的65%以上,期刊论文的重要特征之一是国际准刊号(ISSN)。

科技报告:是科技人员围绕某一专题从事研究取得成果以后撰写的正式报告,或者是在研究过程中每一个阶段的进展情况的实际记录。科技报告的种类有技术报告、论文、备忘录、通报等,全球的科技报告中以美国政府研究报告（PR、AD、NASA、DOE）为主。

会议文献:指在国内外重要学术会议上发表的论文、报告稿、讲演稿等与会议有关的文献,此类文献学术性强,往往代表某学科领域的最新成就,反映该学科领域的发展趋势。

专利文献:指专利说明书,即专利局公布出版或归档的所有与专利申请案有关的文献和资料。专利文献的种类有发明专利文献、实用新型专利文献、外观设计专利文献。

标准文献:是一种规范性标准化的技术文件,是技术标准、技术规范和技术规则等文献的总称,可分为国际标准、区域标准、国家标准、行业标准和企业标准。

学位论文:指高等学校、科研机构的毕业生、研究生为获得学位所撰写的论文。学位论文探讨的问题往往比较专深,具有一定的创造性。

3.现代文献信息源的特点

(1)数量大,增长快。由于科学技术的迅猛发展,各种知识门类的不断增加,作为存储、传播知识载体的文献,其数量随着知识量的增加而快速增长。

(2)载体多样,出版类型复杂。文献的类型除了传统的印刷型外,还有各种缩微型、视听型、电子型,在一个相当时期内,印刷型文献与其他类型文献将相互并存、相互补充。

(3)文种繁多。随着声、光、电、磁等技术向新材料的广泛应用,新型文献载体将不断涌现。由于文种的增多,造成了读者阅读文献的各种障碍,阻碍了科技情报信息的交流。

(4)内容交叉重复,文献发表分散。由于各种因素,文献重复发表的现象越来越多。学科之间的相互联系、交叉渗透逐渐增强,使得文献的分布呈现出既集中又分散的现象。

(5)向缩微化、磁性化、电子化方向发展。

二、信息检索基本原理

1.信息检索定义

广义:信息检索过程分信息存储和信息检索两个过程。信息存储是指将信息按一定方式组织和存储起来,形成检索工具或系统。信息检索是指利用已有检索工具或系统查找有关信息的过程。

狭义:指广义信息检索的后一过程,即信息查询过程。

2.信息检索类型

按存储与检索对象划分,信息检索可以分为三种:文献检索、事实检索和数据检索。

文献检索:文献检索指以文献为检索对象的信息检索,它是信息检索的核心,也是目前发展最为完善的一种检索类型。检索对象为文献全文或部分。

事实检索:事实检索指以各种史实资料、研究结果和现状为检索对象的检索过程。结果既包括数值性数据,也包括非数值性数据。检索对象为事实或事项。

数据检索:数据检索指以各种数据为检索对象的检索。其结果是数值型数据,准确可靠,可供用户直接使用。这些数值型数据各种各样,包括物理性能常数、公式、技术数据、化学结构式、人口数据、国民生产总值、外汇收支等。

3. 信息检索的基本原理

(1)文献信息存储过程:将大量分散的文献信息搜集起来,根据其内容特征或外表特征进行标引,形成表征这些文献信息的特征标识,并存储在一定的载体上,成为有查询功能的检索工具。

标引是指对文献内容特征和外部特征进行分析形成概念标识,再依据一定的标准或规则(检索语言:如分类号、主题词、关键词及著者选用规则等)将其用相应的标识充分、准确地表达出来。

(2)文献信息检索过程:用户根据自己的信息需求,提出检索提问,然后使用有关的标引语言(也称检索语言)将拟定的检索提问规范成检索标识,用于检索的过程。

4. 检索工具的概念

检索工具是人们用于存储、查找和报告各类信息的系统化文字描述工具,是目录、索引、指南的统称。

检索工具的特点包括详细描述文献的内容特征、外表特征;每条文献记录必须有检索标引;文献条目按一定顺序形成一个有机整体;能够提供多种检索途径。

检索工具的功能包括存储、浓缩、有序化、检索、报道、控制文献信息。

5. 检索工具类型

按报道内容的编排形式分:(1)参考型检索工具:目录、索引、文摘。(2)事实、数据和指南型检索工具:词典、百科全书、年鉴、手册等。(3)全文型检索工具:CNKI、EBSCO 等。

6. 检索工具的评价标准

(1)收录及报道文献数量;(2)检索工具能提供的检索途径;(3)检索工具的标引质量。

7. 检索途径

检索途径是指从某个角度或某个方向进行文献检索。文献检索的途径有以下几种:(1)题名途径:根据文献篇名检索文献的途径。(2)著者途径:根据著者姓名检索文献的途径。(3)关键词途径:利用关键词索引,根据关键词字顺检索文献的途径。关键词是不加规范或略加规范的自然语言。(4)主题途径:通过文献的内容主题检索文献的途径。主题词是规范化的名词术语,其规范工具是主题词表。主题词表的作用是:①确定课题的检索用主题词;②主题词表的字顺表用标识符号将非主题词指引到其主题词。

三、计算机信息检索技术

1. 计算机检索原理

计算机检索主要包括文献的存储和检索两个过程。存储过程是根据系统性质,对收集到的原始文献进行主题分析、标引和著录,并按照一定格式输入计数机存储起来,计算机在程序指令的控制下对数据进行处理,形成机读数据库记录和文献特征标识,存储在存储介质(如磁盘或光盘)上,建立数据库的过程。检索过程是用户对检索课题加以分析,明确需要检索的主题概念,然后用信息检索语言来表示主题概念,形成检索标识及检索策略,输入到计算机进行检索。

数据库:数据库是存储文献信息的仓库,是在存储设备上合理有效信息的集合。

记录和字段:是构成数据库的信息单元,每条记录都描述了一个信息体的外表和内容特征,描述和构成记录的各个数据项叫字段,如题名字段、著者字段等。

2. 计算机检索特点

(1)实时性;(2)快速;(3)检索手段灵活,入口多;(4)输出方式多样。

3. 计算机检索基本技术

(1) 布尔逻辑检索(Boolean logic)

布尔逻辑检索基本运算形式有三种:

①逻辑"与"运算。用"AND"表示,也可写做"＊"。逻辑"与"的含义是指在检出的文献记录中,必须同时含有所有的检索词。通过逻辑"与"操作可以缩小检索范围,增强检索的专指性,提高查准率。

②逻辑"或"运算。用"OR"表示,也可写做"＋"。逻辑"或"的含义是指在检出的记录中,至少含有多个检索词中的任意一个。通过逻辑"或"操作可以扩大检索范围,增加命中文献量,减少漏检。

③逻辑"非"运算。用"NOT"表示,也可写做"－"。逻辑"非"的含义是指在检出的记录中含有运算符前面的检索词,但同时又不能含有其后的词。通过逻辑"非"操作可以缩小检索范围,减少文献输出量,但不一定能减少误检。

(2) 位置检索

位置检索又称邻接检索,是用来表示检索词相互之间的邻近位置关系和前后次序的检索方法。使用位置检索可以增强选词指令的灵活性,比布尔逻辑运算更能表达复杂的概念。

下面以 DIALOG 系统为例,介绍几个典型的位置运算符。

① With:用(W)或者( )来表示。由(W)或者( )连接的两个检索词,在记录中的先后位置不能颠倒,并且彼此邻近,所连接的检索词之间只能是空格、标点符号或者连字符,不能是单词或字母。

② n Word:用(nW)来表示。(nW)表示在此算符前后的检索词之间最多可插入 n 个词或代码(n＝1—9),但两检索词前后顺序不得颠倒。

③ Near:用(N)来表示。由(N)连接的检索词在记录中无须保持先后顺序,但必须彼此邻近,中间不许插入其他词(可允许存在空格、标点符号或者连字符)。

④ n Near:用(nN)表示。(nN)表示由它连接的检索词顺序可以颠倒,并且两个检索词之间最多可以插入 n 个检索词或代码。

⑤ Link:用(L)来表示。(L)表示其连接两个检索词之间有一定的从属关系,后者修饰、限定前者,两者为主从关系。

⑥ Subfield:用(S)来表示。(S)算符要求两个检索词都出现在同一字段中,词序不限。

⑦ Field:用(F)来表示。(F)算符要求被连接的两个词都出现在同一字段中,前后位置可以互换,两词之间插入的数词不限。

（3）截词检索

截词检索是指在检索词的适当位置截断。截词检索也是一种常用的检索技术，是防止漏检的有效工具，尤其在英文检索中被广泛使用。截词检索有多种不同的方式。按截断位置不同，通常分为后截断、前截断、中间截断、前后截断四种类型。而按照截断的字符数量来分，可分有限截断和无限截断。

后截断是将截词符号放置在检索词的末尾，即截去词的结尾部分，是前方一致检索。

前截断是将截词符号放置在检索词的前方，即截去词的前面部分，是后方一致检索。

中间截断是将截词符号放置在检索词的中间，即截去词的中间部分，是前后方一致检索。

前后截断是将截词符号放置在检索词的两边，即截去词的前后部分，是中间一致检索。

有限截断是指说明具体截去字符的数量，无限截断则不说明具体截去多少个字符。在数据库中，经常将有限截断符称为通配符（Wildcard），而将无限截断符称为截词符（Truncation）。常用的通配符有"？""#"等，常用的截词符有"＊""＄"等。有的检索系统中，通配符和截词符可以配合数字使用，用来规定截去字符的数量。

第二节　综合电子信息资源利用

一、事实数据检索

这类检索工具供人们查找一些事实和数据信息。主要包括：字典、词典、百科全书、年鉴、手册、机构指南、商情、时事动态的工具书和数据库。

1. 百科全书

百科全书是汇集人类一切知识和某一知识门类知识的综合性工具书。其主要特点：普及性和专业性兼备，对术语、名词和知识条目的概括详尽、概括、准确，具有很高的权威性。

（1）不列颠百科全书（Encyclopedia Britannica，EB）有印刷版、光盘版和网络版三种版本。

①印刷版：包括百科简编、百科详编、百科类目、索引、不列颠世界资料卷。收录6万多个条目。

②网络版：为有偿使用。网络版有两个界面："学院、学校、图书馆，以及商业用户"（Encyclopedia Britannica Online：For College，School，Library and Business Users）检索界面和"个人和家庭用户优惠服务"（Encyclopedia Britannica Online /Premium Service：For Individual and Family users）检索界面，后者以相对优惠的价格为用户提供年度和月度租用服务，还可查得许多免费信息。

网址：http://www.eb.com

（2）中国大百科全书（1980—1993）

按学科分74卷出版，外加索引一卷，收录8万条目。

2.年鉴、手册

(1)年鉴

年鉴是汇集上一年度某些领域或学科概况、进展、统计资料供人们查找的参考工具书。例如：

①《世界年鉴》和《咨询年鉴》：美国介绍世界政治、经济、历史情况的年鉴。

②《中国百科年鉴》(配合《中国大百科全书》出版)。

③《中国年鉴》：介绍中国各方面情况的综合性年鉴。

④各类专科年鉴：《中国教育年鉴》《中国统计年鉴》《中国市场年鉴》等。

(2)手册

手册是汇集某一方面常用的基本知识、方法、数据,供人们随时查检,是帮助人们了解某一方面或领域知识,解决实际生活或工作中遇到的问题的必备工具。

手册有时候以指南、要览、便览、大全等名称出现。如《世界知识手册》《公务员手册》《核算师手册》等。

3. DIALOG 事实数据库

DIALOG 是世界上最大的联机检索系统,数据库达 700 多个,文献总量达 3 亿多条,内容覆盖各个学科,占世界文献总量的 50% 以上。其中经济商情数据库达 200 多个,可检索世界公司和商业信息,包括名录、财务状况,各种工业概况、市场研究、业务通讯、政府新闻(公共事务、法律、管理信息)等。商业信息部分覆盖世界 50 万家公司的最新信息,以及 1400 万公司的市场份额、销售业绩财务状况等。

网址：http://www.dialogweb.com

4. GALE 参考资料数据库

主要报道人文、社会科学、商业经济、国际市场、人物传记、机构名录等信息。其主要数据库有：

(1)传记资源中心和马奎斯人名大全

传记资料中心(Biography Resource Center)是综合性传记信息数据库,收录了由史至今 32 万个世界名人的传记资料,覆盖各个领域和学科。该库链接了几百种期刊,可看到人物介绍全文。

马奎斯人名大全(Complete Marquis Who's Who)收录了 90 万人的参考信息。

(2)文学资源中心(Literature Resource Center)栏目

包括 12 多万不同时代和文学领域作家的传记、书目和评论分析;该栏目的另外两个数据库分别收录 1600 多个作家和各种文学体裁的署名文章,以及英、美及世界作家名篇各 200 篇(共 600 篇)。

(3)社团大全(Associations Unlimited)

报道约 46 万个国际及美国国家、地区、州和地方的非赢利机构(包括美国国税局(IRS)认定的非赢利性机构)的有关信息,涉及各个领域。收录 20 世纪世界历史和相关参考信息资源。

(4)商务与公司资源中心(Business and Company Resource Center With PROMT, News-letters, and Investext Plus)

报道全球大公司的概况、产品和商标、价格、企业排名、投资报告、公司的历史记录和大事记等信息,同时整合了Predicast《市场与技术展望数据库》(Predicast's Overview of Markets and Technology)和Thomson《国际金融与投资研究报告数据库》(Thomson Financials' Investext Plus)。商务与公司资源中心数据库对于用户进行商务案例研究、获取竞争情报、把握投资机会大有裨益。

利用此数据库,您可得到全球顶尖的投资银行、投资公司、经纪人公司和律师事务所使用的研究及分析报告,还可以将某一个公司与同等规模或同行业的公司进行对比,从而为决策提供依据。

(5)历史资源中心:现代世界(History Resource Center:Modern World)收录20世纪世界历史和相关参考信息资源。

网址:http://galenet.galegroup.com

5.万方事实数据库

万方数据资源系统是由万方数据股份有限公司开发的网上联机检索系统。

(1)科技成果

①中国科技成果数据库:科技部指定的新技术、新成果查新数据库。

②中国重大科技成果数据库:省部级以上成果。

③全国科技成果交易信息库。

④国家级科技成果受奖项目数据库。

(2)机构名人栏目

①中国企业、公司及产品数据库详情版(CECDB)

《中国企业、公司及产品数据库》始建于1988年,由万方数据联合国内近百家信息机构共同开发。十几年来,CECDB历经不断地更新和扩充,现已收录96个行业的近20万家企业详尽信息。

②百万商务通数据库(CBML)

CBML收集了国内工商企业、事业机构、学校、医院、政府部门等机构名录上百万条,是迄今国内同类产品中覆盖企业最多的数据库之一。数据库记录的数据项包括:企(事)业名、地址、邮政编码、负责人、电话传真、分类等。

③中国高新技术企业数据库(CNHEDB)

④外商住华机构数据库(FC)

该库内容包括机构中英名称、地址、电话、传真、电传、业务范围,派出机构(母公司)名称、地址、电话、传真、E-MAIL、网址、成立时间、驻华代表、工作语言、注册号、开户银行、职工人数等,可从全文、企业中文或英文名称、经营范围几个方面进行限定检索。

(3)企业服务系统栏目

①企业产品

汇集96个行业近20万家企业及其产品的详尽信息,内容包括联系方式、资产规模、产值利润以及产品信息等。

②企业技术

在企业基本信息和产品信息的基础上,通过公布企业历年发表的学术论文、取得的科技成果和技术专利,展示了近6万家企业的科技实力。

③企业报告

通过多种分类途径,为用户提供权威的国内国际商务动态信息,内容涵盖产业动态、技术市场、产品行情等。

网址:http://www.wanfangdata.com.cn/;珠海网址:http://www.searchcenter.gov.cn。

6. 中国资讯行数据库

中国资讯行(China InfoBank)是香港专门收集、处理及传播中国商业信息的高科技企业,其数据库(中文)建于1995年,内容包括实时财经新闻、商业报告、法律法规、科研数据、商业数据、证券消息、机构及人物等。

网址:http://www.chinainfobank.com;http://www.bjinfobank.com(高校财经数据库)

"高校财经数据库"共12个数据库,主要数据库有:

(1)中国经济新闻库

报道中国及相关海外商业、经济信息,源自中国千余种报章、期刊及部分合作伙伴提供的专业信息,按行业及地域分类,共包含19个领域194个类别。数据库内容每日更新。

(2)中国商业报告库

本数据库收录经济专家及学者关于中国宏观经济、金融、市场、行业等的分析研究文献及政府部门颁布的各项年度报告全文,主要为用户的商业研究提供专家意见信息。数据库每日更新。

(3)中国法律法规数据库

收集并增补中华人民共和国自1949年以来的各类法律法规及条例案例全文(包括地方及行业法律法规),数据库内容每日更新。

(4)中国统计数据库

本数据库大部分数据收自1995年以来国家及各省市地方统计局的统计年鉴及海关统计、经济统计快报、中国人民银行统计季报等月度及季度统计资料,其中部分数据可追溯至1949年,亦包括部分海外地区的统计数据。

(5)中国上市公司文献库

报道中国上市公司(包括A股,B股及H股)的资料,内容包括在深圳和上海证券市场的上市公司发布的各类招股书、上市公告、中期报告、年终报告、重要决议等文献资料。

(6)中国企业产品库

报道中国27万余家各行业企业基本情况及产品资料。文献分为十三个大类。

7. 新华社多媒体数据库

"新华社多媒体数据库"汇集了新华社原创的文字、图片、图表、视音频、报刊等全部资源和国内外其他有价值的新闻信息资源,是国内最大规模的多媒体、多文种综合性新闻信息数据库。该数据库又分文字系统、视音频系统、图片系统三个子系统,每个子系统下都按内容分若干个数据库。该数据库采取收费服务方式,可提供部分免费信息(文题)。

网址:http://info.xinhuanet.com

8. 新华在线

"新华在线"是由新华在线信息技术有限公司推出的信息服务系统。其报道重点是财经和媒体领域内的信息,产品分为资讯、数据、观点三大类,报道经济和统计信息。其主要数据库有:(1)道琼斯财经资讯·教育版;(2)经济数据特供系统。

网址:http://www.xinhuaonline.com

二、中文检索工具和数据库

1. 国家科技图书文献中心数据库

国家科技图书文献中心(NSTL)由中国科学院文献情报中心、工程技术图书馆(中国科学技术信息研究所、机械工业信息研究院、冶金工业信息标准研究院、中国化工信息中心)、中国农业科学院图书馆、中国医学科学院医学信息研究所等图书情报机构组成,是一个虚拟式的科技文献信息资源服务机构。中心收藏有中外文期刊、图书、会议文献、科技报告、学位论文等各种类型、各种载体的科技文献信息资源。

数据库提供的服务项目包括:

(1)文献检索与原文提供

提供该中心成员馆馆藏文献检索和原文提供两种服务。非注册用户可以免费进行文献检索,注册用户可以在文献检索的基础上请求、订购文献原文。NSTL 以电子邮件、普通函件、平信挂号、特快专递和传真等多种方式为用户提供原文服务。原文正常获取时间为两个工作日。

(2)网络版全文数据库

NSTL 购买的网络版电子期刊,包括:"科学"周刊电子版(Science Online)、英国皇家学会(The Royal Society)4 种"会刊"和"会志"的中文版期刊、英国 Maney 出版公司的材料科学方面的 15 种网络版全文期刊,用户可以免费阅读、下载。

(3)联机公共目录查询

供查找 NSTL 各成员单位的馆藏联合目录,包括期刊、图书、报告、会议录、学位论文等。目前主要提供馆藏期刊联合目录查询服务。

(4)期刊分类目次浏览

以文摘形式报道了近万种外文期刊以及其他类型文献,包括中文期刊、会议论文、学位论文等的内容,可供检索的二次文献数据量已达到 1000 多万条。其全文均可在成员馆查到并索得。

(5)文献题录数据库检索

数据库分为题录、文摘、书目、成果、计量基准等八大类,共 21 个数据库。这些数据库可免费检索,如需获取原文,可与相应的收藏成员馆联系。

(6)网络信息导航

提供网上科技信息资源指南、科技信息分类导航、科技文献机构导航服务,即通过成员图书馆提供的各种有代表性的研究机构、大学、期刊和文献资源、协会以及公司的网站,为用户提供基于分类的因特网信息的导航和国内外主要科技文献机构的站点导航。用户可以通过分类或机构名称查找网上资源。

网址:http://www.nstl.gov.cn

2. 中文科技期刊数据库

中文科技期刊数据库由维普资讯公司出版,是目前国内容量最大的,集题录文摘及全文检索功能于一身的综合性文献数据库之一。它收录1989年至今国内出版的数学、化学、生物、农业、环保、地球、矿业、机械、无线电、轻工、航空、建筑、情报医学及综合性期刊以及港台核心期刊8000余种,累计报道文献1370余万篇,并以每年150万篇的速度递增。

检索功能:(1)快速检索;(2)传统检索:专辑及分类导航检索、简单检索、复合检索(包括二次检索和逻辑组配检索);(3)分类检索;(4)高级检索;(5)期刊导航检索。

网址:http://www.cqvip.com

3. 万方数据资源系统

万方数据资源系统是一个大型综合性信息资源系统,其报道的信息类型包括事实型动态信息、文摘题录信息和全文信息。

(1)数据库

①"科技文献"栏目

"科技文献"栏目收录了国内40多个科技信息机构开发的32个数据库,主要数据库有:中国化工文摘数据库、中国计算机文献数据库、人口与计划生育文献数据库等。该栏目数据库为非全文数据库,可免费检索。

②"学位论文"栏目

该栏目的《中国学位论文文摘数据库》(CDDB)供用户免费检索。CDDB由中国科技信息研究所编制,收录了我国自然科学领域各高等学校、研究生院及研究所的硕士、博士生及博士后论文,年更新记录3万余条。万方数据资源系统还有学位论文的全文数据库,订购用户才能使用。

③"会议论文"栏目

该栏目的《中国学术会议论文文摘数据库》(CACP)收录了国家级学会、协会、研究会组织召开的各种学术会议论文,每年涉及1000余个重要的学术会议,范围涵盖自然科学、社会科学的各个领域,并保持年新增3万篇的数据量,该数据库可供用户免费使用。万方数据资源系统还有会议论文的全文数据库,订购用户方可使用。

(2)检索功能

①简单检索 ②高级检索 ③二次检索

(3)检索技术

①精确检索 ②限制字段 ③逻辑运算 ④其他:位置算符('G'限定为前后2词在一个字段、'.'为前后2词相邻)

网址:http://www.wanfangdata.com.cn

4. 引文索引

(1)编制原理

选择一定范围内的优秀期刊作为来源文献,按其报道文献的著者字顺编成来源索引(著者索引)、将各篇来源文献引用的参考文献,按被引用者姓名字顺编成引文索引。主要供从著者角度检索文献,追溯及考证文献间的引用关系,评价文献质量。

(2)中国科学引文索引

中国科学引文索引(China Science Citation Index,简称CSCI)是由我国中科院文献信息中心编辑出版。收录我国数学、物理、化学、天文学、地理学、生物学、农林科学、医药卫生、工程技术、环境科学和管理等领域出版的中英文科技核心期刊和优秀期刊近千种,其中核心库来源期刊670种,扩展库期刊为378种,已积累从1989年到现在的论文记录近100万条。以这些期刊作为来源文献,将其引用的参考文献编制成引文检索体系,目前已累积引文记录400万条。

网址:http://sdb.csdl.ac.cn

(3)中文社会科学引文索引

由南京大学和香港科技大学联合研制,是用来检索中文社会科学领域的论文收录和文献被引用情况。

该数据库收录马克思主义、哲学、宗教学、语言学、中国文学、外国文学、艺术学、历史学、考古学、经济学、管理学、政治学、法学、社会学、民族学、新闻与传播学、图书情报与档案学、教育学、体育学、统计学、心理学、社科总论、高校综合性社科学报、人文、经济地理、环境科学等社会科学领域的中文期刊419种,另加港台澳地区及海外华文期刊16种,数据年更新。

网址:http://cssci.nju.edu.cn

5. CALIS数据库

CALIS(China Academic Library and Information System)是中国高等教育文献保障系统的英文缩写,是经国务院批准的我国高等教育"211工程"总体规划中两个公共服务体系之一。到目前为止,已完成的数据库有:

(1)CALIS高校学位论文库:其文献来源于"211工程"的83所重点学校的硕、博士学位论文。目前该库只收录题录和文摘,没有全文。全文服务通过CALIS的馆际互借系统提供。

(2)CALIS联合书目数据库:是全国"211工程"100所高校图书馆馆藏联合目录数据库。

(3)CALIS会议论文数据库:收录了来自"211工程"所属重点高校主持的国际会议的论文(每年20个左右),其中大多数的会议提供正式出版的会议论文集。

(4)CALIS中文现刊目次库:收录成员馆收藏的国内重要中文学术期刊的篇目,这些期刊内容涉及社会科学和自然科学的所有学科。

网址:http://www.calis.edu.cn

6. 中国人民大学书报资料中心复印报刊资料索引总汇

中国人民大学书报资料中心对国内公开出版的3000余种报刊,质量较高的社会科学、人文科学文献进行不同层次的复印、整理加工,以多种形式向社会提供信息资料产品和服务。该中心编辑出版的两种主要信息产品——《复印报刊资料》专题系列刊物和《报刊资料索引》系列刊物,是查考当前报刊论文资料的基本检索工具。

该检索工具分印刷版、光盘版和网络版。数据库汇集了自1978年以来的百余个专题刊物上的全部题录。

三、综合性全文数据库系统

全文数据库(full-text database)是一种存储文献全文或其中的主要部分的源数据库。按出版方式,全文数据库可分为两类:一类是与印刷型文献平行出版的电子版全文库,另一类是纯电子出版物,无相应的印刷型文本。

全文数据库标引方法简单,报道文献快速,其缺点是:存储空间消耗太大,还存在法律和费用高等问题。

1. CNKI 及中国知识资源总库

CNKI 是 China National Knowledge Infrastructure(中国国家知识基础设施)的缩写。该工程由清华同方光盘股份有限公司、中国学术期刊电子杂志社等联合承担。中国知识资源总库是 CNKI 推出的由海量知识信息资源构成的学习系统和知识挖掘系统,其数据库包括源数据库(第一次发表的文献全文)和专业知识仓库(专业知识和知识元库)。其数据库主要有:

中国期刊全文数据库、中国优秀博硕士学位论文全文数据库、中国重要报纸全文数据库、中国重要会议论文全文数据库、中国专利数据库、中国图书全文数据库、中国年鉴全文数据库等。

CNKI 有光盘、镜像和网络三种服务方式。

网址:http://www.cnki.net

主要数据库

(1)中国期刊全文数据库

中国期刊全文数据库(CJFD)报道 1979 年以来国内公开出版的 7000 多种核心期刊与专业特色期刊的全文内容,分理工 A、B、C,农业、医药卫生,文史哲,政治经济法律,教育与社会信息综合,电子技术与信息科学九大专辑,126 个专题文献数据库。

(2)中国优秀博硕论文全文数据库

报道国内 300 家博士培养单位的优秀博硕论文全文,收录数据从 2000 年开始,中心站每日更新数据。

(3)中国重要报纸全文数据库

收录 2000 年以来近千种重要报纸刊载的学术性、资料性文献,年报道 80 万篇,数据日更新。

检索途径与方法

①选择检索用数据库与专辑

②检索途径:A.检索式途径:初级检索、高级检索、专业检索;B.导航检索:专辑导航、中图分类法、期刊导航

2. 万方数据资源系统

提供数字化期刊、学位论文全文、会议论文全文、西文会议全文、法律法规全文。

(1)数字化期刊全文数据库

收录各学科期刊 4000 多种,收录年限回溯至 1998 年。

(2)中国学位论文全文数据库

收录全国 211 重点高校和重要科研院所学位论文 30 万篇,年更新 10 万篇。数据回溯到 1999 年,少量数据至 1987 年。是国内唯一的学术会议文献全文数据库。收录 1998 年以来国家一级学会召开的全国性学术会议,少量回溯到 1993 年,每年增加记录 4 万条。

网址:http://www.wanfangdata.com.cn

3.人大复印资料全文数据库

类型:文献类数据库,包括全文库和题录库。

载体形式:网络版。

数据来源:中国人民大学书报资料中心编选。

收录学科:文科为主,包括科技文献。

专辑划分:书报资料索引、经济、社会科学、文化教育、科技文艺历史地理语言等五个专辑。

收录文献类型:国内有统一刊号的报刊、大专院校学报。共有三千多种。

收录年限:1995年至今(全文);1978年至今(索引)。

只有光盘,报道人大复印资料全文。

4. OCLC FirstSearch 全文数据库

联机计算机图书馆中心(Online Computer Library Center, Inc.,简称OCLC)是一个非营利性、成员制、联机计算机图书馆服务和研究机构,旨在推进公众检索世界信息和减少信息利用的费用。OCLC是世界上最大的文献信息服务机构之一,迄今为止,世界上已有84个国家和地区的45000余个图书馆将OCLC的服务应用于文献的查询、获取、编目、借阅和图书资料的保存上。

CALIS(中国高等教育文献保障系统)的全国工程中心采用年订购的方式购买了OCLC First Search基础组的12个数据库的使用权。这些数据库多为综合性库,内容涉及工程与技术、商务和经济、人文和社会科学、医学、教育、大众文化等领域。这些数据库是:

(1)目录页文章索引(ArticleFirst)

ArticleFirst是OCLC自建数据库,是为期刊目录页中的文章所作的索引。该数据库从1990年至今已收录15000多种学术期刊资料,主题覆盖商业、科学、人文科学、社会科学、医药、技术、通俗文化等领域,收录对象主要为英文期刊,兼收部分其它语种的期刊,每日更新。

(2)在科学和人文学领域中的拉丁美洲期刊索引(ClasePeriodica)

报道拉丁美洲各学科期刊近300种,期刊语种为西班牙文、葡萄牙文、法文和英文。每季更新。

(3)联机电子学术出版物(OCLC Electronic Collections Online,ECO)

ECO是OCLC自建全文数据库,收录1995以来,各领域的4800多种期刊,可检索到书目、文摘信息和全文文章,每日更新。

(4)教育学信息库(ERIC)

ERIC(Educational Researchs Information Center)是美国教育部教育资源信息中心编制的数据库,由ACCESS ERIC出版。其报道内容包括对发表在Resources in Education(RIE)月刊上的非期刊资料与每个月发表在Current Index to Journals in Education(CIJE)上的期刊文章的注释参考。收录从1966至今的2000余种期刊资料。

(5)美国政府出版物(GPO)

由U.S. Government Printing Office(美国政府出版署)创建,报道美国政府文件,包括美国国会的报告、听证会、辩论与纪录;司法资料,以及由行政部门(国防部、国务院、总统办公室等)颁布的文件。报道内容覆盖了从1976年7月以来的资料,每月更新。

(6)国际学术会议论文索引(PapersFirst)

(7)国际学术会议录索引(Proceedings)

(8)OCLC 成员馆所收藏期刊的联合列表库(UnionLists)

(9)科学、人文科学、教育和商学全文库(WilsonSelectPlus)

该库收录 1994 至今,1600 多种期刊的文章。提供经过索引和摘要的记录,附有全文,期刊文章每周更新。

(10)世界年鉴(WorldAlmanac)

包括传记、百科全书款目、各种事实与统计资料。

(11)世界范围图书、web 资源和其他资料的联合编目库(WorldCat)

OCLC 自建数据库之一,是为世界各国图书馆中的图书及其他资料所编纂的目录,含有由 OCLC 成员图书馆编目的所有的记录,提供了数以百万计的书目记录,覆盖 400 个语种。

OCLC 提供基本检索、高级检索和专家检索三个检索界面(其检索界面见教材)。分别供对数据库熟悉程度不同,或检索要求不同的人使用。

其中专家检索界面可进行人工输入组配。

OCLC 的检索技术:

(1)词组检索技术

如输入的检索式是由几个词构成,系统将默认各词之间是逻辑"与"关系,如欲将其作为词组检索,需用引号将其括起。

(2)位置运算

①W(WITH):"A WITHn B"表示 A、B 两词要按输入顺序同时出现在记录中,两词间插入词不能超过 n($1 \leq n \leq 25$)个。

②N(NEAR):"A Nn B"表示 A、B 两词同时出现在记录中,两词间插入词不能超过 n($1 \leq n \leq 25$)个,两词前后顺序可不计。

(3)截词检索

①无限截断:"*"表示单纯的无限截断;"+"用来表达名词的复数,主要是"s"或"es"。

②有限截断:"#"代表一个字符;"?"代表由多个字符组成的字符串。有限截词符不能用在词头。

5. EBSCO 数据库

EBSCO 公司成立于 1984 年,是全球最早推出全文在线数据库检索系统的公司之一,为用户提供了各种各样的最新文献。EBSCO 的数据库既有大众性的也有专业性的,数据每日更新,既适于公共、学术、医疗等机构和部门的使用,也适于公司和学校使用。

网址:http://search.ebscohost.com;http://search.epnet.com

内容涵盖国际商务、经济学、经济管理、金融、会计、劳动人事、银行、工商经济、资讯科技、人文科学、社会科学、通讯传播、教育、艺术、文学、医药、通用科学等领域的期刊,其中许多期刊是被 SCI 和 SSCI 收录的核心刊。

(1)学术期刊全文数据库(Academic Search Premier)

专为研究机构所设计,提供丰富的学术全文期刊资源。所提供的许多文献是无法在其它数据库中获得的。

提供了7876种期刊的文摘和索引;3990种学术期刊的全文;其中100多种期刊回溯到1975年或更早;大多数期刊有PDF格式的全文;很多PDF全文是可检索的PDF(Native PDF)或是彩色的PDF。这个数据库几乎覆盖了所有的学术研究领域,社会科学、人文科学、教育学、计算机科学、工程学、物理学、化学、语言学、艺术、文学、医学、种族研究等。

（2）商业资源数据库（Business Source Premier）

为商学院和与商业有关的图书馆设计的。收录了3048种学术性商业类全文期刊,文摘和索引的收藏超过3851种期刊。

学科领域包括：管理、市场、经济、金融、会计、国际贸易等。Business Source Premier包括世界上最著名的商业类期刊,特别是在管理学和市场学方面。

EBSCO正在与出版社合作制作的300种著名商业学术期刊的全文回溯数据也包括在这个数据库中。其中200种期刊有PDF格式的全文。这些回溯期刊可回溯到1965年或期刊创刊年,其中部分期刊更可提供过去50—100年的全文。

Business Source Premier的用户可查阅由Datamonitor所提供的5000家公司的概况和1600个产业报告。

（3）ERIC（Educational Resource Information Center）数据库

由美国教育部、国家教育图书馆和教育研究与发展办公室资助的国家信息系统。ERIC提供2200个文摘和来自于1000多种教育学和与教育有关的期刊的索引和摘要。EBSCO的Premier版数据库用户可通过ERIC连接到500种期刊的全文。

（4）MEDLINE数据库

由美国国家医学图书馆(National Library of Medicine)制作的医学文献数据库。收录4600余种现刊的索引和摘要,提供MeSH（Medical Subjet Headings）检索。EBSCO的Premier版数据库用户可通过MEDLINE连接到1150种期刊的全文。

（5）Newspaper Source数据库

Newspaper Source包含217种国际性知名报刊的摘要、索引、全文及专栏文章。这个数据库完整收录了包括The Christian Science Monitor、USA Today、The Times（London）在内的报纸;部分收录了Boston Globe、Detroit Free Press、Houston Chronicle、Miami Herald、San Jose Mercury News等报纸。另外还包括由CBS News, FOX News, NPR等新闻机构提供的广播和电视新闻稿。

（6）Professional Development Collection数据库

为专业教育人员提供的高度专业化的电子信息。包括从儿童健康与发育到教学理论及其实践的各个方面。全文包括：Educational Leadership、Journal of Education、Journal of Learning Disabilities、Theory Into Practice等500多种专业期刊、167种教育手册和即将提供的教育学专著。

（7）World Magazine Bank数据库

广泛收录来自于澳洲、纽西兰、英国、南非、亚洲、北美及欧洲总共424种杂志之索引与摘要,其中269种为全文期刊。

6. OVID数据库

OVID技术公司（OVID Technologies, Inc.）是一家著名的数据库提供商,该公司于

2001年6月与银盘(Silverplatter)公司合并,组成全球最大的数据库出版公司,提供人文、社科、科技方面的数据库,尤其是世界知名的医学数据库提供商。OVID数据库提供的文献从1975年至今。

OVID公司目前提供:①如MEDLINE等二次文献数据库,并可链接其自身拥有的和多家出版社的全文电子期刊以及本地馆藏;②60多个出版商出版的生物医学电子期刊1000余种,其中最早回溯年代至1993年。被SCI收录的期刊超过300种;③近40个出版商出版发行的160多种以临床医学为主的电子图书。

7. ProQuest数据库

该数据库是美国UMI公司最新推出的,包括两个重要的数据库:

(1)数据库—农业期刊全文光盘数据库(ProQuest Agriculture Journals)提供130种世界权威性农业期刊的文本格式全文及PDF全文,数据从1998年开始至今,个别期刊回溯年代更远。文献内容以图像扫描形式录入,原版期刊中的表格、图表、照片均完全录入。数据每月更新。

(2)数据库—生物学数据库(ProQuest Biology Journals)是生物学领域的重量级数据库,包含了业界权威期刊131种之多。它覆盖的主要学科有:环境、生物化学、神经学、生物技术、微生物学、植物学、农业、生态学及药物学、大众健康。作为著名生物信息数据库,ProQuest Biology Journals一直以其能够提供有深度的信息而为人们所称道。

收录时间为:1992年至今。

四、电子期刊及电子报纸

电子期刊是指以数字形式存储在光磁等介质(如CD-ROM)上,并可通过计算机设备在本地或远程读取使用的连续出版物。经过20多年的发展,电子期刊已从最初的软盘期刊、第二代的CD-ROM期刊、联机期刊,发展到现在的第三代网络化电子期刊。

电子期刊的类型:

(1)按出版形式分:刷型期刊的电子版和纯网络型电子期刊。

(2)按出版商对象分:由商业公司出版的电子期刊,如ELSEVIER、SPRINGER等;由数据库集成商收录并出版的电子期刊,如PRO-QUEST、EBSCO等;由学会和团体、大学或个人电子期刊。如AMERICAN PHYSI-CAL SOCIETY等。

电子期刊的特点:

(1)出版与发行的即时性强:电子期刊是基于互联网产生、出版、发行和使用的。当期刊在计算机上编辑完毕后,无需以往的照排、制版、印刷装订等程序,只要将其并入网络就可实现网上的出版与发行,处于不同国家、不同地区的订户几乎可以同时通过网络读到该杂志刊登的最新内容。

(2)具有检索系统和强大的检索功能:电子期刊在任何一台联网的计算机上都可自由地进行存取、检索、查询、浏览,不受时间、地点限制。

(3)具备多种技术功能,内容表现形式丰富:超链接功能(包括期刊目次与内容的链接,文章内容与有关注解、参考文献的链接,其他相关学科出版物、网站的链接和介绍、文本和图像的链接等)的使用,打破了印刷线性排列方式,使得期刊内容丰富、使用灵活。

(4)提供多种文件格式:目前主要是 HTML 格式的文本文件和 PDF 文件。文本文件的好处是字节数少,占据空间小,传输速度快,使用一般浏览器即可阅读,但文中的图表、图像则必须另行扫描制作,存盘时也必须单独存成一个文件。PDF 文件由于全部是扫描制作的,则避免了上述问题,文中的图像、图表非常清晰,但它是一个图像文件,字节数大,占据空间大,传输速度慢,必须使用 Adobe Acrobat Reader 浏览器阅读,而且没有超文本链接,读者也无法直接剪贴某些文字引用到自己的文章中去。

1. Elsevier Science 出版社的电子期刊

荷兰的 Elsevier Science 公司是世界著名的学术期刊出版商,出版有 1800 多种学术期刊,中国高等教育文献保障系统(CALIS)项目的 9 个中国高等学校图书馆、国家图书馆、科学院图书馆联合在清华大学和上海交通大学建立了 SDOS(Science Direct Onsite)服务器,向国内用户提供 Elsevier 1998 年以来的电子期刊全文数据库服务。

网址:http://www.lib.tsinghua.edu.cn/database/elseriver.htm(清华大学镜像);http://metalib.lib.situ.edu.cn(上海交通大学镜像)

2. Kluwer Academic 出版的电子期刊

荷兰 Kluwer Academic Publisher 是具有国际知名度的学术出版商,它出版的图书、期刊一向品质较高,倍受专家和学者的信赖和赞誉。Kluwer Online 是 Kluwer 出版的近 800 种期刊(其中为 SCI 收录的核心期刊有 237 种)的网络版,专门基于互联网提供 Kluwer 电子期刊的查询、阅览服务。Kluwer Online 电子期刊涵盖 20 多个学科专题。

网址:http://kluwer.calis.edu.cn

3. Springer 出版社的电子期刊

该公司目前出版有 530 余种期刊,其中 485 种已有电子版,包括化学、计算机、经济、工程、环境、地球科学、法律、生命科学、数学、医学、物理学和天文学等学科,其中"科学引文索引"(SCI)和"社会科学引文索引"(SSCI)收录的核心期刊分别有 159 种(非英语 3 种)和 82 种(非英语 16 种)。

2002 年,CALIS 与 SPRINGER 公司、EBSCO 公司进行合作,陆续在中国组建了华北高校、上海高校、江苏高校、华中高校等若干购买集团,通过镜像站(清华大学)提供 Springer 全文期刊检索服务。

网址:http://link.springer.de

4. Wiley InterScience - Wiley-Blackwell 电子期刊

John Wiley & Sons Inc. 是有近 200 年历史的国际知名专业出版机构,在化学、生命科学、医学以及工程技术等领域学术文献的出版方面颇具权威性。

Blackwell 出版公司是全球最大的学协会出版商,它所出版的学术期刊在科学技术、医学、社会科学以及人文科学等学科领域具有一定权威性。

2007 年 2 月 Wiley 收购 Blackwell 出版公司,并将其与自己的科学、技术及医学业务(STM)合并组建 Wiley-Blackwell,2009 年起提供 1234 种刊利用。

网址:http://onlinelibrary.wiley.com

5. 电子报纸

电子报纸的概念是相对于传统印刷型报纸提出的,是出版、发行和阅读都实现了电子化的一种报纸形式。常用报纸数据库及网站有:

(1)纽约时报

创办于1851年的《纽约时报》(The New York Times)是美国历史最悠久和最有影响的大报之一,其报道内容包括全世界政治、经济、教育文化、军事、体育娱乐、科技文化等方面的最新消息和相关评论。

网址:http://www.nytimes.com

(1)华盛顿邮报

《华盛顿邮报》也是美国最有影响的大报之一,和《纽约时报》一起并称为美国新闻类报纸的两大高峰,创办于1877年。该报于1996年6月上网,设有新闻、政治、娱乐、网上直播、摄影作品、市场、职业七个专栏。

网址:http://www.washingtonpost.com

(1)泰晤士报

《泰晤士报》是世界十大报纸之一,其电子版的栏目设置和印刷型完全一致,包括国内国际政治新闻、经济报道、评论、专题等。

网址:http://www.thetimes.co.uk/

(4)人民日报

《人民日报》是共产党中央委员会机关报,是世界十大报纸之一,也是国内最具影响力的报纸,以政治、经济、文化、科技、国际等方面的报道为主。

网址:http://www.people.com.cn/

(5)电子报纸网站

除上面介绍的一些重要的网络报纸外,网上还有许多免费报纸站点,仅国内有独立域名的网上报纸就有约200种。用户可利用搜索引擎搜索有关的报纸站点。如"郁南特色之窗"(网址:http://www.yunants.com)的"报纸"栏就提供了230余种国内报纸和80余种港、澳、台及海外报纸网站的链接功能。特别是国内出版的中央及地方大报几乎全部可由此链接过去,使用十分方便。

五、电子图书

电子图书(electronic book,简称eBook)是指以数字形式出版、发行,读者可以通过阅读终端进行阅读、下载的数字化书籍。

电子图书的类型

(1)光盘电子图书(CD-ROM):存贮载体为光盘,一般供计算机上单机阅读。

(2)网络电子图书:包括免费网络电子书、网络图书馆(电子图书服务系统,如NetLibrary、超星数字图书馆等),可以通过互联网访问并阅读。

(3)便携式电子图书:特指手持式电子图书阅读器(electronic reader,简称eReader)。电子图书阅读器是一种高科技产品,它就像一个小小的笔记本电脑,只不过它的功能要单一的多,读者可以通过这种电子图书阅读器的显示屏阅读存放在其中的图书。电子图书阅读器和书本大小相似,采用液晶显示,可存放成千上万页的图书内容。

主要电子图书数据库:

1. 美国"网络图书馆"(NetLibrary)

提供来自300多个出版商的42000多种高质量的电子图书,这些电子图书的90%是1990年后出版的,每月平均增加2000多种。

内容涉及自然科学和人文科学各个领域,覆盖了技术、医学、生命科学、计算机科学、经济、工商、文学、历史、艺术、社会与行为科学、哲学、教育学等,其中80%的电子图书面向大学的读者。

2. 超星数字图书馆

收录国家图书馆馆藏图书32万种,参照《中国图书馆分类法》的体系方法,系统设文学、历史、法律、军事、经济、科学、医药、工程、建筑、交通、计算机和环保等五十余个分馆、数百个子馆,其中有些分馆的子馆多达五六级。

系统提供24小时在线服务,每一位读者都可以通过互联网阅读超星数字图书馆中的免费图书资料,不受地域时间限制。凭超星读书卡,读者还可以将数字图书下载到本地用户计算机上进行离线阅读。

网址:http://www.ssreader.com.cn

3. "书生之家"数字图书馆

"书生之家"数字图书馆是由北京书生科技有限公司建立的综合性数字图书馆。主要提供1999年以来中国大陆地区出版的新书的全文电子版。系统数据库所收电子图书涉及社会科学、人文科学、自然科学和工程技术等类别。

网址:http://www.21dmedia.com

4. 网上免费电子图书

(1)北极星书库

收录中华古籍、各类文学作品、宗教哲学、学术名著、经济贸易、传记、科幻小说儿童文学及电脑类图书。

网址:http://www.ebook007.com/

(2)人民网:收文学、传记、历史、教育、社科及保健方面图书。

网址:http://www.people.com.cn/GB/wenhua/22226/29647/

(3)中国新世纪读书网:收文学、教育辅导、生活艺术、社会科学、电脑网络等方面的图书。

网址:http:www.cnread.net

六、网络信息资源检索

随着网络的不断发展,一类专门为检索网络信息资源而开发的,被人们称作网络信息检索工具(Networked Information Retrieval Tools)的新型检索工具应运而生,形成了一个新的分支学科"网络信息检索"(Networked Information Retrieval,简称NIR)。网络信息检索是对网络信息资源进行开发利用的一个新手段,是对信息资源手工检索技能的升级,是信息检索的最高阶段。

1. 检索工具类型

(1)目录型检索工具

目录型检索工具是由信息管理专业人员在广泛搜集网络资源,并进行加工整理的基础上,按照某种主题分类体系编制的一种可供检索的等级结构式目录。在每个目录类下提供相应的网络资源站点地址,并加以描述,使用户能通过该目录体系的引导,查找到有关的信息。

目录型检索工具的主要优点是所收录的网络资源经过专业人员的选择和组织,可以保证质量,减少了检索中的"噪声",从而提高了检索的准确性。但是由于人工搜集整理信息耗时费力,收录的信息的范围有限,其数据库的规模也相对较小。

最著名的目录型检索工具有:yahoo(网址:http://www.yahoo.com)、搜狐(网址:http://www.sohu.com)等。

(2)搜索引擎

搜索引擎是指通过网络搜索软件(spider、robot等)或网站登录等方式,将互联网上大量的页面收集到本地,经过加工处理而建立或更新数据库,从而能够对用户提出的各种检索策略进行响应,提供用户所需要的信息。用户在使用搜索引擎检索时只需要输入关键词、短语、词组,检索系统即可根据用户要求在数据库中查找出与之匹配的信息,并按照相关度排序输出,使用简单方便。

2. 常用网络检索工具

(1)Google

Google(网址:http://www.google.com)收录资源丰富,内容广泛,目前在全球范围内已经搜集了10亿多个网址,80多亿网页资料。其使用率已经占有全球搜索市场的50%以上。

Google主要提供关键词检索,关键词检索又分为"一般检索"和"高级检索"。Google有两种检索途径:

①简单检索:A.可以进行逻辑"与"(空格)、逻辑"或"(大写"OR")和逻辑非(用" - ",中间不留空格);B." "用做词组精确检索,"＊"作为通配符代替一个字符。C.检索词前加" + ",可进行强制搜索。

②高级搜索:提供从多个方面完善检索策略的手段。

(2)百度(Baidu)

百度(网址:http://www.baidu.com)是目前全球最优秀的中文信息检索与传递技术供应商。中国所有提供搜索引擎的门户网站中,超过80%以上都由百度提供搜索引擎技术支持,现有客户包括新浪、搜狐、央视国际、腾讯等。

目前,百度已经和google联合,共同打造中文搜索引擎的航母。百度在中国各地和美国均设有服务器,搜索范围涵盖了中国大陆、香港、台湾、澳门、新加坡等华语地区以及北美、欧洲的部分站点。百度搜索引擎拥有目前世界上最大的中文信息库,它能根据中文网页的特点,自动在整个互联网上搜集资源,同时还可以消除一些已经不能够再用的网页,目前的数据库总量达到10亿页以上,并且还在以每天超过千万页的速度不断增长。

检索功能:

①简单搜索

A. 逻辑"与":两词间加空格。

B. 逻辑"或":两词间加"|"(前后加空格)。

C. 逻辑"非":" - "。

②高级搜索

利用多个对话框制定精确的检索策略。

(3)AltaVista:(网址:http://www.altavista.com)是全球最知名的网上搜寻引擎公司之一,同时提供搜寻引擎后台技术支持等相关产品。现已被雅虎收购,中国网民很难访问。搜索语言共有25种,并提供英、法、德、意、葡萄牙、西班牙语双向翻译。其他特色服务包括重大新闻、新闻组及购物查询。

（4）Alltheweb(Fast)（网址:www.alltheweb.com）是当今成长最快的搜索引擎,目前支持225种文件格式搜索,其数据库已存有49种语言的21亿个Web文件。而且以其更新速度快,搜索精度高而受到广泛关注,被认为是Google强有力的竞争对手。Fast总部位于挪威。

（5）WiseNut（网址:www.wisenut.com）创建于1999年,并在同年因其"Search Exactly（精确搜索）"特点荣获该年度最佳搜索引擎殊荣。

（6）Openfind(www.openfind.com)是源自台湾中正大学GAIS实验室的搜索引擎,它收集的中文网页仅次于百度,Google。

（7）天网搜索（网址:http://www.tianwang.com）的前身是北大天网（网址为:http://e.pku.edu.cn）。北大天网由北京大学网络实验室研究开发,是国家重点科技攻关项目"中文编码和分布式中英文信息发现"的研究成果。天网搜索已经建成了一个以索引搜索为基础应用,以个性化搜索和专业搜索为辅助应用的综合搜索平台。

（8）Scirus（网址:http://www.scirus.com/srsapp/）是一个专为科学家、研究人员和学生开发的网络检索引擎,可以使得每位想要检索科学信息的人员快捷精准地查找到所需信息——包括专家评审刊物,发明专利信息,作者主页以及大学网站等等。

（9）HotBot（网址:http://www.hotbot.com）是美国一个非常优秀的搜索引擎,它获得了许多杂志及媒体的奖项。HotBot最大的特点在于它的界面组织和丰富的检索功能。它除了能够检索WEB页面之外,还提供域名检索、新闻搜索、新闻讨论组等等检索服务。

第三节 三大著名检索系统简介

一、科学引文索引

科学引文索引（Science Citation Index,简称SCI）、工程索引（EI）、科技会议录索引（ISTP）是世界著名的三大科技文献检索系统,是国际公认的进行科学统计与科学评价的主要检索工具,其中以SCI最为重要。

1. SCI简介

SCI是美国科学情报所（Institute for Scientific Information,简称ISI,网址:http://www.isinet.com）出版的当代世界最为重要的大型数据库。1961年创刊,以布拉德福（S. C. Bradford）文献离散律理论、以加菲尔德（E. Garfield）引文分析理论为主要基础,通过论文的被引用频次等的统计,对学术期刊和科研成果进行多方位的评价研究,从而评判一个国家或地区、科研单位、个人的科研产出绩效,来反映其在国际上的学术水平。因此,SCI是目前国际上被公认的最具权威的科技文献检索工具。所谓引文（Citation）,就是被引用的文献,即原始文章所附的参考文献（Reference）;引文索引（Citation Index）,就是以引文著者的姓名为标目,用来检索该著者被别人引用的文献的数量和内容的一套索引。引文索引为 SCI 所独创。

SCI 列在国际三大著名检索系统之首。它不仅是一部重要的检索工具书,也成为目前国际上最具权威性的、用于基础研究和应用基础研究成果的重要评价体系。

2. SCI 出版形式

(1) SCI Print 印刷版。1961 年创刊至今,双月刊,现在拥有 3700 多种期刊,全为核心库。

(2) SCI-CDE 光盘版。季度更新。全为核心库。

(3) SCI-CDE with Abstracts 带有摘要的光盘版、逐月更新、全为核心库。

(4) Magnetic Tape 磁带数据库。每周更新、现在拥有 6400 余种期刊,扩展库。

(5) SCI Search Online 联机数据库。每周更新、扩展库。

(6) The Web of Science SCI 的网络版。每周更新、扩展库。

3. SCI 收录范围

SCI 收录报道并标引了 6400 多种自然科学、工程技术、生物医学范畴的所有领域的领先期刊,学科范围涉及农业与食品科技、天文学、行为科学、生物化学、生物学、生物医学、化学、计算机科学、电子学、工程学、环境科学、遗传学、地球科学、仪器、材料科学、数学、医学、微生物学、原子能科学、药理学、物理学、精神病学与心理学、统计与概率、技术与应用科学、兽医学、动物学等 170 多个领域。历来被公认为世界范围最权威的科学技术文献的索引工具,能够提供科学技术领域所有重要的研究成果。

4. SCI 收录期刊种数

2005 年统计 SCI Expanded 收录期刊 6348 种,2005 年 SCI 光盘版收录 3762 种,SCI 对非期刊型文献每年还报道约 250 余种重要的专著和丛书。

5.《期刊引证报告》(Journal Citation Reports, JCR)

自 1975 年开始,美国科学情报所(ISI)在 SCI 的基础上每年发行上一年度世界范围的《期刊引证报告》(JCR),对包括 SCI-CD、SCIE 收录的 10000 余种期刊之间的引用和被引用数据进行统计、运算,并针对每种期刊定义了影响因子(Impact Factor)等指数加以报道。影响因子是期刊定量评价的重要工具,期刊影响因子也因其重要的标杆意义而为一些研究机构采用,作为科研评估的指标之一。

论文作者可根据期刊的影响因子排名决定投稿方向。影响因子是指该期刊近两年来的平均被引率,即该期刊前两年发表的论文在评价当年被引用的平均次数。影响因子(IF 值)的计算公式为:IF = 该刊物前两年发表论文在该年的被引用次数 / 该刊物前两年发表论文的总数

下面表 3-1 及表 3-2 分别列举 2004 年及 2011 年全球学术影响因子前 15 名的期刊。

表 3-1 全球学术期刊影响因子前 15 名(2004 年)

No.	Journal Title	Impact Factor
1	ANNU REV IMMUNOL	52.431
2	CA - CANCER J CLIN	44.515
3	NEW ENGL J MED	38.570
4	NAT REV CANCER	36.557
5	PHYSIOL REV	33.918

No.	Journal Title	Impact Factor
6	NAT REV MOL CELL BIO	33.170
7	REV MOD PHYS	32.771
8	NAT REV IMMUNOL	32.695
9	NATURE	32.182
10	SCIENCE	31.853
11	ANNU REV BIOCHEM	31.538
12	NAT MED	31.223
13	CELL	28.389
14	NAT IMMUNOL	27.586
15	JAMA – JAMMEDASSOC	24.831

表3-2 全球学术期刊影响因子前15名(2011年)

No.	Journal Title	Impact Factor
1	CA – CANCER J CLIN	101.78
2	New Engl J Med	53.298
3	Annu Rev Immunol	52.761
4	CHEM REV	40.197
5	NAT REV MOL CELL BIO	39.123
6	NAT REV CANCER	38.460
7	LANCET	38.278
8	NAT REV GENET	38.075
9	Nature	36.28
10	NAT GENET	35.532
11	ANNU REV BIOCHEM	34.317
12	NAT REV IMMUNOL	33.287
13	NAT MATER	32.842
14	Cell	32.403
15	Science	31.201

从以上两个表可以看出,刊物的影响因子的高低会随年度发生一定的变化。

二、工程索引

1. EI 简介

EI 创刊于1884年,是美国工程信息公司(Engineering information Inc.)出版的著名工程技术类综合性检索工具。

EI 每月出版1期,文摘1.3万至1.4万条;每期附有主题索引与作者索引;每年还另外出版年卷本和年度索引,年度索引还增加了作者单位索引。

2. EI 出版形式

出版形式有印刷版(期刊形式)、光盘版及网络版。

印刷版(EI):月刊,2600 种。

光盘版(EI Compendex):季度更新,2600 种。

网络版(EI Compendex Web):周更新,5000 种,包括光盘版(EI compendex)和 EI pageone 两部分。

3. EI 收录范围

EI 收录了世界上工程技术类 48 个国家和地区 15 个语种的 3500 余种期刊和 1000 余种会议录、科技报告、标准、图书等出版物。年报道文献量 16 万余条。收录文献几乎涉及工程技术各个领域。例如:动力、电工、电子、自动控制、矿冶、金属工艺、机械制造、土建、水利等。它具有综合性强、资料来源广、地理覆盖面广、报道量大、报道质量高、权威性强等特点。

EI 把它收录的论文分为两个档次:

(1)EI Compendex 标引文摘

它收录论文的题录、摘要,并以主题词、分类号进行标引深加工。有没有主题词和分类号是判断论文是否被 EI 正式收录的唯一标志。

(2)EI Page One 题录

主要以题录形式报到。有的也带有摘要,但未进行深加工,没有主题词和分类号。所以 Page One 带有文摘不一定算作正式进入 EI。

EI 对稿件内容和学术水平的要求:

(1)具有较高的学术水平的工程论文,包括的学科有:①机械工程、机电工程、船舶工程、制造技术等;②矿业、冶金、材料工程、金属材料、有色金属、陶瓷、塑料及聚合物工程等;③土木工程、建筑工程、结构工程、海洋工程、水利工程等;④电气工程、电厂、电子工程、通讯、自动控制、计算机、计算技术、软件、航空航天技术等;⑤化学工程、石油化工、燃烧技术、生物技术、轻工纺织、食品工业等;⑥工程管理。

(2)国家自然科学基金资助项目、科技攻关项目、"八六三"高技术项目等。

(3)论文达到国际先进水平,成果有创新。

EI 不收录纯基础理论方面的论文。EI 公司在 1992 年开始收录中国期刊。1998 年 EI 在清华大学图书馆建立了 EI 中国镜像站。

三、科技会议录索引

科技会议录索引(Index to Scientific & Technical Proceedings,简称为 ISTP)创刊于 1978 年,由美国科学情报研究所编辑出版,是美国科学情报研究所的网络数据库 Web of Science Proceedings 中两个数据库(ISTP 和 ISSHP)之一。该索引收录生命科学、物理与化学科学、农业、生物和环境科学、工程技术和应用科学等学科的会议文献 1100 多种,包括一般性会议、座谈会、研究会、讨论会、发表会等。其中工程技术与应用科学类文献约占 35%,其他涉及学科基本与 SCI 相同。

印刷版(ISTP):月刊,发行年度索引,每年报导 4,700 多种会议录。

光盘版(ISTP):季度更新,每年报导 10,000 多种会议录。

网络版(WOSP—S/T):周更新,同光盘版。

ISTP 收录论文的多少与科技人员参加的重要国际学术会议多少或提交、发表论文的多少有关,我国科技人员在国外举办的国际会议上发表的论文占被收录论文总数的64.44%。

在ISTP、EI、SCI这三大检索系统中,SCI最能反映基础学科研究水平和论文质量,该检索系统收录的科技期刊比较全面,可以说它是集中各个学科高质优秀论文的精粹,该检索系统历来成为世界科技界密切注视的中心和焦点。ISTP、EI这两个检索系统评定科技论文和科技期刊的质量标准方面相比之下较为宽松。

参考文献

[1] http://zhidao.baidu.com/question/127499879.html

[2] 许冒泰.SCI简介.第四军医大学学报[J],1999,20(9):814.

[3] 乔好勤等.文献信息检索与利用[M].湖北:华中科技出版社,2008.

[4] 薛琳.文献信息检索与利用[M].河南:河南人民出版社,2006.

[5] 邓富民.文献检索与论文写作[M].北京:经济管理出版社,2010.

第四章 科学研究与学术论文的选题

选题包括选择研究课题和确定论文题目两部分,是科研与论文最先要确定的重要环节,好的选题能帮助科研工作者在后续的项目研究中少走弯路,明确目标;也关系着一篇论文的成败及其价值,由此可见选题是一个极其复杂的过程,不仅需要足够的知识储备还需要理智的选择判断以及丰富的实战经验。本章将就选题的意义、重要性、原则、方法,选题步骤做深入的阐述。

第一节 选题的重要意义

一、学位论文角度

1. 选题可以规划论文的方向

选题也是论文写作的第一步,而且是具有方向性意义的重要一步。俗话说"好的开端是成功的一半"。在我们对已有资料进行查阅和研究的同时,随着资料的积累,思维的渐进深入,会有各种各样的想法纷至沓来,这期间所产生的思想火花和各种看法,对我们都是十分宝贵的。但它们尚处于分散的状态,还难以确定它们对论文主题是否有用和用处之大小。因此,对它们必须有一个选择、鉴别、归拢、集中的过程。从对个别事物的个别认识上升到对一般事物的共性认识,从对象的具体分析中寻找彼此间的差异和联系,从输入大脑的众多信息中提炼,形成属于自己的观点,并使其确定下来。正是通过从个别到一般,分析与综合,归纳与演绎相结合的逻辑思维过程,使写作方向在作者的头脑中产生并逐渐明晰起来,由此论文的着眼点、论证的角度以及大体的规模也初步有了一个轮廓。

选题还有利于弥补知识储备不足的缺陷,有针对性地、高效率地获取知识,早出成果,快出成果。撰写毕业论文,是先打基础后搞科研,大学生在打基础阶段,学习知识需要广博一些,在搞研究阶段,钻研资料应当集中一些。而选题则是广博和集中的有机结合。在选题过程中,研究方向逐渐明确,研究目标越来越集中,最后要紧紧抓住论题开展研究工作。爱因斯坦说过,"我不久就学会了识别出那种能够导致深邃知识的东西,而把其他许多东西撇开不管,把许多充塞脑袋,并使它偏离主要目标的东西撇开不管。"(引自《纪念爱因斯坦译文集》第7页,上海科技出版社1979年版)要做到这一点,必须具备较多的知识积累。然而对于初写论文的人来说,在知识不够齐备的情况下,对准研究目标,直接进入研究过程,就可以根据研究的需要来补充、收集有关的资料,有针对性地弥补知识储备的不足。这样一来,选题的过程,也成了学习新知识,拓宽知识面,加深对问题理解的好时机。

2. 选题能够决定毕业论文的价值和效用

毕业论文的成果与价值,最终当然要由文章的最后完成和客观效用来评定。但选题对其有重要作用。选题不仅仅是给文章定个题目和简单地规定个范围,同时也具有一定的预测性,能够提前对文章作出基本的估计。这是因为,在确定题目之前,作者总是先大量地接触、收集、整理和研究资料,从对资料的分析、选择中确定自己的研究方向,直到确定题目。在这一研究过程中,客观事物或资料中所反映的对象与作者的思维运动不断发生冲撞,产生共鸣。正是在这种对立统一的矛盾运动中,使作者产生了认识上的思想火花和飞跃。这种飞跃必然包含着合理的成分,或者是自己的独到见解,或者是对已有结论的深化,或者是对不同观点的反驳,等等。总之,这种飞跃和思想火花对于将要着手写的毕业论文来讲,是重要的思想基础。

正确而又合适的选题对撰写毕业论文具有重要意义。通过选题可以大体看出作者的研究方向和学术水平。正如我国著名哲学家张世英所说:"能提出像样的问题,不是一件容易的事,却是一件很重要的事。说它不容易,是因为提问题本身就需要研究;一个不研究某一行道的人,不可能提出某一行道的问题。也正因为要经过一个研究过程才能提出一个像样的问题,所以我们也可以说,问题提得像样了,这篇论文的内容和价值也就很有几分了。这就是选题的重要性之所在。"(引自《怎样写学术论文》王力、朱光潜等著,第59页)。

论文的选题有意义,写出来的论文才有价值,如果选定的题目毫无意义,即使花了很多的功夫,文章的结构再怎么严密、语言再怎么到位,也不会有什么积极的效果和作用。一个好的学位论文题目,能够提前对文章作出基本的估计。可以看出作者对本学科的研究方向、问题的层次、主题,在学术方面的创新性和前瞻性,技术应用方面是否具有先进性,研究课题是否具有较高的理论意义、学术水平和实用价值,均反映作者有可能在论文中是否提出新见解。

3. 合适的选题可以保证写作的顺利进行,提高研究能力

如果毕业论文的选题过大或过难,就难以完成写作任务;反之,选题过于容易,又不能较好地锻炼科学研究的能力,达不到写作论文的目的。因此,选择一个难易大小合适的题目,才能保证写作的顺利进行。

看似简单的选题实质上是一个科学的工作过程,选题有利于提高研究能力。通过选题能对所研究的问题由感性认识上升到理性认识,加以条理使其初步系统化;对这一问题的历史和现状研究,找出症结与关键,不仅可以对问题的认识比较清楚,而且对研究工作也更有信心。科学研究要以专业知识为基础,但专业知识的丰富并不一定表明该人研究能力很强。有的人书读得不少,可是忽视研究能力的培养,仍然写不出一篇像样的论文来。可见,知识并不等于能力,研究能力不会自发产生,必须在使用知识的实践中,即科学研究的实践中,自觉地加以培养和锻炼才能获得和提高。

选题是研究工作实践的第一步,选题需要积极思考,需要具备一定的研究能力,在

开始选题到确定题目的过程中,从事学术研究的各种能力都可以得到初步的锻炼提高。选题前,需要对某一学科的专业知识下一番钻研的功夫,需要学会收集、整理、查阅资料等项研究工作的方法。选题中,要对已学的专业知识反复认真地思考,并从一个角度、一个侧面深化对问题的认识,从而使自己的归纳和演绎、分析和综合、判断和推理、联想和发挥等方面的思维能力和研究能力得到锻炼和提高。

现代大学教育中,毕业论文的选题大多是在教师的指导下进行的,这种情形有利有弊。利在于教师指导学生选题,可以在很大程度上减少学生的盲目性,并且选题不太会偏离本专业,完成起来容易些许。弊在于给懒于思考的学生提供了便利,完全不作独立思考,依赖教师给出题目。这不利于作者主观能动性的再调动,限制主观能动性的再发挥,不利于增长知识,提高能力。同时,撰写毕业论文不经过选题这一具有重要意义的研究过程,文章的观点、论据、论证方法"胸中无数",材料的准备更显不足,这样勉强提笔来写,就会感到困难重重,有时甚至一筹莫展,可能推倒重来。

二、科学研究角度

1. 选题规定了在科学研究中所通过的途径和所采用的方法,对科学研究起着制约作用。

科学研究被认为是向社会提供知识产品的过程,因此科学研究应当具有一定的实用价值。我们一定要认真对待选题。因为它决定了研究人员的主攻方向以及所需人才的结构,所采用的科学方法、仪器设备等,科研选题还直接关系到研究工作的进展速度、成果的大小甚至成败。课题如果选择恰当,就可以捷足先登,取得事半功倍的效果;相反,选题失当,则可能劳神费时,久攻不克,或事倍功半,得不偿失,造成人力、财力、物力和时间上的浪费。

科研选题本身就是一项科学研究工作,它还与研究人员的成才有重大关系,能否选好课题,不仅反映出一个科技工作者的工作态度和方法,而且还反映出他的科研水平和科学研究能力,从培养人才的角度看,对于科技工作者,应该有较多的机会到实践中去,培养和锻炼选题的能力,并把其作为科研入门的基本训练,以有利于有胆识、有战略头脑的一代新人更快地成长。科研选题影响着科学研究工作全局,决定着科学研究工作的成败,我们在开展科研工作时应该十分重视科研选题。

而选题的前提是善于发现问题。爱因斯坦曾指出:"提出一个问题往往比解决一个问题更重要。因为解决问题也许仅是一个数学上或实验上的技能而已,而提出新问题、新的可能性,从新的角度去看旧的问题却需要有创造性的想象力,而且标志着科学的真正进步"。任何一个学科领域都有千百个问题要解决,但是要从实际出发,明确地提出一个对科学理论和生产实践有重要价值,有深远影响的问题,则是一个复杂而困难的工作。这不仅需要具有某一学科的较全面、深透的理论知识,而且需要有敏锐的观察力和丰富的想象力。实践证明,只有选择有意义的课题,才能收到较好的科学研究成果。例如,19 世纪 40 年代,正当热质说流行的时期,英国科学家焦耳就意识到热的本质是某种形式的能量。他抓住了热功当量的测定这个课题,潜心研究 40 余年,终于为能量的转化与守恒定律的确定做出了决定性贡献。

2. 选题的正确恰当与否决定着科研的成败和科研成果的大小,对科学研究发展起着关键作用。

许多有意义有价值的课题,由于难度较大,要求较高,研究者可能一时难以取得进展,甚至由于研究方法不当而造成失败。在这种情况下写出的论文或总结仍然是有意义的,它至少能起着为后人铺路的作用。在这种意义上说,只要研究方向对头,科研无论成功与失败都有价值,都能写论文,都是成功。况且在研究中往往主攻方向受阻,而很可能在事先没有想到的方面会成功,有意外的收获。

另一方面,如果选题方向有重大的错误,即使花费再大的精力,论文表达再完善,也是没有价值的。大科学家牛顿在力学、光学、热力学、数学和天文学等方面的贡献是举世公认的。但晚年,由于唯心主义世界观使他转入神学课题,写了不少论证"上帝存在"的论文,使他虚度了后半生。

3. 选择有创建性的研究课题,能够加速科学技术的发展。

第二节　选题原则

人们在现实生活中遇到的问题面广量大,选题的内容极为广泛,大至世界政治、经济、文化艺术,小至日常生活中的吃、穿、住、用、行,只要深入探索,不难发现有许多值得研究的课题。但是庞大的信息量,也会干扰我们的思考,影响我们发现有价值的课题。此刻深入了解把握选题的原则,有助于帮助我们扫清干扰。

传统的选题原则主要有需要性原则、科学性原则、创造性原则、和可行性原则,效益型原则,而且相互并列起来,基本上不分主次。

1. 需要性原则

所谓需要性就是指选定的研究课题,必须着眼于经济发展的需要,科学发展的需要,即必须着眼于社会实践的需要。基础研究本身的性质决定了基础研究的选题主要应以科学发展为导向,即从学科理论发展的自身需要出发进行选题。

科学研究的最终目的是为满足人们日益增长的物质文化生活和社会生产的需要,从而推动科学的发展和社会的进步,促进社会主义的物质文明和精神文明建设。因此,选择课题首先要树立实际需要的观念,以社会的需求为前提。同时,只有面向社会、面向生产实际需要的选题,其成果才能为社会所吸收、消化,以至转化为现实的生产力,推动社会的进步。另外,科学本身发展的需要,也是科研选题的一个重要方面。另一方面应鼓励教师和研究人员立足教学和工作实际,瞄准学科前沿,从中发现问题,提出研究课题。

为更好地把握需要性原则,在选题操作上应注意以下三点:(1)考虑课题的价值,表现为本课题的预期成果以及可能派生或促进其他课题的研究,也表现在课题在本学科,甚至更大科研系统中的地位和作用等诸多方面。(2)注意近期需要与长远需要的关系。选择当前迫切需要解决的课题,同时又要考虑到长远的需要。将调研中发现的问题按轻、重、缓、急排队,列出当务之急的题目加以选择。(3)要正确处理基础理论研究与实践研究的关系,某些基础理论研究课题的应用价值往往在开始探索时并不明朗,但从整体和长远的角度来看,它对科学发展和技术创新起着储备、奠基和指导的作用。同样实践操作研究是将理论性的东西转化成技术,直接生产力,为基础理论研究创造物质条件。所以选题不可厚此薄彼,要正确把握。

2. 创造性原则

创造性是科学研究的灵魂,是科研劳动和学术论文的价值尺度,它首先反映在所选的课题是否具有先进性、新颖性、独创性。选题一经解决,将能在科学理论上或技术上引起突破,或者能填补科学技术的空白,或者能够开拓新的科研领域,或者能补充、丰富原有的理论学说乃至创立新的理论、学说。因此,在选题时,必须遵循创造性原则。

要遵循创造性原则,科研人员必须努力做到:(1)要有创新意识。创造需要有强烈的好奇心,旺盛的求知欲,迫切的进取心,需要有攀登险峰、独辟蹊径的勇气。创新的意识越强烈,创造积累越大,创造性想象越丰富,越有可能选择出创造性的课题。(2)要善于学习和进行比较。对所要选择的课题进行横向和纵向比较,熟悉并学习别人已进行过的工作,明确前人或他人尚未弄清或尚未涉及的课题所蕴含的实质内容,以避免重复他人的劳动。(3)加强情报工作,掌握科技动态。(4)选好学科领域。要到最有希望、最需要创造性而且最能激发和砥砺创造力的地方去选题,如不同学派激烈争论的领域,科学技术的空白区域,学科前沿,学科交叉领域等。

3. 可能性原则

所谓可能性原则,就是根据实际具备的和经过努力可以具备的条件来选择课题,对预期完成课题的主、客观条件尽可能加以周密的准确估计。原理上是否可行,是否具有充足的事实和理论依据;主观条件即研究者的状况和水平是否能满足需求。要根据研究者的学术知识,研究经验和能力素质来选择适宜的题目。选题过难会久攻不克,过易又会影响才能的发挥,造成人才浪费。客观条件主要指实验手段、资金和材料准备等。无论是基础科学研究还是技术研究,都要有经费,一些使用庞大设备,精密昂贵仪器和耗资巨大的研究课题,对客观条件更要周密细致。否则,盲目上马就可能在研究中问题成堆,障碍重重,甚至骑虎难下,有时还不得不中途停止,造成浪费。需要是无止境的,现实是有限的,这也要求我们善于在矛盾的两者中,保持必要的"张力"。

4. 科学性原则

所谓科学性原则是指所选课题必须符合最基本的科学原理,遵循客观规律,在科学理论、科学事实和生产实践方面要有合理性。科研工作的任务在于揭示客观世界发展的规律,它正确反映人们认识与改造世界的水平。因此,科学性原则是衡量科研工作的首要标准。任何课题的确立都应以已知的科学理论或技术事实为基础。一般地,那些明显相背于已确证理论的题目不应作为选择对象,除非已经掌握或确信将来能够找到有力的反驳证据。对诸如永动机的研究只能是徒劳。经过专家论证才得以立项的,才具有较高的学术水平,选题科学性才能保证。选题时,研究人员一定要以事实或科学的理论为根据,力戒选题的主观随意性、盲目性和虚假性。科学性原则要求我们既要尊重事实,又不拘泥于事实;既要接受已有理论的指导,又要敢于突破传统观念的束缚。

5. 效益性原则

科研选题的效益性从总体上来说,包括社会效益、经济效益、科技本身的效益和生态效益。在选题时贯彻这条基本原则重点要把握以下三点:(1)尽量科学合理地选题,选题之前一定要了解情况,摸清自己所要选择课题的历史、现状和发展趋势。了解行情时,既要了解本国行情,外国行情也要做到心中有数。(2)选择有创见性的研究课题。(3)从我国国情出发,选择应用技术类的研究课题。选题时一方面要考虑到投资少、见效快、经济效益显著;另一方面又要考虑到合理利用资源、注意节约原料、有效降低消耗等一系列问题。

以上阐述了传统意义上选题的五大原则,但随着信息量的过载,主客观条件的差异和干扰,渐渐地另一些看似细微的因子对选题的进行也起着不可忽视的作用,迫使我们不得不将其考虑进去。概括起来主要有:(1)专业性原则:应在自己所学专业领域内选题。因为在自己所学专业领域内,对本专业的历史发展、研究现状、学科前沿、某些问题的来龙去脉,以及尚存的问题、等待解决的问题与学科理论中某些不一致的地方,都有相当深刻的了解。只要平时多思考、多审查、多质疑,就能选取有意义、有深度、有创见的课题;另一方面,在平时搜集、整理、熟悉资料以及科学实验和实践的基础上,更能有针对性地联系社会实际,对亟待解决的相关课题提出建设性的对策和方案,填补以往研究的不足,以一定的科研成果显示毕业论文的现实意义,从而达到推动社会和生产发展的目的。同时也符合该专业培养目标,有针对性提高研究者解决实际问题的能力。再者选择自己专业内的课题,可以提高科研工作的积极性和思维的敏捷性,能最大程度的做到扬长避短、驾轻就熟,研究也容易出成果。(2)突出学术价值。学术价值指对本学科的发展贡献,在本学科的研究范畴中有新的发现,提出新思想、新见解、新理论,或在研究途径方面有新的探索、新的设想。它往往是基础理论课题的研究,一般不具备直接的经济效果,但具有纯科学的学术价值。是应用研究的前提和基础,对应用性研究和发展性研究有指导意义。(3)适宜性原则。适宜性原则就是指所选的课题在大小和难易程度上应该量力而行,忌选题过大,空洞无物,忌选题过难,超出能力范围。选题的难易程度要适中,既要有"知难而进"的勇气和信心,又要做到"量力而行"。选题时要把握宜小不宜大的原则,题目太大把握不住,考虑难以深入细致,容易泛泛而论。(4)发展性原则。选题时还要考虑该课题是否具有发展的前途,即课题是否具有推广价值、普遍意义和持续的创造性。

第三节 选题的途径与方法

1. 从社会需求、现实生活中发现有价值的课题。

社会需求、现实生活是科研的产生、形成和发展的沃土。科学技术、科学研究是人类认识自然和改造自然的活动,认识自然是为了更好地改造自然,改造自然的目的是为了更好地满足人类的需要,如果没有人类社会的需求,科学技术、科学研究就失去了发展的动力,因而社会需求对科学技术、科学研究的发展起到了推动作用。

2. 怀疑已有的理论观点和结论。

学术无禁区,科学无止境。今日被认为的真理,明天也许就成为谬误,因此对任何理论观点和实践行为,作为研究者都可以持怀疑态度,对已有结论、常规、习惯、行为方式等合理性作非绝对肯定,或作否定判断。怀疑必然会引起研究生对事物的重新审视,从中发现新问题。

怀疑的主要依据有二:一是大量的事实和经验;二是科学分析的逻辑结论。怀疑结果也有两种可能:一是部分或完全证实自己的怀疑;二是证伪了自己的怀疑。无论证实和证伪,都会使研究者对这个问题的认识向前迈进一步。

3. 关注社会热点争论,寻找社会亟待解决的问题。

随着我国发展速度加快,发展中需要讨论的问题甚多,人们的开放与参与意识也越来越强烈,网络、报刊、电视等媒体也纷纷开辟专栏供人们参与研究讨论。其中有宏观问题,也有微观问题;有学术理论问题,也有生活实践问题等,科研人员可以针对自己的工作实际与研究基础,选择其中一、两个问题参与讨论、研究。

4. 在学科的交叉领域中寻找问题。

目前,我国高校的学科专业分类越来越庞杂,这其中各学科之间又形成了许多交叉的领域。这个领域是学科与学科之间的接触点,也是知识的空白区,正需要科研人员去填补空白,做出成绩。在学科的交叉领域中可先找出学科之间的共性,从其共性出发,找出将学科融合的方法,从而建立新的边缘学科。如儒学与武术,它们一个属哲学范畴,一个属体育学范畴,但两者都属我国的传统文化,都在我国历经了上千年的时间,两者都宣扬着"仁""义""善""正气"等,研究出将两者良性结合的方法正符合我们构建和谐社会的需要,这样所获得的成果能被社会广泛接受,社会效应是不可估量的。探索一门学科的理论和方法,然后去研究另一门学科的研究对象,从而建立交叉学科;或者运用多学科的理论、知识和方法,去研究某一特定的客体,从而建立综合性科学等等。此类选题应该成为我们高校科研人员的优势和长项。

5. 到原有理论与新实验事实尖锐矛盾的地方去选题。

理论总要不断接受实践的检验,倾听实践的呼声。原有理论一旦解释不了新的事实就暴露出它的局限性。这时,如果研究人员抓住时机,敢于进行突破旧理论的新探索,往往能够取得重大的创新和突破。1900年马克斯·普朗克对经典物理理论与当时黑体辐射的实验事实不符的矛盾,进行了深入的研究,提出了能量子假说,开创了量子物理学。1905年,26岁的爱因斯坦抓住了光的波动理论与光电效应实验事实的矛盾,运用普朗克的能量子假说,研究了光电现象,提出了光量子理论,在人类认识史上第一次揭示了微观客体的波粒二象性。只要重视抓住理论和实践的矛盾,就可能突破旧理论,就可以找到具有重大创造性的课题。

6. 到自己兴趣最大的地方去选择课题。

兴趣是人们对某种事物喜好的情绪和心理指向。这里的兴趣,是指对某一论题有一定认识,并对之产生研究欲望。科研是艰苦的劳动,十分枯燥和单调。因此,只有对自己的选题具有浓厚兴趣,并且随着科研进程而不断加深,才可能不畏艰难,探寻到底。对研究课题若兴趣浓厚,就会以不懈的毅力和极大的主观能动性满腔热情地去工作。巴甫洛夫强调:"科学是需要人的高度紧张性和很大的热情的。"选择兴趣最浓的课题去做,有利于早出创新成果和人才。阿普顿研究放射性,但是他不愿下工夫去做,他对无线电更感兴趣,于是,便以极大的热情投入了无线电的研究,终于发现了电离层,荣获了诺贝尔奖。

7.从不同学派、观点的学术争论中选题。

科学研究是一种探索性的创造性思维,对同一观点、理论常会发生分歧和争论,甚至形成不同的学派。如经济决定论与文化决定论之争、市场调节与计划调节之争、社会主义代替资本主义与趋同论之争,等等。在争论中,会有正确与错误之分,即便是基本正确,也会有不完备之处,争论的双方都会有许多问题值得探讨和研究。因此,关注学术之争,深入了解争论的历史、现状和争论焦点,是发现问题、选择研究课题的一条重要途径。

8.从科研管理和规划中选题。

国家、省市及各种学术团体也经常提出许多科研课题,如国家、部省市的十一五规划重点课题、年度课题,这些课题一般都是理论意义、现实意义比较重要的课题,应当是科研工作者选题的重要来源。这类课题属指南性选题,其中许多课题的难度、规模很大,选题时,科研人员应从自己的优势出发,把课题加以具体化,以保证其可行性。此外,在各级政府、科研部指定的各种科研规划中,也提出许多研究课题,这都是选题的重要来源。

9.运用"追溯验证法",从文献综述研究进展选题。

追溯验证是一种在自我思考的基础上对已有资料和研究成果的进一步验证,旨在跟踪追溯,充分考虑选题的可行性的方法。追溯验证是为了最大限度地避免与他人重复。论文选题只有通过这种方法与其他几种方法的综合运用,才能真正做到真实、新颖、充分。借助已有材料,通过自己的努力深入探究,对别人的研究成果予以补充,得出新的、符合实际的论题不断钻研已有资料,捕捉一闪之念,达到对某一角度、某一问题的理性升华,顺势追溯下去,最终形成自己的观点,确定选题内容而材料的平素积累及研究,也正是追溯验证的客观依据和自我观点确立的出发点,充分的现有资料不仅足以证明选题方向的正确性,又能成为论题内容的有益凭证和事实论据。总之,在开阔的视野中作定性、定点的选择,可以避免写作起步时的失误。

10.合理设计,制定出切实可行的研究路线。

科研人员在设计课题时要考虑详略得当,有所侧重,避免面面俱到,既无深度又无特色的研究。课题设计是否合理、技术路线是否得当、措施是否得力是科研选题成功的必备条件。因此,作为课题负责人首先要对主要研究目标、实施步骤、实验内容、技术的关键环节和预期目标分阶段制定出详细计划,并准确掌握实验地点、仪器设备、协作单位及经费等情况。其次,也可以根据本地区的特色选择一些有一定研究价值的科研课题,为国家和地方科技事业的发展和经济建设服务。

11.换位思考法。

换位思考,旨在摆脱原有思维定势,从不同角度和层次认识研究对象,以形成关于对象的新认识。这就需要重新编排整理一组熟悉的资料,从不同角度看待它,并摆脱当时流行理论的影响。换位思考有同层换位、异层换位、时空换位三种。

(1)同层换位。是指从同一逻辑层面上,对研究对象进行不同角度和侧面的观察、分析和研究。如捷克教育家夸美纽斯研究教育理论问题,多从泛智论体系出发,建立自己的教学理论体系,首次把教育学研究从哲学认识论中分离出来。德国教育家赫尔巴特研究教育学,则从教师角度进行系统研究,构建以教师为中心的传统教育学理论体系。美国教育家杜威则从经验主义哲学背景出发,构建以儿童为中心的教育学体系。教育理论发展的这三个高峰,都是以换位思考为特征,在教育、教师、教学活动的三个要素层面上进行,属于同层换位。

(2)异层换位。当代教育理论发展不再单一地从教师、学生或教材层面展开,更多的是从师生关系(要素)之间的联系层面展开,从师生互动角度讨论教育、教学问题,即不同层次换位。

(3)时空换位。当我们讨论同一教育、教学问题时,从不同时间和空间角度研究。如办学地点选择问题,我们会问,为什么中国古代书院可以办在名山大川旁边却薪火不断,而当代中国大学却非得办在都市呢?为什么美国的许多著名大学可以办在偏僻的小镇上,而中国就不行呢?这就是时空换位思考。

第四节 选题的步骤

1. 文献调研、实地考察

通过对有关学科、专业领域文献资料的搜集和阅读,掌握本学科的国内外研究现状和最新进展,了解不同学者的思路特点及研究倾向,摸清前人所做的工作及研究水平,从中发现问题、提出问题和萌发个人见解,为进一步创新奠定基础。除了文献调研,有时还要到实地进行考察,了解课题产生的原因,以及相关的因素,诸如经费来源、科研力量配置、实验设备条件等。

2. 提出选题

根据调研和实际考察的结果,初选出诸个科学问题,认真分析其在科技发展中的地位、作用、社会经济效益以及制约科研能否顺利进行的其他因素等。从诸个问题中优选出一个适宜的课题,然后进一步研究如何进行课题研究工作,拟出初步的研究计划和几种可行的研究方案,提出开题报告。开题报告一般包含以下内容:课题来源;研究目的和意义;国内外现状和发展趋势;主要研究内容所应用的方法;完成课题的主客观条件;研究周期和所需要的经费;需要有关部门解决的问题,等等。开题报告是有关部门组织同行专家对课题进行可行性研究和审批课题的重要依据。

3. 拟定方案

在确定了目标之后,就要对自己的研究有一个清晰的安排。有了目标还需要合理高效的过程,所以在此基础上还要进行研究方案的设计。毕竟时间和精力有限,一般原则是通过周密策划、精心设计、可行性来拟定几个备选方案,从中选出合理的最终方案。

4. 课题论证

论证是指对课题进行全面的评审,看其是否符合选题的基本原则,并分别对课题研究的目的性、根据性、创造性和可行性进行论证,以确定选题的正确性。课题论证一般采取同行专家研究评议与管理决策部门相结合的方式进行。评议内容包括:课题研究目的和预期的成果是否符合社会实践和科技发展的需要;开题报告对国内外现状和发展趋势分析是否正确,开题执行的论据是否充分、可靠;课题的科学技术意义和经济价值如何;课题所采用的初步研究计划和技术路线是否先进、合理、可行;课题的最后成果是否会给社会造成诸如污染环境、破坏生态平衡等不良后果;课题负责人和课题组人员能否胜任课题的研究任务;提供该课题所需条件的必要性和实现的可能性等。

5.课题确定

经过课题论证之后,该课题若通过,即课题确定。若没通过,该课题则被淘汰,需再按照选题的程序和原则,另行选定其他课题。

参考文献

[1] 韦复生.论科研选题及基本原则[J].广西民族学院学报,2002,(5).

[2] 黄永松.科研选题的意义及基本原则[J].安徽教育学院学报,2003,(3).

[3] 田文霞.论科研选题应注意的几个问题[J].理论观察,2003,(2).

[4] 李代红.毕业论文选题原则[J].重庆科技学院学报,2006,(11).

[5] 何倩.高校科研课题选题的原则与方法[G].文史博览理论,2008,(9).

[6] 华红艳,齐桂森,李玉强.科研选题的步骤和原则[G].郑州航空工业管理学院学报(社会科学版),2003,(4).

[7] 黄岗,周玉国.浅谈毕业论文的选题原则及具体方法[G].云南省农业教育研究会2011年学术年会论文汇编.

[8] 王睿.浅谈科研选题[J].佳木斯大学社会科学学报,2004,(3).

[9] 卢朝霞,杨海堂,郭方文.浅谈科研选题的确立[J].广西大学学报(自然科学版),2006,(6).

[10] 强月霞,唐山师范学院中文系.浅谈学术论文的选题原则和方法[I].语文学刊(高教版),2005,(5).

[11] 赵平,卢耀祖.科研选题的基本思想[J].科研管理,1998,(5).

[12] 周毅.研究生学位论文选题原则及方法科[J].学位与研究生教育,2009,(10).

第五章 文献综述的写作方法

第一节 文献综述概述

一、文献综述的含义

1. 文献的含义

具体地说,文献就是将知识、信息用文字、符号、图像、音频等记录在一定的物质载体上的结合体。由此可以看出,文献具有三个基本属性,即文献的知识性、记录性和物质性。它具有存贮知识、传递和交流信息的功能。

2. 综述的含义

综述是作者在博览群书的基础上,综合地介绍和评述某学科领域国内外研究成果和发展趋势,并表明作者自己的观点,对今后的发展进行预测,对有关问题提出中肯意见或建议的论文。

3. 文献综述的含义

文献综述(Literature Review),亦称"文献阅读报告",英文称之为"review""overview""summary""survey""…past,present,and future",etc.。

文献综述是查阅了某一专题在一定时期内的相当数量的文献资料,经过分析研究,选取有关情报信息,进行归纳整理,对相关专题的研究背景、现状、发展趋势所进行的较为深入系统的述评(介绍与评价),做出综合性描述的一种学术性文章。属三次文献。

文献综述要比较全面地反映与本课题直接相关的国内外研究成果,尤其是近年来的最新成果和发展趋势,指出该课题需要进一步解决的问题或提出相关的评议。

文献综述必须反映当前某一领域中某分支学科或重要专题的最新进展、学术见解和有关问题的新动态、新趋势、新水平、新原理和新技术,等等。培养和掌握文献综述的写作能力和方法,是一名科研工作者必须具备的一项基本功。

文献综述与"读书报告""文献复习""研究进展"等有相似的地方,它们都是从某一方面的专题研究论文或报告中归纳出来的。但是,文献综述既不像"读书报告""文献复习"那样,单纯把一级文献客观地归纳报告,也不像"研究进展"那样只讲科学进程,其特点是"综"与"述"。总之,文献综述是作者对某一方面问题的历史背景、前人工作、争论焦点、研究现状和发展前景等内容进行评论的科学性论文。

二、文献综述的特征

1. 综合性

综述要"纵横交错",既要以某一专题的发展为纵线,反映当前课题的进展;又要从国内到国外,进行横的比较。只有如此,文章才会占有大量素材,经过综合分析、归纳整理、消化鉴别,使材料更精练、更明确、更有层次和更有逻辑,进而把握本专题发展规律和预测发展趋势。

2. 评述性

评述性是指比较专门地、全面地、深入地、系统地论述某一方面的问题,对所综述的内容进行综合、分析、评价,反映作者的观点和见解,并与综述的内容构成整体。一般来说,综述应有作者的观点,否则就不成为综述,而是手册或讲座了。

3. 先进性

综述不是写学科发展的历史,而是要搜集最新资料,获取最新内容,将最新的信息和科研动向及时传递给读者。综述不应是材料的罗列,而是对亲自阅读和收集的材料,加以归纳、总结,做出评论和估价。并由提供的文献资料引出重要结论。一篇好的综述,应当是既有观点,又有事实,有骨又有肉的好文章。由于综述是三次文献,不同于原始论文(一次文献),所以在引用材料方面,也可包括作者自己的实验结果、未发表或待发表的新成果。

综述的内容和形式灵活多样,无严格的规定,篇幅大小不一,大的可以是几十万字甚至上百万字的专著,参考文献可数百篇乃至数千篇;小的可仅有千余字,参考文献数篇。比如一般医学期刊登载的多为 3000—4000 字,引文 15—20 篇,一般不超过 20 篇,外文参考文献不应少于 1/3。

三、文献综述四要素

文献综述是指在一定时期范围内,通过综合加工后反映某一专题相关文献的内容和信息分析的产物。

(1)一定时期:通常指 5—10 年内。如果过早,文献数量过大,文献阅读和整理会消耗很大精力,而过短,文献收集不全,历史面貌不清。

(2)专门选定:指文献收集的资料要有针对性,选题不能过大。例如:AIDS 从 1981 年至 1990 年已有文献 17520 篇,不可能全选,只能就其中某一点进行研究。

(3)摘取情报:即只能在一篇文章中吸取别人的构思,了解别人的研究过程,选取一些有用的论点和数据,作为综述的素材,而不是抄袭。

(4)综合加工:将分散、零乱的文献进行选择、取舍、组织,然后才能写成一篇综述。体现作者的立场、见解和学术水平,也是作者的一种研究成果。

文献综述特点:"综"和"述"。"综"要求对文献资料进行综合分析、归纳整理,使材料更精练明确、更有逻辑层次。"述"则要求对综合整理后的文献进行比较专门的、全面的、深入的、系统的、客观的论述。

第二节 文献综述分类与作用

一、文献综述的分类

文献综述主要分为三大类：

1. 学科领域性文献综述

这个综述的主要目的是通过对文献的阅读和整理使读者能够对所关注学科领域的轮廓有一个清晰的了解，因此，介绍学科发展的历史沿革、归纳整理主要研究流派和主要学术观点、理清热点研究方向是这个综述的主要任务。

一般来说，学科领域性研究综述要求的文献搜索和阅读量较大，内容也比较宽泛，但由于学科领域性文献综述是初学阶段最为重要的基础性工作，因此大家应当对综述给予充分的重视。

在表达形式上又分为：叙述性综述和评论性综述。叙述性综述是围绕某一学科领域的热点问题，广泛搜集相关的文献资料，对其内容进行分析、整理和综合，并以精炼、概括的语言对有关的理论、观点、数据、方法、发展概况等作综合、客观的描述的信息分析产品。评论性综述是在对某一问题或专题进行综合描述的基础上，从纵向或横向上作对比、分析和评论，提出作者自己的观点和见解，明确取舍的一种信息分析报告。评论性综述的主要特点是分析和评价，因此有人也将其称为分析性综述。

2. 专题性文献综述

专题性文献综述比较学科领域性综述而言，在范围上要更狭窄，讨论的问题要更具体、明确。这个综述实际上是我们确定研究方向的重要标志，因此，在所关注的学科领域内选择自己感兴趣并有研究潜力的专题进行文献探讨，追踪理论前沿、发现和初步界定研究问题是文献综述的主要任务。

专题性文献综述写作上是"以述带论，以论为主"，核心功能是定义差距，即说明现有研究与拟研究问题之间知识上的差距，作者准备做出的贡献以及将要采用的方法和实现途径。

3. 专题研究报告

专题研究报告是就某一重大专题，一般是涉及国家经济、科研发展方向的重大课题，进行反映与评价，并提出发展对策、趋势预测。"是一种现实性、政策性和针对性很强的情报分析研究成果"。其最显著的特点是预测性。

二、文献综述的作用

文献综述是科学研究过程的一个重要环节，是写出高水平论文的重要基础。它在科学论文和毕业论文、硕士、博士论文的写作中均占据着重要地位，它是论文中的一个重要章节。文献综述的好坏直接关系到论文的成功与否。

1. 通过搜集文献资料过程，可进一步熟悉科学文献的查找方法和资料的积累方法，有利于更新专业知识、扩大了知识面。

文献综述能够反映当前某一领域或某一专题的演变规律、最新进展、学术见解和发展趋势，它的主题新颖、资料全面、内容丰富、信息浓缩。因此，不论是撰写还是阅读文献综述,都可以了解有关领域的新动态、新技术、新成果,不断更新知识,提高业务水平。通过搜集文献资料过程,可进一步熟悉科学文献的查找方法和资料的积累方法;在查找的过程中同时也进一步地扩大了自己的知识面。

2. 有利于查阅相关资料,丰富自己的知识储备。

由于科学技术的迅速发展,每时每刻都有大量的文献产生,要全部阅读这些文献,时间和精力都是不够的,通过阅读综述,可以在较短的时间内了解有关领域的发展情况、发展趋势,节省大量的时间。

3. 查找文献资料、写文献综述是科研选题及进行科研的第一步,因此学习文献综述的撰写也是为今后科研活动打基础的过程,有利于选择科研方向。

综述通过对新成果、新方法、新技术、新观点的综合分析和评述,查找文献资料、写文献综述是科研选题及进行科研的第一步,能够帮助科技人员发现和选取新的科研课题,避免重复,因此写文献综述也是为今后科研活动打基础的过程。

4. 通过综述的写作过程,能提高归纳、分析、综合能力,有利于独立工作能力和科研能力的提高。

在文献综述的写作过程中,需要查阅相关的文献资料,阅读一定量的期刊杂志,书籍报纸等等,然后再把它提炼和整理,在此过程中,就不断锻炼了自己的分析综合的能力,提高了自己的认知水平,同时也在此过程中提高了自己的工作能力和科研能力。

5. 文献综述选题范围广,题目可大可小,可难可易。对于毕业设计的课题综述,则要结合课题的性质进行书写。

第三节 文献综述的基本步骤

写文献综述一般要经过几个阶段:选题、文献收集、文献阅读、文献分析、文献的批判评论、系统性地整理文献和撰写综述。每一阶段主要内容列于图5-1。

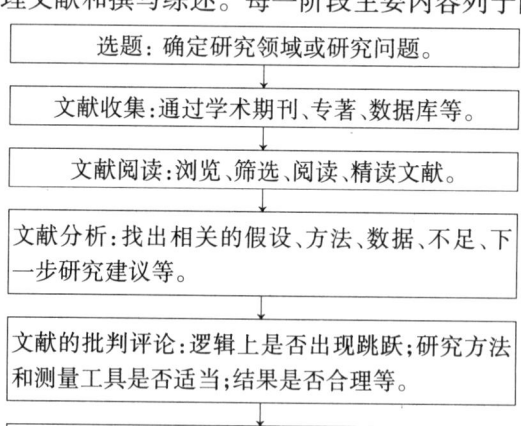

选题:确定研究领域或研究问题。

文献收集:通过学术期刊、专著、数据库等。

文献阅读:浏览、筛选、阅读、精读文献。

文献分析:找出相关的假设、方法、数据、不足、下一步研究建议等。

文献的批判评论:逻辑上是否出现跳跃;研究方法和测量工具是否适当;结果是否合理等。

系统性地整理文献:按照特定研究主题、发展历史、现在研究状况、存在问题、发展趋势等。

撰写综述:条理分明地组织框架,有导言、主体、结论、参考文献。

图5-1 文献综述的基本步骤

第四节　文献综述的内容要求

1. 选题适宜：一般来说，文献综述的选题有两种来源，一种是由导师指定，属于命题作文，另外一种是由学生在导师的研究方向下，根据自己的研究兴趣和能力自行选题。要点如下：

(1) 问题意识：研究者基于已有的观察发现并提出问题，有了这些问题，才有必要对以往的文献进行综述进而寻求解决方案和思路。

(2) 范围适宜：对于初次写作文献综述的人来说，选题的范围不宜过于宽泛，这样查阅文献的数量相对较小，撰写时易于归纳整理，否则，题目选得过大，查阅文献花费的时间太多，而且归纳整理困难，最后写出的综述不是大题小做便是文不对题。

(3) 与专家(内、外部)探讨并经导师同意，结合自己的知识背景与专长。

2. 说理要明：说理必须占有充分的资料，处处以事实为依据，决不能异想天开地臆造数据和诊断，将自己的推测作为结论写。

3. 层次要清：这就要求作者在写作时思路要清，先写什么，后写什么，写到什么程度，前后如何呼应，都要有一个统一的构思。

4. 语言要美：科技文章以科学性为生命，但语不达义、晦涩拗口，结果必然会阻碍科技知识的交流。所以，在实际写作中，应不断地加强汉语修辞、表达方面的训练。

5. 文献要新：由于现在的综述多为"现状综述"，所以在引用文献中，70%的应为3年内的文献。参考文献依引用先后次序排列在综述文末，并将序号置入该论据(引文内容)的右上角。引用文献必须确实，以便读者查阅参考。

6. 校者把关：综述写成之后，要请有关专家审阅，从专业和文字方面进一步修改提高。这一步是必需的，因为作者往往有顾此失彼之误，有些结论往往是荒谬的，没有恰到好处地反应某一课题研究的"真面目"。这些问题经过校阅往往可以得到解决。

第五节　文献检索

一、检索文献的途径

1. 图书馆数据库

中文数据库：中国期刊网、清华学术期刊网、维普网、万方网等。

外文数据库：

EBSCO：可追溯至1932年，经管类的文献比较全，多为权威期刊，且大多能查到全文。目前图书馆最好的经管类数据库。

Proquest 系列：其特点是比较全面，期刊追溯时间长，但有时只有题录，没有原文。

Springer link：其特点按期刊名分类，多为 SCI 收录的。

Elsevier：有全文，但追溯时间短。少数情况下，有些文献在 EBSCO 和 Proquest 系列数据库中只能查到题录,但可以在该数据库中查到全文。

2. 硕博学位论文库

万方学位论文库、清华期刊网、PQDD学位论文全文检索系统、(PQDD)数字化博硕士论文数据库。

3. 学会会刊

如美国经济学会会刊:《美国经济评论》(American Economic Review)、《经济文献期刊》(Journal of Economic Literature)、《经济展望期刊》(Journal of Economic Perspectives)。

美国管理学会会刊:

Academy of Management Journal 和 Academy of Management Review 是管理类的顶级期刊。前者主要发表原创性论文,后者主要发表综述性论文。

二、检索文献中常见问题

1. 信息过载

(1)主题界定过于宽泛,应缩小主题范围。

(2)对文献进行筛选,应尽量保留权威文献,剔除档次低的文献。

(3)对掌握的资料进行分类。确定哪些文献已经掌握以及哪些文献是需要的,从而使初学者不至于陷于那些与你自己的研究有一定相关但又不是十分关键的文献之海。

2. 信息不足

(1)研究主题比较前沿,还没有学者进行过研究。这种情况比较少见。

(2)研究主题比较肤浅,不值得学术研究。这种情况应该更换研究主题。

(3)研究主题界定过于狭窄。这种情况需要扩大你的研究范围或者更换搜索关键词。

3. 无法找到权威的文献

(1)通过信件或电子邮件等方式,找某一学科领域的权威学者进行交流,恳请得到他的指导和帮助,他会建议到何处去找寻最重要的研究文献。

(2)检索当前该研究领域内被列为参考书目频率最多的学术书籍和期刊。

(3)查找某研究领域的一些专业网站 BBS。

(4)找在某个领域大家公认研究比较领先的高校或研究所,查阅他们近期报道的研究成果。

(5)查找由著名学者撰写的某个学科领域的综合性文献综述。

第六节 文献综述的格式与写法

一、文献综述的格式

综述一般都包括题名、著者、摘要、关键词、正文、结束语、致谢、参考文献几部分。其中正文部分又由前言、主体和总结组成。

二、文献综述的写法

1. 综述题名

题名的作用:提示作用、评价作用、吸引作用、检索作用。

题名的基本要求:具体确切,表达得当,简短精练,高度概括,用词规范,可供检索。

综述的题名决定综述的内容,因此,题名一定切题,既不要过大,也不宜过窄,一定要反映本专业当前的主要矛盾焦点、热点问题或新技术、新动向。

2. 作者署名和作者所在的单位名称

署名和单位的格式:(1)姓名在前,单位名称在后;(2)姓名在上行,单位名称在下行;(3)单位在前,姓名在后;(4)单位名称在上行,姓名在下行;(5)题名下只写作者姓名,单位名称以脚注的形式放在首页的脚注。

3. 摘要

根据国家标准规定,文献综述和其他论文一样,都应有摘要,并列出3—5个关键词。摘要概括说明综述所写的目的、范围和本综述的突出点。一般期刊对综述的摘要有具体的字数要求。综述性文章摘要类型大多采用指示性摘要。摘要的类型有:

(1)指示性摘要又称描述性摘要,指示一次文献的论题及取得的成果的性质和水平,不具体介绍研究的方法和结果,但是不应只简单重复题名中已有的信息,写成题名的解释说明。

(2)报道性摘要又称资料性摘要,是指明一次文献的主题范围及内容梗概的简明摘要,相当于简介。

(3)报道——指示性摘要,这种摘要介于上述两种摘要之间,或者说是上述两种摘要相结合的综合性摘要。

(4)结构性摘要按层次列出项目名称,逐项分别叙述。包括:目的、材料和方法、结果、结论。

4. 关键词

关键词是表达论文主题的最重要的词或短语,设立关键词的目的是便于更好编写检索文献,一篇综述可选用3—5个关键词。

5. 前言部分

在综述的前言部分要写清以下内容:(1)要说明写作的目的、研究领域;(2)阐述有关概念的定义;(3)阐述本次综述的框架。

用200—300字的篇幅,提出问题,包括写作目的、意义和作用,综述问题的历史、资料来源、现状和发展动态,有关概念和定义,选择这一专题的目的和动机、应用价值和实践意义,如果属于争论性课题,要指明争论的焦点所在。注意:前言不宜过长,应开门见山。

6. 主体部分

主要包括论据和论证。通过提出问题、分析问题和解决问题,比较各种观点的异同点及其理论根据,从而反映作者的见解。为把问题说得明白透彻,可分为若干个小标题分述。主体部分应包括历史发展、现状分析和趋向预测几个方面的内容。

(1)历史发展:要按时间顺序,简要说明这一课题的提出及各历史阶段的发展状况,体现各阶段的研究水平。

(2)现状分析:介绍国内外对本课题的研究现状及各派观点,包括作者本人的观点。

将归纳、整理的科学事实和资料进行排列和必要的分析。对有创造性和发展前途的理论或假说要详细介绍,并引出论据;对有争论的问题要介绍各家观点或学说,进行比较,指出问题的焦点和可能的发展趋势,并提出自己的看法。对陈旧的、过时的或已被否定的观点可从简,对一般读者熟知的问题只要提及即可。

(3)趋向预测:在纵横对比中肯定所综述课题的研究水平、存在问题和不同观点,提出展望性意见。

这部分内容要写得客观、准确,不但要指明方向,而且要提示捷径,为后者指明方向,搭梯铺路。主体部分的写法有下列几种:

(1)纵式写法

"纵"是指"历史发展纵观"。它主要围绕某一专题,按时间先后顺序或专题本身发展层次,对其历史演变、目前状况、趋向预测作纵向描述的写法。

纵式写法要对某一专题在各个阶段的发展动态作扼要描述,已经解决了哪些问题、取得了什么成果、还存在哪些问题、今后发展趋向如何、对这些内容要把发展层次交代清楚,文字描述要紧密衔接。纵式写法还要突出一个"创"字。有些专题时间跨度大,科研成果多,在描述时就要抓住具有创造性、突破性的成果作详细介绍,而对一般性、重复性的资料就从简从略。这样既突出了重点,又做到了详略得当。纵式写法适合于动态性综述。

(2)横式写法

"横"是指"国际国内横览"。它就是对某一专题在国际和国内的各个方面,如各派观点、各家之言、各种方法、各自成就等加以描述和比较。通过横向对比,既可以分辨出各种观点、见解、方法、成果的优劣利弊,又可以看出国际水平、国内水平和本单位水平,从而找到了差距。

横式写法适用于成就性综述。这种综述专门介绍某个方面或某个项目的新成就,如新理论、新观点、新发明、新方法、新技术、新进展等等。因为是"新",所以时间跨度短,但却引起国际、国内同行关注,纷纷从事这方面研究,发表了许多论文,如能及时加以整理,写成综述向同行报道,就能起到借鉴、启示和指导的作用。

(3)纵横结合式写法。

在同一篇综述中,同时采用纵式与横式写法。例如,写历史背景采用纵式写法,写目前状况采用横式写法。通过"纵""横"描述,才能广泛地综合文献资料,全面系统地认识某一专题及其发展方向,作出比较可靠的趋向预测,为新的研究工作选择突破口或提供参考依据。

无论是纵式、横式或是纵横结合式写法,都要求做到:一要全面系统地搜集资料,客观公正地如实反映;二要分析透彻,综合恰当;三要层次分明,条理清楚;四要语言简练,详略得当。

7. 总结部分

将全文主题进行扼要总结,与前言部分呼应,指出现有研究中主要研究方法上的优缺点或认识差距,若作者对所综述的主题已经有所研究,最好能提出自己的见解。

8. 致谢

在撰写综述的过程中得到某人的指导,或写完后经某人审阅,需在正文末尾致谢。

9. 参考文献

参考文献的编排应条目清楚,查找方便,内容准确无误。此外,还要注意以下几点:

(1)国内期刊一般要求列出主要的参考文献 15—30 篇,应该是新近的文献(近 5—10 年)。

(2)不应将自己未阅读的或其他文章中列出的参考文献列出。

(3)注意参考文献的书写格式。

三、文献综述写作应注意的事项

(1)搜集文献应尽量全。掌握全面、大量的文献资料是写好综述的前提,否则,随便搜集一点资料就动手撰写是不可能写出好的综述的,甚至写出的文章根本不成为综述。

(2)注意引用文献的代表性、可靠性和科学性。

(3)要围绕主题对文献的各种观点作比较分析,不要教科书式地将有关的理论和学派观点简要地汇总陈述一遍。文献综述在逻辑上要合理。

(4)评述(特别是批评前人不足时)要引用原作者的原文(防止对原作者论点的误解),不要贬低别人抬高自己,不能从二手材料来判定原作者的"错误"。文献综述结果要说清前人工作的不足,衬托出作进一步研究的必要性和理论价值。

(5)采用了文献中的观点和内容应注明来源,模型、图表、数据应注明出处,不要含糊不清。

(6)所引用的文献应是亲自读过的原著全文,不可只根据摘要即加以引用,更不能引用由文献引用的内容而并未见到被引用的原文,因为这往往造成误解或曲解原意,有时可给综述的科学价值造成不可弥补的损失。

(7)不要把综述写成讲座。讲座和综述的共同点是文章的综合性、新颖性和进展性。一般认为,综述是专业人员写给同专业和相关专业人员看的,要求系统、深入;讲座是专业人员写给相关专业人员和非相关专业的"大同行"看的,一般在深度上不作太高要求。把综述写成讲座最显著的特征是,文章中夹带大量的基础知识性的内容,甚至把教科书上的图表也搬了过来,文章冗长而深度不足。

四、文献综述框架结构举例

例一:

基因枪技术发展综述

王友冰 余兴龙

(清华大学精仪系 北京 10086)

摘　要:……

关键词:……

0　引言

1. 基因枪技术产生的历史背景

1.1 基因转移技术
1.2 一般基因转移技术面临的障碍
1.3 基因枪技术的脱颖而出
1.4 基因枪技术作用的一般原理
2. 基因枪技术的发展
2.1 加速原理的改进
2.2 结构上的改进
2.3 应用领域的不断扩大
3. 基因枪技术研究的发展趋势
3.1 基因枪技术研究的最新动向
3.2 基因枪技术当前面临的任务与挑战
总　　结……
参考文献……（包括专著、期刊、电子资源等15条）

例二：

网络环境下会计与财务研究的回顾与启示

——对2000年我国网络环境下会计与财务研究的述评

作者

单位　地址　邮编

摘　要：……
关键词：……

引言：……
正文：

一、样本选取及结果分析
　　1. 九种具有代表性的杂志作为样本的选取
　　2. 最新发展方向
　　3. 存在的主要问题
二、我国现阶段网络环境下会计与财务研究涉及的主要内容
　　1. 对会计理论的冲击与挑战
　　2. 对会计实务的冲击与挑战
　　3. 网络会计的出现
　　4. 网络财务的出现
　　5. 对会计信息的影响和会计发展的新趋势
三、研究结论与建议
　　1. 只在问题的表面泛泛而谈，没有进行更深入的研究
　　2. 没有与案例分析相结合
　　3. 所涉及的问题缺少新角度、新视点、新方法
　　4. 对网络环境下财务问题的研究不够重视

参考文献……（包括期刊、电子资源等20条）

例三：

免疫脂质体在肿瘤诊断和治疗中的应用

徐 梁

（第四军医大学西京医院消化病研究室 西安 719632）

摘要：……

关键词：……

0 引言

1. 免疫脂质体的制备方法

   1.1 交联法

   1.2 插入法

2. 免疫脂质体用于免疫诊断的优势

   ① ……

   ② ……

   ③ ……

   ④ ……

3. 免疫脂质体用于肿瘤导向治疗

   3.1 可选用的抗肿瘤药物种类

   3.2 免疫脂质体与靶细胞相互作用机理

   3.3 多价结合是免疫脂质体作用于靶细胞的重要特征

   3.4 体内抗肿瘤研究的成功事例

4. 较有前途的几种特殊类型免疫脂质体

   4.1 热敏免疫脂质体（Heat–sensitive Immunoliposomes）

   4.2 pH 敏感性免疫脂质体（pH Sensitive Immunoliposomes）

   4.3 光敏免疫脂质体（Light–sensitive or Photolabile Immunoliposomes）

5. 存在的问题与展望

   ① ……

   ② ……

   ③ ……

参考文献

   ……

（共20条）

参考文献

[1] 张黎.怎样写好文献综述——案例及评述[M].北京：科学出版社,2008.1.

[2] 劳伦斯·马奇.怎样做文献综述——六步走向成功[M].上海：上海教育出版社，2011.6.

第六章 研究生课题开题报告

第一节 课题开题报告含义与作用

一、开题报告的含义

开题报告,就是当课题方向确定之后,研究生在调查研究和查阅文献的基础上撰写的报请学院批准的选题计划。它主要说明这个课题应该进行研究,自己有条件进行研究以及准备如何开展研究等问题,也可以说是对课题的论证和设计。开题报告是提高选题质量和水平的重要环节。

二、写好开题报告的基础性工作

写好开题报告一方面要了解它的基本结构与写法,另一方面还是要做好很多基础性工作。如:

(1)文献工作的准备。通过查阅近期的文献资料,了解别人在这一领域研究的基本情况。

(2)专业知识的储备。掌握与课题相关的专业基础理论知识。

(3)研究工作的准备。确定好研究课题后,要了解开展这一课题所需的基本条件是否具备,如实验仪器、实验设备等是否满足研究工作的需要。如果需要协作开展研究工作,如何协调,经费如何分配使用等等,都要考虑完善。

三、开题报告的意义

研究生开题报告具有以下几个方面的意义:

(1)学位论文开题报告是研究生学位论文工作中不可缺少的重要环节,是培养研究生独立进行科学研究的能力、审核完成学位论文进度计划、保证论文质量的有力措施。

(2)研究生作开题报告也是一个阶段性考核,它可使研究生进一步明确论文目标和要达到的预期水平,使学位论文选题较为准确、适当。

(3)通过开题报告和专家评议,使研究生较好地了解本课题进行中应注意处理和解决的各种问题,及时调整论文工作计划;同时也可起到研究生和导师之间相互交流的作用。

四、开题报告的目的

写开题报告的目的是请老师和专家帮研究生判断一下：研究生将要做的这个研究工作或选题有没有研究价值、选择的研究方法是否可行、逻辑论证有没有明显缺陷。

五、开题报告的内容

研究生开题报告的内容一般涉及以下几个方面：

(1)课题来源及选题依据。主要由研究生对该项研究的历史、现状和发展情况进行分析，着重说明自己所选课题的经过，该课题在国内外的研究动态和开展此课题研究的设想。

(2)对所确定的课题在理论和实际上的意义、价值和可能达到的水平给予充分阐述；同时，对课题工作计划、确定的技术路线、实验方案、预期成果等做理论和技术上的可行性论证。

(3)课题研究过程中，拟采用哪些方法和手段，目前仪器设备和其他条件是否具备。

(4)阐述课题研究工作可能遇到的困难和问题，以及解决的办法和措施。

六、开题报告要写些什么

(1)你要做什么（What）

重点要进行已有文献综述，认真介绍有关的题目方面已有的国内外研究现状，然后进行评述，论述已有研究的不足之处、现有的研究及现有研究仍需要解决的问题。其中要包括你的选题将要探讨的问题。所写论文要围绕文献综述而写，而不是想写什么就写什么。

(2)为什么要做这个（Why）

这部分内容主要是说明选题的意义。在理论上，通过文献分析发现别人前面的工作有什么不足和研究空白，所以选择了这一课题。接下来，要说清楚你从文献综述中选出来的这个题目在整个相关研究领域占什么地位。这就是理论价值。然后还可以从实际价值去谈选题的意义。就是这个选题可能对现实有什么意义，或者在实际中可能会解决哪些问题等等。

(3)如何做（How）

这部分是指选了这个题目之后如何去解决这个问题。就是有了问题，准备怎么去寻找答案。要说出大致的研究思路或技术路线，同时，重点阐述用什么方法去研究。如定量研究、实验研究、理论分析、模型检验等等。

第二节 开题报告的结构与写法

开题报告通常有比较固定的结构，研究生可根据提示的内容去写。也有一些开题报告无固定结构模式。不管有无固定结构模式，开题报告的结构通常涉及选题背景、研究现状、研究方法及研究内容、技术路线、创新点、可行性分析、论文进度安排和参考文献等几个方面。

一、选题的原则

（1）选题必须密切联系实际，解决经济建设中一些急需解决的科学技术难点，对国民经济和社会发展起到指导和推动作用，力求有较好的社会经济效益。

（2）要根据科研基础和实验条件确定选题，必要的实验设备要基本落实，必要的实验条件要基本具备。

（3）要结合研究生本人的基础和特长，使研究生通过论文工作，得到从事研究工作全过程的基本训练。

（4）题目要大小适宜，难度得当，在时间安排上要留有余地，要有相当的把握，在预定时间内完成任务。

（5）选题切忌空洞、不具体，或者题目太大、太泛。

二、课题名称

课题名称要求：

(1)名称要准确、规范。

准确就是课题的名称要把课题研究的问题和研究的对象表达清楚。课题的名称一定要和研究的内容相一致，不能太大，也不能太小，要准确地把研究的对象、问题概括出来。

规范就是所用的词语、句型要规范、科学，似是而非的词不能用，口号式、结论式的句型不要用。因为我们是在进行科学研究，要用科学的、规范的语言去表述我们的思想和观点。

(2)名称要简洁，不能太长。

不管是论文或者课题，名称都不能太长，能不要的字就尽量不要，一般不要超过20个字。

三、选题依据

这部分主要反映的是选题的背景及研究意义：

（1）阐明选题的背景和选题的意义。结合问题背景的阐述，使读者感受到此选题确有实用价值和学术价值，确有研究或开发的必要性。

（2）选题实际又有新意，意味着研究或开发的方向是正确的，设计工作有价值。选题意义写好了，就会吸引读者，使他们对你的选题感兴趣，愿意进一步了解你的研究成果。

四、国内外概况和发展趋势

要说明选题的先进性和实用性。任何一个课题的研究或开发都是有学科基础或技术基础的，国内外概况和发展趋势主要阐述选题在相应学科领域中的发展进程和研究方向，特别是近年来的发展趋势和最新成果。通过与中外研究成果的比较和评论，说明自己的选题符合当前的研究方向并有所进展,或采用了当前的最新技术并有所改进,目的是使读者进一步了解选题的意义。

这部分能反映出学生多方面的能力。首先,反映学生中外文献的阅读能力。通过查阅文献资料,了解同行的研究水平,在工作中和论文中有效地运用文献,这不仅能避免简单的重复研究,而且也能使研究开发工作有一个高起点;其次,还能反映出学生综合分析的能力。从大量的文献中找到可以借鉴和参考的内容,这不仅要有一定的专业知识水平,还要有一定的综合能力。对同行研究成果是否能抓住要点、优缺点的评述是否符合实际、恰到好处,这与一个人的分析理解能力关系密切;

要做好开题报告,必须阅读一定数量的外文资料,这不仅反映自己的外文阅读能力,而且有助于论文的先进性。

五、选题的技术难度及工作量

对于你的选题可能的技术难度作一些分析和预测,说明关键技术和难点所在,并估计大概的工作量。这一部分也应该写得具体一些。

六、课题内容及具体方案

(1)说明课题内容,即围绕选题,准备做哪几方面的工作。
(2)阐述自己的设计方案,说明为什么要选择或设计这样的方案,此方案有什么特点,最后完成的工作能达到什么样的性能和水平,有什么创新之处(或有新意)。
(3)接着要说明自己准备采用什么技术路线实现论文目标,用什么方法、算法、技术手段等等达到目标。
(4)实验方案的可行性分析,说明实验是可行的。

七、工作进度的大致安排

应包括文献调研,工程设计,新工艺、新材料、新设备、新产品的研制和调试,实验操作,实验数据的分析处理,撰写论文等。

时间节点应该描述得详细一些,不宜太粗,从调研到完成论文,应该有16—18个月的时间。

八、预期成果

预期成果应该包括未来时间里要建立哪些算法、系统、模型、软件、硬件或可能正式发表的论文数量,包括最后完成的学位论文等等。

九、经费估算

就是课题在哪些方面要用钱,用多少钱,怎么管理等。如某项实验费用、购买试剂费用、参加学术会议所需费用、发表论文的邮费及版面费、毕业论文制作费用等等。

十、参考文献

按规定开题报告最后要列出参考文献,参考文献要反映国内外最新成果(3—5年内),数量15—20篇左右。

第三节　研究生开题报告的评审及答辩

一、开题报告的评审要求

(1)论文选题是否有意义,是否有新意,是否有理论价值、实践意义、政策意义;
(2)研究内容设计是否合理、恰当;
(3)资料收集与资料准备是否充分;
(4)时间安排是否合理;
(5)研究方法是否可行;
(6)论文格式是否规范;
(7)论点、论据、论证是否科学;
(8)论文结构是否具有逻辑性等。

二、研究生开题报告评审会

研究生开题报告评审会,学生需要向学院提供正式的开题报告(表),学院组织人员评审、答辩。

1. 提供文字报告
(1)研究课题的名称;
(2)选题的依据及其意义(理论意义、实践指导作用、社会、经济、技术意义等);
(3)文献综述(国内外研究分析,已经取得的主要成果,目前主要研究领域或课题);
(4)选题创新性、作者计划的创新方向、计划独立完成的工作;
(5)研究内容、研究方法(方案)及其合理性;
(6)计划进度(按照月份排列);
(7)论文提纲初稿(按照章、节、目三层编排)(此部分可暂不涉及);
(8)文献原件(复印件或电子版文件,参考文献应在20项以上,其中外文资料应不少于三分之一)。

2. 要求口头报告并进行答辩
(1)表达清晰,目标明确,设计合理;
(2)概念清楚、条理清晰、论证严谨;
(3)回答问题正确、逻辑性强。

3. 评审人员组成
参加人员(7人左右):导师、评审小组、本院教师、博士研究生。

4. 开题报告表格举例
下面列举某高校研究生开题报告表格(仅作参考)。

ＸＸＸＸ大学
研究生学位论文开题报告

课　　题：

研究生姓名：　　　　　　　学　号：

研究方向：

入学年月：　　　　　　　　学科、专业：

导师姓名：　　　　　　　　职　称：

报告主持人：　　　　　　　报告日期：

选题基本情况
本研究题目为:(√)
1.导师课题的一部分（　　　）；
2.定向或代培单位的课题（　　　）；
3.其他(须具体说明)（　　　）。

选题分类(√)
基 础 研 究 (　　)
应 用 研 究 (　　)
技 术 研 究 (　　)

选题来源(√)
国家级科研项目(　　)
部委级科研项目(　　)
地方政府科研项目(　　)
横向课题(　　)
自选课题(　　)

一、立题依据和目标

1.该研究的目的、意义，国内外研究现状及发展趋势并列出主要参考文献。

1.1 研究的目的、意义

1.2 国内外研究现状及发展趋势

1.3 主要参考文献

2.该研究的基本内容和构想，重点解决的问题，独创或新颖之处，预期成果。

2.1 研究的基本内容和构思

2.2 重点解决的问题

2.3 创新点和新颖之处

2.4 预期结果

二、研究方案
采取的研究方法或实验方法,步骤,技术路线及可行性论证,所需的科研条件和经费预算。
1. 采取的研究方法或实验方法,步骤,技术路线及可行性论证

2. 可能出现的技术问题及解决办法

3. 研究工作的总体安排及进度,所需的经费预算
3.1 总体安排及进度

3.2 研究项目总经费预算(元)

业务费

试验材料费

设备制造成本费

差旅费

其他费用

经费合计

三、完成该课题研究已具备的条件

有关的研究工作基础,研究生知识储备情况,实验及仪器设备条件,经费情况。

1. 前期研究状况

2. 知识储备

3. 实验及仪器设备条件,经费情况

4. 与前期研究相关的阶段性成果

四、开题报告情况

参 加 开 题 报 告 会 的 主 要 人 员

姓　　　名　　　　　职称或职务

开题报告提出的主要问题及回答情况：

五、对开题报告的意见

六、导师对开题报告的评语

导师签名：
年　月　日

第四节 研究生开题报告举例

开题报告例 1

题目：基于信息熵 SVM 的 ICMP 隐蔽通道检测研究

导 师：X X

汇报人：X X X

一、研究背景

ICMP 工作原理

ICMP 协议主要是用来进行错误信息和控制信息的传递,它属于 TCP/IP 协议报中的网络层协议。ICMP 消息在以下几种情况下发送:① 数据报不能到达目的地时,② 网关已经失去缓存功能,③ 网关能够引导主机在更短路由上发送。

ICMP 有多种类型的报文,例如 Ping 和 Trace 工具都是利用 ICMP 协议中的 EChoRequest 和 EchoReply 报文进行工作的[1],ICMP 常用的报文类型如表 1 所示(略)。

ICMP 隐蔽通道的实现原理

Ping 向远程主机发送一个 ICMP_ECHO 请求数据包,其选项部分可以填写数据,当目标主机收到 ICMP 请求报文以后,在 ICMP 响应报文中填写标识域和序号域回应请求应答,并且把请求数据包中选项域的东西原封不动的返回去。在通常情况下,很少有设备检查这个字段中实际的内容,这就给隐蔽通道的建立提供理想的场所。如图 1 所示(略)。

二、国内外研究现状

国外研究现状

2003 年,Taeshik Sohn[2] 等人先对 IMCP 负载进行特征提取,然后利用支持向量机(SVM)检测 ICMP 隐蔽通道。

2007 年,Steven Gianvecchio 等人[3] 将熵和条件熵理论用于检测网络隐蔽时间通道,根据文献[4] 的隐蔽信道分类,以 IMCP 有效负载隐蔽信息的通道属于网络存储通道,因此该方法不适用于本研究,但其将信息熵用于检测隐蔽通道的思想值得借鉴。

国内研究现状

目前国内专门针对 ICMP 网络隐蔽通道检测的研究很少,大部分研究都是对网络隐蔽通道的检测。

2002 年,薛晋康[5]等人设计了一种基于流量分析的网络隐蔽通道检测模型,它采用了概率统计中的泊松分布和数据挖掘中的聚类分析等方法,开辟了一条检测信息暗流的新途径。该方法存在着准确性差、实时性差等不足。

2006 年,华元彬[6]等人提出了基于数据融合思想的链路分析法来检测网络隐蔽通道,该方法存在误报,且实时性较差。

三、研究内容及目标

本研究在使用 SVM 模型[7]检测 ICMP 隐蔽通道的基础上,将信息熵引入到支持向量机建模中，分析数据的信息熵分布规律和支持向量数据及其熵值的关系，进一步构造一个用于检测 ICMP 隐蔽通道的信息熵支持向量机模型。

四、可行性分析

本研究是基于 SVM 模型检测 ICMP 隐蔽通道的基础上，将信息熵引入到支持向量机建模中。因此 SVM 的可行性在此不需分析。主要分析使用信息熵过滤掉数据包的可行性。

1. 从经验上分析（略）
2. 从已有理论上进行分析（略）
3. 与标准 SVM 相比较（略）

五、论文进度安排

工作项目	阶段工作和预计指标	起止时间
科研调查	查询、搜集资料	2009.09—2009.11
选题报告	分析资料，选择合适地研究方向	2009.11—2009.12
实验阶段	编写代码进行实验	2010.01—2010.05
论文撰写	结果分析、总结，并撰写毕业论文	2010.06—2010.09
论文审阅	论文的修改、送审	2010.09—2010.11
论文答辩	实验演示及答辩	2010.12

六、参考文献（略）

开题报告例 2

题目：秦川牛 ANGPTL4 基因外显子区 SNPs 检测

导　师：XXX

汇报人：XXX

一、选题的目的与意义

本实验的目的：

运用 PCR – SSCP、PCR – RFLP、PCR – SSP 结合测序技术对秦川牛类血管生成因子 4（ANGPTL4）基因的 SNPs（单核苷酸多态）进行检测，探讨类血管生长因子 4 基因影响秦川牛肉用性状的分子机制。

本实验的意义：

秦川牛 ANGPTL4 序列的多态性与秦川牛肌内脂肪有一定的相关联系，通过对秦川牛 ANGPTL4 基因单核苷酸多态（SNPs）分析，可以在分子育种水平上来探讨 AN-GPTL4 基因对秦川牛肉用性状的调控与作用机制，从而缩短育种年限，更好地满足社会对高质量牛肉的要求。

二、选题的依据

秦川牛 ANGPTL4 基因在 NCBI 数据库仅检索到部分信息[1-5]。马云等人[6-8]对秦川牛 ANGPTL4 基因的 cDNA 已经进行测序，Gene bank 的登录号：DQXXXXXX，并测出了部分全长序列。目前，本研究室已拥有对秦川牛 ANGPTL4 基因进行基因克隆和多态性分析的硬件条件，并且积累了部分该实验的理论知识与实践经验。

三、国内外研究概况

ANGPTL4基因又名快速诱导脂类因子(Fasting-induced Adipose Factor,FIAF),该基因是过氧化物增殖物激活体受体γ的一个靶基因,为类血管分泌蛋白编码。它具有酶抑制剂活性,可以负调控脂蛋白脂酶活性,正性调控脂类代谢,促进脂肪动员,抑制脂肪贮存,这是从2000年到2007年以来,关于ANGPTL4基因研究非常多的课题[9-11]。

关于ANGPTL4在脂肪代谢中作用的过程的研究中,Desai U,Lee EC,Chung K,Gao C等人[12-15]研究了ANGPTL4基因对于脂肪代谢的影响。此外,他们研究表明,ANGPTL4还参与细胞饥饿反应过程,并且还可以刺激前列腺素PGD2和PGJ2的分泌。

另有研究表明[16-18],ANGPTL4是过氧化物增殖物激活体受体γ的一个下游靶基因,它的表达受过氧化物增殖物激活体受体所有配体的激活。因此,ANGPTL4可能在脂类代谢和葡萄糖代谢动态平衡的调控方面发挥作用。此外已经证明,ANGPTL4在白脂肪和肝脏组织中的调控作用发挥得最强。

在大型家畜中,马云等人[19]利用候选基因分析策略和分子生物学技术首次克隆了牛的ANGPTL4等三个未知基因的cDNA序列,并运用测序和PCR-SSCP结合的方法对ANGPTL4等基因的部分基因组DNA片段进行了单核苷酸多态(SNPs)检测。初步研究结果表明,牛ANGPTL4基因的遗传变异与秦川牛育肥后胴体肌内脂肪含量(IMF)存在显著相关关系。

文献查阅表明,2002年至2008年期间,国内外已有很多关于ANGPTL4在肿瘤方面的报道[20-23]。在肺癌方面的研究中,ANGPTL4的表达活跃,被认为可能是rexinoid治疗效应的潜在调控因子。

四、研究主要内容

利用PCR-SSCP、PCR-RFLP、PCR-SSP方法结合测序技术对秦川牛类血管生成因子4(ANGPTL4)基因的SNPs进行检测。

五、研究方法和技术路线

研究方法:利用PCR-SSCP、PCR-RFLP和ASP-PCR(等位基因特异引物PCR)方法检测秦川牛ANGPTL4基因的SNPs。

技术路线:

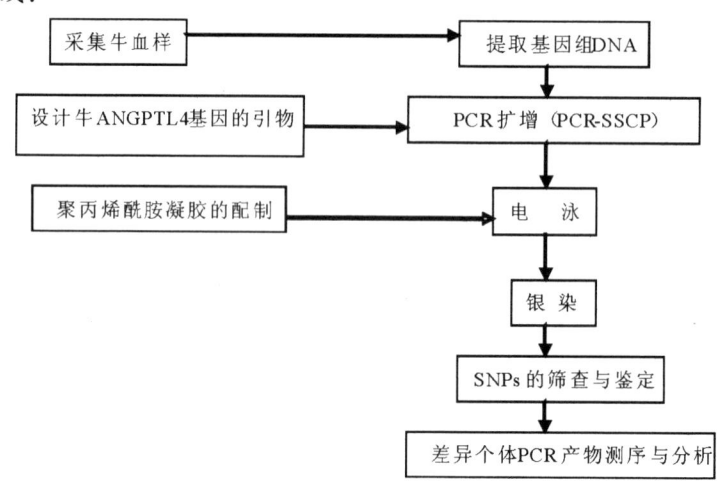

六、相关技术

PCR – RFLP 技术：

PCR—RFLP 是在 RFLP 分析方法的基础上发展建立的一种更为简便的 DNA 分型技术。

其基本原理是用 PCR 扩增目的 DNA，扩增产物再用特异性内切酶消化切割成不同大小片段，直接在凝胶电泳上分辨。不同等位基因的限制性酶切位点分布不同，产生不同长度的 DNA 片段条带。此项技术大大提高了目的 DNA 的含量和相对特异性，而且方法简便，分型时间短。已广泛应用于 ABO、HLA、线粒体 DNA 等序列多态性分析中。

PCR – SSCP 技术：

（1）PCR 扩增目的 DNA；

（2）将特异的 PCR 扩增产物变性，而后快速复性，使之成为具有一定空间结构的单链 DNA 分子；

（3）将适量的单链 DNA 进行非变性聚丙烯酰胺凝胶电泳；

（4）最后通过放射性自显影、银染或溴化乙啶显色分析结果，若发现单链 DNA 带迁移率与正常对照的相比发生改变，就可以判定该链构象发生改变，进而推断该 DNA 片段中有碱基突变。

SNPs 检测：

单核苷酸多态性(SNP)是指在基因组水平上由单个核苷酸的变异所引起的一种 DNA 序列多态性。一般来说，一个 SNP 位点只有两种等位基因，因此又叫双等位基因。

七、预期结果

可以对秦川牛 ANGPTL4 基因的某一外显子进行单核苷酸多态性(SNPs)检测，分析该基因中不同等位基因的变异与秦川牛肌内脂肪的关系。

八、本研究的创新点

对秦川牛 ANGPTL4 基因的某一外显子进行单核苷酸多态性(SNPs)的研究在国内外目前还没有详细的报道。

九、主要仪器和试剂

主要试验设备及仪器：

设备及仪器	规格	产地
移液器	10,20,100,200,1000（μL）	德国
PCR 仪	PIC – 200	美国
旋涡混合器	XW – 80	上海
高压电泳仪	DYY – 11 型	北京
低压电泳仪	Bio RAD PAC 1000	北京
水平电泳槽	- - - - -	北京
转移脱色摇床	TS – 1	江苏
离心机	5415D	德国
低温离心机	5804R	德国
水浴振荡器	HSH – H	哈尔滨

设备及仪器	规格	产地
磁力搅拌器	JB-2A 型	上海
电子天平	BS-210S	上海
微波炉	Galanz	中国
自动高压灭菌锅	TOMY ES315	中国
电热恒温鼓风干燥箱	PHG-9070	上海
制冰机	F100 Icematic	意大利
-80℃超低温冰箱	SANYO MDF-U32V	日本
生化培养箱	SHP-150 型	上海
紫外可见分光光度计	UV-2102	上海
超声波清洗器	KQ-250B 型	昆山市
超净工作台	------	江苏

主要试剂及配制：

(1) 40% 丙烯酰胺贮液（Acr/Bis）(29:1)：称取 290g 丙烯酰胺（Acr）和 10g N,N′-亚甲基双丙烯酰胺（Bis）于适量双蒸水中,加热至 37℃助溶,定容至 750 mL；用 0.45μm 硝酸纤维滤膜过滤,置于棕色瓶中 4℃保存备用。

(2) 30% 丙烯酰胺贮液 (29:1)：称取 290g Acr 和 10g Bis 于适量双蒸水中,加热至 37℃助溶,定容至 1000 mL；用 0.45μm 硝酸纤维滤膜过滤,置于棕色瓶中 4℃ 保存备用。

(3) 10% 过硫酸铵（Aps）：取 Aps 10 g,加双蒸水溶解并定容至 100 mL。

(4) TEMED（N,N,N,N′-四甲基乙二胺）：采购

(5) 8% PAGE（两板胶）：40% Acr/Bis 10 mL,10×TBE 10 mL,10% Aps 350 μL,TEMED 32 μL,加双蒸水至 50 mL,轻轻摇晃使其混匀。

(6) 10% PAGE（两板胶）：40% Acr/Bis(29:1) 15 mL,10×TBE 10 mL,甘油 5 mL,10% Aps 350 μL,TEMED 32 μL,加双蒸水至 50 mL,混匀。

(7) 12% PAGE（两板胶）：30% Acr/Bis(29:1) 20 mL,10×TBE 10 mL,10% Aps 350 μL,TEMED 32 μL,加双蒸水至 50 mL,混匀。

(8) 固定液（10%乙醇）：无水乙醇 50 mL 加蒸馏水定容至 500 mL。

(9) 氧化液（1%浓硝酸）：5 mL 浓硝酸加蒸馏水定容至 500 mL,可重复使用 2—3 次。

(10) 染色液（0.1% $AgNO_3$）：0.75g 硝酸银加入到 750 mL 水中,溶解备用,可重复使用 1-2 次。

(11) 显色液（2% Na_2CO_3）：取无水 Na_2CO_3 6g,硫代硫酸钠 0.3mg,加入到 300 mL 蒸馏水中,使其溶解,用时加入 37% 甲醛 400 μL,现配现用。

(12) 终止液（10%乙酸）：无水乙酸 50 mL 加蒸馏水定容至 500 mL,可重复使用 4—5 次。

(13) PCR-SSCP 变性缓冲液：98% 去离子甲酰胺、10mM EDTA (pH=8.0)、0.025% 二甲苯菁、0.025% 溴酚蓝。

十、技术难点

RFLP 只能检测到 SNP 的一部分,测序技术既费时费力,又不易实现自动化,而且 DNA 链的二级结构还容易造成人工假相,使测序结果出现偏差,不适宜于 SNP 的检

测;SSCP则很难满足自动化的需要,难以大规模开展工作。

十一、论文进度安排

2008.09 — 2008.10　　采集血样

2008.10 — 2008.12　　提取DNA,设计引物

2008.12 — 2009.06　　实验室进行PCR扩增以及SNPs检测

2009.06 — 2009.08　　查阅文章,撰写论文

2009.08 — 2009.10　　论文送审

2009.12　　　　　　　论文答辩

十二、实验经费预算

(1)外出采集血样总计支出5000元

(2)实验室试剂购买支出2000元

(3)测序预算支出5000元

(4)制作论文预支1000元

(5)论文发表预算5000元

十三、参考文献(共23条 略)

参考文献

[1] 张红.撰写研究生开题报告的技巧与方法[J].浙江中医学院学报,2004,28(5):78.

[2] 李德煌,阮秀华.谈科研课题开题报告的撰写[J].福建教育学院学报,2004,

[3] 黄津孚.学位论文写作与研究方法[M].北京:经济科学出版社,2000.

[4] 谭世明.研究生开题报告与学位论文写作[J].人力资源管理,2011,(11).

第七章 人文社会科学论文的写作方法

第一节 概　述

一、人文社会科学论文及其特点

学术论文是某一学术课题在实验性、理论性或预测性上具有新科学研究成果或创新见解和知识的科学记录，或是某种已知原理应用于实际上取得新进展的科学总结，用以提供学术会议上宣读、交流、讨论或学术刊物上发表，或用作其他用途的书面文件。按研究的学科不同，可将学术论文分为自然科学论文和人文社会科学论文。学术论文具有学术性、科学性、创造性和理论性等四大特点。

1. 学术性

所谓学术，是指较为专门、系统的学问。所谓学术性，就是指研究、探讨的内容具有专门性和系统性，即以科学领域里某一专业性问题作为研究对象。

从内容上看，学术论文具有明显的专业性。学术论文是作者运用他们系统的专业知识，去论证或解决专业性很强的学术问题。所以，从内容上看是否具有明显的专业性是学术论文和一般议论文体最重要的区别。

从语言表达来看，学术论文是运用专业术语和专业性图表符号表达内容的，它主要是写给同行看的，所以不太在乎其他人是否看得懂，而是要把学术问题表达得简洁、准确、规范，因此，专业术语用得很多。

2. 科学性

科学性既是学术论文的特点，也是学术论文的生命和价值所在。开展学术研究、撰写学术论文的目的在于揭示事物发展的客观规律，探求客观真理，从而促进科学的繁荣和发展，这就决定了学术论文必须具有科学性。学术论文要具有科学性，首先表现为作者的研究态度要有科学性，也就是说要有实事求是的态度。从事社会科学理论研究就必须先占有大量的材料，通过分析材料得出结论，而不能先有结论，再找材料去论证。从事社会实践研究，就应对课题设计系统的多方面实验框架，从大量的实验数据中分析综合，得出正确的结论。

3. 创新性

创新性被视为学术论文最重要的标志之一，是由科学发展的需要决定的。科学研究是对新知识的探求。如果科学研究只作继承,没有创造,那么人类文明就不会前进。同样,一篇论文如果没有创新之处,它就毫无价值。学术论文的创新,主要表现在以下几个方面:填补空白的新发现、新发明、新理论;在继承基础上发展、完善、创新;在众说纷纭中提出独立见解;推翻前人定论;对已有的资料加以创造性整合。

我们应积极努力地追求学术论文的创造性,为科学发展做出自己的贡献,但是一篇学术论文的创造性是有限的,惊人发现、伟大发明、填补空白等这些创造绝非轻而易举,也不可能每篇学术论文都有这种创造性,但只要有自己的一得之见,在现有的研究成果的基础上增添一点新的东西,提供一点人所不知的资料,丰富了别人的论点,从不同角度、不同方面对学术做出贡献,也可看做是一种创造。

4. 理论性

学术论文与科普读物、实践报告、科技情报之间最大的区别就是具有理论性的特征。所谓理论性就是指论文作者思维的理论性、论文结论的理论性和论文表达的论证性。

思维的理论性,即研究者在研究对象的感性层面上,运用概念、判断、分析、归纳、推理等思维的方法,深刻认识研究对象的本质和规律,经过高度概括和升华,使之成为理论。

结论的理论性。学术论文的结论不是心血来潮的激动闪现,也不是天马行空般的幻想,更不是对研究对象琐碎的感性偶得。它建立在充分的事实归纳基础之上,通过理性思维,高度概括其本质和规律,使之升华为理论。理性思维水平越高,结论的理论价值就越高。

表达的论证性。学术论文除了思维的理论性和结论的理论性之外,它还必须对结论展开合乎逻辑的、严缜纪密的论证,以实现其具有无懈可击、不容置疑的说服力的目标。

二、人文社会科学论文的一般写作步骤

1. 确定选题

选题就是确定论文的方向和目标,在一定意义上,选题水平的高低,不但反映了作者发现问题、分析问题和解决问题的能力,也体现了作者的认识水平和认识能力。因此,选题一定要经过深思熟虑,反复思考,不能匆忙决定,左右摇摆。选题应该遵循如下原则:一是具有理论意义和现实意义,特别强调选择有现实针对性的题目;二是选择自己比较熟悉的题目,这样才能做到材料充实;三是选择经过努力可以完成的题目;四是选择大小合适的题目,题目太大不好把握,往往流于空洞肤浅、人云亦云,一般来说题目小一点好驾驭,容易写得丰满,但也不能小到成了个人的学习总结或是意见建议书。

2. 查阅与整理有关资料

题目确定之后要在题目所涉及的领域中广泛收集材料。查阅和整理资料是撰写学术论文的重要前期工作。它可以借鉴和吸收他人的成功经验或失败教训,避免走弯路,并从他人的经验中受到启发,扩大视野,充实论文的内容。人文社会科学类的论文,要选择足以说明论文目的的材料,要特别注意真实、准确,资料要经过核证不能凭空捏造,而且所选资料还要有一定的典型性和代表性。

3. 确定主要参考书目

从查阅到的相关材料中把与论文写作关系密切的资料筛选出来,并对有关参考资

料加以分析整理。

4. 初步对资料加以综述

资料综述就是对选题加以论证的过程,以此说明为什么要选这个题目,本题目具体针对的问题,研究该问题的理论意义和现实意义,预期研究成果或本文的主要研究方向及理论观点,准备运用的主要研究方法,并列出提纲。

5. 撰写学术论文

写出初稿后自己先修改,有需要的话请相关专业人士指点,自己再做适当修改并完善。

6. 投稿发表

学术论文完成后选择相应的学术刊物发表论文。

第二节　论文结构框架的设计

一、提纲的设计

在动笔写作之前,应先拟好提纲,若是拟出提纲,把它们写到纸上视觉化了,比较容易发现文章构思及材料等的不足之处,便于及时进行修改和补充。所以,写作之前先拟写提纲是十分必要的。

1. 提纲的构成

写作提纲实际上是论文写作的设计图,如图 7-1 所示。一、二、三表示一级标题,是文章最大的论点标题;(一)、(二)、(三)表示二级标题,是从属于一级标题的副标题;以此类推,1、2、3 则是从属于三级标题的论点标题;(1)、(2)、(3)是四级标题的从属论点,以下依次类推。

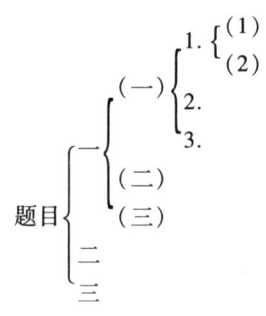

$$
\text{题目}\begin{cases} 一 \begin{cases} (一) \begin{cases} 1. \begin{cases} (1) \\ (2) \end{cases} \\ 2. \\ 3. \end{cases} \\ (二) \\ (三) \end{cases} \\ 二 \\ 三 \end{cases}
$$

图 7-1　论文写作设计提纲构成图

在这个图表中,上位论点包含下位论点,下位论点从属于上位论点。这些大大小小论点之间的关系,在图表和序码中完全表示出来了,可以说这个图表是论点逻辑关系的视觉化,它把论点间复杂的逻辑关系以简单的图表形式清楚地展现出来。这种形式之所以适合于文章的写作,是由于它符合人们的认识规律。人们认识事物总要经过分析与综合的,既要把一个整体分解开,又要把一个个部分综合起来。人们总是要在对全体的把握中去分析部分,而在分析一个个部分时,又要把它放到全体中去把握。根据这样的提纲写作,我们可以从细目群上着手,一个观点一个观点地写,最后写出一篇全篇相联系的完整文章。

从读者方面来说，人们读的是一个个细目的内容，但是，他们不会孤立起来看每一节，而是把每一个小的部分同文章的基本论点、文章的整体联系起来理解，所以，这又是一个分析、综合的过程。

2.提纲的写作项目

提纲的写作项目包括：题目、基本论点、内容纲要、大标题（上位论点、大段主旨）、副标题（下位论点、段落主旨）、小标题（段中各个材料）。这种格式是对一般论文而言。对于长篇论文或科学著作来说，有时要划分更多的逻辑层次，在小项目下还有更小的项目。对于千八百字的学术短文，一般有两个层次的项目（一层观点，一层材料）就可以了。提纲的项目有两种写法，一种是标题写法，另一种是句子写法。

标题写法要以简要的语言和标题的形式把该部分内容概括出来。标题写法的优点是简洁扼要，能一目了然，有效率。缺点是只能自己了解，别人不易明白，而且可能会出现时间稍长一些自己也会模糊的情况。

句子写法是以一个能表达完整意思的句子形式把该部分内容概括出来。句子写法的优点是具体明确，无论放下多久都不会忘记内容，别人看了也能明了。缺点是写作时不能一目了然，不便于思考，文字多。写起来费力，效率低。

提纲项目的这两种写法各有长短，究竟是单独使用还是两者混合使用，这要根据所写文章的内容、篇幅决定。

3.提纲的写作方法

提纲写作应按以下顺序进行：拟定标题；用论点句写出论文基本论点；考虑全篇总的安排。也就是考虑全篇应从几方面，以什么顺序来阐述基本论点，这是论文全篇逻辑构成的骨架。大的项目安排妥当之后，再逐个考虑每个项目的下位观点，最好能到下一级，与初段的论点句；然后依次考虑各个段的安排，把准备使用的资料卡片按构思的顺序标上序码并排列好备用；最后，全面检查写作提纲，做必要的增删、调整或补充。经过这样深思熟虑得出的写作提纲能使写作顺利进行。

此外，提纲写作时应考虑以下原则：首先，要把每个问题细分到最小单元；其次，在每个单元上全方位思考一切可能性；最后，应力图发现概念、理论和事实之间的关系。

二、标题的设计

标题是从论文中提炼出来的，论文的论点、论据、论证都是围绕标题展开的。好的标题能传内容之神，能够名符其文，能够确切地把文章内容的精神传达出来。

1.标题设计类型

（1）揭示论点型

将论点概括出来拟定标题。例如："文学要描写现实的变革和矛盾""构成价值实体的劳动是社会必要劳动"等等。

（2）揭示课题型

这种标题揭示的不是论点，而是研究问题。例如："孙犁现实主义创作的特征""教育经济学中的要素分析""论资本主义萌芽""列宁关于建设社会主义精神文明的理论与实践"等等，这类标题较多见于学术论文。

2. 标题设计方法

(1) 以文章的中心句作为标题

就是把文章的内容或论点用最简洁的语言概括出来,可以选内容中的中心句作为题目。

(2) 用文章以外的话点题

为了使题目简洁概括,有时也可以用作者的话来点题。

(3) 以文章中的精辟引语为题

文章的标题可以采用文中的精辟格言、警句、诗词曲赋、名人名言为题。

(4) 递进式标题

递进式标题也叫纵式结构标题,是指由浅入深、一层深于一层地安排内容的结构方式,层次之间呈现出一种层层展开、步步深入的逻辑关系,后一个层次的内容是对前一个层次内容的发展,后一个论点是对前一个论点的深化。

(5) 并列式标题

并列式标题也叫横式结构标题,是指各个小的观点相提并论,各个层次平行排列,分别从不同的角度、不同的侧面展开论述,讨论问题,使文章本论部分呈现出一种齐头并进式的格局。

(6) 混合式标题

这是一种并列式同递进式混合起来的标题形式,由其内容的复杂性决定。学术论文的内容结构形式极少是单一的。有的文章各大层次之间具有并列关系,而各大层次内部的段落之间却只有递进关系;或者在彼此之间具有递进关系的各层次内部包含着具有并列关系的段落,并列中含递进,递进中有并列;有的文章各大层次之间所具有的结构关系并不是单一的,并列关系与递进关系分别存在于文章本论部分的不同层次及论点之间。

学术论文除了有一级标题、二级标题以外,有些还有三级标题、四级标题,但总的结构原则都是相似的。写作时要注意各级标题之间的逻辑关系是包含与被包含的关系,不能让某些小标题游离于主题之外。标题层次要根据文章的内容来定,不宜划分过细,也不宜太笼统。标题的写作方法往往不止一种,可以根据具体情况混合使用,总之,标题要起到画龙点睛、提示主体、指导阅读的作用。

3. 标题设计要求

(1) 直接

学术论文的标题要能够直接揭示论点或课题,使读者看上一眼就能了解论文论述的内容。拟定学术论文的标题要求有独创,不落窠臼,给人以新鲜感,能吸引读者。但是,不可使用艺术加工的手法曲折地表达。比如象征、比喻等。这种做法虽然也能引起读者的好奇心,但它会使读者感到难以捉摸,不利于读者阅读与检索。

(2) 具体

学术论文的标题要写得具体,能使读者准确地把握论文的基本论点或论题。目前,不少学术论文经常使用诸如"XX的研究"这类标题,这种写法就显得太泛。

（3）醒目

醒目就是鲜明，能一目了然、很容易地引起读者的注意。这样，标题就不能写得过长。对于过长的标题，可以用副标题来加以调整。当然，标题的鲜明与否主要在于作者的概括力与表现力，我们要善于思考出醒目的题目。

三、人文社会科学论文写作的基本结构

在长期的社会科学研究实践中，社会科学论文写作也形成了一些惯用的格式。这些格式常常是先为少数人所用，由于它符合论文作者的思维规律，符合写作的实际需要，于是被固定下来，并逐渐得到推广，成为相对定型化的文章结构。掌握学术论文写作基本构型有助于把论文写得规范、得体，有助于提高写作效率，特别是对于论文写作经验不足的人来说，按照基本构型写作更是大有益处。一般论文的基本结构如下：

1. 绪论

论文的绪论也叫前言、引言等。这是论文的开头部分，说明选题的背景、缘由、意义以及研究目的，其包括的内容如下：

（1）提出问题

这几乎是所有学术论文的绪论部分所必备的一项内容，绪论部分的其他内容也往往是围绕着问题的提出而被表述的，有时论文要随着问题的提出对某些背景材料加以介绍，指明在本项课题的研究中已取得了哪些成果，还存在着哪些尚未解决的问题等等。在一般的学术论文中，这些内容是有必要写的，而且要尽可能写得详细一些。

（2）严格限定课题范围

有的问题包含的内容很多，作者只是在一个特定的范围内探讨某一问题，在论文的绪论中应对此做出说明，至少要把文章着重涉及问题的哪些方面或不准备涉及的方面向读者交代清楚。

（3）阐释基本概念

文章的基本概念是指构成研究课题和论文基本观点的概念。为了保证论文的确定性和一致性，在文章绪论部分可对基本概念所持有的内涵加以阐释。

（4）开宗明义

在结论中要出示观点，提出自己对问题的基本看法。

（5）指明研究方法

在课题研究中使用了哪些特殊的研究方法，或者在论文中采用了哪些论证方法，都可以在绪论中说明。

除以上内容外，在论文结论部分也可以写入一些其他内容。例如，在驳论式论文中有必要在结论中简要评述对方的主要观点，这也可以被看做这类论文提出问题的一种形式。如果论文篇幅较长，可以在绪论中对本论部分的内容做简要介绍，对论证结果加以提示。

2. 本论

本论是论文的主体部分，是集中表述研究成果的部分，对问题的分析和对观点的证明主要是在这一部分进行并完成的。一篇论文质量的高低也主要取决于本论部分

写得好坏。

　　本论部分的内容由观点和材料组成。观点的排列涉及这一部分的结构形式问题，材料的使用则涉及一个排列顺序的问题，这是安排本论部分的结构所应解决的两个主要问题。就第一个问题而言，本论的篇幅长、容量大，是展开论题、表达作者个人研究成果的部分，它是学术论文的主体部分，必须下工夫把它写好，写充分。有些学术论文结论部分提出的问题很新颖、有见解，但是本论部分写得单薄，论证不够充分，勉强引出的结论也站不住脚，这样的论文是缺乏科学价值的。由于学术论文论述的是比较复杂的理论问题，所以常常使用直接推论与并列分论两者结合的方法展开论证。为求层次清楚，常常要加上序码表示并列、分项的关系。较长的论文有多层次的并列分项，必须使用不同的序码加以标识，这样处理便于读者阅读。

　　3. 结论

　　结论是一篇论文的结尾部分，人文社会科学类论文结论部分大致包括以下几项内容：

　　(1) 提出论证结果

　　在这一部分中，作者可对全篇文章所论证的问题及论证内容做一个归纳。提出自己对问题的总体性看法与总结性意见，论证结果要在充分论证的基础上提出，不能牵强附会，使其缺乏合理性。

　　(2) 指明进一步研究的方向

　　在论文结论部分，作者常常不仅要概括自己的研究成果，而且还应指出在该项课题研究中所存在的不足，指明还有哪些方面的问题值得人们继续研究。通过对课题前景的展望，可以为他人的科研选题提供线索。

　　(3) 谢辞

　　在结论部分的最后可以写几句致谢的话，向在文章的撰写过程中曾经给予自己帮助的人表示谢意。谢辞要写得诚恳、得体，不能混同于一般的客套话，也不能变成庸俗的溢美之词。

　　绪论、本论、结论三个部分前后相继、紧密衔接，是文科论文常见的结构形式，但"大体须有，定体则无"，在实际写作中，要善于根据研究成果的特点，选择一种最为恰当的结构形式，使文章从内容到形式都带有明显的个性色彩。但无论文章的结构如何变化，安排文章结构一个总的原则就是，既不能刻意求简，该有的环节都要有，也不能过分求繁，不该有的环节必须舍去，以求得文章结构的严谨和完美。

四、几种重要论文的基本型设计

　　1. 专题综述

　　该类型的论文不要求在具体研究内容方面一定有新的创造，但一篇好的综述型论文应当包含前人未曾发表过的新思想和新资料，还要求撰稿者在综合分析和评价已有资料的基础上提出特定时期内有关学科或专业领域的演变规律和发展趋势。此类论文的题目一般都比较笼统，篇幅也可能长些，文后参考文献应有一定的数量。

　　综述型论文通常有两种写法：一种以汇集文献资料为主，辅以注释，客观而少评述,最后提出作者的分析观点和结论性的看法,某些发展较活跃的学科年度综述当属此类;另一种则着重于评述,通过回顾、分析和展望提出有根据的、合乎逻辑的且具有启迪性的建议。综述型论文的撰写要求较高,应具有在某一学科领域的权威性,往往能对所论述学科的发展或研究方向起到导向作用。

如《第二届国际软土工程会议模型专题综述》一文中,引言部分作者对软土工程的物理模型的作用和意义做了简单的介绍,之后则对模型进行综合论述:

1. 离心模型试验研究
  1.1 离心模型试验方法简介和进展
  1.2 软土改良加固工程
  1.3 其他应用研究
2. 其他模型试验研究
3. 结 论

2. 专题述评

专题述评着眼于某学科领域中最新的研究成果和有意义的学科发展事件,运用明确的观点和简短而准确的文字进行叙述和评论,常以研究趋势、指明方向为归结点,含标题、导语和主体三个部分,有及时性和针对性。专题述评是一种夹叙夹议的文体,语言表达的主要方式有记叙、描写、说明、议论和抒情等,其中记叙和议论是两种最基本的方式。

除了在事件记叙和内容概括方面可参考相关文献外,启示、预测、对策和建议通常来自作者的灵感,成为文章的创新之处,这种论文的写作极需学术功力。

如《医学视角下的企业诊断研究述评》一文框架结构为:

引言
1. 生命科学和纯西医视角下的企业诊断
  1.1 从生命科学角度研究组织健康问题
  1.2 以纯西方医学角度研究企业诊断
2. 中医视角下的企业诊断
  2.1 医、易同源流派
  2.2 中医学角度
3. 简要评述
  3.1 各流派研究的现状评析
  3.2 中西医视角下企业诊断的研究展望

3. 调查报告

调查报告是为了深入地研究某个问题或事件而进行细致的调查研究后写成的学术论文。调查报告主要用于研究某一学科领域中的现状和存在的问题,有时也用于搞清某一事件的真相。调查报告可为领导决策、指导工作或处理某个问题做参考,也可以为某学科领域的发展提供实践经验或理论基础。

调查报告的标题写法一般是正题揭示主题,副题写出调查的事件或范围。调查报告的正文一般由两个部分构成。第一部分是前言,这部分要简明扼要地说明为了什么目的、在什么地方、在什么时间、对哪个对象或范围做了哪些调查、本文所要报告的主要内容是什么。这部分是介绍基本情况和提出问题,写得要灵活多样。第二部分是调查报告的主体,事实的叙述和议论主要写在这部分里。

写调查报告要注意深入细致地做好调查,详细地占有材料是写好调查报告的先决条件。但仅仅掌握大量的调查材料是不够的,还必须对调查到手的材料很好地分析研究,从中提出观点,这就要经过认真地分析研究,深入到本质,从中提出观点来。这些问题是深入到本质的实质性问题,写出来才会有意义。

如《高等学校收入分配情况调查报告》一文框架结构:

一、高等学校收入分配情况调查综述

二、单位统计数据分析

(一)人员现状统计分析

(二)在职人员工资收入结构分析

(三)在职人员收入水平及其比较分析

(四)离退休人员收入统计分析

(五)人员经费来源统计分析

(六)总收入差异分析

(七)不同分配方式的差异分析

三、个人问卷调查统计分析

(一)样本及其结构分析

(二)满意度分析

(三)竞争力分析

(四)教职工目前最希望实现的目标

(五)教职工选择在高校工作主要考虑的因素

(六)教职工队伍的稳定性与高校吸引力:打算换新工作

(七)收入水平定位:主要参考指标

(八)收入分配模式

(九)高校收入分配管理体制

(十)政府和高校在改善教职工待遇方面应采取的措施

(十一)教职工认为合理的月收入水平

(十二)教职工对收入分配问题的主要意见和建议

四、结论

1. 教职工收入分配方式呈现多元化现状,岗位津贴和地方性津补贴已经成为重要组成部分,国家工资在高校教职工收入构成中已不占主导地位,但在离退休人员收入构成中仍占主导地位。

2. 在职人员经费来源已形成多元化现状,但政府投入仍然是主渠道。

3. 高校教职工收入分配总体上仍处于较平均的状态,但收入差异正在接近公认的合理水平。

4. 总体上高校教职工队伍的各种结构比例是比较合理的,但年龄分布存在明显的

"长尾"和"短档"特征,学科分布存在背景单一,跨学科教师极少的问题。

5.高校教职工对收入分配问题的看法。

4.案例研究

案例研究形式的论文反映的内容必须真实,应体现现代管理理论与方法在实际中的应用,应反映当前某个领域的主要问题,应注意案例的典型性、代表性和实用性。论文各部分要点如下:

(1)案例的标题

标题应含蓄、客观、具有新意。案例的标题应注意避免加入作者的主观倾向,也要避免带有不必要的感情色彩。

(2)案例正文

该部分是案例的主体部分,应介绍案例的人物、组织以及事件的经过。案例正文写作,要做到全面、周密、客观,避免加入作者的主观分析评价。同时,要注重情节的真实感和生动性。案例正文中涉及的组织、人物等,为保密起见可作适当处理,案例正文中的内容可根据编写需要进行适当标注。

(3)案例分析

案例分析是对于案例正文的全面、系统、深入的分析。分析报告的内容必须针对案例正文。案例正文中的重要信息与内容应在分析报告中得到全面体现;案例分析报告中用到的素材应是案例正文所提供的。对案例中某些有价值的问题可作适当的引申与探讨,但所作的引申与探讨必须与正文相关。

(4)案例讨论

案例讨论是为案例研究提供的参考内容结合案例的主要问题。在论文中对案例进行讨论时,必须结合案例的主要内容。

(5)案例使用说明

案例使用说明通常是为教学中使用本案例提供的参考内容。其内容可以包括本案例适用的课程、教学内容、建议向学生布置的任务与时间安排、教学思路以及案例所涉及事件的后续发展等内容。

5.企业诊断

企业诊断形式的论文应具有一定的代表性,所反映的应是当前某个领域的重要问题,对同行业企业或相关企业具有一定的参考意义。诊断报告应由所诊断企业出具书面评价意见。

(1)诊断报告正文部分应介绍被诊断企业的基本情况,并综合运用所学的理论、方法、工具进行剖析,提出诊断意见、改进方案和措施等。

(2)企业诊断形式论文的结论应介绍论文写作的背景、意义,应说明论文内容的典型性、前瞻性、新颖性和重要性。

(3)如果确有保密的必要,在论文中可对诊断对象的有关资料(如企业名称、有关人物姓名、有关数据等)进行适当的处理。

6.商业计划

商业计划形式论文是国际商学院 MBA 最为普遍采用的论文形式,现代商业社会对商业计划的要求越来越普遍和严格,银行贷款、公司发展战略、公司资源的均衡使用等等,都少不了商业计划。因此,把商业计划的形式作为 MBA 论文的主要形式,已成为很普遍的现象。

(1)绪论部分

整个计划的总揽,包括涉及的产品和服务,差异性优势,需要的投资期购销售收入或利润等等。

(2)背景介绍

为什么选择该产品或服务,同类产品在市场的占有情况,等等。

(3)形势分析

包括需求和供应分析、社会和文化因素变化、人口变数、发展该产品或服务的商业条件、目标市场和 SWOT 分析(S:强势,W:弱势,O:机会,T:威胁),对企业进行内部资源和外部环境整合分析,为理念的提炼提供基础依据。

(4)竞争优势和营销策略

(5)时间安排和预算安排

(6)执行和控制方案等

第三节 论文层次结构与细节设计结构

学术论文在基本构架的基础上还要考虑一些具体的结构内容,特别是像层段落、过渡、照应、开头、结尾等具体内容,都是篇篇皆备,有规可循。了解这些内容对我们确定好文章结构布局很有启示和借鉴作用。

一、论文的层次结构

层次指的是文章思想内容的表现次序。它是事物发展的阶段性客观矛盾的各个侧面,是人们认识和表达问题的思维进程在文章中的反映。它体现着作者对全局和局部、观点和材料所作的布局和安排,所以在考虑文章层次布局时选择恰当的方式是非常重要的。常见的划分层次的方式有以下几种:

1. 并列式

并列式结构把论文论述的问题划分成几个方面,作为文章的各个部分,各部分之间没有主从关系,在顺序上谁先谁后都可以,在彼此影响不大的情况下,将他们并列安排,逐一论述。并列式层次关系是论说文结构的常见形态。其模式如下:

第一部分:问题的第一方面。

第二部分:问题的第二方面。

第三部分:问题的第三方面。

……

如《论司法中立的基础》一文就采用了并列式结构:

第一部分:司法中立必须要有多方面基础来支撑。

第二部分:人的本质需求:司法中立的价值基础。

第三部分:国家与社会的二分:司法中立的社会基础。

第四部分:市场经济的中性特质:司法中立的经济基础。

第五部分:体现民主精神的现代宪政:司法中立的政治基础。

第六部分:权利文化:司法中立的文化基础。

2. 递进式

在这种方式中,各个层次之间表现为"进层"关系。层层递进,前面是后面的论述基础。后面是前面论述的深入,像抽丝剥茧一样,使问题的论述步步推进,由浅入深。在"进层"关系的结构形式中,各层文字的前后位置有严格要求,不能任意倒置其顺序。模式如下:

第一部分:提出问题。

第二部分:论述现象。

第三部分:分析原因。

第四部分:找出症结。

第五部分:解决问题。

如《青藏铁路沿线旅游业可持续发展研究》一文就采用了递进式结构:

第一部分:青藏铁路沿线旅游业可持续发展的现状

1. 青藏铁路沿线旅游业发展总体现状。

2. 青藏铁路沿线青海境内旅游业发展现状。

3. 青藏铁路沿线西藏自治区境内旅游业发展现状。

第二部分:影响青藏铁路沿线旅游业可持续发展的制约因素

1. 总体自然环境不佳。

2. 生态环境脆弱。

3. 旅游品牌意识不强。

4. 经济总量偏低,旅游资源开发不力。

第三部分:青藏铁路沿线旅游业可持续发展的优势

1. 资源优势。

2. 交通优势。

第四部分:青藏铁路沿线旅游业可持续发展评价指标体系的构建

第五部分:青藏铁路沿线旅游业可持续发展的对策建议

1. 进一步转变观念,解放思想,培育旅游业可持续发展的科学理念。

2. 制定青藏铁路沿线旅游业资源开发规划,强力推行可持续发展的开发模式。

3. 加快青藏铁路沿线旅游业的基础设施建设,完善各种配套设施。

4. 青藏铁路沿线旅游业资源开发要始终贯彻"局部开发,整体保护"的思想。

5. 青藏铁路沿线应大力开展特色旅游。

6. 完善旅游管理系统,提高从业人员素质。

7. 加强青藏两省区区域合作,做到资源共享,合理开发利用和保护,实现旅游业可持续发展。

8. 青藏铁路沿线应大力开发生态旅游,实现旅游业可持续发展。

3. 分总式

在这种方式中,各个层次之间表现为先"分"后"总"的关系。在以"提出问题、分析问题、解决问题"为展开论述步骤的文章中,尽管其中"分析问题"的部分可能段落较多(局部呈"并列"式),但从总体来看,都表现为这种结构形式。模式如下:

第一部分:中心论点论证一。

第二部分:中心论点论证二。

第三部分:中心论点论证三。

第四部分:归纳总结中心论点。

4. 归纳式

这种方式的各层次之间表现为从个别到一般的关系,归纳法的结论一般是未经证实的,具有或然性。这是由归纳法的客观基础所决定的。因为任何个别事实都包含某种一般特性,但又不能完全地包括在一般性之中。例如,《体育文化导刊》2003年第1期刊登了宋岳良题为《更干净、更人性、更团结——对奥林匹克新格言文化内涵的探析》的文章。该文分三个层次,首先介绍了新任国际奥委会主席雅克罗格的奥林匹克新格言;其次,分析了奥林匹克新格言产生的社会背景;最后得出了新格言的文化内涵。从一个具体事物出发,推广到对奥林匹克运动丰富文化内涵的思考,这是一个有理论与实际意义的例子。

5. 演绎式

这种分层方法从一般前提出发,通过论证分析。推广到研究的具体事物。如果前提是真,则解释具体事物也是真。例如,刘俊在《科技潮》2003年第1期中撰写了《城市绿化不宜过度西化》一文,该文的分层结构为:一、论述了很多城市大面积采用从欧洲等地引进耗水量大的草种的不合理性原因;二、分析了这种不合理性对于中国北方城市的影响;三、推导判断出北京也不适宜这种过度西化的绿化方式。这是一种以一般知识为前提推导出对具体研究对象结论的方式。文章层次按这种思路安排能体现出这种演绎的逻辑顺序。

6. 因果式

因果式分层法是按论文中所论述事物的因果顺序进行排列的。一篇文章的层次安排往往要复杂得多,很少单纯采用一种方式,而是将两种或多种方式结合起来使用,且记叙、论说两大类文章的结构方式也有交错。所以,很多文章实际上所呈现的面貌是复杂多样的。

二、段落设计

文章段落划分是非常重要的。因为段落是构成文章的基本单位,是换行另起的明显标志,是文章思想内容在表达时出于转折、强调、间歇等情况所造成的文字停顿。人们习惯把段落称为"自然段"。它能够逻辑地表现思维过程中的每一转折、间歇,清晰地反映文章的内在层次,使文章眉清目楚,便于读者阅读理解,并给他们在阅读中以"停顿"的时机,从而获得思索回味的余地。某些特殊段落能够起到强调重点、加强印象的作用。

划分段落要注意段落的"单一性"和"完整性"。所谓"单一性",就是说一段只能有一个中心意思,不可把一些互不相关的内容放在一个段落里。所谓"完整性"就是说一个意思要在一个段落里集中讲完,不要在这一段说一点,在那一段说一点,把一个完整的意思拆得七零八落。各个段落间的意思要有内在联系,使每段均成为全篇的一个有机组成部分,做到"分之为一段,合则为全篇",不可随便移易。

分段要适当注意整体的匀称,做到轻重相当,长短适度。总之,要重视分段,学会分段,善于分段。

三、细节设计结构

1. 段落设计方法

学术论文在构段上有其特殊的要求。它要求有统一、完整的规范段,充分运用段中主句,有适当的容量。

(1)统一、完整的规范段

段有规范段与不规范段。规范段是指统一、完整的单义段,所谓统一是指在一段中集中表达一个意思。所谓完整是指在一段中表达的意思要完整。不规范段是指兼义段和不完整段。兼义段指的是在一段内表达两个以上的意思,不完整段指的是在一段内没有将一个意思表达完整。

在一般论文中,规范段与不规范段是可以同时运用的,特别是文学作品的写作,根据事件或情节的发展,人物景物描写或人物对话表现的需要,分段比较灵活。因此,它比较多运用不规范段来写作。但也有严格要求使用规范段的专业论文,比如:法律专业论文一般要求使用统一、完整的规范段,这是由法律专业论文的逻辑所决定的。法律专业论文的段落单位,除了少数单一的论点段或论据段之外,一般的段都是有着论点、论据、论证的段落,也就是说它应该是一个统一、完整的整体,即使是一个单一的论点段或论据段,也是一个不可分割的统一、完整的独立单位。所以,法律专业论文的段落由于这种逻辑构成上的要求应该保持其固有逻辑上的完整性,把表达一个意思的论点、论据、论证组织到一起,构成一个统一、完整的规范段。

(2)充分运用段中主句显示段旨

段的中心意思是段旨,也叫做段的主题或段的论点。全段都是围绕着这个段旨展开的,又是为阐述这个段旨服务的。这个段旨可用一句话概括出来,这句话叫做段中主句或段中主题句。

学术论文中的段是逻辑构成,一段中的主句最适宜于显示段旨。段中主句对于作者的作用是,以它为中心铺陈、展开,不致把话说到别处去。段中主句通常位于段首,这是个醒目的位置,特别能引起读者的注目。将段中主句放在段首,以领句地位出现并领起下文,对于作者来说,这不但限定了段旨,便于围绕这个中心铺陈展开下文。同时也便于读者在一段的开头处就能了解全段的中心,能比较容易地理解全段的内容。

段中主句的写法要求有概括性,要以简短的句子十分鲜明地把段旨揭示出来。当用一个句子很难概括出来时,可以先用一句概括出全段的要点,接着再写一个补充句,把全段要展开论说的意思说完全。

(3)要有适当的段容量

适当的容量讲的是段的长度问题。段究竟应该有多长是没有固定标准的,这是因为段的长短不能从形式上规定,而应该由每个段所表达的内容来决定。因此,段的划分具有伸缩性。文章中的一个部分在内容上的集中是相对的,集中的程度有大有小,因作者而异。以法律专业论文来说,一般段落划分应该长一点,这是由它的内容的充实性所决定的,在一个小段落里很难对某一个论点展开周密而详细的论述,如果用多个小段来论述一个论点,又容易造成逻辑推理的不严密,表达效果不好。当然,并不是说法律专业的论文就都得写成长段落,段落写得过长有时也不便于理解。

2. 开头设计

万事开头难,难就难在开头是定调子的地方。调子定得不准,就发挥不出水平。另外,难还难在恰当的裁取上。论文写作的开头设计大致地将其概括为以下几类:

(1) 开门见山式

这是一种较为平实的写法。毛泽东在《青年运动的方向》一文中开篇句写到:"今天是五四运动的二十周年纪念日,我们延安的全体青年在这里开这个纪念大会,我就来讲一讲关于中国青年运动的方向的几个问题。"这就是开门见山、落笔入题的例子。

(2) 开宗明义式

这是一种直接揭示文章主题的写法。例如,刘少奇在《人的阶级性》一文中开篇就说:"在阶级社会中,人的阶级性就是人的本性、本质。"此即为开宗明义式写法。

(3) 单刀直入式

例如,鲁迅在《论"费厄泼赖"应该缓行》一文中说:"《语丝》五七期上语堂先生曾经讲起'费厄泼赖',以为此种精神在中国最不易得,我们只好努力鼓励,又谓不'打落水狗',即足以补充'费厄泼赖'的意义。我不懂英文,因此也不明这字的涵义究竟怎样,如果不'打落水狗'也即这种精神之一体,则我却很想有所议论。但题目上不直书'打落水狗'者,乃为回避触目起见,即并不一定要在头上强装'义角'之意,总而言之,不过说是'落水狗'未始不可打,或者简直应该打而已。"此即单刀直入式写法。

(4) 介绍背景式

这是一种介绍论文写作缘由的开头方法。董爱华在《论〈典型的美国佬〉中文化身份的认同与重构》一文中开头写道:"任碧莲是著名的华裔美国作家,她突破了前人的书写模式,塑造的角色完全不同于前一辈作家笔下的移民,她不再描绘移民在异国生存的困难,中国传统文化和异邦文化的冲突,也不再执着于保持少数族裔的身份,而是把创作推向了一个更为广阔的空间,重点突出多元文化背景下文化身份的建构问题,为族裔文学的研究提供了新的视角,《典型的美国佬》就是这样一部佳作。"这样的开头以介绍背景的方式引入论文主题,自然顺畅。

(5) 名人名言式

这是一种以名人名言开头的方法。在学术论文写作中,许多名人名言可以作为论文开场白,以增加论文学术理论色彩。如吴国强在《论〈墨子〉研究中援墨注儒现象》一文中,开篇就引用豪舍尔的名言:"观念史力求找出(当然不限于此)一种文明或文化在漫长的精神变迁中某些中心概念的产生和发展过程,再现在某个既定时代和文化中人们对自身及其活动的看法。"作者接着说:"按照这种方法论的要求,我们即可以逐一离析出《墨子》研究的核心观念,并与一个时期社会与文学的发展历程相互印照。"从而引出援墨注儒现象即为清以前《墨子》研究的主要特色。

3. 过渡设计

过渡是使文章气血贯通,脉络分明的一个重要手段,是指上下文之间的衔接转换。一篇文章总是由一层一层的意思、一段一段的内容编制、缀联起来的,由这层意思向另一层意思转换,由这段内容向另一段内容发展,这中间往往需要"过渡"。"过渡"得好,文章就脉络贯通,气韵流动,严丝合缝,浑然天成,没有散乱隔断之病;"过渡"得不好,文章就显得隔裁断裂,气血不畅,思路跳脱,使人难以理解。所以,"过渡"在文章结构中是很重要的。

(1)在"总""分"的开合关键处需要过渡

以毛泽东《中国社会各阶级的分析》一文为例,在开头提出论题,引入论述之前,也就是由总述转入分述时,用了这样一个过渡句:"中国社会各阶级的情况是怎样的呢?"通过设问导入正文。然后,在对中国社会各阶级的状况作了逐次分析之后,总收一笔、由分而合:"综上所述,可知……"这样,通过总结引出结论。

(2)在意思间的交接、转折处需要过渡

《社会科学》2003年第3期刊登了熊月之的论文《照明与文化:从油灯、蜡烛到电灯》,作者在第一部分从论述油灯、蜡烛的发展历史转到19世纪煤气灯、电灯从西方传入中国时,写了这样一段话:"1882年,电灯开始出现于中国城市。这年7月,电灯开始照亮上海城市,到1884年,上海大多数街道都亮起了电灯。"有了这个过渡段,就把上文所述的油灯、蜡烛的历史与下面要讲的电灯与油灯、蜡烛的几方面很好地联系起来,起到了穿针引线的作用。

(3)叙述与议论转接处需要过渡

除上面所列举的采用过渡"段"、过渡"句"进行转折外,在一些意思转折不大或不必着力显示的地方,还可以来用过渡词语,如既然、那么、虽然、但是、因为、所以、尽管、还是、即使、也还等等进行过渡,不必拘泥于一成不变的形式。

总之,过渡是很重要的,在文章的组织、构造中,它是不可缺少的。

4. 结尾设计

结尾也是很重要的。如果结尾收得好,则于"辞义俱尽"之外还可以收到"辞尽意不尽"及"言犹尽而意无穷"的良好效果。反之,如果是"草草收场"或"意尽而辞不尽",则给人以仓促之感,会减弱文章对读者所产生的感染力。

5. 材料安排设计

学术论文的材料顺序应是一种逻辑顺序,有观点,有材料,有推论,顺理成章。从原则上说,对这些材料应按照各自所证明的观点间的逻辑关系进行安排,即把所有的材料都划入各个小观点之下,随着观点间的逻辑关系及排列顺序的明确,材料也就自然各得其位了。但是,同一观点之下或者说同一内容层次之中的材料究竟应该怎样排列,就直接涉及材料的安排问题。另外,就其本质而论,观点产生于材料,观点的合理安排要以对材料性质的充分认识为前提,安排文章本论的结构,必须解决材料的划分与排列问题。但是,同一组材料由于安排不同,达到的效果是不同的。

(1)按照容易理解的顺序安排材料

人们认识事物的规律一般都是从已知到未知,从简单到复杂。因此,安排学术论文的内容顺序也应当遵从这种规律,这样才能使读者更容易理解论文的内容。许多学术论文专业性较强,研究的知识领域较新,论文中的新名词、新术语较多,在这样的论文中可以先介绍预备知识,然后再进入主题,便于读者理解全文内容。

(2) 按照自然顺序安排材料

即以时间为依据,把属于不同年代、不同时间或反映某一过程的发展状况的材料依次排列出来。或以空间为依据,把来自不同地域或反映不同地域状况的材料依次排列出来:以时间为依据或以空间为依据排列材料,这是按照自然的顺序安排材料的两种主要情况。

(3) 按照逻辑顺序安排材料

这要根据一定的标准对材料进行逻辑分类,然后再依照材料之间的逻辑关系把它们排列起来。按照逻辑的顺序安排材料,既可以事物本身的逻辑关系为依据,也可以作者的思维反映事物的逻辑程序为依据。但是,无论哪种情况,其中起作用的都是材料间的逻辑关系。

以上所列举的三种情况是安排材料常见的基本方式。

第四节 人文社会科学论文的常用写作方法

学术论文的写作方法与一般文章相比有自己的特点,更注重学术性与严谨性。对于初学者来说,了解学术论文写作方法的基本要求与技巧对其学术论文写作是有帮助的。

一、议论文的写作方法

一般来说,一段完整的议论总是由论点、论据和论证构成的。

1. 论点是一篇文章的灵魂和统帅,应该鲜明、准确、概括,绝不可模棱两可,让人捉摸不定。一般情况下论点的位置有四个:①题 如《改造我们的学习》《反对党八股》②篇 如《改造我们的学习》③文章中间 如《拿来主义》④ 结尾 如《过秦论》中"仁义不施而攻守之势异也"。

2. 论据是用来证明论点的材料,有事实论据和理论论据两种。事实论据用事实来说话,而理论论据靠经典性取胜。论据必须围绕中心论点,这是比较基本的要求。选用的事例与论点不一致就势必会削弱说服力量。选用事实论据还要注意几点:①论据必须具有典型性,具有代表性。②论据必须有新颖性。③论据的表述要精炼、简要,与记叙文的表述不同,它只要求表述出与论点相关的内容即可。

3. 论证是论文写作的重要一环,包括的内容很多。在一般情况下,作者不光提出论点,交代论据,还要说明"为什么"。这个相对复杂的过程就是论证。作者要深入剖析论点与论据间的联系,说明事物间的因果关系,这就是进行议论时的重要步骤了。按习惯,我们称为论证。因为阐述论点,论据间关系,总要有一个过程,所以也称为论证的过程。

4. 注重逻辑关系。写议论性文章必须注重逻辑性,段落与段落之间要有非常清楚的逻辑关系,逻辑是研究人们思维规律的一种科学。进行论证就应当遵循逻辑的规律,按照规律说明问题,否则就不能得出正确的结论,或者是说理不严谨,不能使人信服。逻辑推理是严密的,这对于人们认识事物,阐明道理有很大帮助,符合这种规律,说理才能正常进行。

议论这种形式在各类文章中运用相当广泛。学术论文中议论使用最多,可以说是写作学术论文的主要形式。其写作规范要点就是一定要由论点、论据、论证组成一个完整详尽的逻辑系统。

二、证明的写作方法

证明又称作立论,就是设法正面论述自己的观点,说明它是正确的。这种说理方法是要正面建立自己的论点,所以,主要力量放在立论上。证明是学术论文中常见的形式,经常使用的方法有以下几种:

1. 举例

这种论证方法是以事实作为论据来举例说明。能够作为论据的事实材料可以是具体事例,也可以是概括的事实,还可以是些统计数字之类。这种证明使用较为普遍,而且效果较好,所谓事实胜于雄辩,使用例证法证明自己的观点是有说服力的。

2. 分析

通过分析问题进行论证也是常见的论证方法,作者通过分析问题,剖析事理来揭示论点间的因果关系,从而阐明论点的正确性。这种立论方法能够深入下去,把问题说透,议论的效果比较好。例如,毛泽东在《反对党八股》中有一个论点是:"无论对什么人,装腔作势,借以吓人的方法都是要不得的。"论证时,作者使用了分析的方法,几方面阐述了要不得的原因,文字不长,却从各方面分析了"吓人战术"要不得的理由。从作用、根源、危害性等处深入剖析了问题的实质,把自己的论点树立起来,很有力量。

用分析法论证问题往往在分析之后还需加以综合,使论点更清楚,也便于上升到理论高度。上边那段分析之后,毛泽东归纳说:"总之,任何机关做决定,发指示,任何同志写文章、做演说,一般要靠马克思列宁主义的真理,要靠有用,只有靠了这个,才能争取革命胜利,其他都是无益的。"综合之后提出了具体要求,有现实的指导意义。分析和综合是两个重要的方面,分析能够把问题深入下去,得出令人信服的结论;综合则可以使问题集中,加以概括,提到原则高度。缺乏分析,难于使议论细致和深入;缺少综合,则议论难于汇总和提高。当然,从道理上说虽然如此,但也不可当成固定的框框,不需要综合的也可以不综合,只把问题分析透彻就行了。

3. 引证

当作者用经典性的言论、科学上的定理和公理、生活中的常理等作为论据时,这种证明的方法称为引证。引用的言论、事理是被人们所承认的,我们用它作为论据证明自己的论点,就用不着再从头论证,还需直接引来作理由和依据也就够了。正因为如此,引证时需要考核被引用内容的科学性和正确性,既要求它们本身是经得起推敲与考验的,又要引用时准确无误,恰到好处。否则,论点失去了可靠的论据就没有了说服力,甚至变成谬误的东西。

在学术论文中,引证运用还是很广泛的。使议论具有权威性、理论性,这是引证的好处,但也要注意引证的不足。引证容易使文字呆板,不够亲切活泼。我们引证要少而精,行文力求生动自然,引用同时要加强分析论证,要有生动切合的例子,这种引证才是成功的。如果是用引证代替自己的分析和事例,使文章成为经典言论的堆砌,文章便失去了生气,就是失败的文章了。

4. 对比

实际上对比也是举例论证的方法,它的不同处在于把两个事物加以比较,在举例比较之中讲清道理,阐明事物的本质。可以用历史事实或过去情况与当前事物做纵的比较,也可以用两种对立的事物做横的比较,在比较之中突出事物的本质,深入说明要论证的问题,树立起正确的论点来。这种立论方法的好处在于能给读者丰富的内容,给人们以启迪。比如在《三种成本核算方法的比较与应用》这篇论文中,作者通过比较对比制造成本法、作业成本法和资源消耗会计三种方法在成本核算上的特点、优势、存在的问题,并通过举例进行论证、评价、分析,揭示了成本核算方法的发展趋势。

三、驳论的写作方法

驳论也称反驳,这是一种反证法,作者要设法证明对方的论点是错误的,从而驳倒对方,树立自己的正确论点。从反驳的方面说,有直接和间接之分。直接反驳错误论点就是直接反驳,从对方论据的虚假和论证方法错误入手,达到驳倒对方论点的目的,则是间接反驳了。以下介绍反驳的方法。

1. 反驳对方的论点

这就是设法证明对方的论点是错误的,从而直接驳倒它。所谓驳论,以这种方式能明显地看出来。反驳论点可以用事实证明对方的论点是错误的,这种反驳是举例证明方法在驳论中的运用。前面讲的例子是用事实证明什么是对的,而这里要证明什么论点是错的,具体的反驳法和举例证明差不多。在法律学论文中经常用到这种方法。举个比较有趣的使用反驳法的例子,美国大律师赫梅尔在一件赔偿案中代表一个保险公司出庭辩护。原告声称:"我的肩膀被掉下来的升降机轴打伤,至今抬不起来。"赫梅尔问道:"请你给陪审员看看你现在能抬多高?"原告慢慢地将手抬起,举到齐耳的高度,并表现出非常痛苦的样子,以示不能再举高了。"那么,你受伤以前能抬举多高呢?"赫梅尔又出其不意的发问。他的话音刚落,原告不由自主地一下子将手臂举过了头顶,引得旁听席上一片笑声。原告的赔偿诉求因此不攻自破。此例中,赫梅尔巧妙地通过原告本人的表现以事实直接反驳了原告的谎言。

反驳论点也可以着重分析其论点的错误与危害性,这也是分析的证明方法在反驳中的应用。要具体剖析对方论点的错误并指出其危害性,问题分析得深刻,反驳自然就有力量,这种方法也是常见的。

反驳论点还可以用建立与对方论点相对立的新论点的方法来驳倒对方。一般反驳论点是论证其错误,而这种方法却不如此,它是建立一个与之针锋相对的新论点,把这新论点论证充分,树立起来,那么,错误论点便不攻自破了。

反驳论点还有一种特殊的方法,叫做归谬法。这就是把对方的错误论点加以合理的引申,充分暴露出其论点的谬误,使读者明白它的荒唐可笑,从而驳倒对方的论点。

2. 反驳对方的论据

错误的论点往往建立在虚假、错误论据的基础上,在反驳论点时,也可以从反驳论据入手,论据被驳倒了,论点自然就站不住脚了。通过否定对方的论据来达到论证的目的,在学术论文写作中,这种方法也是常用的。

3. 反驳对方的论证方法

在对错误的论点进行论证的时候,有为其服务的论据,有论证过程。在这其中,有时论证过程存在着逻辑错误,有时作者甚至用错误的推理来掩盖其论点的荒谬。我们在反驳时可以从论证方法入手,揭露其论证中不合逻辑之处,从而扳倒对方论点。论证方法发生错误的方面比较多,有时是大前提、小前提与结论的矛盾,有时是自己的论点互相矛盾,有时是论点论据的矛盾,有时是推理上的不合逻辑。

四、说明的写作方法

用言简意赅的文字把事物的形状、性质、特征、成因、关系、功用等解说清楚,把任务的经历、特点等表述明白,这就是说明。说明的使用范围相当广泛,在科学报告和教科书中,说明文字占的分量很重,在一般说明文中,说明文字也不少。这类文章不要求文艺性和形象性,而要求用简洁明了的文字把科学知识和事物表述出来,所以它的主要手段是说明。在一般学术论文中,也常常使用说明,可起到注释和解释的作用。说明的方法归纳起来有如下几种:

1. 定义和表述

在向读者说明事物的特征、性质等时,常常要讲概念,下定义,这种说明的文字是我们比较熟悉的。下定义要言简意赅,把握本质特征,要求语言准确,有科学性。除了概念和定义外,说明时还常有表述的文字。

2. 分类和比较

为了把事物特点突出出来,分类和比较的方法在说明中也是常用的。说明时常常要加以比较,通过比较使读者更容易把握说明内容。实际上,分类也往往离不开比较。还有一种比较是利用被说明的事物与读者熟悉的事物进行比较,从已知到未知,这可使人更好地了解说明的内容。

3. 数字和图表

在学术论文中,在对某些情况进行说明时,使用数字是很重要的,它可以使读者清楚地了解事实和接受知识。说明某些事物的形成是为了说得更清楚,为了增强直观性,往往还用一些图(图片或图画);在说明事物的性质、特征时,有时则利用表格之类,这样说明的效果要更好些。图表是极为重要的说明手段,我们不可不利用它,尤其是在学术论文中,图表的使用较为广泛。没有图,有些方面是不容易说清楚的。在自然科学著作及科普读物中,也总离不开各种表格。在说明中图表是不能被忽视的。

第五节 社会科学论文的写作规范

一、摘要的写作规范

摘要是对论文的内容不加注释和评论的简短陈述。它的功能是使读者快速了解论文的主要内容;为科技情报人员、计算机检索和文摘刊物提供方便。摘要中应写的内容一般包括研究工作的目的、方法、结果和结论,而重点是结果和结论。

以写作目的为出发的摘要的写作主要是指直接、准确研究目的或所阐述的问题。对研究工作的方法进行摘要的写作主要是对研究的基本方法的说明加以描述。对研究结果的描述是摘要的重点部分,提供研究所得出的主要结果。对研究结论的摘要主要是把研究的主要结论性观点,用一两句话简明表达。结论应具有直接依据,避免推测和过于笼统。

摘要编写的注意事项包括:不简单重复题名中已有的信息;不将引言中出现的内容写入,也不要对论文内容作诠释和评论,特别是不要作自我评价;用第三人称写法。不用"本文""作者""我们"等作主语的句子;一般不用数学公式和化学结构式,不出现插图、表格;只需一个自然段,要做到结构严谨,语义确切,表述简明。摘要应该具有独立性,全息性,简明性,客观性和可检索性。

二、关键词的写作规范

关键词是论文的检索标志,是表达文献主题概念的自然语言词汇,一般是词和词组。科学论文的关键词是从其题名、摘要和正文中选出来的。每篇论文中应专门列出3—8个关键词。关键词作为论文的组成部分,置于摘要段之后。

关键词包括两类词:(1)叙词(正式主题词),指收入《汉语主题词表》(叙词表)中可用于标引文献主题概念的即经过规范化的词或词组;(2)自由词(非正式主题词),直接从文章的题名、摘要、层次标题或文章等其他内容中抽出来的、能反映该文主题概念的自然语言(词或词组)。

三、参考文献的写作规范

参考文献是为撰写或编辑论著而引用的有关图书资料,按规定,在论文中凡是引用他人(包括作者自己过去)已发表的文献中的观点、数据和材料等,都要在文中出现的地方对它们予以注明,并在文末列出参考文献表。这项工作叫做参考文献著录。参考文献的目的和作用主要是著录参考文献可以反映作者的科学态度和论文具有真实、广泛的科学依据,也反映出该论文的起点和深度;著录参考文献能方便地把论文作者的成果与前人的成果区别开来;参考文献能起索引作用;著录参考文献有利于节省篇幅;著录参考文献有助于科技情报人员进行情报研究和文献计量学研究。

参考文献著录的原则首先是只著录最必要、最新的文献。其次只著录公开发表的文献。最后采用标准化的著录格式。

参考文献著录也有方法和要求,国家标准推荐采用"顺序编码制"和"著者－出版年制"两种,但大多数科技期刊采用"顺序编码制"。顺序编码制:在文内标注的话引文处,按引文出现的先后,用阿拉伯数字(从"1"开始)连续编码,并将数码置于方括号中。文后参考文献表:将文中参考文献按出现的先后顺序排列。著录项包括:主要责任者、文献题名[文献类型标识]、文献出处、出版地、出版社、出版年、刊物期次。

参考文献著录注意事项:引用的文献要求自己亲自阅读的原始报告或原著,避免引用像文摘、综述之类的二、三手文献,属于公众熟知的教科书、工具书之类一般不必引用,内部资料、会议汇编等非正式出版物由于交流范围有限,不宜引用,参考文献的篇目一般也不宜太多太杂,要适当精选,一般论文可选 10 篇以内,综述可精选 25 篇以内,参考文献引用越新,就越能反映该领域研究的最新动向和成果,一般杂志文献要优于书籍,参考文献的撰写格式要规范,有关项目尽可能完整,版次若属第一版可省略,文后参考文献排列顺序一般先写中文后写英文,文中标注编号的则一般按编号顺序排列。

有关参考文献的详细介绍可参考第八章第十节的内容。

四、图表的应用规范

在论文写作中,图表能够形象地表达研究结果,不仅可使要表达的内容简洁、准确和清晰,而且还可以活跃和美化版面。特别是当仅用文字难以定量描述时,图表更显其示意,形象,简明的功用和特点。图表已经成为表达科学内容的重要工具之一。

图表要精选。能用简短的文字叙述清楚的。就不必用图表来表达;图表要有针对性并应具备自明性,与文字的表达应避免重复。

未经编辑加工的稿件中,图表常存在不规范现象,有必要对论文中图表的主要要求进行探讨。

1. 图的规范化

图在文章中出现应随文编排,先见文后见图。图应具有图序和图题,标在图的下方。图序以阿拉伯数字连续编号,图序与图题之间空一个字符,用小于正文 1 号的字体排在图下居中处。图还可以加注释,即图注。图注可直接标注在图中空白处,也可用与图题同样的字体在图题下依次注释,各注释间用";"号隔开。全文只有一个图时,图序也可以用"图 1"。由于版面限制,图必须卧排时,一律顶左顶右,图题置于图底,自下而上且顶左底右排版。

在论文写作中,能用简短的文字介绍清楚的信息,就不要用图示。图示应力求逻辑性、示意性、符号性和简洁性,不要强调写实性。同时,作者和编辑都应考虑的另一个重要的方面就是图的布局问题,要以提高版面利用率为参考原则设计和修改图示。

依据图的功用及制作方式,图可分为照片图和线条图两类。可以根据需要选择适合自己文章的图的形式。

2. 表的规范化

从文字及格式角度说,表应精心设计,具有自明性。表应随文出现,且先文后表。表应具有表序和表题。标于表的上方。表序用阿拉伯数字编号。表序和表题间空 1 个字符,用小于正文字体 1 号的楷体(如小五号楷体)排在表的上方居中处。表内文字一般用小于正文字体 1 号的宋体排版。

表在文章中的应用并不是越多越好,应根据说明的内容进行精选,能用不多的文字可以说明的内容就不应该再借助表。表的设计应突出重点、内容简洁、设计科学、表达规范。

从表的形式来说,形式有多种,根据反应项目的多少及其联系、版面要求等等,可分为五线表(表达项目少、内容简短时适用)、系统表(表达隶属关系时适用)、卡线表(需十分明确的反应各项数据一一对应关系时适用)、三线表等。三线表吸纳了前三种表的优点,是在前三种表的基础进行优化、演变而来的。因此,受到国际和国内编辑界人士的青睐。

3. 图表必须有自明性

图表的自明性是指图表要有明确的目的性,把背景条件、比较前提、使用方法、实测或计算数据及最后结果等都分列清楚,能使读者一目了然,具有清晰的逻辑对比功能,使读者从图表本身、不必翻阅正文就能理解其研究对象方法、目的、结果等,具有很强的逻辑性。

有关图表的详细介绍可参看第一章第五节相关内容。

参考文献

[1] 毕润成主编.科学研究方法与论文写作[M].北京:科学出版社,2008.180.

[2] 蔡今中著.如何撰写与发表社会科学论文[M].北京:北京大学出版社,2009.87

[3] 卢卓群,普丽华著.中文学科论文写作[M].北京:中国人民大学出版社,2008.33 - 40.

[4] 陈燕,陈冠华著.研究生学术论文写作方法与规范[M].北京:社会科学文献出版社,2004.96 - 99.

[5] 徐光明,章为民.第二届国际软土工程会议模型专题综述[J].水利水电科技进展,1997,17(1):38 - 58.

[6] 王作战.第二届国际软土工程会议模型专题综述[J].社会人文,2010,8:207 - 208.

[7] 高等学校收入分配情况调查组.高等学校收入分配情况调查报告[J].中国高教研究,2004,93 - 99.

[8] 齐延平.论司法中立的基础[J].法律科学,1999,3:15 - 21.

[9] 张爱儒.青藏铁路沿线旅游业可持续发展研究[J].黑龙江民族丛刊,2009,1:78 - 85.

[10] 王玉德编著.大学文科论文写作[M].武汉:华中师范大学出版社,2006.8.96 - 97.

[11] 董爱华.论《典型的美国佬》中文化身份的认同与重构[J].河南师范大学报,2012,39(4):244.

[12] 吴国强.论《墨子》研究中援墨注儒现象[J].温州大学学报(社会科学版),2012,25(1):37.

[13] 王作战.科技论文写作材料·立意·提纲应用技术研究[J].社会人文,2010,8:207 - 208.

[14] 李文仁,陈霞.论文写作八戒[J].长春工程学院学报,2003,4(4):28 - 30.

[15] 王银娥.人文社会科学论文写作说略[J].陕西行政学院院报,2011,25(1):125 - 128.

[16] 朱海芳.社会科学论文写作规范化应注意的问题[J].洛阳大学学报,2001,16(3):70 - 71.

[17] 高放.社会科学论文写作经验谈[J].社会科学,2008,6:186 - 188.

[18] 张进峰.社会科学论文写作摘要感谈[J].太原师范大学学报,2003,2(2):15 - 16.

[19] 高峰著.科技论文写作规则与行文技巧[M].北京:国防工业出版社,2009.

[20] 朱永兴著.学术论文撰写与发表[M].浙江:浙江大学出版,2009.

[21] 刘巨钦著.经济管理类学生专业论文导写[M].北京:中南大学出版社,2008.

第八章　自然科学论文写作方法

第一节　自然科学论文概述

一、自然科学论文的定义

自然科学论文也称科技论文,是科技工作者用书面形式对创造性的科技研究成果作的理论分析和总结,是科技成果的科学记录。

美国生物学编辑协会把科技论文定义为:一篇能够被接受的原始科学出版物必须是首次披露,并提供足够的资料,使同行能够:(1)评定所观察到的资料的价值;(2)重复实验结果;(3)评价整个研究过程的学术。

中国国家标准 GB7713-87 对学术论文的定义是:某一学术课题在实验、理论性或观测性上具有新的科学研究成果或创新见解和知识的科学记录,或是某种已知原理应用于实际种取得新进展的科学总结。

二、科技论文的类型

1. 理论型论文

论文特点是以理论阐述为主,可以完全不涉及实验。如数学论文,一般偏重于抽象思维和逻辑思维,着重于建立新的理论体系。全篇一般由定义、定理、引理及其说明与证明构成,文章只有一个简短的引言,结论和讨论都不单独分开写作。除数学以外的某些理论型论文,大都涉及考察或实验,但这不是文章的主要部分,其作用只是用来作为讨论的依据或者假设的出发点,在写作上对实验部分只偏重介绍实验结果,因为文中主要不是靠实验证明,而是靠逻辑推理来证明自己的见解。

2. 实验型论文

这类论文就是实验报告,是描述、记录某项实验过程、情况和结果的论文。主要特点是对实验进行观察和分析,在科技领域中运用最为普遍。如对某种材料性能的测试、分析,物质的特征、结构的分析,其中当然也有论证和推算。这种论文有比较固定的格式,要求将实验结果和理论分析结合起来。一般由材料和方法、结果与讨论和结论三部分组成。其内容包括实验名称、实验目的、实验器材、实验装置、实验方法、实验步骤、实验结果,以及讨论、结论、致谢、参考文献等,要做到数据准确、计算无误。还有一类文章是专门介绍实验装置的设计和改进,这种文章往往围绕实验方法和实验装置作介绍,讨论各种条件对实验的影响。对于涉及新产品研制的论文,它应围绕新产品的工艺条件、产品性能、生产的现实性等问题进行讨论。

3. 描述考察型论文

这类论文是指对某现象或某事物调查得来的材料进行记录、整理、计算、综合分析、结论、建议等,所形成的描述性文字材料。其内容通常包括调查目的、调查对象、调查范围、调查经过、调查方法、技术路线、调查结果和结论等,要求做到实事求是、材料可靠、叙述准确。这类论文的研究对象是在科学上有重要价值的新发现的事物。多运用于地质、地理、生物等学科。例如某一动植物新种的发现,某河流源头的确证,地形地貌的演化等。研究的主要方法是描述和比较,而天文学则以观察记录为主,如一年中的日月食次数等。这类论文一般没有复杂的论证和推理,但要求描述精确、细致,善于抓住特征进行比较,确证其科学价值。

4. 教学研究型论文

自然科学科目的教学研究论文,也属于理论型论文,它实际上是文、理两科相互渗透的产物。教学研究论文不同于其他论文,它必须受教育学基本原理的制约,如大中学课程改革的研究、教材教法的研究等。教学研究论文是作者对具体学科教育规律的总结探讨,它同时具有学术性、实用性的特点,而不是简单的教学经验总结和体会。

5. 学位论文

(1)学士学位论文

学士论文是高校本科毕业生的总结性作业,它是高等学校教学过程中的重要环节,其目的在于总结在校期间的学习成果,培养学生运用所学得的基础理论、专门知识和基本技能来分析和解决本学科内某一学术问题和技术问题的初步能力,从而使他们受到科学研究的基本训练。

学生撰写毕业论文,是在教师的指导下,运用已有的知识,独立进行科学研究活动。通过对某一专题的研究和撰写论文,从而具有开展科学研究和撰写学术论文的初步能力。

学士学位论文是一种学科论文,即对所学学科的有关知识、理论进行探讨、分析、整理、研究的文章。它属于科技论文,因而有科技论文的一般特点。其撰写过程也需要经过搜集整理资料、选题、拟定提纲、撰写成文几个步骤,其格式也和一般科技论文大体相同。但应该注意以下问题:①内容精炼;②不要单纯模仿;③强调学科性。

(2)硕士学位论文

硕士学位论文是在导师的指导下,由研究生本人独立完成,论文有自己的新见解,论文工作要有一定的工作量,用于论文工作的时间一般应在一年左右。所以,硕士学位论文是全面检验学习质量、理论素养、学术水平的重要方式,是总结专业学习和科研能力的重要环节,也是培养理论联系实际和从事科学研究能力的重要手段。要体现学生在本学科上掌握坚实的基础理论和系统的专门知识,具有从事科学研究工作或独立担负专门技术工作的能力。硕士学位论文的学术质量和科学价值,是评定是否授予学位的重要依据。

硕士论文的选题要从本学科的特点和社会需要的实际出发,着重选择对国民经济具有一定实用价值或理论意义的课题。课题要具有先进性,使自己有可能在论文中提出新见解,在学科边缘或其他学科的交叉点上选题,以取得突破性进展。选题尽量结合导师或课题组的科研任务进行,并注意发挥个人特长,例如,对基础理论比较扎实又能刻苦钻研的研究生,可以选一些理论性强的课题。对动手能力强、实践经验比较丰富的研究生可以选难度深、实验工作量大、与生产结合紧密的课题。选题的分量和难易程度要恰当,所需图书资料、仪器设备比较齐全,经费器材等有保证,对计算条件和加工条件也要有适当的估计,经过努力在 1 年内能够完成研究工作和论文写作。

硕士学位论文中的新见解体现在以下几个方面:①利用已有的理论和方法解决本专业领域内某个或某些有理论意义或实际意义的问题,进行了理论分析和实验研究,得出新结果。②采用新的实验方法和测试手段,获得了有意义的实验结果。例如,建立了国内没有的或改进了国内已有的比较先进的实验设备,或者研制出新的测试仪器。③引入其他学科领域的理论或方法,解决了本学科中有实际意义的问题。例如,把数学中的优化理论引入最佳设计,引入微处理机进行最佳控制等。④用简便或者新颖的方法,给出某已知的较重要结果的另一证明,或对已有的结果做出有一定意义的推广或改进,并且克服了一定困难。⑤在计算机模拟计算中,模型的建立、计算方法或程序设计的技巧方面比前人有改进,使之更接近实际情况,或已被证明有多种优点的应用软件的开发或改进。⑥生物、地理、地质的某些学科,通过野外实际考察,有重要发现或对收集的大量实际资料进行鉴定、分析,得出新的结论或见解,并有一定的理论意义。⑦研制国内外没有的(或改进已有的)机械、系统或实验测试装置,有新的技术措施,达到比较先进的技术指标,并能概括出它的规律。⑧对以往或当前某些遗传育种方面的问题进行实验,在育种理论或方法方面解决了某个有意义的问题,并有一定的实际用途。

以下几种内容的论文不能说有新见解:①只解决实际问题而没有理论分析;②只是仅仅用计算机计算,而没有实践证明和实际应用,方法上没有创新;③实验工作量较大,但只探索了实验全过程,做了实验总结而没有深入的科学研究,得不出肯定结论;④重复前人的实验,或自己设计的工作量过小的实验,得出的结论是显然的,或者只做过少量几个实验,又没有重复性和再现性,就匆忙提出一些见解和推论。

硕士学位论文的撰写应符合科技论文的要求,其写作格式大体上和科技论文的结构相同。但是它与一般学术刊物发表的论文至少有两点不同:①硕士论文的写作具体、细致,篇幅一般不受限制,字数可在 2—4 万字,插图可控制在 50—60 幅以内;②硕士论文的前言较长,较详细地介绍该课题的研究历史和现状,研究方法和过程等,以求得论文的完整性。

论文应该逻辑严谨、概念准确、语言通顺,有较好的文字表达能力,重点突出创新部分和新见解。

(3)博士学位论文

博士学位论文要体现博士研究生在本学科上掌握坚实宽广的基础理论和系统深入的专门知识;具有独立从事科学研究工作的能力;在科学或专门技术上做出创造性的成果。

博士学位论文集中地反映了博士研究生的知识、能力水平与成果,是博士研究生

学术水平的主要体现,它具有创造性和系统性下两大特点:

创造性是博士学位论文的灵魂。对自然科学博士学位论文的创造性,可以有以下几条:①发现有价值的新现象、新规律,提出新的假设、观点,建立了新理论;②实验技术上有新创造、新突破;③提出具有一定科学水平的新工艺、新方法,在生产中获得重大经济效益;④创造性的运用现有知识和理论,解决前人未曾解决的科学技术方面的有关问题。

此外,博士学位论文要有系统性,能够反映出博士研究生坚实宽广的基础知识与深入系统的专门知识。博士研究生学位论文应是一本独立的著作,应自成体系。对本课题研究的历史现状、预备知识、实验设计与装置、理论分析与计算、经济效益与实例、遗留问题与前景、参考文献与附录等,有一个系统的叙述。文字要精炼,逻辑性强,要体现博士研究生的科学素养。

博士学位论文的选题要充分了解国内外动态和征求各方面的意见,除导师的高水平指导外,博士研究生应充分发挥主观能动作用,广泛的阅读文献资料。选题既要量力而行又要敢冒风险,量力而行与课题的创新有一定的矛盾,达到创新性的要求应建立在量力而行的基础上。博士论文以提高学术水平或以应用技术基础研究为主,既要解决实际问题,又不能被实际问题所束缚。通过论文的写作,使自己在理论分析、计算能力和实验技能方面都得到严格训练和提高,以形成自己的独特见解和独立解决高难度问题的能力。

博士学位论文在写作上的要求同其他研究论文要求一样,但博士论文篇幅较大,应为一本独立的著作。论文摘要不超过 6000 字,在论文答辩之前要求在公开刊物上发表,进行成果鉴定后或有 5 位以上同行专家评议通过才能进行答辩。

三、科学论文的特性

1. 科学性

科学性是指文章的内容真实、思维正确、推理严密和合乎逻辑性,正确地发现、揭示、反映客观事物发展变化的规律。论文的观点、内容、资料、结论都符合科学技术发展的规律,不能夹杂作者任何主观臆断与伪科学的成分。

2. 创新性(新颖性)

创新性是指文章所描述的方法、内容、结果和理论具有新颖性和独创性,有作者自己的新见解。科学论文的内容必须对科学技术的发展,对经济建设和社会起推动作用,即在科学本身或技术上有所创造,有所发现,或在理论上有创新成果,而不是对他人成果的复述或解释。

3. 学术性

学术性是指文章所体现出来的内容具有知识性、系统性。学术性是论文的外在特征。

4. 真实性

错误、虚假、失实将导致论文科学性和学术性的丧失,甚至可能涉嫌有剽窃行为。不凭主观臆断和好恶随意舍取数据和素材,引证他人成果必须给出出处。

5. 实用性

实用性是指文章具有明确的专业指向和读者对象,并具有解决科技知识和生产问题的应用性。

6. 标准化和规范化

其一,文章基本格式要具有一定的标准性和固定性,要按一定的规范写作。其二,科学论文在文字表达上,语言要明确简洁,层次分明,图解形象、论述严谨、客观、通顺、准确。

四、科技论文的构成部分

1. 科技论文的写作格式

(1) IMRAD 格式:

19 世纪下半叶,近代微生物学的奠基人 Louis Pasteur 首先提出论文写作的高度结构化的 IMRAD 论文格式,即一篇学术论文结构应包括以下几个部分:

Introduction(引言)、Methods (and materials)(方法及材料)、Results(结果) and Discussion(讨论)。显然,IMRAD 的这种简单格式符合逻辑,能够帮助研究者组织和撰写论文,同时为编辑、审稿人和读者均提供了极大便利。其他格式都是在它的基础上改进发展的。

(2) ISO 格式:《文献工作—科学报告编写格式》(1983 年)

(3) 我国:《科学技术报告、学位论文的编写格式》(GB7713-87)

国家标准 GB7713-87 规定的科学技术报告、学位论文和学术论文的编写格式,指明报告与论文由以下两大部分构成:①前置部分;②主体部分。如下图所示。

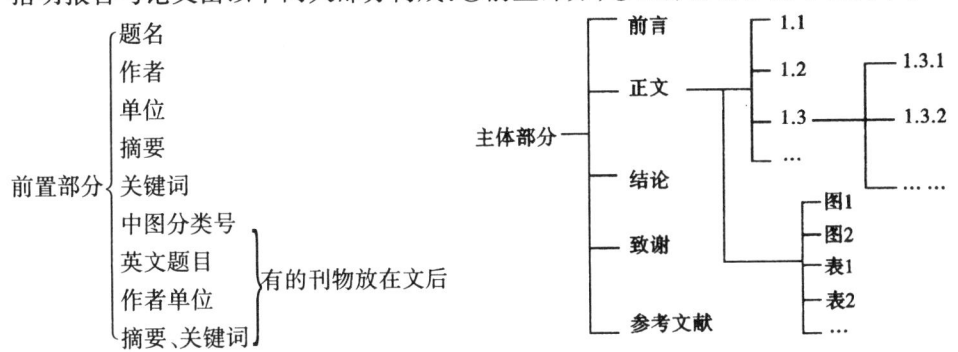

前置部分 { 题名 / 作者 / 单位 / 摘要 / 关键词 / 中图分类号 / 英文题目 / 作者单位 / 摘要、关键词 } 有的刊物放在文后

主体部分 { 前言 / 正文 { 1.1 / 1.2 / 1.3 { 1.3.1 / 1.3.2 / …… } / … } / 结论 / 致谢 / 参考文献 } 图1 / 图2 / 表1 / 表2 / …

2. 科技论文的通用格式

标题　Title

作者　Authors

单位　Affiliation

摘要　Abstract

关键词　keywords

引言　Introduction

材料与方法　Materials and Methods

结果和讨论　Results and Discussion

结论　Conclusion
致谢　Acknowledgments
参考文献　References
附录　Appendix

第二节　标题及相关内容

一、标题的作用

标题(Title)又叫题名、题目、文题，是论文的中心和总纲。标题主要有两个方面的作用：(1)吸引读者；(2)帮助文献追踪或检索。

二、标题要求

1. 准确恰当

论文的标题要起到画龙点睛的作用，要准确、具体、切题。论文标题常见毛病是：过于笼统，题不扣文。

如："金属疲劳强度的研究"，此标题过于笼统，若改为针对研究的具体对象来命题，例如，改为"铁镍合金材料疲劳强度的研究"，效果会好得多，这样的题名就要贴切得多。

再如："45Ni-15Cr型铁基高温合金中铝和钛含量对高温长期性能和组织稳定性能的影响的研究"。这样的论文题目，既长又不准确，题名中的45Ni-15Cr是何含义，令人费解，这就叫题目含混不清。可参考的修改方案为："镍铬合金中铝和钛含量对高温性能和组织稳定性的影响"。

还有一些论文题目过大，如"纳米材料的物理化学研究""磷的生命化学研究""基因工程研究"等，不宜用一个大领域或学科分支的名称作为论文题目，类似的题目可用于学术专著或学报特约撰写的评论。

2. 简明扼要

力求题目的字数要少，恰当简明，引人注目，用词需要精选。至于多少字算是合乎要求，并无统一的"硬性"规定，一般一篇论文题目不要超出20—25个字。

如："关于钢水中所含化学成分的快速分析方法的研究"。在这类标题中，像"关于""研究"等词汇如若舍之，并不影响表达。所以上述题目便可精简为："钢水化学成分的快速分析法"。这样一改，字数便从原21个字减少为12个字，这样读起来觉得干净利落、简短明了。

若简短题名不足以显示论文内容或反映出属于系列研究的性质，则可利用正、副标题的方法解决，以加副标题来补充说明特定的实验材料，方法及内容等信息，使标题成为既充实准确又不流于笼统和一般化。例如，正标题：有源位错群的动力学特性；副标题：——用电子计算机模拟有源位错群的滑移特性。

3. 醒目规范、便于检索

标题中使用的词语要尽可能地使用关键词表中的规范词语,以便于论文传播中的摘引和检索。

4. 总标题与层次标题

科技论文除总标题(论文标题)以外,一般还有层次标题。层次标题是指除总标题之外的各个级别的标题。通常将其分为章、节、条、款几个层次。

科技论文的各层次标题一律用阿拉伯数字连续编码,不同层次的两个数字之间用下圆点"."分隔开,末位数字后面不加点号。如"1""1.2""3.5.1"等;各层次的标题序号均左顶格排写,最后一个序号之后空一个字距接排标题。其表达形式如下图所示:

```
0      1        2        3        4      5（一级标题）
       1.1      2.1      3.1      4.1    （二级标题）
       1.2      2.2      3.2      4.2
                2.2.1    3.2.1           （三级标题）
                2.2.2    3.2.2
                         3.2.2.1
                         3.2.2.2         （四级标题）
                         3.2.2.3
                         3.3
```

示例:

0 引言
1 实验部分
　1.1 仪器和试剂
　1.2 色谱条件
　1.3 操作步骤
2 结果与讨论
　2.1 条件试验
　　　2.1.1 化学发光条件的选择
　　　2.1.2 氢氧化钠浓度对化学发光强度的影响
　　　2.1.3 流速对化学发光强度的影响
　2.2 色谱条件的选择
　2.3 色谱分离情况
　2.4 样品分析
3 参考文献

5. 常用总标题的写法

(1)主题(词)＋动词

如:"铬污染机理的探讨""大气环流对城市污染的研究"。

(2)动词＋主题(词)

如："试论环境背景值的调查"。
(3)直接陈述中心思想
如："经验公式的模糊评价"。
(4)介词 + 中心思想
如："对于珠峰地区冰川的研究""关于酸性矿山废水处理方法的研究"。
标题举例：
* 放射线导致肿瘤细胞死亡的分子生物学机制
* 小鼠血管内膜增生模型的建立
* 表观遗传调控与肿瘤研究新进展
* 帕金森病遗传基因的研究进展
* 基因枪法和肌内注射法免疫 HCV NS3/4A 诱导小鼠免疫应答的比较
* 论生态式艺术教育
* BCI – 代数的自同态
* 有阻尼项的随机共振研究
* 人造地球卫星的相对论中间轨道
* 稀土硝酸盐与 L – 氨酸固体配合物的合成与表征
* 新型吡啶偶氮试剂质子化行为的分光光度法
* 植物低温保护对辣椒幼苗抗寒力的影响
* 四川大头茶种子萌发特性的初步研究
* 四川横鼓蝗属 – 新种
* 基岩古地貌特征与黄土地貌发育的关系
* 西安地面沉降槽初步分析
* 神农架三种天然次生林的种群结构和演替趋势
* 网络时代的历史定位及其内涵
* 现代人格与能力的社会心理学透视
* 抗人乳腺癌单克隆抗体 HD1 的特性
* 模糊测度 Shapley 熵的完备化
* 关于 M – 矩阵的最小特征值
* 我国城市垃圾处理研究
* 茂兰自然保护区蚱总科昆虫的初步调查

6. 怎样写好 SCI 期刊论文的标题

SCI 是 Science Citation Index（科学引文索引）的缩写。SCI 是美国 Eugene Garfield 创建的科学情报研究所（Institute for Scientific Information，ISI）于 1960 年编辑出版的科学引文数据库。1992 年，ISI 归属于 Thomson Scientific & Healthcare。SCI 是国际公认的被广泛使用的科学引文索引数据库和科技文献检索工具。被 SCI 收录的期刊称为"SCI 期刊"。SCI 根据期刊来源种类划分为 SCI 源刊版和 SCI – E 扩展版。SCI 源刊版有 3700 多种，SCI – E 扩展版有 6400 多种。SCI 数据库已经成为当代世界最重要的大型数据库，被列在国际著名检索系统之首。

写好 SCI 期刊论文的标题应注意以下几个方面的问题：

（1）应尽量做到简洁明了并紧扣文章的主题,要突出论文中特别有独创性、有特色的内容,使之起到画龙点睛,启迪读者兴趣的作用。

（2）标题字数不应太多,一般不宜超过20个字。

（3）应尽量避免使用化学结构式、数学公式或不太为同行所熟悉的符号、简称、缩写以及商品名称等。

（4）必要时可用副标题来做补充说明,副标题应在正题后加冒号或在正题下加括号或破折号另行书写。

（5）若文章属于"资助课题"项目,可在题目的右上角加注释角号（如 ∗、※、# 等),并在脚注处（该文左下角以横线分隔开）书写此角号及其加注内容。也可在致谢中说明。

（6）应以最少数量的单词来充分表述论文的内容。

SCI 论文题名中可以省略的多余的词,如 Analysis of, Development of, Evaluation of, Experimental, Investigation of (on), Observations on, On the, Regarding, Report of (on), Research on, Review of, Studies of (on), The preparation of, The synthesis of, The nature of, Treatment of, Use of 等。

7. SCI 高被引论文题名分析

（1）名词性词组的形式

格式：名词 + of + 名词短语 或 名词 + 名词短语

例1：

Title：INOSITOL TRISPHOSPHATE AND CALCIUM SIGNALING（三磷酸肌醇和钙信号表达）

· Author(s)：BERRIDGE MJ

· Source：NATURE 1993,361 (6410)：315 - 325．

· 分析：作者用2个名词词组,5个词简洁、清楚地表达了论文的主题：Inositol Trisphosphate 与 Calcium Signaling。

例2：

Title：POSITIONAL CLONING OF THE MOUSE OBESE GENE AND ITS HUMAN HOMOLOG（小鼠肥胖基因及其人的同源基因的定位克隆）

· Author(s)：ZHANG YY, PROENCA R, MAFFEI M, BARONE M, LEOPOLD L, FRIEDMAN JM

· Source：NATURE 1994,372 (6505)：425 - 432．

· 分析：题名开头为重要的主题词组：positional cloning，其后为研究对象：the mouse obese gene and its human homolog。

（2）系列题名

例3：

Title：DENSITY - FUNCTIONAL THERMOCHEMISTRY. 3. THE ROLE OF EXACT EXCHANGE（密度函数的热化学：3. 正解交换的作用）

· Author(s):BECKE AD

· Source:JOURNAL OF CHEMICAL PHYSICS 1993,98（7）：5648－5652

· 分析:这是典型系列题名,是作者对于 Density－Functional Thermochemistry 的第三篇论文,重点探讨 exact exchange information 在提高 thermochemical accuracy 方面的作用。该文的眉题即为题名所要强调的"Density－Functional Thermochemistry Ⅲ"。

（3）主－副题名相结合

例4：

Title：Gapped BLAST and PSI－BLAST：a new generation of protein database search programs（空位 BLAST（碱基局部对准检索）和特殊位置重复 BLAST：新一代蛋白质数据库检索程序）

· Author(s)：Altschul SF, Madden TL, Schaffer AA, Zhang JH, Zhang Z, Miller W, Lipman DJ

· Source：NUCLEIC ACIDS RESEARCH 1997,25（17）：3389－3402.

· 分析:作者采用主－副题名相结合的方式较醒目地给出了论文的主题：基于 Position—Specific Iterated(PSI)的 gapped BLAST programs,并在冒号后进一步说明 PSI－BLAST 是新一代的 protein database search programs。

例5：

Title：WAF1：A POTENTIAL MEDIATOR OF P53 TUMOR SUPPRESSION（WAF1：p53 肿瘤抑制作用的一个可能介导因子）

· Author(s)：ELDEIRY WS, TOKINO T, VELCULESCU VE, LEVY DB, PARSONS R, TRENT JM, LIN D, MERCER WE, KINZLER KW, VOGELSTEIN B

· Source：CELL 1993,75（4）：817－825．

· 分析:作者采用主－副题名相结合的方式在题名的开头给出了论文最重要的主题词：WAF1,并在副题名中解释了论文的内容：WAF1 is a Potential Mediator of P53 Tumor Suppression。该论文的眉题为 WAF1 as a mediator of P53 function,用 function 代替 tumor suppression,简洁且切题。

例6：

Title：THE PATHOGENESIS OF ATHEROSCLEROSIS—A PERSPECTIVE FOR THE 1990S（展望90年代的动脉硬化发病机制研究）

· Author(s)：ROSS R

· Source：NATURE 1993,362（6423）：801－809.

· 分析:作者采用主－副题名相结合的方式在主题名中给出了论文的主题：The Pathogenesis of Atherosclerosis,继而在副题名中补充了相关内容：A Perspective for the 1990s。

例7：

Title：TRAFFIC SIGNALS FOR LYMPHOCYTE RECIRCULATION AND LEUKOCYTE EMIGRATION—THE MULTISTEP PARADIGM（淋巴细胞再循环和白细胞迁移中的路径信号——多步骤范例）

· Author(s)：SPRINGER TA

· Source: CELL 1994, 76 (2): 301-314.

· 分析: 作者采用主-副题名形式,主题名(Traffic signals for lymphocyte recirculation and leukocyte emigration)为论文的主题,副题名(the multistep paradigm)起补充说明作用,从简洁角度看,其中的副题名似可省略,但这种形式的副题名可起到醒目的作用。该文的眉题为 Traffic signals for leukocyte emigration,表达简洁、清楚。

(4) 陈述句

例8:

Title: THE P21 CDK-INTERACTING PROTEIN CIP1 IS A POTENT INHIBITOR OF G1 CYCLIN-DEPENDENT KINASES (p21Cdk 作用蛋白(又称 Cip1)是 G1 细胞周期依赖性蛋白激酶的强抑制剂)

· Author(s): HARPER JW, ADAMI GR, WEI N, KEYOMARSI K, ELLEDGE SJ

· Source: CELL 1993, 75 (4): 805-816.

· 分析: 该文的眉题为"Cip1 is an inhibitor of G1 cyclin-dependent kinases",以简单陈述句的形式直接地表达了作者的结论。

第三节 作者署名

一、作者署名总要求

(1) 作者(Authors)应是论文的撰写者,是指直接参与了全部或部分主要工作,对该项研究做出实质性贡献,并能对论文的内容和学术问题负责者。

参加过本项研究的设计或开创工作,如后期参加工作,则必须赞同原来的研究设计;必须参加过论文中某项观察或取得数据的工作;必须参加过观察所见和取得数据的解释,并从中导出论文的结论;必须参加过论文的撰写;必须阅读过论文的全文,并同意其发表;用真实姓名,不用笔名。

(2) 研究工作主要由个别人设计完成的,署以个别人的姓名;合写论文的署名应按论文工作贡献的多少顺序排列;学生的毕业论文应注明指导老师的姓名和职称。作者的姓名应给出全名。多个作者共同署名:以贡献大小排列;执笔者通常排在首位。

(3) 作者的下一行要写明所在的工作单位(应写全称),并注上邮政编码。

(4) 为了便于了解与交流,论文的第一页脚注处或论文最后应附有通讯作者(通讯联系人)的详细通讯地址、电话、传真以及电子信箱地址。

示例如下:

作者简介: 张三(1966-),男,浙江杭州人,博士,副教授,研究方向为图形处理和智能信息处理,E-mail: abc@163.com

二、作者地址的标署

(1) 尽可能地给出准确详细通讯地址,邮政编码。

(2) 有两位或多位作者,则每一不同的地址应按之中出现的先后顺序列出,并以相应上标符号的形式列出与相应作者的关系。

（3）如果论文出版时作者调到一个新单位（不同于投稿时作者完成该研究工作的地址），新地址应以现地址（Present address）的形式在脚注中给出。

（4）如果第一作者或者通讯作者同时为其他单位的兼聘或者客座研究人员，为体现成果的归属，需要在论文中同时标注作者实际所在单位和受聘单位地址，一定要清楚地指明作者的有效通讯地址。

（5）如果第一作者不是通讯作者，作者应该按期刊的相关规定表达，并提前告诉编辑。期刊大部分以星号（＊）、脚注或者致谢形式标注通讯联系人。

三、通信作者

通信作者（Corresponding author）往往指课题的总负责人，他要负责与编辑部的一切通信联系和接受读者的咨询等。应该说，通讯作者多数情况和第一作者是同一个人，在通讯作者和第一作者不一致的时候，才有必要加通讯作者。

通信作者是课题负责人，承担课题的经费，设计，文章的书写和把关。他也是文章和研究材料的联系人。最重要的是，他担负着文章可靠性的责任。通信作者的好处是能和外界建立更广泛的联系。一些杂志会约通信作者审稿，写综述。这些会大大地提高通信作者在科学界的地位。

四、第一作者

第一作者（First author）一般是本文工作中贡献最大的研究人员。此作者不仅有最多和最重要的图表（即体力上的贡献），也是文章初稿的撰写人（即对本文的智力贡献）。

如果两个以上的作者在地位上是相同的，可以采取"共同第一作者"（joint first author）的署名方式，并说明这些作者对研究工作的贡献是相同的（These authors contributed equally to the work）。

五、署名的格式

论文的署名一般居中置于论文题名之下。署名可采用以下格式：作者的工作单位应写全称，如："陕西师范大学数学与信息科学学院"不能简写成"陕师大数科院"。此外，一般学术期刊还要求在篇首页脚标注第一作者及通讯作者的性别、年龄、学位、技术职称、主要研究方向、联系方式（电话、传真、Email 地址）等信息。

例1：

S 波段双边对称耦合器的模拟设计

汪宝亮[1*]，赵明华[1]，侯泪[2]，裴士伦[2]，张猛[1]

1（中国科学院上海应用物理研究所，上海 201800）

2（中国科学院高能物理研究院，北京 100049）

摘　要　（略）

关键词　（略）

第一作者及通讯作者：汪宝亮，男，1979年出生，2009年于中国科学院上海应用物理研究所获博士学位，主要研究加速结构、微波技术，加速器物理。E-mail：xxx@163.com

例2：

单链脱氧核糖在石墨电极表面固定化的研究

刘盛辉* 孙长林 何品刚 方禹之

（浙江工业大学化学化工学院，杭州310014） （华东师范大学化学系，上海200062）

例3：

NF-κB报告基因重组腺病毒的构建及活性分析

郭金海[1,2*]，王峰[2]，王平章[2]，赵丽[2]，石太平[2]，陈英玉[1,3]

（1. 卫生部医学免疫重点实验室，北京大学基础医学院，北京100191；

2. 国家人类基因组北方研究中心，北京100176；

3. 北京大学人类疾病基因研究中心，北京100191）

例4：

Speciation of chromium by in-capillary reaction and capillary electrophoresis with chemiluminescence detection

WeiPing Yang, ZhuJun Zhang*, Wei Deng

College of Chemistry and Materials Science,

Shaanxi Normal University, Xi'an, 710062, China

Abstract

A sensitive method for the simultaneous determination of chromium(III) and chromium(VI) using in-capillary reaction capillary electrophoresis separation and chemiluminescence detection was developed. ……

---

* Corresponding author. Tel./Fax：+86-29-88888888.

E-mail address：xxx@snnu.edu.cn

第四节 摘要

一、摘要的内容

摘要（Abstract）是现代科技论文的必要组成部分，通常位于论文的署名和前言之间，其内容应概括地不加解释地简要陈述论文的目的、研究方法以及最后得出的主要结论。摘要的内容包括：（1）研究目的：陈述其研究的宗旨及所要研究和解决的问题。（2）研究方法：介绍研究途径、采用的模型或实验的范围与方法。这是摘要的主体，应详细叙述，主要是进行主题词（指摘要的题目）的串讲。（3）研究的结果与讨论：经过试验和研究,得到新的数据、资料和结果,还可进行恰当的评价。这一部分内容反映研究的成果与水平。

二、摘要的要求

摘要主要讲述本论文的要点,是科研论文主要内容的简短、扼要而连贯的重述,必须将论文本身新的、最具特色的内容表达出来(重点是结果和结论)。

(1) 摘要具体写法有"结构式摘要"和"非结构式摘要"两种,前者一般分成目的、方法、结果和结论四个栏目,规定250字左右;后者不分栏目,规定不超过150个字,目前国内大多数的医学、药学期刊都采用"结构式摘要"。

(2) 摘要具有独立性和完整性,结果要求列出主要数据及统计学显著性。

(3) 一般以第三人称的语气写,不要用第一人称。避免用"本文""我们""本研究"等作为摘要的开头。

(4) 写摘要应使用简短的句子,用词应为潜在的读者所熟悉的。

(5) 注意表述的逻辑性,尽量使用指示性的词语来表达论文的不同部分(层次)。

(6) 确保摘要的"独立性"或"自明性",摘要中尽量避免引用文献、图表和缩写。尽量避免使用化学结构式、数学表达式、角标和希腊文等特殊符号。

(7) 摘要中可适当强调研究中的创新及重要之处;尽量包括论文的主要论点和重要细节(重要的论证或数据)。

三、摘要的类型

由于研究内容、文章性质和报道目的不同,摘要的类型一般分为以下三大类:

1. 报道性摘要(Informative Abstract)

也常称作信息性摘要或资料性摘要,其特点是全面、简要地概括论文的目的、方法、主要数据、结果和结论。通常,这种摘要可以部分地取代阅读全文。报道性摘要具有较为固定的格式,医学、药学及生物学类论文常使用报道性摘要。如下例:

题目:重组腺病毒ADV-TK对肝癌抑制作用的实验研究

摘要:**目的**观察已构建的含胸苷激酶(TK)自杀基因的重组腺病毒(ADV-TK)对肝癌细胞的体外杀伤作用和对肝癌裸鼠移植瘤的治疗效果。**方法**将ADV-TK体外感染人肝癌细胞株SMMC-7721,噻唑蓝(MTT)法检测受感染的SMMC-7721细胞被不同浓度更昔洛韦(GCV)作用后的细胞存活率情况。构建肝癌SMMC-7721裸鼠移植瘤模型,观察肿瘤注射重组腺病毒ADV-TK结合GCV治疗移植瘤的变化。**结果**相同滴度的重组腺病毒与不同浓度的GCV作用于肝癌细胞株SMMC-7721后,MTT法检测到细胞的存活率随着GCV浓度的增加而不断降低。动物实验中ADV-TK治疗组肿瘤体积明显小于对照组(ADV-null及NS)($P<0.01$)。**结论**重组腺病毒ADV-TK对肝癌SMMC-7721细胞的体外增殖和裸鼠体内的移植瘤生长均有明显的抑制作用。

2. 指示性摘要(Indicative Abstract)

也常称为说明性摘要、描述性摘要(Descriptive Abstract)或论点摘要(Topic Abstract),一般只用二三句话概括论文的主题,而不涉及论据和结论,多用于综述、会议报告等。该类摘要可用于帮助潜在的读者来决定是否需要阅读全文。如下两例:

例1:

题目:医学科研论文中阿拉伯数字的使用规则

摘要:1.凡是可以使用阿拉伯数字而且很得体的地方,均应使用阿拉伯数字。2.公历世纪、年代、年、月、日和时刻必须使用阿拉伯数字。3.日期可采用全数字式写法,例如:1999-02-18,或 1999 02 18,或 19990218。年份用4位数表示,不能简写,例如:1999年不能写成99年。

例2:

题目:乙型肝炎病毒基因突变与重型肝炎/肝衰竭发生的关系

摘要:乙型肝炎重症化导致的重型肝炎或肝衰竭在临床上病情危重、发展迅速、病死率很高,但发病机制尚不完全明了。HBV基因突变导致病毒生物学特性改变是影响HBV感染转归的重要因素之一。本文就HBV基因突变与重型肝炎/肝衰竭发生的相关研究进展作一综述。

3. 报道-指示性摘要(Informative – Indicative Abstract)

以报道性摘要的形式表述一次文献中的信息价值较高的部分,以指示性摘要的形式表述其余部分。科技论文常用的是报道-指示性摘要。如下两例:

例1:

题目:细胞骨架在ns脉冲诱导肿瘤细胞凋亡中的作用

摘要:为了研究细胞骨架在ns脉冲诱导肿瘤细胞凋亡中的作用,将脉冲电场参数组合作用于细胞骨架裂解的Hep-G2细胞。利用Annexin-V和碘化丙锭(propidium iodide,PI)双染法检测细胞凋亡和坏死情况;采用荧光分光光度计观测线粒体跨膜电位和细胞膜穿孔的变化情况。试验发现:肌动蛋白裂解后脉冲处理组的细胞凋亡和坏死大大降低(与单独脉冲处理组相比检验水平$P<0.05$),早期细胞凋亡由$(16.94±2.87)\%$下降到$(4.77±1.87)\%$;晚期凋亡和坏死由$(20.94±3.09)\%$下降到$(14.38±2.60)\%$;脉冲处理组和肌动蛋白裂解后脉冲处理组的细胞线粒体跨膜电位都出现下降,但后者的线粒体跨膜电位却明显高于前者($P<0.05$);单独脉冲处理组和细胞骨架缺失后脉冲处理组二者在相同时间点时其PI荧光强度无明显差异,且PI荧光随时间而变化的规律亦相似。上述结果表明:细胞骨架的缺失抑制了ns脉冲诱导细胞凋亡的线粒体通路,进而降低细胞凋亡水平,但对细胞膜的穿孔情况无明显影响。

例2:

摘要:阐述了灭弧室中燃弧情况下的气流状态。从分析电弧能量的各个部分的分布及发散方式入手,探讨了上游气缸气体滞止参数的改变和喉道内气流受到电弧能量制动等效应,并根据气体动力学及热力学方程推演出了适合这些动态现象的解析表达式。理论分析计算与试验结果较为一致。结果表明,电弧弧电流的增大而加大,同时造成实际流量与电弧能量瞬时值的密切关系。基于以上特点,能够期望达到使压气式系统在其工作范围内对最佳气吹能力与时间具有一定的自调节作用,从而获得较理想的熄弧效果。

四、外文摘要

外文摘要一般同中文摘要内容一样,就是翻译的中文摘要。有的比中文摘要更详细一些,包括文题、作者和内容摘要。在把中文译为外文时,作者要避免按中文的字面意义逐字逐句地生搬硬译。选词要从技术概念的角度出发,取其本质性的含义,注意中、外文两种语言的行文差别。在冠词的使用、名词的单复数、人称的一致性、动词的时态和语态,以及各种修辞手段的应用等方面,要遵循外文的习惯用法,从而使译文结构紧凑、内容具体、关系明确和语言规范。

例如:

题目:4-[(E)-2-(3,4-二甲氧基苯基)乙烯基]苯氧基乙酸乙酯的合成及其NMR研究

摘要:以对硝基甲苯、3,4-二甲氧基苯甲醛为起始原料,经过缩合,还原,重氮化水解,亲核取代反应,最终合成了新的化合物 4-[(E)-2-(3,4-二甲氧基苯基)乙烯基]苯氧基乙酸乙酯,用 ^1H 和 ^{13}C NMR 及多种二维核磁共振谱确定了该化合物的结构,完成了 ^1H 和 ^{13}C NMR 的归属,给出了分子中各氢,碳原子的准确化学位移。

Title: Synthesis and NMR Characterization of Ethyl 4-[(E)-2-(3,4-dimethoxyphenyl)vinyl]phenoxyacetate

Abstract: A new compound ethyl 4-[(E)-2-(3,4-dimethoxyphenyl)vinyl]phenoxyacetate was synthesized from 3,4-dimethoxybenzaldehyde and p-nitrotoluene via five steps, including condensation, catalytic reduction, diazotization, hydrolyzation and nucleophilic substitution. The structure of this compound was determined by ^1D (^1H and ^{13}C NMR) and 2D NMR techniques including $^1H-^1H$ COSY, HMQC and HMBC. All ^1H and ^{13}C NMR chemical shifts of the compound were assigned.

1. 摘要长度(Length of the Abstracts)

摘要长度一般不超过 350 字,不少于 100 字;少数情况下可以例外,视原文文献而定,但主题概念不得遗漏。据统计如根据前述三部分写摘要一般都不会少于 100 字。另外,写、译或校文摘可不受原文文摘的约束。

一般缩短摘要方法如下:

(1)摘要中第一句话的注语,如"本文…""作者…"等词可以省略。英文摘要可取消不必要的字句,如:"It is reported…""Extensive investigations show that…""The author discusses…""This paper concerned with…"。

(2)对物理单位及一些通用词可以适当进行简化。

(3)取消或减少背景情况(Background Information)。

(4)限制文摘只表示新情况、新内容,过去的研究细节可以取消,不宜与其他研究工作比较。

(5)摘要不加注释和评论;不宜举例,不用引文;不应用图表、公式、化学结构式等。

(6)作者的未来计划或设想不纳入摘要中。

(7)尽量简化一些措辞和重复的单元,如下列英文表达:

不用:at a temperature of 250℃ to 300℃,而用:at 250 – 300℃。

不用:at a high pressure of 300MPa,而用:at 300MPa。

不用:at a high temperature of 1500℃,而用:at 1500℃。

2. 英文摘要文体风格(Styles)

(1)摘要叙述要简明,逻辑性要强。

(2)句子结构严谨完整,尽量用短句。

(3)技术术语尽量用工程领域的通用标准。

(4)用过去时态叙述作者工作,用现在时态叙述作者结论。

(5)可用动词的情况尽量避免用动词的名词形。如:用"Thickness of plastic sheets was measured",不用"Measurement of thickness of plastic sheet was made"。

(6)注意冠词用法,分清 a 是泛指,the 是专指。如:"Pressure is a function of temperature",不应是"Pressure is a function of the temperature"。再如:"The refinery operates…",不应是"Refinery operates…"。

(7)不使用俚语、外来语表达概念,应用标准英语。

(8)尽量用主动语态代替被动语态。如:"A exceed B"优于"B is exceeded by A"。

(9)题名中尽量少用缩略词,必要时亦需在括号中注明全称。

3. 摘要中的特殊字符(Special Characters)

特殊字符主要指各种数学符号及希腊字母;对他们的录入,EI/SCI 有特殊的规定。在摘要中尽量少用特殊字符及数学表达式,因为它们的输入极为麻烦,而且易出错,影响文摘本身的准确性,应尽量取消或用文字表达。如"导热系数 ρ"中的"ρ"即可去掉。再如:$\Phi = A\mu\alpha - 1\chi$ 或更复杂的表达式应设法用文字指引读者去看原始文献。

五、摘要举例

例1:

目的:探讨 18F – FDGPET/CT 在妇科恶性肿瘤诊断及随访中的应用价值。方法:对33例妇科恶性肿瘤患者(17例原发肿瘤、16例术后可疑复发或转移)行 18F – FDGPET/CT 显像,与常规影像学结果进行分析比较。结果:17例原发肿瘤患者中,PET/CT 和常规影像学对原发病灶的诊断无统计学差异;两种方法对淋巴结转移的诊断敏感性、特异性、准确性、阳性预测值和阴性预测值分别为:85.7% vs 28.6%,100% vs 100%,94.1% vs 70.6%,100% vs 100% 和 90.9% vs 66.7%,两者比较敏感性有统计学差异;对转移淋巴结数目的诊断准确性分别为 92.3%,46.2%,两者比较有统计学差异。16例可疑复发或转移患者中,PET/CT 及常规影像学对病例数的诊断无统计学差异,对病灶数目的诊断敏感性、特异性、准确性、阳性预测值及阴性预测值分别为:76.9% vs 48.7%,77.8% vs 66.7%,77.1% vs 52.1%,93.8% vs 86.4% 及 43.8% vs 23.1%,两者比较敏感性、准确性有统计学差异。结论:18F – FDGPET/CT 作为一种有效的无创性影像学诊断方法,在妇科恶性肿瘤的诊断及随访过程中具有重要的临床应用价值。

【邓凯,董桂青,张成琪,王广丽,刘庆伟,宋吉清. 18F – FDGPET/CT 在妇科恶性肿瘤中的临床应用价值. CT 理论与应用研究. 2012,(2):283 – 289.】

例2：

利用毛细管柱内在线还原方法,结合毛细管电泳 – 化学发光同时分离与检测 V(IV)和 V(V)。V(V)在毛细管内在电场作用下被酸性 H_2O_2 在线还原为 V(IV),根据两种 V(IV)离子到达检测窗口的迁移时间的不同,从而达到分离与检测的目的。按照样品混合液、HCl 和 H_2O_2 依次进样,以 0.02 mol/L HAc – NaAc（pH = 4.7）为缓冲液,分离电压为 15kV。V(IV)和 V(V)的检测限分别为 6.8×10^{-12} mol/L 和 2.1×10^{-10} mol/L（3σ）。对 1×10^{-10} mol/L V(IV)和 1×10^{-9} mol/L V(V)进行 5 次测定,迁移时间的 RSD(%)分别为 1.2% 和 1.4%,峰高的 RSD(%)分别为 4.8% 和 4.5%。V(IV)和 V(V)的线性范围分别为:$2.5 \times 10^{-11} \sim 1.0 \times 10^{-9}$ mol/L、$5.0 \times 10^{-10} \sim 5.0 \times 10^{-8}$ mol/L。

【杨维平,章竹君. 毛细管电泳柱内在线还原化学发光测定 V(IV)和 V(V). 陕西师范大学学学报(自然科学版). 2010,38(4):51 – 54.】

例3：

以用钛酸四乙酯为催化剂,芳基乙酮酸乙酯与天然 L – 薄荷醇进行酯交换,合成了 8 个含手性基团的芳基乙酮酸薄荷醇酯;在手性基团的立体选择性控制下,芳基乙酮酸薄荷醇酯与硝基甲烷进行不对称 Henry 反应,合成了 7 个(2R) – 2 – 羟基 – 2 – 芳基 – 3 – 硝基丙酸薄荷醇酯新化合物,用 IR、1H NMR、13C NMR、元素分析表征了合成物结构。用高效液相色谱经手性柱分析了不对称反应效果,缩合反应的非对映体过量在 46.5 ~ 64.2% 之间,表明可以通过立体选择性控制产物的构型。

【向纪明,李宝林. 芳基乙酮酸薄荷醇酯的合成及其不对称 Henry 反应. 高等学校化学学报 2010,31(1):68 – 73.】

例4：

A sensitive method for determination of metoprolol in rabbit plasma was described. The method involved purification by ultrafiltration, derivatization with Fluoresceine – 5 – isothiocyanate, separation by capillary electrophoresis and determination by laser – induced fluorescence detector. Other components including a variety of amino acids and proteins in plasma did not interfere with the determination of metoprolol under experimental conditions. The assay had a wide range (2.0 – 500 ng/mL) of linearity and a detection limit of 0.8 ng/mL. The intra – and inter – day precisions of the QC samples were satisfactory with RSD less than 10% and accuracy within 10%. This method was successfully applied to pharmacokinetic study of metoprolol in rabbit blood.

【Yuyun Chen, Weiping Yang. Pharmacokinetic study of metoprolol in rabbit blood using capillary electrophoresis with laser – induced fluorescence detection. J Anal. Chem. 2012,67(6):572 – 576.】

例5：

应用路线调查法和鸟鸣声识别法分别对陕西师范大学校园鸟类的种类及数量进行了初步调查。结果表明,陕西师范大学校园共分布鸟类 51 种,隶属 8 目、22 科。其中,常见种是鸽形目的珠颈斑鸠,鹎形目纵纹腹小鸮,雨燕目的楼燕,雀形目的灰喜鹊、乌鸫、麻雀、白鹡鸰,鹃形目的四声杜鹃等。

【李金钢等.陕西师范大学校园鸟类调查.陕西师范大学学报(自然科学版).2004,32(1):82-85.】

第五节 关键词

一、关键词的含义

所谓关键词(Keywords),是供检索用的主题词条,是指从论文的题目、正文和摘要中抽选出来,能提示或表达论文主体内容特征,具有实质意义和未经规范处理的自然语言词汇。关键词亦称索引术语,主要用于编制索引或帮助读者检索文献,也用于计算机情报检索和其他二次文献检索。

(1)关键词是从论文的标题、摘要和内容中选出来用以表示全文主题内容的单词或词组。

(2)关键词一般选取3—6个词,并标注与中文一一相对应的英文关键词。每个词之间应留有空格以区别之(或用分号隔开),最末一词后不加任何标点。

(3)关键词通常位于摘要之后,引言之前。

二、关键词的特征

3—6个关键词或词组的排序及含义:

第一个关键词:论文主要工作或内容所属二级学科名称;

第二个关键词:论文得到的成果名称或文内若干个成果的总类别名称;

第三个关键词:论文在得到上述成果或结论时采用的科学研究方法的具体名称,对于综述和评论性学术论文等,此处分别写"综述"或"评论"等;

第四个关键词:前3个关键词中没有出现的,但被该文作为主要研究对象的事或物质的名称,或者在题名中出现的作者认为重要的名词;

第五、第六个关键词等:作者认为有利于检索和文献利用的其他关键词。

例如:

题目:Surgical Treatment of Subclinical Hepatocallular Carcinoma and Its Ultimate Outcome

亚临床型肝癌的外科治疗及其最终结果

Keywords:hepatocellular carcinoma; subclinical hepatocellular carcinoma; alpha-fetal protein; mass screening; hepatectomy

关键词:肝癌;亚临床型肝癌;甲胎蛋白试验;大规模筛选;肝切除术

关键词分析:

第一个关键词选"肝癌",因为文章研究的主要工作是肝癌;

第二个关键词"亚临床型肝癌",是文章的主要成果;

第三个关键词"甲胎蛋白试验"是研究方法；

第四个是研究对象病人通过"大规模筛选"的途径实现上述诊断方法；

最后一个关键词"肝切除术"，是治疗的主要方法。

三、关键词选取及标引方法

关键词应按《文献叙词标引规则》（GB/T3860—1995）的原则和方法，参照各种词表和工具书选取。未被词表收录的新学科、新技术中的重要术语可作为关键词标出。关键词具体选取及标引方法如下：(1)从论文中提炼出来的词；(2)最能反映论文的主要内容的词；(3)在同一论文中出现的次数最多的词；(4)一般在论文的题目及摘要中都出现的词；(5)可为编制主题索引和检索系统使用的词。

四、学术论文中使用关键词常出现的问题

(1) 将关键词写成短语；

(2) 无检索价值的词语不能作为关键词，如"技术""应用""观察""调查"等；

(3) 化学分子式、结构式、反应式和数学式原则上不用作关键词；

(4) 未被普遍采用或在论文中未出现的缩写词、未被专业公认的缩写词，不能作为关键词；

(5) 论文中提到的常规技术，内容为大家所熟知，也未加探讨和改进的，不能作为关键词；

(6) 每篇论文标引的关键词一般为3—6个，最好不要超过10个；

(7) 中英文关键词相互对应，且数量完全一致。

五、SCI期刊论文关键词选取的原则

(1) 关键词必须是能反映文稿内容主要特征的实意词；

(2) 无特殊检索意义、不能表征文稿所属学科专用概念的词不能独立作关键词使用，这类词SCI称为半禁用词（Semistop）。最常见的有：概念、规律、理论、报告、试验、学习、研究、方法、分析、问题、途径、特点、目的、发展、现象等；但半禁用词可以和半禁用词或实意词组合成关键词。如：理论研究、试验分析等；

(3) 无实质意义的词不能作检索词（关键词），这类词SCI称为全禁用词（Fullstoplist）。有冠词、虚词、介词、连词、代词、副词、形容词、感叹词、某些动词（连系动词、情感动词、助动词）。如下的关键词，对检索不利：DSC and P－V－T measurements；Miscibility and composition dependence of the glass temperature

六、中图分类号及文献标志码

(1) 中图分类号及文献标志码

中文期刊往往在关键词后列出中图分类号及文献标志码。中图分类号（CLC number），是指采用《中国图书馆分类法》对科技文献进行主题分析，并依照文献内容的学科属性和特征，分门别类地组织文献，获取分类代号。按照2010年北京图书馆出版社出版的《中国图书馆分类法（第五版）》查找确定。

文献标识码（Document code），为便于文献的统计和期刊评价，确定文献的检索范围，提高检索结果的适用性，每一篇文章或资料都要求标识一个文献标识码。有五种：

A——理论与应用研究学术论文（包括综述报告、专题讨论）。

B——实用性技术成果报告（科技）、理论学习与社会实践总结（社科）。

C——业务指导与技术管理性文章（包括领导讲话、特约评论等）。

D——一般动态性信息（通讯、报道、会议活动、专访等）。

E——文件、资料（包括历史资料、统计资料、机构、人物、书刊、知识介绍等）。

英文文章的文献标志码以"Document code"作为标志。文章一般标注一个分类号，多个主题的文章可标注两个或三个分类号；主分类号排在第一位，多个分类号之间应以分号分隔。例：中图分类号：TK730.2；O357.5。

（2）关键词、中图分类号及文献标志码举例

例1：

标题：计量逻辑学中的线性逻辑公式

关键词：布尔函数；线性逻辑公式；真度；反射变换；不动点

中图分类号：O142；文献标志码：A

例2：

标题：笼型倍半硅氧烷钛化合物的合成与表征

关键词：笼型倍半硅氧烷；倍半硅氧烷钛金属衍生物；均相催化反应模型

中图分类号：O627.4；O643.3 文献标志码：A

第六节 引 言

一、引言的意义

引言（Introduction）又叫前言、绪言、绪论，是文章的开头，也是最难写的一部分。一般说来，引言至少应包括三部分内容：(1)问题的提出，即为什么要研究这一课题；(2)背景材料，即该领域的过去、现状以及存在的问题；(3)本文的目的，即作者要回答或者要解决什么问题。

引言作为论文的开端，起纲领的作用，主要回答"为什么研究"这个课题。一篇高水平好的论文，主要体现在引言上的描述。

二、引言的内容及要求

(1)引言的内容主要介绍论文的研究背景、目的、范围，简要说明研究课题的意义以及前人的主张和学术观点，已经取得的成果以及作者的意图与分析依据，包括论文拟解决的问题、研究范围、技术方案、相互领域的前人工作和知识空白、理论基础分析、研究设想、研究方法和实验设计、预期结果和意义等。

(2)研究过程和手段、概念和术语的定义。引言应突出重点，言简意赅，不要等同于文摘或成为文摘的注释。如果在正文中采用比较专业化的术语或缩写词时，最好

先在引言中定义说明。

(3)主要的结果和结论,并概述成果及其意义。

(4)引言对论文的内容作一个概括的介绍,以方便读者阅读全文。其篇幅因题而异,可长可短,字数通常几十字到几百字即可,它对读者起一个引导作用。

三、引言的组成

引言一般包含四个组成部分:

(1)研究领域

与本研究工作的有关的背景介绍,也就是为什么要做这项工作,正确地估计研究课题的意义。

(2)前人工作

全面地介绍以前的相关工作(指出前人做了哪些工作,哪些尚未解决,现在进展到何种程度),这一点需要引起特别的重视。没有充分阐述研究工作的背景,不引用与本论文相关的重要文献,审稿人至少会认为作者阅读文献数量不够。

(3)问题所在

指出在相关领域尚待研究的,也是本文准备涉及的问题。不要过分地批评他人的工作,可以不直接涉及作者和参考文献来说明问题。

(4)本文贡献

是指本课题在学术领域中解决了什么问题,有何作用或意义。

四、书写引言时应注意的问题

(1)不要介绍人所共知的普通专业知识,或教科书上的材料;

(2)不要推导基本公式;

(3)不要对论文妄加评论,夸大论文的意义;

(4)避免使用自夸性词语。如"填补了一项空白""达到了什么级先进水平""前人从未研究过"等;

(5)避免使用客套话。如"才疏学浅、疏漏谬误之处,恳请指教""不妥之处还望多提宝贵意见"等;

(6)避免与摘要雷同。引言与摘要不同,写法不要与摘要雷同,或者把引言写成摘要的注释;

(7)避免使用广告式语言。

五、引言举例

例1:

过氧化苯甲酰(Benzoyl peroxide, BPO)是一种面粉改良剂,它可使面粉中叶黄素破坏而增加白度。早在上世纪二十年代,荷兰人就将过氧化苯甲酰用于面粉的漂白[1]。我国上个世纪80年代开始使用,但过氧化苯甲酰的超量使用将使面粉中的维生素被大量破坏,同时其分解产物苯甲酸、苯酚等毒物在人体内会导致肝脏病变,甚至诱发肝癌。因此BPO过量摄入不利于人体健康,故各国都规定了其限量标准。美、英等国允许的最大量为 0.05g/kg，我国在 1996 年修订的《食品添加剂使用卫生标准》（GB2760-96）中规定面粉中过氧化苯甲酰最大使用量为 0.06 g/kg。

目前，我国尚无过氧化苯甲酰（BPO）测定的法定方法。国外多采用乙醚提取，还原为苯甲酸后进行比色法测定[2]或气相色谱法测定[3]。以上方法须进行反复除杂手续，操作繁琐，测定时间长。国内目前采用的方法一般是将过氧化苯甲酰经碘化钾还原为苯甲酸后用高效液相色谱法（HPLC）间接测定[4]。最近，有研究报道用高效液相色谱法直接测定过氧化苯甲酰[5]，但此法灵敏度不高且所需仪器昂贵，难于推广。化学发光法用于检测 BPO 尚未见报道。

本文提出了一种新型的微升级液滴进样方式化学发光测定过氧化苯甲酰的分析方法。该法以细内径毛细管作为分析样品通道以及试样进样器，以气体压力作为进样推动力，并基于过氧化苯甲酰在碱性介质中能直接氧化鲁米诺反应产生强烈的化学发光，建立了一个高灵敏度，准确，快速，简便测定过氧化苯甲酰的气动毛细管微滴进样－化学发光检测新方法。

【WeiPing Yang, ZhuJun Zhang, Xu Hun. Talanta, 2004, 62(4): 661-666.】

例2：

二苯乙烯的多种衍生物表现出一系列的生理活性，如 3,4′,5-三羟基二苯乙烯（白藜芦醇）具有预防心脏病，抑制血小板凝聚，调控脂质和脂蛋白代谢，抗氧化及对癌症的治疗等作用[1-2]。但目前已发现的具有生理活性的二苯乙烯衍生物的缺点是生物活性较低，临床用药剂量大等[3]。因此以这类化合物为先导，寻找与发现新的具有更高生理活性二苯乙烯的衍生物是近年来药物研究与开发的热点之一。

作者依据药物分子设计原理，通过中间体化合物 3,4-二甲氧基-4′-硝基二苯乙烯（Ⅰ）、3,4-二甲氧基-4′-氨基二苯乙烯（Ⅱ）和 3,4-二甲氧基-4′-羟基二苯乙烯（Ⅲ），最终合成了未见文献报道的目标药物化合物 4-[(E)-2-(3,4-二甲氧基苯基)乙烯基]苯氧基乙酸乙酯（Ⅳ）。在化合物Ⅳ结构表征的过程中，由于芳香区图谱较为复杂，造成该化合物 NMR 的谱峰不易归属的问题。与Ⅳ结构类似化合物的 NMR 数据详细归属的报道[4]少有，本文利用 GRASP-HMQC 和 GRASP-HMBC 等多种二维核磁共振技术对化合物Ⅳ的 NMR 进行了全归属，该化合物为新化合物，它的 NMR 数据为首次报道。

【赖宜天，张喜全，李宝林，郭键，窦丽芳. 波普学杂志. 2007, 24(2): 231-237.】

例3：

关于阶梯形变幅杆，麦尔库洛夫等人曾有过研究[1]；张大安又从实验上研究了修正办法[2]；范国良在超声加工中有效地利用了阶梯形变幅杆的"局部共振现象"[3]；强盘富也研究了带压电片的阶梯形变幅杆[4]。这些研究虽然各异，但是从综合指标上，最佳设计考虑还不够。例如，从电声效率、放大倍数、省材料、重量轻、加工方便、使用可靠等项目来优选，还值得研究。

本文研究的内容是带压电片的阶梯形变幅杆。主要考虑该阶梯形变幅杆振子的粗棒可变长度的变化，对谐振频率、放大倍数、输出端位移的影响，从中优选较好的振子结构。

第七节　正　文

正文(Main Body)是论文的主体或核心部分,科学研究的创新性和创造性见解主要在正文部分表达出来,因而内容要求相对充分和翔实,论据充分、可靠,论证有力,主题明确。因而正文在整篇论文中占有较大篇幅。不同类型的论文,正文的写法略有不同。

一、理论型论文正文的内容表述与行文结构

理论型论文的核心是理论证明和理论分析。由于理论型论文正文内容涵盖面比较广泛,故其行文结构形式比较灵活多样化,并没有严格的固定格式,但论文各部分之间应该有紧密联系,体现一定的逻辑性。一般来说,对于理论型论文的内容可归纳为以下几类:

(1)运用数学方法整理、概括科学研究的理论成果,使之系统化、规范化和公式化。

(2)通过严密的理论推导和数学运算,证明某一概念、定义、定理;分析某种理论的意义;对某种理论进行补充和修正,进而提出某种新的理论或见解。

(3)运用数学方法对实验观察资料进行分析、综合、概括、抽象,通过归纳、演绎、类比等方法建立数学模型,用逻辑论据对客观事物的本质和规律作出科学证明。

与实验性论文相比,理论型论文正文内容突出特点是运用数学语言,因而必须遵从数学语言的表达规则,推理、论证遵循正确的逻辑规律。

例1：

题　目：计量逻辑学中线性逻辑公式

正文框架：

1. 预备知识

2. 线性逻辑公式

3. 一类代数次数等于 k 的布尔函数所对应的逻辑公式

例2：

题　目：动态步长情形在线 PRP-BP 算法的收敛性

正文框架：

1. 共轭梯度算法

2. 动态步长情形在线 PRP-BP 算法

3. 动态步长情形在线 PRP-BP 算法的收敛性

4. 数值试验

二、科学调查报告正文的内容表述与行文结构

科学调查报告正文的内容主要是阐述实地调查(或考察)的事实,并进行科学分析,从中找出规律性的东西,从而显示出必要的科学结论。

科学调查报告正文的行文结构大致分为：研究区概况；研究方法；调查结构与分

析;讨论(或结论)等几个部分。研究区概况主要说明所调查区域的地理位置和与研究目的有关的一些情况,比如:气候、海拔高度、地形、地质地貌、植被、土壤以及相关的人文环境等。其他几部分则根据具体研究问题分层论述。

例如:

题 目:不同土地利用方式下土壤重金属特征及影响研究

正文框架:

1. 研究区概况

2. 研究方法

3. 结果与讨论

   3.1 土壤重金属元素的水平分布

   3.2 土壤重金属元素的垂直分布

三、实验型论文正文的内容表述与行文结构

实验型论文的核心是实验设计和对实验结果的分析与讨论,因此其正文的行文结构基本上形成了一种固定的格式。通常,实验型论文包括如下三部分内容:实验部分、结果、讨论。

实验部分通常包括仪器设备,材料原料,实验和观测方法或步骤;结果是论文的核心部分,这一部分要求将研究中所得到的各种数据进行分析、归纳,并将经统计学处理后的结果用文字或图表的形式予以表达;讨论这一节是论文的关键部分,全文的一切结论由此得出,一切议论由此引发,一切推理由此导出。这部分需要列出实验数据和观察所得,并对实验误差加以分析和讨论。要注意科学地、准确地表达必要的实验结果,扬弃不必要的部分。实验数据或结果,通常用表格、图或照片等予以表达。

1. 实验部分

实验部分(Experimental)主要说明通过哪些技术途径,如何解决研究问题,其作用主要表现在两个方面:其一,为研究工作提供可靠性及可行性依据。其二,所采用的仪器设备、材料和方法可为他人的研究提供参考和借鉴。在写材料和方法这一节时,应给出诸如实验所用原料或材料的技术要求、数量、来源以及制备方法等诸方面的信息,有时甚至要列出所用试剂的有关化学性质和物理性质。要避免使用商业名称,通常应使用通用化学名称。实验方法应介绍主要的实验过程,但不要机械地按通常以年、月的次序进行描述,而应该将各有关的方法结合起来描述。

(1)材料或试剂(Materials or Reagents)

材料是科学研究的物质基础,需要详细说明研究的对象,药品试剂、仪器设备等。

① 如属动物实验研究,材料中需说明实验动物的名称、种类、品系、分级、数量、性别、年(月)龄、体重、健康状态、分组方法、每组的例数等。

② 说明受试药的来源、批号、配制方法等,中药应注明学名、来源,粗提物应标明有效部位或成分的含量和初步的质量标准,若是作者本实验室自行提取的应简述提取过程。

③ 标明主要仪器或设备(Instruments, apparatus or equipment)的生产单位、名称、型号、主要参数与精密度等。

④ 标明主要化学试剂的名称(尽量用国际通用的化学名,不用商品名)、成分、规格、批号、纯度、用量、生产单位及出厂日期等。应指明试剂使用前是否经过提纯或特殊处理。配制的溶液需指明浓度、配制方法和标定方法及储存方式等。

(2)方法(Methods)

方法也称实验步骤或实验方法。主要描述作者"做了什么""是怎样做的",并将具体的实验方法、观测指标、对照设置、数据处理方法等交代清楚。在这一部分,只叙述使用的材料,采用的方法,不必做任何解释。若采用作者自己所建立的方法则需详细描述;若采用常规的方法或标准方法,则只给出本文所涉及的细节,并标明其文献来源。为了能使科研同行能按照上述内容将实验重复出来,并得到与作者相同或相似的结果,此部分内容必须写得充分、详实、准确和客观。若所得结果不能被别人重复出来,此篇论文将无价值。

实验部分举例:

· 试剂及材料举例:

鲁米诺(分析纯、陕西师范大学化学与材料科学学院):5.0×10^{-2} mol/L;

过氧化氢(优级纯、上海桃浦化工厂):0.1 mol/L;

偏钒酸铵(NH_4VO_3)(分析纯,北京中联化工试剂厂):配制成 1×10^{-2} mol/L 的标准储备液。

· 仪器或设备举例:

LC-6A 高效液相色谱仪(Shimadzu,Japan);

7725i 型手动进样阀(20mL-loop,Cotati,CA,USA);

Nucleosil RP-C18 柱(250 mm 4.6mm i.d.,5mm,Pore Size,100,Macherey-Nagel,German);

IFFM-A 型化学数据采集分析系统(西安瑞迈电子科技有限公司)。

· 实验步骤或方法举例:

采用电动方式进样,操作电压 10kV,样品混合液进样时间 4s。进样完成后,打开注射器泵开关,将化学发光反应剂溶液以固定流速注入反应毛细管中,同时进行电泳分离,电泳电压 15kV,电泳时间 6 分钟。采集分析系统收集发光信号,在记录仪上显示出分析图谱。

2. 结果(Results)

结果是论文的核心之一,基本要求是表达清楚,前后连贯。通常是事先把有关数据列表,并将各种图表公式及最后计算结果准备好,然后依照逻辑顺序列出,只有与论文论点紧密相关的材料才选用,如果有不符合结论的数据,不应回避,应做适当的说明。数据和图表不能只简单的列出,需要作出必要的说明。例如,直接测量值是用什么方法转换成结果的;从实验结果探索到的规律;估计测量的误差等。对于从结果中得出的推论和结论,应说明其适用范围,并与理论计算的结果加以比较,以验证理论分析的正确性。通过总结实验或理论研究中所观察到的各种现象,所得到的数据,并对这些现象和数据进行定性或定量的分析,得出规律性的结果。实验或理论研究结果是科技论文的核心,是评价论文是否有水平的关键部分。不是所有的内容都写入结果中去,而是要选择那些能说明论文主题的内容。

结果部分通常是采用表格、插图和行文撰写,即将那些有规律性的最能说明问题的数据列成表格或绘成图形,然后再用语言做必要的论述。

结果框架举例:

2.1 方法的优化

  2.1.1 分离模式

  2.1.2 分离条件的选择

2.2 化学发光条件的优化

  2.2.1 发光试剂溶液pH值的影响

  2.2.2 发光试剂浓度及稳定性的影响

  2.2.3 反应介质酸度的影响

2.3 色谱分离

2.4 方法的分析特性

2.5 方法的应用

3. 讨论(Discussion)

讨论部分是论文中最有创造性见解、最严格的部分。结果的讨论,旨在阐述实验结果的意义,与前人所得结果不同的原因。讨论是对实验、调查和观察结果进行理论分析和综合,使结果通过逻辑推理、理论分析,从中提出科学结论的部分,要回答"为什么出现这样的结果""出现这样的结果意味着什么"等。在这部分中,应突出本项研究中的新发现、新发明,提出可能原因;分析本次研究的不足,还存在哪些尚未解决的问题,提出今后急需研究的方向和设想等。对于同自己预期不一致的结果或异常现象,也应作出合乎逻辑的解释。在这种情况下可以大胆提出新的假设,修正甚至推翻旧理论,提出既能解释新结果又能解释旧现象的新理论。并对研究成果作出解释,论述自己过去所持观点的相符合处;表明所有发展和深入的地方,指出自己的成果与他人研究成果及其观点的异同;讨论尚未定论之处,相反的理论;提出研究的方向与问题。最为重要的是突出新发现、新发明,解释因果关系,说明实验结果的偶然性与必然性。

(1)讨论应从结果出发,紧扣题目,不宜离题发挥。具体地说应对本实验所观察到的结果,分析其理论和实践意义,能否证实有关假说的正确性,找出结果中的内在规律,与自己过去的或其他作者的结果及其理论解释进行比较,分析异同及其可能原因,根据自己的或参考别人的材料提出新见解。

(2)讨论中应该运用一分为二的观点,正确地分析和评价自己工作中可能存在的不足之处和教训,例如本研究所用方法是否有局限性等;提出今后研究方向及本结果可能的推广应用的设想,这往往对读者的思路有所启发。

(3)篇幅较长的讨论,应分项目编写,每个项目应集中论述一个中心内容,并冠以序码。讨论的中心内容应与正文各部分,特别是结果部分相呼应。讨论中不应过细重复以上各部分的数据。

(4)为体现讨论的客观性,写作时一般采用第三人称语气。

(5)讨论切忌写成文献综述,更不应简单地重复实验结果,而是从理论上有选择地对研究结果进行分析、比较、解释、推理,对主要问题,特别是本研究创新、独到之处加以充分发挥,提出新的假说,揭示有待进一步研究的问题及今后的研究方向。

第八节 结 论

结论(Conclusion)是指在对研究结果进行理论分析和讨论的基础上,通过严密推理形成的富有创新性和指导性的,且与前言相互呼应的概括总结。也称作是论文的结束语或归结。大多数科技论文的正文都以结论为结尾,也有的论文将结论的内容融入讨论中。

结论是论文要点的归纳和提高,它既不是观察和实验的结果,也不是正文讨论部分的各种意见的简单合并和重复。只有那些经过充分论证,能判断无误的观点,才能写入结论中。如果研究工作尚不能导出结论时,不要写入结论。

论文的结论部分,应反映论文中通过实验、观察研究并经过理论分析后得到的学术见解。结论应是该论文的最终的、总体的结论。换句话说,结论应是整篇论文的结局,而不是某一局部问题或某一分支问题的结论,也不是正文中各段的小结的简单重复。结论应当体现作者更深层的认识,且是从全篇论文的全部材料出发,经过推理、判断、归纳等逻辑分析过程而得到的新的学术总观念、总见解。

结论应该准确、完整、明确、精炼。该部分的写作内容一般应包括以下几个方面:(1)本文研究结果说明了什么问题,论文揭示出来的原理和规律;(2)对前人有关的看法作了哪些修正、补充、发展、证实或否定;(3)对研究中所发现的例外结果所进行的分析和解释;(4)在理论上的建树和在应用上的价值和前景;(5)本文研究的不足之处或遗留未予解决的问题,以及对解决这些问题的可能的关键点和方向进一步研究的设想。

在撰写结论时,文字表述应逻辑严密,每个句子都应归结到一个认识、一个概念或一条规律;语言应准确、鲜明,忌用含糊其辞、模棱两可的语言来阐述新的发现或新的见解。在否定或肯定某种观点时,表述应确切,不用"大概""或许""可能"等词,以免带来似是而非的结果。

如果结论的内容较多,可按内容的不同分条表述;若内容较少,也可用几句话概括。

总而言之,科技论文的结论部分是对论文全部观点的总结。它是在理论分析和实验结果的基础上,通过严密的逻辑推理而得出的富有创造性、指导性、经验性的结论或讨论。它又以其自身的条理性、科学性和客观性,反映论文研究内容的价值,与摘要和前言相呼应,同样也可以起到便于读者阅读和便于专业检索工作的作用。结论是作者在理论分析,实验结果的基础上经过分析、推理、判断、归纳的过程而形成的更深入的认识和总观点。应包括的内容有:简述由实验结果和讨论部分所得出的最后结果,说明结论适用的范围,说明研究成果的意义,并指出自己对公认的旧假设、原理做了哪些改进,对该项工作发展的展望。

结论举例1：

抗肿瘤活性实验结果表明，化合物1~5对BGC-823和A549肿瘤细胞增殖均有一定的抑制活性，随着药物浓度的增加，其对肿瘤细胞的增殖作用增强。化合物1~5的浓度在1 $\mu g \cdot mL^{-1}$时，对BGC-823肿瘤细胞的抑制率不如紫杉醇和Gefitinib，当浓度为10$\mu g \cdot mL^{-1}$和100$\mu g \cdot mL^{-1}$时，其对肿瘤细胞的抑制率与紫杉醇相当或稍差；而相对于Gefitinib，其对BGC-823肿瘤细胞的增殖抑制作用较优。化合物1~5浓度在1$\mu g \cdot mL^{-1}$时，对A549肿瘤细胞的抑制率不如紫杉醇和Gefitinib，当浓度为10$\mu g \cdot mL^{-1}$和100$\mu g \cdot mL^{-1}$时，抑制率与紫杉醇和Gefitinib相当。从活性数据的结果可以看出所合成的目标化合物均具有一定的抗肿瘤活性，其抗肿瘤活性与阳性对照物相比相当或稍强。但是这些化合物相互间比较，它们的抗肿瘤活性又存在一定的差异，可能的原因是化合物中R基上的取代基不同或其取代基的个数、位置不同，致使其与肿瘤细胞的作用强弱有所不同。这些新化合物的进一步抗肿瘤活性正在探索之中。

结论举例2：

本实验结果表明：MG135能够抑制肝癌细胞株Hela细胞的生长，并可诱导其凋谢，表现在凋亡蛋白Caspase-3高表达，这为肝癌患者的治疗提供了新的途径及一定的理论依据。MG135可能通过诱导细胞凋亡来有效抑制Hela细胞的生长，从而达到抑制肿瘤细胞的作用而发挥其抗肝癌作用，为临床治疗肝癌提供了更为广阔的思路和更多理论基础。

结论举例3：

本文主要探讨了有交易成本且股票价格服从混合过程条件下的期权定价问题。为避免因连续交易保值而产生的过高交易成本，首先建立了离散交易模型，并运用证券组合技术和无套利原理，推出了有交易成本的股价服从混合过程的非线性期权定价模型。通过对欧式期权性质的分析，利用文献[4]的结论可给出此类期权的解析解，但要对方差进行修正。结果表明，由于股票交易成本使股票市场收益率下降，因而期权买方愿意以较高价格买入，卖方愿意以较低价格卖出，所以交易成本的存在使得期权市场更易于交易。这结论对期权市场的存在十分重要。（文章题目：有交易成本的标的资产服从混合过程的期权定价）

结论举例4：

实验发现了扑热息痛对鲁米诺-铁氰化钾化学发光反应具有较强的抑制作用，采用分子印迹技术合成了对扑热息痛具有高度选择性的分子印迹聚合物。以此分子印迹聚合物为分子识别物质，建立了测定尿样中扑热息痛的分子印迹-化学发光分析法。这项研究工作表明，将分子印迹技术用于化学发光分析能极大地改善化学发光分析法的选择性，从而解决了化学发光分析选择性差的固有缺点，使其可用于复杂样品的直接分析。（文章题目：分子印迹-化学发光法测定扑热息痛）

论文的结果、结论以及结语在内容、含义及作用等方面有一定的区别，见表8-1。

表 8-1　结果、结论和结语的区别

内容	结果	结论	结语
定义	是指事物发展所达到的最后状态	是指从前提推出来的判断	是指文章或讲话末了带有总结性的一段话
核心	状态	判断或断言	一段话
作用	起论据的作用	起画龙点睛的作用	起画龙点睛、反映观点的作用
要求	如实反映研究情况	实事求是、不夸张	总结全文,反映作者观点
地位	放在正文中,是本论的一部分	放在正文之后,是结论本身	放在正文之后,包容结论内容
关系	是得出结论的前提,不能代替结论	由结果推断而来,是结语的一部分	结语包含结论,但不宜直叙结果

第九节　致　谢

作者通过论文对自己的学术思想,研究进展提供过帮助的主要人员表示致谢(Acknowledgments)是完全应当的,特别是在学术上、科学问题方面对自己的研究提供过帮助或得到过启发的人员,一定要向他们致谢,也包括经费的支持和工作条件的保障,等等。

致谢并非是科技论文必不可少的一个组成部分,只有在必要时使用,它可以单独成一段落,置于结论和参考文献之间。

一、致谢对象

致谢对象通常主要有两类:

(1)感谢个人或机构在技术上的帮助,其中包括提供仪器、设备或相关实验材料,协作实验工作,提供有益的启发、建议、指导、审阅,承担某项辅助性工作,等等。例如:The authors are thankful to Prof. M. Mathlouthi of University of Reims, Reims, France for providing sugar samples that were characterized for their impurities by traditional methods and techniques.

(2)感谢外部的基金帮助,如资助、协议或奖学金,有时还需要附注资助项目号、合同书编号。

二、致谢的写作要点

(1)致谢的内容应尽量具体

致谢的对象应是对论文工作有直接和实质性帮助、贡献的人或者机构,因此,致谢中应尽量指出相应对象的具体帮助与贡献。例如:应该使用如"Thanks are due to J. Jones for assistance with the experiments and to R. Smith for valuable discussion."避免如"To acknowledge all of the people who have contributed to this paper in some manner

……"。

致谢应写得简短、中肯、实事求是,例如:The author is indebted to Dr. Smith for suggesting the use of the method of Regression Equation to simplify the proof and to the NBM LTD for financial support.(本文作者感谢史密斯博士,由于他建议使用回归方程的方法,简化了证明,感谢 NBM 有限公司在经费上的支持。)

(2)用词要恰当

致谢的开始就用"We thank""We would like to thank"或"The authors thank"等,不要使用"We wish to thank"。尤其是"wish"一词最好在致谢中消失。当表达愿望时,"wish"是很好的词,但是如果说"I wish to thank John Jones,"则是在浪费单词,并且也可能蕴涵"I wish that I could thank John Jones for his help but it was not all that great."(我希望感谢 John Jones 的帮助,但这种帮助并不那么大),实际上用"I thank John Jones"显得更为简明和真诚。

三、致谢基金资助项目的英文表达

国内大部分英文期刊习惯将基金资助项目的信息作为论文首页的脚注,国外期刊则多将其作为"致谢"的一部分。

以论文首页的脚注形式注明基金资助项目的案例:

Supported by the Major State Basic Research Development Program of China (Grant No. 2001GB309401~05), the National Natural Science Foundation of China (Grant No. 60171009) and the Key Project of Science and Technology of Shanghai (Grant No. 02DZ/5002)

"致谢"案例:

Acknowledgments sample 1:

This work was supported by the National Natural Science Foundation of China (Grant 205345789).

Acknowledgments sample 2:

This work was supported by a grant from National Institute of Health (GM 345678). The authors would like to thank Dr. W. Yang for excellent technical support and Professor L. Zhang for critically reviewing the manuscript.

Acknowledgments sample 3:

This work is supported by the Natural Sciences and Engineering Research Council of Canada. We thank Professor J. A. Pople and Dr. P. M. W. Gill for a preprint of Ref. 13, and Professor T. Ziegler and Professor R. A. Friesner for enlightening discussions.

四、课题资助项目名称翻译标准

(1)国家高技术研究发展计划资助项目(863 计划), No.
　　Supported by the National High Technology Research and Development Program of China (863 Program), No.
(2)国家自然科学基金资助项目, No.
　　Supported by the National Natural Science Foundation of China, No.

(3) 国家"九五"攻关项目，No.
Supported by the National Key Technologies Research and Development Program of China during the 9th Five-Year Plan Period，No.

(4) 中国科学院"九五"重大项目，No.
Supported by the Major Programs of the Chinese Academy of Sciences during the 9th Five – Year Plan Period，No.

(5) 中国科学院重点资助项目，No.
Supported by the Key Programs of the Chinese Academy of Sciences，No.

(6) "九五"国家医学科技攻关基金资助项目，No.
Supported by the National Medical Science and Technique Foundation during the 9th Five-Year Plan Period，No.

(7) 江苏省科委应用基础基金资助项目，No.
Supported by the Applied Basic Research Programs of Science and Technology Commission Foundation of Jiangsu Province，No.

(8) 国家教育部博士点基金资助项目，No.
Supported by the Ph. D. Programs Foundation of Ministry of Education of China，No.

(9) 中国科学院上海分院择优资助项目，No.
Supported by the Advanced Programs of Shanghai Branch，the Chinese Academy of Sciences，No.

(10) 国家重点基础研究发展规划项目（973 计划），No.
Supported by the Major State Basic Research Development Program of China (973 Program)，No.

(11) 国家杰出青年科学基金，No.
Supported by National Science Fund for Distinguished Young Scholars，No.

(12) 海外香港青年学者合作研究基金，No.
Supported by Abroad Joint Research Fund for Young Scholars of Hong Kong，No.

(13) 中央高校基本科研业务费专项资金资助，No.
Supported by the Fundamental Research Funds for the Central Universities，No.

（国家自然科学基金，各类型项目英文介绍：http://www.nsfc.gov.cn/english/06gp/index.html）

第十节　参考文献

一、引用参考文献的原因

在撰写学术研究的成果时，我们在文中都要提及他人的研究成果，这一过程叫做参考或引用。对于一篇学术论文来说,无疑论文的内容是最主要的,但从科研的规律来看,任何研究都是在前人研究的基础上进行的,所以,学术论文引用、参考、借鉴他人的科研成果,都是很正常的,而且是必需的。它表明作者对与本课题有关的国内外研究现状的了解程度,从中能够发现该课题目前的研究解决了什么问题?没解决什么问题?哪些问题是急需要解决的?哪些问题虽然重要但目前仍解决不了的?可能的前景是什么?等等。它也能说明作者是站在一个什么样的高度,以什么为起点进行研究的。如果没有一定的阅读量,就不能反映作者对本领域的研究动态的把握。因而,如实地呈现参考文献不仅表明作者对他人劳动的尊重与承认、对他人研究成果的实事求是的科学态度,也展示作者的阅读量的大小。如果论文中直接或间接地引用了他人的学术观点、数据、材料、结论等,而作者又没能如实地交代出处,则被认为是不道德的甚至会因此而被指控为"剽窃罪"。在国外,许多大学和学术团体,无论是学生提交的作业还是研究人员提交的研究报告、论文或专著对此都有明确的要求,否则将不予通过,甚至做严肃处理。因此,参考文献要求正确、准确地使用,不能把别人的成果据为己有,更不能随意更改。对于引用的文章内容,要忠实原文,不可断章取义、为我所用;不能前后矛盾、牵强附会;无论引用的是原文或者只是阐述了别人的观点,也无论所引用的材料是否已经公开出版,都要明白无误地表明出处。

其次,如实地规范地呈现参考文献也可为同一研究方向的人提供文献信息,使读者能清楚地了解作者对该问题研究的深度和广度。我们在阅读他人的研究成果时一方面获取他们的研究结论,另一方面也学习他们的研究方法和他们提供的研究信息,参考文献就是信息的最大来源。参考文献对于其他研究人员来说是一个资源,他们依此去获得更多的信息。因此,对作者来说,如实呈现参考文献是其严谨治学态度的体现;对编辑来说,参考文献则是一篇完整的学术论文必不可少的一个组成部分;而对于读者来说,参考文献就是认识问题的一扇窗户、一把钥匙,它便于读者查阅有关资料,进一步评价论文的学术水平及价值,启发读者的思维,便于开展学术争鸣。因此,参考文献是学术论文、研究报告、学术著作不可缺少的组成部分,不可随意"从略",不可马虎了事或错误百出,否则将会使一篇质量和水平较高的论文逊色。

二、引用参考文献的要求

(1)全面。具有研究背景意义的文献、供实验(研究)方法参考或引用的文献、有支持或冲突性证据的文献、供论据或论点比较有用的文献等。

(2)精选。最好是近年的,而且最好要引上 Science、Nature、Annual Reviews 系列等权威及核心杂志的近期文献,增加自己立论依据的权威性。所列举的参考文献应是正式出版物,以便读者考证。

(3)尽量阅读原文。引用的文献应该是作者阅读过的,至少阅读过一部分。

(4)仔细核对,书写规范。所列的参考文献要标明序号、作者姓名、著作或文章的名称、出版单位、出版时间(或版次)、文章还有期、卷及页码。

参考文献体现科学具有继承性,引用的主要理论、观点、数据、图表等均应注明出处。

三、参考文献的体例类型

根据国家有关标准 GB/T 7714-2005《文后参考文献著录规则》参考文献体例类型有顺序编码制和著者-出版年制两种。

(1)顺序编码制,又称"制字制(Number system)"或"温哥华(Vancouver)体系"。正文引用的文献按其出现的先后顺序连续编码,并将序号置于方括号"[ ]"或圆括号"( )"中。引用多篇文献时,只需将各篇文献的序号在括号内全部列出,各序号间用",""(连续序号可只标注起至序号)。文献书目中的各篇文献按其在正文出现的标注序号依次列出。如下例:

例1:Different pre-or post-column derivatisation methods enable more sensitive spectrophotometric [1-3] or spectrofluorimetric [4-6] determinations according to the used labelling reagent.

例2:"大美"之说源于庄子。庄子说:"天地有大美而不言。"[1](《庄子·知北游》)庄子所说的天地之"大美",其实就是大道之美。这里的"大"即指"道"。老子说:"域中有四大,道大,天大,地大,人亦大。"[2](《道德经》第25章)"万物归焉而不为主,可名为大。"[2](《道德经》第34章)这里的"大"说的都是道"大"。

(2)著者-出版年制,又称"作者-年制"或"哈佛(Harvard)体系"。正文中文献的标注由著者姓名与出版年构成,文献书目中各篇文献首先按文种分别集中,然后按著者姓名的字母顺序和出版年的先后来排列。

例如:The most common sugar impurities include moisture, invert, ash, colorant molecules, organic acids, inorganic anions and cations, and metal ions (Bruijn & Bout, 2010; Godshall, 2011).

四、参考文献目录中文献编写格式

大多数期刊对参考文献的引用有其特定的样式。不同之处主要表现在一些细节上,如是否包括文章的题目、是否列出起始页、作者名字的大小写首字母放置的位置(在姓前面还是在后面)、作者人数(全部列出,还是前三位,其余的以 et al. 表示)、论文发表年份的位置(在作者姓名之后,在题目之后,或是在参考文献的末尾)、标点符号的使用等。因此,如拟向某刊物投稿,需仔细参看该刊的投稿须知或 instruction to authors。

目前大部分期刊的参考文献著录格式采用温哥华(Vancouver)体系(顺序编码制)。

例如:Heider E R, Oliver C. The structure of color space in naming and memory of two languages [J]. Foreign Language Teaching and Research, 1999, (3): 62-67.

五、参考文献引用上的一些误区

(1)知而不引

明明借鉴了同行的类似工作,却故意不引用同行的类似工作,使自己工作看上去"新颖""领先"。

(2)断章取义

故意截取作者试图否定的部分来烘托自己的观点。

(3) 引而不确

没有认真看原文,引文错漏。

(4) 来源不实

某些字句来源不可靠(比如非正式的或非学术的出版物),且不注明来源。常见于一些统计数字。

(5) 盲目自引

不是为了说明自己的工作与前期工作之间的关系,而是单纯为提高自己文章被引用次数而自引。

六、文献类型和标识

多数期刊根据参考文献类型,在引文标题后要标注文献类型标识,参考文献类型与标识,见表8-2。

表8-2 参考文献类型与文献类型标识

文献类型	标识	英文全称
专著	M	Monographs
会议录	C	Conference Papers
汇编	G	Gather
报纸	N	News Paper
期刊	J	Journal Articles
学位论文	D	Dissertations and Theses
报告	R	Technical Reports
标准	S	Standards
专利	P	Patents
数据库	DB	Data Base
计算机程序	CP	Computer Program
电子公告	EB	Electronic Bulletin
磁带	MT	Magnetic Tape
磁盘	DK	Disk
光盘	CD	CD-ROM
联机网络	OL	Online

注:

(1) 对于不属于上述的文献类型,采用字母"Z"标识。

(2) "博士后出站报告"的文献类型标志可为 PDR(Postdoctoral Report)。例如:"刘华强. 青藏高原积雪影响亚洲夏季风的数值模拟和诊断研究[PDR]. 南京:南京气象学院大气科学系,2002:46-48."

(3) 析出的文献标识在题名后,整本文献标识置于刊名(或书名)后。

七、参考文献著录格式

参考文献著录格式是根据国家有关标准 GB/T 7714-2005《文后参考文献著录规

则》制定。

(1) 期刊论文

【格式】[序号] 作者. 文章题名[J]. 期刊名,年,卷(期):起止页码.

【举例】

[1] 刘康,季晖,李绍平等. 三种大鼠骨质疏松模型的比较[J]. 中国骨质疏松杂志,1998,4(4):13-18.

[2] 蒋尔鹏,张远强,张金山等. P38 MAPK 在小鼠睾丸出生后不同发育阶段的表达[J]. 第四军医大学学报,2003,24(11):961-963.

[3] Yang W P, Zhang Z J, Deng W. Speciation of chromium by in-capillary reaction capillary electrophoresis with chemiluminescence detection[J]. J. Chromatogr. A, 2003, 1014 (1-2):203-214.

(2) 书籍

【格式】[序号] 著者. 书名[M]. 版次(初版不写). 出版地:出版社,出版年:起止页码.

【举例】

[4] 徐叔云,卞如濂,陈修主编. 药理实验方法学[M]. 第三版. 北京:人民卫生出版社,2002:911-916.

[5] 邱力军. 新编计算机基础与应用[M]. 西安:第四军医大学出版社,2002:96-131.

(3) 译著

【格式】[序号] 原著者. 书名[M]. 版次(初版不写). 译者。出版地:出版者,出版年:起止页码.

【举例】

[6] Evi Nemeth, Garth Snyder, Trent R Hein. Linux 系统管理技术手册[M]. 张辉,译. 北京:人民邮电出版社,2004:53-56.

(4) 书籍中的析出文献

【格式】[序号] 作者. 文章题名[M]//专著责任者. 专著题名. 出版地:出版社,出版年:起止页码.

【举例】

[7] 白书农. 植物花开研究[M]//李承森. 植物科学进展. 北京:高等教育出版社,1998:146-163.

(5) 论文集中的析出文献

【格式】[序号] 作者. 文章题名[C]//论文集责任者. 论文集名. 出版地:出版社,出版年:起止页码.

【举例】

[8] 钟文发. 非线性规划在可燃毒物配置中的应用[C]//赵炜. 运筹学的理论与应用:中国运筹学会第五届大会论文集. 西安:西安电子科技大学出版社,1996:468-472.

(6) 学位论文

【格式】[序号] 作者. 题名[D]. 收藏地点:收藏单位,答辩年份.

【举例】

［9］孙玉文.汉语变调构词研究［D］.北京:北京大学出版社,2000.

［10］张筑生.微分半动力系统的不变集［D］.北京:北京大学数学系数学研究所,1983.

［11］潘伯荣.肝硬化的早期诊断:大鼠病理学标准与肝活检临床诊断比较［D］.西安:第四军医大学西京医院全军消化病研究所,1965.

（7）报纸

【格式】［序号］作者.题名［N］.报纸名称,出版年份－月－日(版数)

【举例】

［12］傅刚,赵承,李佳路.大风沙过后的思考［N］.北京青年报,2000－04－12(14)

（8）研究报告

【格式】［序号］作者.篇名［R］.出版地:出版者,出版年份:起始页码.

【举例】

［13］冯西桥.核反应堆压力管道与压力容器的LBB分析［R］.北京:清华大学核能技术设计研究院,1997:9－10.

（9）条例

【格式】［序号］颁布单位.条例名称［Z］.发布日期

【举例】

［14］中华人民共和国科学技术委员会.科学技术期刊管理办法［Z］.1991—06—05

（10）国际或国家标准

【格式】［序号］标准编号,标准名称［S］.出版地:出版社,出版年.

【举例】

［15］GB/T 16159－1996,汉语拼音正词法基本规则［S］.北京:中国标准出版社,1996.

（11）专利著录格式

【格式】［序号］专利所有者.专利名称:专利国别,专利号［P］.公开日期.

【举例】

［16］姜锡洲.一种温热外敷药制备方案:中国,88105607.3［P］.1989－07－26.

（12）会议文献著录格式

【格式】［序号］会议主办者.会议(或会议录)名称［C］.地点:出版者,出版日期

【举例】

［17］张佐光,张晓宏,仲伟虹,等.多相混杂纤维复合材料拉伸行为分析.见:张为民编.第九届全国复合材料学术会议论文集(下册)［C］.北京:世界图书出版公司,1996.410～416

［18］Agrawal R, Imielinski T, Swami A. Mining association rules between sets of items in large databases, Washington, American, February15－22,1993［C］.Berlin:Springer,c1993

（13）电子文献

【格式】[序号]作者姓名.题名[EB/OL].出版地:出版者,出版年[引用日期].获取或访问途径.

【举例】

[19] PACS – L;The public – access computer systems forum[EB/OL]. Houston,Tex:University of Houston Libraries,1989[1995 – 05 – 17]. http://info. lib. uh. edu. html.

（14）多次引用同一文献

多次引用同一著者的同一文献时,在正文中标注首次引用的文献序号,并在序号的"[ ]"外著录引文页码。

【举例】

[20] ……意识中经过思维活动而产生的结果"[2]1194,……"方针"指"引导事业前进的方向和目标"[2]354。……

八、参考文献中作者姓名缩写规则

（1）作者姓名缩写采用"姓在前名在后"原则,即姓在前、名在后。如:Malcolm Richard Cowley 缩写应为:Cowley M R；

（2）姓名缩写只缩写名而不缩写姓。如:Frank J Norris 应为:Norris F J；

（3）有的杂志,为了区别姓和名,尤其是中国作者,规定姓全大写；如：Carl Zeiss JENA,Zheng Ping LI 缩写应为:JENA C Z, LI Z P；

（4）省略所有缩写点

如 R. Brain Haynes 缩写为 Haynes RB, Edward J. Huth 缩写为 Huth EJ 等。但有些特殊情况：

①如 Maeve O'Conner, 有人会按英文的构词习惯认为是印刷错误,认为是 Oconner M。正确缩写应为 O'Conner M。

②国外也有复姓,如 Julie C. Fanbury – Smith, Hartly Lorberboum – Galski 等分别缩写为 Fanbury – Smith JC, Lorbertoum – Galski HL。

③姓名中含前缀 De, Des, Du, La, Dal, Von, Van, Den, Der, Le 等,缩写时将前缀和姓作为一个整体,按字顺排列,词间空格和大小写字母不影响排列。例如:Kinder Von Werder,Von 是姓 Werder 的前缀,应缩写为 Von Werder K, 不可写为 Werder KV。再如:Robert Willie Le Maitre, 应缩写为 Le Maitre R W。

④国外杂志要求作者署名后给出作者学位和加入的学会,学位与学会名也是用缩写。学位常见的有 PhD(哲学博士), SM(理科硕士),MBA(管理学硕士)等,学会名称的缩写一般采用首字母缩写,如 Royal Society of Chemistry 缩写为 RSC 等。

例如,一篇论文作者署名为 Edward J. Huth, MD, PhD, ICMJE 则表示 Edward J. Huth 是作者名,MD 和 PhD 表示该作者是医学博士和哲学博士,ICMJE 表示该作者是国际医学期刊编辑委员会委员。在著录参考文献时,该作者应缩写为 Huth EJ。

值得注意的是,中国人在国外杂志发表文章,署名名前姓后,在国内则姓前名后,这样做,国外人会认为不是同一个作者,如 Lihuang Zhong, 国外人会认为,中国人习惯姓前名后,会将其缩写为 Lihuang Z, 关于中国人名的缩写,国际著名检索刊物如 CA、BA 等也经常搞错。

为了准确判断作者的姓和名,现在有不少杂志开始把作者的姓全大写,以此进行区别,收到较好的效果。另外,国外杂志的目录往往只提供作者的缩写名,这给我们准确缩写国外人名提供了重要依据。

九、参考文献英文期刊名的缩写规则

不少读者在查找文献时遇到后面的参考文献中的刊名缩写如何还原,而在投稿时编辑又要求对一些刊名进行规范缩写。在此将参考文献一些基本的缩写规则列出,以让读者了解一般刊名的缩写规律,快速缩写及还原外文期刊名,以提高效率节省时间。

(1) 单个词组成的刊名不得缩写。

部分英文期刊名只由一个实词组成,如:Adsorption,Aerobiologia,Radiochemistry,Biomaterials,Nature,Science 等均不得缩写。

(2) 英文期刊名中单音节词一般不缩写。

英文期刊中有许多单音节词,如 Food,Chest,Child,这些词不得缩写。如医学期刊 Heart and Lung,缩写为 Heart Lung,仅略去连词 and。但少数构成地名的单词,如 New,South 等,可缩写成相应首字字母。如著名的新英格兰医学杂志 New England Journal of Medicine,可缩写为 N Engl J Med,不应略为 New Engl J Med。South African Journal of Surgery 可缩写为 S Afr J Surg,不可缩写为 South Afr J Surg. 另外,少于5个字母(含5个字母)的单词一般不缩写,如 Acta,Heart,Bone,Joint 等均不缩写。

(3) 英文期刊名中的虚词一律省略。

国外学术期刊刊名中含有许多虚词(冠词、连词及介词等),如 the, of, for, and, on, from, to 等,在缩写时均省去。例如:Journal of Chemistry 缩写为 J Chem. , Archives of Medical Research 缩写为 Arch Med Res。

(4) 英文单词缩写应省略在辅音之后,元音之前。

英文单词缩写一般以辅音结尾,而不以元音结尾。例如:American 省略为 Am,而不省略为 Ame 或 Amer;Medicine 或 Medical 缩写为 Med;European 缩写为 Eur 等。但 Science 例外,缩写为 Sci,可能是因为元音 I 之后又是元音 E 的缘故。

(5) 压缩字母法。

英文期刊名缩写时仅个别单词采用压缩字母方式缩写,如 Japanese 缩写为 Jpn,而不是 Jap 或 Jan,可能是 Jan 是 January 的固定缩写形式;National 应缩写为 Natl,而不是 Nat,可能是 Nat 是 Nature 和 Natural 的缩写等。经常有读者将 Japanese 写成 Jan 是参考文献著录中常见的错误。如:Japanese Journal of Ophthalmology,应缩写为 Jpn J Ophthalmol;National Cancer Institute Research Report 缩写为 Natl Cancer Inst Res Rep。而 Nat 是 Nature 和 Natural 的缩写,如刊物 Nature Medicine;Nature Biotechnology 分别缩写为 Nat Med, Nat Biotechnol。另外 CN 是中国的国别代码,期刊缩写刊名中,China Chinese 不得缩写为 CN,而应缩写为 Chin. 采用压缩写法是为了避免与其他常用缩写混淆。

(6) 学科名称缩写。

① 凡以 -ogy 结尾的学科英文单词,一律将单词词尾 -ogy 去掉,如 Biology 缩写为 Biol。② 以 -ics 结尾的学科名词,缩写时将 -ics 或连同其前面若干字母略去。如

Physics，缩写为 Phys。③ 以 - try 结尾的词,缩写时将 - try 连同前面若干字母略去。如 Chemistry 缩写为 Chem。

（7）英文期刊名中常用词和特殊单词的缩写。

期刊名中有些常用单词可以缩写为一个字母,如:Journal 缩写为 J；Quarterly 缩写为 Q；Royal 缩写为 R；New 缩写为 N；South 缩写为 S 等。

（8）英文期刊名首字母组合。

有些杂志名称缩写采用首字母组合,而且已被固定下来,一般都是国际上有较大影响的期刊,并得到国际上众多索引性检索工具的认同。如:The Journal of American Medical Association 缩写为 JAMA,British Medical Journal 缩写为 BMJ 等。

（9）英文期刊中国家名称的缩写。

刊名中国家名称的缩写分为两种情况。如国家名称为单个词汇,缩写时常略去词尾或词的后部分若干字母。如:American 缩写为 Am；British 缩写为 Br；Chinese 缩写为 Chin,有的期刊 Chinese 不缩写等。

而国家名称由多个词组组成时,常取每个词的首字母,如 United States of America 缩写为 USA 或 US。

（10）标点符号

在刊名缩写词之间可以空格或和一个空格,或是只用一个空格。除非所有的句号一概都不用,否则在所有的缩写词后面都要有一个句号(.)。

例如：Canadian Pharmacv Journal

正确的：Can. Pharm. J. /Can Pharm J /CAN. PHARM. J. /CAN PHARM J

例如：Nature Biotechnology

正确的：Nat. Biotechnol. /Nat Biotechnol

错误的：Nat. Biotechnol/Nat Biotechnol.

（11）英文刊物名缩写举例

序号	刊物名称	刊物缩写
1	CA – A Cancer Journal for Clinicians	CA – CANCER J CLIN
2	Nature Reviews Drug Discovery	NAT REV DRUG DISCOV
3	Behavioral and Brain Sciences	BEHAV BRAIN SCI
4	Energy Education Science and Technology	ENERGY EDUC SCI TECH
5	Annual Review of Biophysics	ANNU REV BIOPHYS
6	New Eenland Journal of Medicine	NEW ENGL J MED
7	Surface Science Reports	SURF SCI REP
8	Annual Review of Pharmacology and Toxicology	ANNU REV PHARMACOL TOXICOL
9	Nature Cell Biology	NAT CELL BIOL
10	Annual Review of Cell and Developmental Biology	ANNU REV CELL DEV BIOL
11	Proceedings of the National Academy of Sciences of the United States of America	P NATL ACAD SCI USA

序号	刊物名称	刊物缩写
12	Progress in Inorganic Chemistry	PROG INORG CHEM
13	Journal of Analytical Atomic Spectrometry	J ANAL ATOM SPECTROM
14	Nature Reviews Drug Discovery	NAT REV DRUG DISCOV
15	Journal of the American Society for Mass Spectrometry	J AM SOC MASS SPECTR
16	New Journal of Physics	NEW J PHYS
17	International Journal of Developmental Biology	INT J DEV BIOL
18	Chinese Journal of Chemical Engineering	CHINESE J CHEM ENG
19	Chinese Journal of Polymer Science	CHINESE J POLYM SCI
20	Acta Chimica Sinica	ACTA CHIM SINICA
21	Journal of Labelled and compounds & radiophramaceutica	J LABEL COMPD RADIPHARM
22	New Zealand Journal of Agricultural Research	NEW ZEAL J AGR RES
23	Japanese Journal of Physical Fitness and Sport Medicine	JPN J PHYS FIT SPORT MED
24	Bulletin of the Canadian Geological Society	Bull. Can. Geol. Soc.
25	Progress in Polymer Science	PROG POLYM SCI

第十一节 附 录

所谓附录（Appendix）是指论文中不便收录的研究资料、数据图表、修订说明及译名对照表等，可作为附件附于参考文献之后，以供读者查阅。附录是正文的注释和补充内容，并非是科技论文构成的必备部分。是否用附录，可根据文章内容而定，对每一篇论文并不都是必要的。但在一些完整的、篇幅庞大、相关符号等较多的论文（如学位论文），应列出附录。

附录的主要内容有：不同专业常用术语的缩写，度量衡单位符号，自然科学学科中使用的各种符号，化合物及仪器设备代号，实验测得的原始重要数据，重要的图谱资料，重要的公式推导、计算框图等等。其作用是给同行提供有启发性的专业知识，帮助一般读者更好地掌握和理解正文内容。

附录与正文连续编制页码。每一附录的各种序号的编排必须科学合理。附录的序号通常用 A、B、C…序列。如附录 A，附录 B。附录中公式、图、表的编号分别用（A1），（A2）…；图 A1，图 A2…；表 A1，表 A2…表示。

下面表 8-3 列举部分生物化学常见缩写词。（引自维基百科 http://zh.wikipedia.org/wiki/）

表8-3　生物化学缩写

英文	缩写	汉语
androgen binding protein	ABP	雄激素结合蛋白
angiotensin I-converting enzyme	ACE	血管紧张素 I 转化酶
adrenocorticotropic hormone	ACTH	促肾上腺皮质激素
antidiuretic hormone	ADH	抗利尿激素
acquired immunodeficiency syndrome	AIDS	获得性免疫缺陷综合征
brain-derived neurotrophic factor	BDNF	脑源性神经营养因子
blood urea nitrogen	BUN	血液尿素氮
catabolite activator protein	CAP	分解代谢物激活蛋白
carcinoembryonic antigen	CEA	癌胚抗原
coenzyme Q	CoQ	辅酶 Q
creatine phosphokinase	CPK	肌酸磷酸激酶
deoxyadenosine diphosphate	dADP	腺嘌呤脱氧核糖核苷二磷酸
deoxyadenosine monophosphate	dAMP	腺嘌呤脱氧核糖核苷一磷酸
deoxyadenosine triphosphate	dATP	腺嘌呤脱氧核糖核苷三磷酸
dihydroxy acetone phosphate	DHAP	磷酸二羟丙酮
dehydroepiandrosterone	DHEA	脱氢表雄酮
dihydrofolate	DHF	二氢叶酸
dihydrofolate reductase	DHFR	二氢叶酸还原酶
dihydrotestosterone	DHT	双氢睾酮
disopropylphosphofluoride	DIPF	二异丙基磷酸氟化物
deoxyinosine-5′-monophosphate	dIMP	脱氧次黄苷酸
deoxyinosine triphosphate	dITP	脱氧次黄苷三磷酸
desoxyribonucleic acid	DNA	脱氧核糖核酸
endothelium-derived constricting factor	EDCF	内皮细胞源性血管收缩因子
endothelium-derived relaxing factor	EDRF	内皮细胞源性血管舒张因子
Ethylenediaminetetraacetic acid	EDTA	乙二胺四乙酸
eukaryotic elongation factor	EEF	真核延伸因子
erythropoietin	EPO	红细胞生成素
fructose-6-phosphate	F-6-P	6-磷酸果糖
flavin adenine dinucleotide	FAD	黄素腺嘌呤二核苷酸
reduced flavin adenine dinucleotide	$FADH_2$	还原型黄素腺嘌呤二核苷酸
dihydrofolic acid	FH_2	二氢叶酸
tetrahydrofolic acid	FH_4	四氢叶酸

英文	缩写	汉语
flavin mononucleotide	FMN	黄素单核苷酸
flavin adenine dinucleotide reduced	FMNH$_2$	还原型黄素腺嘌呤单核苷酸
guanine nucleotide-exchange factor	GEF	鸟嘌呤核苷酸交换因子
green fluorescence protein	GFP	绿色荧光蛋白
growth hormone	GH	生长素
growth hormone release inhibiting factor	GHIF	生长激素释放抑制因子
growth hormone receptor	GH-R	生长激素受体
growth hormone releasing factor	GHRF	生长激素释放因子
histone acetyltransferase	HAT	组蛋白乙酰转移酶
hemoglobin	Hb	血红蛋白
adult hemoglobin	HbA	成人血红蛋白
carboxyhemoglobin	HbCO	一氧化碳血红蛋白
carbaminohemoglobin	HbCO$_2$	氨基甲酸血红蛋白
oxyhemoglobin	HbO$_2$	氧合血红蛋白
hepatitis B surface antigen	HBsAg	乙型肝炎表面抗原
horseradish peroxidase	HRP	辣根过氧化物酶
interstitial cell-stimulating hormone	ICSH	促间质细胞激素
isoelectric focusing	IEF	等电聚焦
interferon	IFN	干扰素
immunoglobulin G	IgG	免疫球蛋白 G
insulin-like growth factor	IGF	胰岛素样生长因子
immunoreactive insulin	IRI	免疫反应性胰岛素
insulin receptor substrate	IRS	胰岛素受体底物
2-keto-3-deoxyoctanoic acid	KDO	2-酮-3-脱氧辛酸
long-acting thyroid stimulator	LATS	长效甲状腺刺激素
lecithin-cholesterol acyltransferase	LCAT	卵磷脂-胆固醇酰基转移酶
lactate dehydrogenase	LDH	乳酸脱氢酶
low density lipoprotein	LDL	低密度脂蛋白
luteotropic hormone	LTH	催乳激素
lipothiamide pyrophosphate	LTPP	硫辛酰硫胺素焦磷酸
methemoglobin	MHb	高铁血红蛋白
myosin light chain	MLC	肌球蛋白轻链
myosin light chain phosphatase	MLCP	肌球蛋白轻链磷酸酯酶
myosin light chain kinase	MLCK	肌球蛋白轻链激酶

英文	缩写	汉语
melatonin	MLT	褪黑素
messenger RNA	mRNA	信使核糖核酸
norepinephrine	NE	去甲肾上腺素
nerve growth factor	NGF	神经生长因子
nuclear ribonucleic acid	nRNA	核内核糖核酸

参考文献

[1] Robert A. Day 等. 科技论文写作与发表教程[M].(第六版). 北京:电子工业出版社,2006.

[2] 毕润成. 科学研究方法与论文写作[M]. 北京:科学出版社,2008.

[3] 张孙玮. 科技论文写作入门[M](第三版). 北京:化学工业出版社,2007.

[4] 金坤林. 如何撰写和发表 SCI 期刊论文[M]. 北京:科学出版社,2008.

[5] 陈延斌,张明新. 高校文科科研训练与论文写作指导[M]. 北京:中央编译出版社,2004.

[6] 刘振海. 中英文科技论文写作教程[M]. 北京:高等教育出版社,2007.

[7] 陈耿臻,韩慧,许铭炎,邓小玲. 重组腺病毒 ADV - TK 对肝癌抑制作用的实验研究[J]. 华西医学,2010,(11):1941 - 1943.

[8] 中华肿瘤杂志编辑部. 医学科研论文中阿拉伯数字的使用规则[J]. 中华肿瘤杂志,2007,(11):859.

[9] 刘恒健. 生态自然美及其有无之境—兼论生态美学视野中的自然美[J]. 陕西师范大学学报(哲学社会科学版),2003,32(3):19.

[10] 李梵,王慧芬,徐东平. 乙型肝炎病毒基因突变与重型肝炎/肝衰竭发生的关系[J]. 实用肝脏病杂志,2008,(3):203 - 206.

[11] 郭飞,姚陈果,章锡明,孙才新,肖德友,唐丽灵. 细胞骨架在 ns 脉冲诱导肿瘤细胞凋亡中的作用[J]. 高电压技术,2012,(1):205 - 210.

[12] 赖宜天,张喜全,李宝林,郭键,窦丽芳. 4 - [(E) - 2 - (3,4 - 二甲氧基苯基)乙烯基]苯氧基乙酸乙酯的合成及其 NMR 研究[J]. 波普学杂志,2007,24(2):231 - 237.

第九章　学术论文投稿与发表

第一节　国内学术论文的投稿与发表

一、学术论文发表前的准备工作

学术论文是科学研究成果的一种具体表现形式。通常,学术论文由写作到发表经过以下几个步骤,如图9-1所示:

1. 材料准备

主要搜集整理资料,如文献资料的搜集、实验资料的搜集、考察资料的搜集以及资料的阅读、记录和整理。

2. 构思

构思即是对观点和材料作合理安排的思维过程。构思应该考虑论文的思路、层次、顺序、段落、层次间的过渡,开头和结尾的呼应等。这就要求具备一定的逻辑思维、语法和修辞的能力。在考虑文章主题时中心要明确,各部分的中心,各段落层次的中心,都应清楚。要精选材料,组织论据,严密论证,要做到结构的完美统一。如果一篇文章有几个论题,应分清主次,考虑由次要论题逐步向主要论题过渡的方法。

3. 论文起草

先拟订提纲,然后撰写草稿。

提纲是论文的框架,拟定提纲是进一步完善论文构思的过程。包括:题目(暂拟);文章的宗旨;中心论点所隶属的各个分论点;各个分论点所隶属的小论点;各个小论点所隶属的论据材料(理论材料、事实材料);每个层次采用哪种论证方法、结论、意见。拟写提纲一般有标题式和提要式两种方法。标题式提纲以简要词语构成标题形式,它把该部分的内容概括出来,引出每一部分或每一段中所要讨论的主要内容。提要式提纲是把标题式提纲中每一内容的要点展开,对论文全部内容作粗线条的描述,提纲中的每一句话都是正文里每一段落的基础。

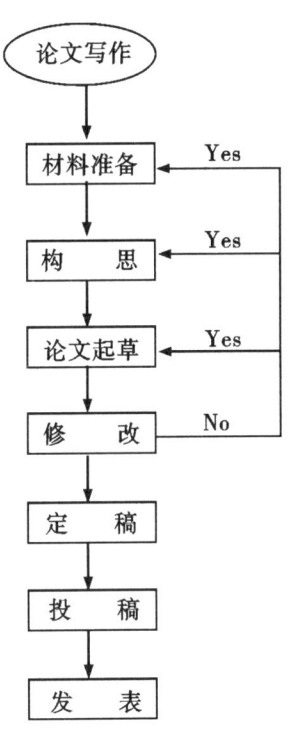

图9-1　学术论文写作过程框图

草稿的写作就是要把所有想写的内容全部罗列出来,对全部实验数据和资料进行详细的分析、归类。从草稿的写作过程还可以及时发现工作有无漏洞,实验数据是否可靠。

在草稿的写作中,要尽可能地把自己事先所想到的全部内容写进去。首先,初稿内容要尽量充分、丰富;其次,行文要合乎文体规范,论点、论据、论证所有项目齐全,纲目分明,逻辑清楚;第三,初稿要顺利表达文义,不要在枝节上停留,把已有的成熟见解表达出来。

4. 修改

论文的修改主要是对全文的论点、论据及论证进行再次锤炼和推敲,使论文臻于完美。论文的修改可以从观点、材料、形式结构、语言等方面入手。修改观点时应检查全文的论点及由它说明的若干问题是否有片面性或表述不准确,需要反复斟酌和推敲;修改材料就是对草稿中的材料增、删、换,使文章血肉丰满,观点明确;修改结构要看是否符合论文的结构要求,论点、论据、论证三要素是否具备和得当,层次是否清楚。再检查文章的开头、结尾、段落、主次结构的各个环节是否合适;科学论文对语言的要求首先是具有准确性,其次才是可读性。所以,要把研究成果理想地描述出来,就必须在语言上反复斟酌,修改。最后对论文每一个部分如题目、摘要、引言、正文、论证、结果、结论以及参考文献等加以压缩精炼。论文中所涉及的量的符号、单位、数字、大小写、图表、公式、英文等的书写都要符合规范要求。

5. 定稿

定稿是论文写作的最后一关。稿件经过反复修改后,作者已经感到满意,便可定稿。如果稿件是个人在稿纸上书写完成,要求字迹必须工整,用字规范。用方格稿纸抄写。每字一格,标点符号单独占格,写法要标准规范。稿面整洁,清誊过后再认真校核,即就完成了论文写作的全部过程。现在随着计算机的发展和普及,大多数科研人员都用计算机录入排版,只要注意版式和各种规范,认真校对即可。

6. 刊物选择基本原则

(1)论文涉及的学科范围必须与刊物报道的学科范围相一致

①根据刊名选择投稿刊物;

②根据刊物的征稿简则或作者须知选择投稿刊物;

③根据刊物最近几期发表论文的目录选择投稿刊物;

④参考同行学者已发表论文刊物选择投稿刊物;

(2)论文的学术水平应与刊物水平相一致

可通过刊物的主办者的性质、编委会阵容、主编的学术背景和水平以及刊物的文献计量学统计(如影响因子)来了解刊物。

(3)文章类型要与刊物发表文章的类型相一致

分清刊物类型,如综述类、研究论文类、快报类和简报类等。

(4)了解刊物的稿源和发行周期。

学术期刊有周刊(Weekly)、双周刊(Biweekly)、半月刊(Semimonthly)、月刊(Monthly)、双月刊(Bimonthly)和季刊(Quarterly)等。一般来说,有影响的期刊(如核心以上的期刊)要求论文的质量高,投稿的人也多,它的稿源丰富;相反,有的期刊则稿源少,因此要根据自己论文的质量来选择合适的期刊;同时也要考虑该期刊的出版周期,是季刊、双月刊或月刊。

二、学术期刊的分类

学术期刊按性质可分为四大类：学术性期刊、技术性期刊、情报性期刊、科普性期刊。

1. 学术性期刊

学术性期刊主要刊登基础科学和应用科学方面发明创造的科学论文和研究成果，报道各学科研究的新进展、新动向，介绍新的边缘学科，新的实验技术等。学术性期刊学术性强，理论水平高，研究成果新，多数论文属一次性文献。适合高中级科研人员和高等院校师生阅读。

国内的刊物如《中国科学》《科学通报》《物理学报》《中华医学杂志》《中国社会科学》《清华大学学报》《北京大学学报》《文史哲》《数学学报》《化学学报》《力学学报》《心理学报》《中国农业科学》等即属此类。

2. 技术性期刊

技术性期刊主要刊登各学科、各部门的科技成果，包括新技术、新工艺、新方法、新设备、新材料、新产品及新经验等。技术性期刊专业性、技术性、实用性强，与生产实际结合紧密，属中初级刊物。适合中初级科研人员、大专院校师生及技术工人阅读。

《建筑技术》《仪表材料》《中级医刊》《电视技术》《中国粮油科技》《现代农村科技》《中国农村科技》等皆属此类。

3. 情报性期刊

情报性期刊主要刊载科技情报方面的文章。它的特点是信息量大，动态性强、涉及面广、资料新全，是高中级科研人员、科技管理人员、大专院校师生较有兴趣阅读的刊物。情报性期刊按其内容，又可分为报道类、检索类和译丛类。

报道类情报期刊主要报道国内外科学研究的最新进展、科研规划、学术活动、科技动态、考察（调查）报告等，如《图书与情报》《地质科技情报》《解放军医学情报》《情报科学》《国外医学情报》《预防医学情报杂志》《国外金属材料》《环境科学动态》《建材工业信息》等。

4. 科普性期刊

科普期刊以普及科学技术知识为基本目的。主要介绍自然科学和技术科学的基础知识，刊载科学史、科学家介绍、科技讲座等方面的文章，报道新技术、新工艺、新做法等。科普性期刊内容丰富，选题广泛，体裁多样、图文并茂、通俗易懂，既具有科学性、知识性，又具有趣味性、文艺性，适合中等以下文化程度的广大读者阅读。

《中华养生保健》《大科技（百科新说）》《轻兵器》《现代兵器》《现代舰船》《航空知识》《自然杂志》《科学时代》《科学与生活》《科学画报》《无线电》《天文爱好者》《健康》《农业科技通讯》等均属此类。

以上四大类期刊中，学术类期刊的学术影响力最大，在我国根据学术刊物学术影响力大小，通常将期刊分为：权威、核心、重要、一般四个级别。核心以上的刊物发表的论文在国内外影响力（影响因子）较高，大多要求是原创性的研究工作。

三、如何选择国内核心期刊

向国内刊物投稿,可参考《中文核心期刊要目总览》和《中国科技期刊引证报告》,从中选择自己想要找的学科类别,然后按照影响力,挑选适合的刊物。投稿地址信息可以参考工具书《中文核心期刊要目总览》,也可以登录"中国期刊网",查找刊物的投稿信息。

为了便于青年学者了解国内各学科核心以上刊物有哪些,现将《2012年版北大中文核心期刊目录》收录如下,该目录出自《中文核心期刊要目总览》一书,由北京大学出版社2011年12月出版。该书由北京大学图书馆朱强馆长等任主编,北京多所高校图书馆及中国科学院国家科学图书馆、中国社会科学院文献信息中心、中国人民大学书报资料中心、中国学术期刊(光盘版)电子杂志社、中国科学技术信息研究所、北京万方数据股份有限公司、国家图书馆等27个相关单位的百余名专家和期刊工作者参加了研究。

2012年版北京大学核心期刊目录

第一篇 哲学、社会学、政治、法律类

A/K 综合性人文、社会科学

1. 中国社会科学 2. 北京大学学报.哲学社会科学版 3. 学术月刊 4. 中国人民大学学报 5. 北京师范大学学报.人文社会科学版 6. 清华大学学报.哲学社会科学版 7. 浙江大学学报.人文社会科学版 8. 南京大学学报.哲学、人文科学、社会科学 9. 复旦学报.社会科学版 10. 吉林大学社会科学学报 11. 华中师范大学学报.人文社会科学版 12. 江海学刊 13. 文史哲 14. 南开学报.哲学社会科学版 15. 中山大学学报.社会科学版 16. 河北学刊 17. 社会科学研究 18. 学术研究 19. 厦门大学学报.哲学社会科学版 20. 天津社会科学 21. 社会科学 22. 上海师范大学学报.哲学社会科学版 23. 浙江社会科学 24. 江苏社会科学 25. 社会科学战线 26. 陕西师范大学学报.哲学社会科学版 27. 浙江学刊 28. 求是学刊 29. 华东师范大学学报.哲学社会科学版 30. 湖南师范大学社会科学学报 31. 南京师大学报.社会科学版 32. 学习与探索 33. 西北师大学报.社会科学版 34. 天津师大学报.社会科学版 35. 人文杂志 36. 东北师大学报.哲学社会科学版 37. 南京社会科学 38. 中州学刊 39. 广东社会科学 40. 东南学术 41. 甘肃社会科学 42. 武汉大学学报.人文科学版 43. 学海 44. 江汉论坛 45. 四川大学学报.哲学社会科学版 46. 河南大学学报.社会科学版 47. 郑州大学学报.哲学社会科学版 48. 西安交通大学学报.社会科学版 49. 深圳大学学报.人文社会科学版 50. 江西社会科学 51. 湘潭大学学报.哲学社会科学版 52. 国外社会科学 53. 山东大学学报.哲学社会科学版 54. 思想战线 55. 福建论坛.人文社会科学版 56. 山东社会科学 57. 西南大学学报.社会科学版 58. 湖南大学学报.社会科学版 59. 首都师范大学学报.社会科学版 60. 上海大学学报.社会科学版 61. 西北大学学报.哲学社会科学版 62. 重庆大学学报.社会科学版 63. 湖南科技大学学报.社会科学版 64. 河南师范大学学报.哲学社会科学版 65. 学术界 66. 广西师范大学学报.哲学社会科学版 67. 同济大学学报.社会科学版 68. 探索与争鸣

69. 烟台大学学报.哲学社会科学版 70. 兰州大学学报.社会科学版 71. 云南大学学报.社会科学版 72. 云南师范大学学报.哲学社会科学版 73. 学术论坛 74. 中国社会科学院研究生院学报 75. 东岳论丛 76. 河北大学学报.哲学社会科学版 77. 社会科学辑刊 78. 学术交流 79. 河南社会科学 80. 上海交通大学学报.哲学社会科学版 81. 中国地质大学学报.社会科学版 82. 中国青年政治学院学报 83. 云南社会科学 84. 北方论丛 85. 东南大学学报.哲学社会科学版 86. 安徽师范大学学报.人文社会科学版 87. 华中科技大学学报.社会科学版 88. 华南师范大学学报.社会科学版 89. 福建师范大学学报.哲学社会科学版 90. 东疆学刊 91. 武汉大学学报.人文科学版 92. 暨南学报.哲学社会科学版 93. 安徽大学学报.哲学社会科学版 94. 四川师范大学学报.社会科学版 95. 湖北社会科学 96. 新疆师范大学学报.哲学社会科学版 97. 齐鲁学刊 98. 高校理论战线 99. 北京社会科学 100. 山西大学学报.哲学社会科学版 101. 湖北大学学报.哲学社会科学版 102. 徐州师范大学学报.哲学社会科学版 103. 贵州社会科学 104. 武汉理工大学学报.社会科学版 105. 社会科学家 106. 东北大学学报.社会科学版 107. 天津大学学报.社会科学版 108. 辽宁大学学报.哲学社会科学版 109. 苏州大学学报.哲学社会科学版 110. 湖南社会科学 111. 南昌大学学报.人文社会科学版 112. 学习与实践 113. 内蒙古社会科学 114. 广西社会科学 115. 杭州师范大学学报.社会科学版 116. 天府新论 117. 浙江师范大学学报.哲学社会科学版 118. 山西师大学报.社会科学版 119. 福州大学学报.哲学社会科学版 120. 吉首大学学报.社会科学版 121. 河北师范大学学报.哲学社会科学版

B(除B9)哲学

1. 哲学研究 2. 心理学报 3. 心理科学 4. 哲学动态 5. 心理科学进展 6. 世界哲学 7. 心理发展与教育 8. 中国哲学史 9. 伦理学研究 10. 道德与文明 11. 周易研究 12. 现代哲学 13. 孔子研究

B9 宗教

1. 世界宗教研究 2. 宗教学研究 3. 世界宗教文化 4. 中国宗教 5. 中国穆斯林 6. 中国道教 7. 法音

C8 统计学

1. 统计研究 2. 数理统计与管理 3. 中国统计 4. 统计与决策

C91 社会学

1. 社会学研究 2. 社会 3. 青年研究 4. 妇女研究论丛

C92 人口学

1. 人口研究 2. 中国人口科学 3. 人口学刊 4. 人口与经济 5. 人口与发展

C93 管理学

1. 管理科学学报 2. 中国管理科学 3. 管理学报 4. 管理工程学报 5. 领导科学

C96 人才学

1. 中国人才

C95 民族学

1. 民族研究 2. 广西民族研究 3. 广西民族大学学报.哲学社会科学版 4. 世界民族 5. 黑龙江民族丛刊 6. 中央民族大学学报.哲学社会科学版 7. 西北民族研究 8. 中南民

族学院学报.人文社会科学版 9.贵州民族研究 10.回族研究 11.云南民族大学学报.哲学社会科学版 12.西南民族大学学报.人文社科版 13.青海民族研究 14.满族研究

D1,D3,D5,D7,D8 国际政治

1.世界经济与政治 2.现代国际关系 3.国际政治研究 4.欧洲研究 5.国际观察 6.外交评论 7.当代世界与社会主义 8.美国研究 9.国际问题研究 10.当代亚太 11.国际论坛 12.俄罗斯中亚东欧研究 13.西亚非洲 14.当代世界社会主义问题 15.国外理论动态 16.日本学刊 17.东南亚研究 18.德国研究 19.东北亚论坛 20.阿拉伯世界研究 21.俄罗斯研究

D0,D2,D4,D6 中国政治

1.中国行政管理 2.政治学研究 3.马克思主义与现实 4.求是 5.毛泽东邓小平理论研究 6.教学与研究 7.国家行政学院学报 8.马克思主义研究 9.公共管理学报 10.半月谈 11.社会主义研究 12.科学社会主义 13.中国特色社会主义研究 14.中共中央党校学报 15.北京行政学院学报 16.中国党政干部论坛 17.中共党史研究 18.理论与改革 19.新视野 20.云南行政学院学报 21.理论探讨 22.开放时代 23.中共天津市委党校学报 24.探索 25.党的文献 26.行政论坛 27.求实 28.瞭望 29.上海行政学院学报 30.毛泽东思想研究 31.思想理论教育导刊 32.华侨华人历史研究 33.中共福建省委党校学报 34.江苏行政学院学报 35.中国青年研究 36.中共浙江省委党校学报 37.理论学刊 38.理论导刊 39.中国劳动关系学院学报 40.中国人民公安大学学报.社会科学版 41.党史研究与教学 42.广东行政学院学报 43.理论探索 44.学习论坛 45.中央社会主义学院学报 46.党建研究 47.理论月刊 48.南京政治学院学报 49.人民论坛

D9 法律

1.法学研究 2.中国法学 3.法商研究 4.法学 5.政法论坛 6.现代法学 7.法律科学 8.中外法学 9.法学评论 10.法制与社会发展 11.比较法研究 12.法学家 13.环球法律评论 14.法学杂志 15.法学论坛 16.当代法学 17.政治与法律 18.行政法学研究 19.中国刑事法杂志 20.河南省政法管理干部学院学报 21.华东政法大学学报 22.河北法学 23.法律适用 24.甘肃政法学院学报 25.人民检察 26.知识产权 27.国家检察官学院学报 28.清华法学

第二篇 经 济

F 综合性经济科学

1.经济研究 2.经济学动态 3.经济科学 4.经济学家 5.经济评论 6.当代财经 7.财经科学 8.经济管理 9.南开经济研究 10.当代经济科学 6.世界经济 7.财贸经济 8.财经研究 10.宏观经济研究 11.中南财经政法大学学报 12.当代经济研究 13.山西财经大学学报 14.经济纵横 15.现代财经 16.上海财经大学学报.哲学社会科学版 17.广东商学院学报 18.经济学 19.经济经纬 20.经济问题 21.河北经贸大学学报 22.云南财经大学学报 23.贵州财经学院学报 24.首都经济贸易大学学报 25.江西财经大学学报

F11 世界经济

1.世界经济 2.国际经济评论 3.经济社会体制比较 4.世界经济研究 5.世界经济文汇 6.外国经济与管理 7.现代日本经济 8.世界经济与政治论坛 9.亚太经济

F0,F12,F2(除F23,F27)经济学,中国经济,经济管理(除会计,企业经济)

1.管理世界 2.数量经济技术经济研究 3.中国经济史研究 4.改革 5.经济理论与经济管理 6.中国人口、资源与环境 7.自然资源学报 8.宏观经济研究 9.上海经济研究 10.中国社会经济史研究 11.资源科学 12.城市问题 13.城市发展研究 14.中国经济问题 15.经济问题探索 16.地域研究与开发 17.中国劳动 18.中国流通经济 19.现代经济探讨 20.长江流域资源与环境 21.中国人力资源开发 22.运筹与管理 23.物流技术 24.经济研究参考 25.经济体制改革 26.消费经济 27.生态经济 28.开放导报 29.现代城市研究 30.开发研究 31.宏观经济管理

F23(除F239)会计(除审计)

1.会计研究 2.财会月刊 3.中国注册会计师 4.会计之友 5.财会通讯.综合 4.财务与会计.综合版(改名为:财务与会计)7.上海立信会计学院学报

F239 审计

1.审计研究 2.审计与经济研究 3.中国内部审计 4.中国审计

F3 农业经济

1.中国农村经济 2.农业经济问题 3.中国土地科学 4.中国农村观察 5.农业技术经济 6.农村经济 7.农业现代化研究 8.中国土地 9.农业经济 10.世界农业 11.调研世界 12.国土资源科技管理 13.林业经济问题 14.林业经济 15.南京农业大学学报.社会科学版 16.中国农业资源与区划

F4/F6(含F27,除F59)工业经济/邮电通信经济(含企业经济,除旅游经济)

1.中国工业经济 2.南开管理评论 3.管理评论 4.管理科学 5.预测 6.软科学 7.工业工程与管理 8.产业经济研究 9.企业经济 10.工业工程 11.管理现代化 12.工业技术经济 13.经济与管理研究 14.企业管理 15.建筑经济

F59 旅游经济类

1.旅游学刊

F7 贸易经济

1.国际贸易问题 2.国际贸易 3.财贸经济 4.商业经济与管理 5.国际经贸探索 6.国际商务 7.商业研究 8.北京工商大学学报.社会科学版 9.国际经济合作 10.价格理论与实践 11.国际商务研究 12.财贸研究 13.世界贸易组织动态与研究 14.对外经贸实务 15.价格月刊 16.商业时代

F81 财政

1.税务研究 2.财政研究 3.涉外税务 4.中央财经大学学报 5.税务与经济 6.地方财政研究 7.财经论丛 8.财经研究 9.财经问题研究 10.中国财政

F82/83/84 货币,金融、银行,保险

1.金融研究 2.国际金融研究 3.金融论坛 4.中国金融 5.证券市场导报 6.广东金融学院学报 7.保险研究 8.上海金融 9.金融理论与实践 10.财经理论与实践 11.南方金融 12.投资研究 13.金融与经济 14.新金融 15.浙江金融 16.武汉金融 17.银行家 18.河南金融管理干部学院学报(改名为:征信)19.西南金融

第三篇　文化、教育、历史

G0/G21 文化理论/新闻事业

1.国际新闻界 2.新闻与传播研究 3.现代传播 4.新闻大学 5.新闻记者 6.当代传播 7.新闻界 8.中国记者 9.传媒 10.新闻战线 11.青年记者 12.新闻与写作 13.新闻知识

G22 广播、电视事业

1.中国广播电视学刊 2.电视研究

G23 出版事业

1.编辑学报 2.中国科技期刊研究 3.编辑之友 4.出版发行研究 5.中国出版 6.编辑学刊 7.出版科学 8.中国编辑 9.科技与出版 10.出版广角 11.读书 12.大学出版(改名为:现代出版)

G25 图书馆事业、信息事业

1.中国图书馆学报 2.大学图书馆学报 3.情报学报 4.图书情报工作 5.图书馆论坛 6.图书馆 7.图书馆建设 8.图书馆杂志 9.图书情报知识 10.情报理论与实践 11.情报科学 12.现代图书情报技术 13.情报杂志 14.情报资料工作 15.图书馆理论与实践 16.图书馆工作与研究 17.图书馆学研究(分为:《图书馆学研究.理论版》和《图书馆学研究.应用版》)18.图书与情报 19.国家图书馆学刊

G27 档案事业

1.档案学通讯 2.档案学研究 3.中国档案 4.浙江档案 5.档案与建设 6.档案管理 7.山西档案 8.北京档案 9.兰台世界

G3 科学,科学研究

1.科学学研究 2.科研管理 3.科学学与科学技术管理 4.中国科技论坛 5.中国软科学 6.研究与发展管理 7.科技管理研究 8.科技进步与对策 9.科学管理研究

G40/G57,G65 教育学/教育事业,师范教育、老师教育

1.教育研究 2.北京大学教育评论 3.比较教育研究 4.清华大学教育研究 5.教育与经济 6.教育科学 7.教育理论与实践 8.教师教育研究 9.全球教育展望 10.教育学报 11.中国教育学刊 12.外国教育研究 13.华东师范大学学报.教育科学版 14.当代教育科学 15.电化教育研究 16.国家教育行政学院学报 17.教育评论 18.河北师范大学学报.教育科学版 19.中国电化教育 20.湖南师范大学教育科学学报 21.教育探索 22.教育学术月刊 23.学校党建与思想教育 24.思想理论教育 25.内蒙古师范大学学报.教育科学版 26.教育财会研究

G61 学前教育、幼儿教育

1.学前教育研究

G62/63 初等教育/中等教育(除去各科教育)

1.课程、教材、教法 2.教育研究与实验 3.教学月刊.中学版 4.上海教育科研 5.人民教育 6.教育科学研究 7.外国中小学教育 8.教学与管理 9.中小学管理 10.现代中小学教育

G623.1,G633.2 初等教育,中等教育(政治)

1.中学政治教学参考 2.思想政治课教学

G623.2,G633.3 初等教育,中等教育(语文)
1.中学语文教学 2.语文建设 3.中学语文教学参考
G623.3,G633.4 初等教育,中等教育(外语)
1.中小学外语教学.中学篇 2.中小学英语教学与研究
G623.4,G633.5 初等教育,中等教育(历史、地理)
1.历史教学 2.中学地理教学参考
G623.5,G633.6 初等教育,中等教育(数学)
1.数学教育学报 2.数学通报 3.中学数学教学参考
G633.7 中等教育(物理)
1.中学物理教学参考 2.物理教师.高中版(改名为:物理教师.教学研究版)
G633.8 中等教育(化学)
1.化学教育 2.化学教学
G633.91 中等教育(生物)
1.中学生物教学
G64 高等教育
1.高等教育研究 2.教育发展研究 3.中国高等教育 4.中国高教研究 5.学位与研究生教育 6.江苏高教 7.高等工程教育研究 8.现代大学教育 9.复旦教育论坛 10.黑龙江高教研究 11.高教探索 12.辽宁教育研究(改名为:现代教育管理)13.大学教育科学 14.中国大学教学

G71/G79 职业技术教育/自学
1.中国特殊教育 2.教育与职业 3.民族教育研究 4.职业技术教育 5.高等农业教育 6.开放教育研究 7.中国职业技术教育 8.职教论坛 9.中国成人教育 10.中国远程教育

G8 体育
1.体育科学 2.上海体育学院学报 3.北京体育大学学报 4.中国体育科技 5.武汉体育学院学报 6.体育与科学 7.体育学刊 8.天津体育学院学报 9.体育文化导刊 10.成都体育学院学报 11.西安体育学院学报 12.广州体育学院学报 13.山东体育学院学报 14.首都体育学院学报 15.沈阳体育学院学报 16.山东体育科技

H0/H2 语言学,汉语,中国少数民族语言
1.中国语文 2.当代语言学 3.中国翻译 4.世界汉语教学 5.语言教学与研究 6.方言 7.语言科学 8.汉语学习 9.语言文字应用 10.语言研究 11.民族语文 12.语文研究 13.汉语学报 14.古汉语研究 15.上海翻译 16.修辞学习(改名为:当代修辞学)17.中国科技翻译 18.辞书研究

H3/9 外国语
1.外语教学与研究 2.外国语 3.外语界 4.现代外语 5.外语与外语教学 6.外语学刊 7.外语教学 8.解放军外国语学院学报 9.外语研究 10.外语电化教学 11.中国外语 12.四川外语学院学报(改名为:外国语文)13.外语教学理论与实践 14.山东外语教学

I1,I3/7 世界文学
1.外国文学评论 2.外国文学研究 3.外国文学 4.国外文学 5.当代外国文学 6.俄

罗斯文艺 7. 世界华文文学论坛 8. 译林

I20 文学理论

1. 文学评论 2. 文学遗产 3. 当代作家评论 4. 中国现代文学研究丛刊 5. 文艺研究 6. 文艺理论研究 7. 中国比较文学 8. 鲁迅研究月刊 9. 南方文坛 10. 文艺理论与批评 11. 红楼梦学刊 12. 小说评论 13. 明清小说研究 14. 当代文坛 15. 民族文学研究 16. 中国文学研究 17. 新文学史料 18. 文艺评论 19. 文艺争鸣

I21/29 文学作品

1. 收获 2. 当代 3. 上海文学 4. 人民文学 5. 钟山 6. 小说月报.原创版 7. 十月 8. 北京文学.原创 9. 天涯 10. 花城 11. 中国作家 12. 长城 13. 小说界 14. 芙蓉 15. 清明 16. 诗刊 17. 江南 18. 长江文艺 19. 芒种 20. 作家 21. 山花 22. 短篇小说.原创作品

J(除J2/J9)艺术(除绘画/电影、电视艺术)

1. 艺术百家 2. 艺术评论 3. 民族艺术

J2/J5 绘画/工艺美术

1. 美术研究 2. 装饰 3. 美术观察 4. 美术 5. 南京艺术学院学报.美术与设计版 6. 新美术 7. 世界美术 8. 美术学报 9. 中国书法 10. 美苑

J6 音乐类

1. 音乐研究 2. 人民音乐.评论(改名为:人民音乐)3. 中国音乐学 4. 中国音乐 5. 中央音乐学院学报 6. 音乐艺术 7. 黄钟 8. 交响 9. 音乐创作

J7 舞蹈

1. 舞蹈 2. 北京舞蹈学院学报

J8 戏剧

1. 戏剧艺术 2. 戏剧 3. 戏曲艺术 4. 戏剧文学 5. 中国戏剧 6. 四川戏剧 7. 大舞台 8. 上海戏剧 9. 中国京剧 10. 剧本

J9 电影,电视艺术

1. 当代电影 2. 电影艺术 3. 世界电影 4. 北京电影学院学报 5. 中国电视 6. 电影新作 7. 电影文学 8. 当代电视

K(除K85,K9)历史(除文物考古)

1. 历史研究 2. 近代史研究 3. 史学月刊 4. 史学理论研究 5. 中国史研究 6. 清史研究 7. 世界历史 8. 抗日战争研究 9. 史林 10. 史学集刊 11. 中国文化研究 12. 民国档案 13. 史学史研究 14. 安徽史学 15. 中国边疆史地研究 16. 当代中国史研究 17. 文献 18. 中华文化论坛 19. 历史档案 20. 中国农史 21. 古籍整理研究学刊 22. 拉丁美洲研究 23. 中国典籍与文化 24. 西域研究 25. 历史教学问题 26. 中国藏学 27. 西藏研究 28. 文史

K85 文物考古

1. 文物 2. 考古 3. 考古学报 4. 考古与文物 5. 中原文物 6. 敦煌研究 7. 故宫博物院院刊 8. 北方文物 9. 华夏考古 10. 东南文化 11. 敦煌学辑刊 12. 中国历史文物(改名为:中国历史博物馆馆刊)13. 文物保护与考古科学 14. 农业考古 15. 江汉考古 16. 四川文物

第四篇 自然科学

N/Q,T/X 综合性科学技术

1.科学通报 2.清华大学学报.自然科学版 3.上海交通大学学报 4.浙江大学学报.工学版 5.华中科技大学学报.自然科学版 6.西安交通大学学报 7.同济大学学报.自然科学版 8.哈尔滨工业大学学报 9.华南理工大学学报.自然科学版 10.东北大学学报.自然科学版 11.厦门大学学报.自然科学版 12.中山大学学报.自然科学版 13.北京大学学报.自然科学版 14.东南大学学报.自然科学版 15.中南大学学报.自然科学版 16.北京理工大学学报 17.中国海洋大学学报.自然科学版 18.大连理工大学学报 19.成都理工大学学报.自然科学版 20.武汉大学学报.理学版 21.东北师大学报.自然科学版 22.北京科技大学学报 23.武汉理工大学学报 24.兰州大学学报.自然科学版 25.四川大学学报.工程科学版 26.中国科学.E辑(分为:《中国科学.技术科学》与《中国科学.信息科学》) 27.云南大学学报.自然科学版 28.高技术通讯 29.南京大学学报.自然科学 30.吉林大学学报.工学版 31.天津大学学报 32.湖南大学学报.自然科学版 33.河海大学学报.自然科学版 34.吉林大学学报.理学版 35.中国科学技术大学学报 36.四川大学学报.自然科学版 37.西南交通大学学报 38.西北大学学报.自然科学版 39.国防科技大学学报 40.华东理工大学学报.自然科学版 41.重庆大学学报 42.北京师范大学学报.自然科学版 43.中国科学.G辑,物理学、力学、天文学(改名为:中国科学.物理学、力学、天文学) 44.江苏大学学报.自然科学版 45.陕西师范大学学报.自然科学版 46.中国工程科学 47.哈尔滨工程大学学报 48.四川师范大学学报.自然科学版 49.北京工业大学学报 50.浙江大学学报.理学版 51.北京化工大学学报.自然科学版 52.西北工业大学学报 53.北京交通大学学报 54.山东大学学报.理学版 55.西南大学学报.自然科学版 56.应用基础与工程科学学报 57.空军工程大学学报.自然科学版 58.合肥工业大学学报.自然科学版 59.武汉大学学报.工学版 60.福州大学学报.自然科学版 61.华中师范大学学报.自然科学版 62.复旦学报.自然科学版 63.西南师范大学学报.自然科学版 64.扬州大学学报.自然科学版 65.南京师大学报.自然科学版 66.郑州大学学报.工学版 67.湘潭大学自然科学学报 68.华东师范大学学报.自然科学版 69.内蒙古大学学报.自然科学版 70.应用科学学报 71.辽宁工程技术大学学报.自然科学版 72.湖南师范大学自然科学学报 73.南京工业大学学报.自然科学版 74.上海大学学报.自然科学版 75.山西大学学报.自然科学版 76.广西大学学报.自然科学版 77.广西师范大学学报.自然科学版 78.沈阳工业大学学报 79.南开大学学报.自然科学版 80.解放军理工大学学报.自然科学版 81.郑州大学学报.理学版 82.兰州理工大学学报 83.河南师范大学学报.自然科学版 84.福建师范大学学报.自然科学版 85.中国科学院研究生院学报 86.桂林工学院学报(改名为:桂林理工大学学报) 87.山东大学学报.工学版 88.太原理工大学学报 89.河北大学学报.自然科学版 90.深圳大学学报.理工版 91.内蒙古师范大学学报.自然科学汉文版 92.东华大学学报.自然科学版 93.科学与技术工程 94.科技通报 95.西北师范大学学报.自然科学版 96.天津工业大学学报 97.信阳师范学院学报.自然科学版 98.海军工程大学学报 99.南京理工大学学报.自然科学版(改名为:南京理工大学学报) 100.河北师范大学学报.自然科学版101.江西师范大学学报.自然科学版102.济南大学学报.自然科学版103.安徽大学学报.自然科学版104.华南师范大学学报.自然科学版105.河北工业大学学报106.暨南大学学报.自然科学与医学版107.黑龙江大学自然科学学报108.昆明理工大学学报.理工版(改名为:昆明理工大学学报.自然科学版)109.上海理工大学学报110.中北大学学报.自然科学版111.华侨大学学报.自然科学版112.河南科技大学学报.自然科学版113.河南大学学报.自然科学版114.重庆师范大学学报.自然科学版115.安徽师范大学学报.自然科学版116.湖南科技大学学报.自然科学版117.河南理工大学学报.自然科学版118.南昌大学学报.理科版119.青岛科技大学学报.自然科学版120.西安理工大学学报121.中国科技论文在线

N 自然科学总论

1.中国科学基金2.系统工程理论与实践3.自然科学史研究4.复杂系统与复杂性科学5.实验室研究与探索6.中国科技史杂志7.科技导报8.系统工程学报9.实验技术与管理10.科学11.自然辩证法研究12.系统工程13.科学技术与辩证法(改名为:科学技术哲学研究)14.自然辩证法通讯15.自然杂志

O1 数学

1.数学学报2.计算数学3.应用数学学报4.中国科学.A辑,数学(改名为:中国科学.数学)5.系统科学与数学6.数学年刊.A辑7.模糊系统与数学8.工程数学学报9.数学进展10.应用数学11.数学的实践与认识12.应用概率统计13.高校应用数学学报.A辑14.数学杂志15.高等学校计算数学学报16.数学物理学报17.运筹学报

O3 力学

1.力学学报2.爆炸与冲击3.力学进展4.固体力学学报5.工程力学6.振动与冲击7.振动工程学报8.应用数学和力学9.力学与实践10.计算力学学报11.应用力学学报12.实验力学13.力学季刊

O4 物理学

1.物理学报2.发光学报3.原子与分子物理学报4.光学学报5.光子学报6.声学学报7.量子光学学报8.低温物理学报9.物理学进展10.中国激光11.高压物理学报12.光谱学与光谱分析13.物理14.波谱学杂志15.量子电子学报16.大学物理17.核聚变与等离子体物理18.原子核物理评论19.光散射学报20.计算物理21.低温与超导

O6 化学

1.分析化学2.高等学校化学学报3.化学学报4.物理化学学报5.催化学报6.无机化学学报7.有机化学8.色谱9.分析测试学报10.分析实验室11.分子催化12.分子科学学报13.理化检验.化学分册14.分析科学学报15.化学进展16.化学通报17.中国科学.B辑,化学(改名为:中国科学.化学)18.功能高分子学报19.化学研究与应用20.化学试剂21.影像科学与光化学22.人工晶体学报23.质谱学报24.合成化学25.计算机与应用化学

P1 天文学

1.天文学报2.天文学进展

P2 测绘学

1.测绘学报2.武汉大学学报.信息科学版3.测绘科学4.测绘通报5.大地测量与

地球动力学 6.遥感学报 7.测绘科学技术学报 8.地球信息科学(改名为:地球信息科学学报)

P3 地球物理学

1.地球物理学报 2.地震学报 3.地震地质 4.地震工程与工程振动 5.地震 6.中国地震 7.地震研究 8.地球物理学进展 9.西北地震学报 10.水文

P4 大气科学

1.大气科学 2.气象学报 3.高原气象 4.应用气象学报 5.南京气象学院学报(改名为:大气科学学报)6.气象 7.热带气象学报 8.气象科学 9.气候与环境研究 10.气候变化研究进展

P5 地质学

1.岩石学报 2.地质学报 3.地学前缘 4.中国科学.D辑,地球科学(改名为:中国科学.地球科学)5.地质科学 6.地质论评 7.地球科学 8.矿床地质 9.地球化学 10.地质通报 11.沉积学报 12.中国地质 13.大地构造与成矿学 14.高校地质学报 15.第四纪研究 16.地球学报 17.岩矿测试 18.吉林大学学报.地球科学版 19.现代地质 20.岩石矿物学杂志 21.古地理学报 22.地层学杂志 23.矿物岩石地球化学通报 24.地质与勘探 25.地质科技情报 26.矿物岩石 27.水文地质工程地质 28.新疆地质 29.地球与环境 30.矿物学报

P7 海洋学

1.海洋学报 2.海洋与湖沼 3.海洋地质与第四纪地质 4.海洋科学进展 5.热带海洋学报 6.海洋通报 7.海洋工程 8.海洋环境科学 9.海洋科学 10.海洋预报 11.海洋学研究 12.海洋技术 13.海洋湖沼通报

K9,P9 地理学

1.地理学报 2.地理研究 3.地理科学 4.人文地理 5.地理科学进展 6.中国沙漠 7.中国历史地理论丛 8.干旱区地理 9.冰川冻土 10.湿地科学 11.经济地理 12.山地学报 13.地球科学进展 14.地理与地理信息科学 15.热带地理 16.干旱区研究 17.极地研究 18.干旱区资源与环境 19.湖泊科学

Q(除Q94/Q98)生物科学(除植物学,动物学/人类学)

1.生态学报 2.生物多样性 3.应用生态学报 4.微生物学报 5.遗传 6.生物化学与生物物理进展 7.生态学杂志 8.生物工程学报 9.微生物学通报 10.古脊椎动物学报 11.中国生物工程杂志 12.水生生物学报 13.中国生物化学与分子生物学报 14.应用与环境生物学报 15.中国科学.C辑,生命科学(改名为:中国科学.生命科学)16.微体古生物学报 17.古生物学报 18.生物物理学报 19.生物技术 20.生物技术通报 21.生命科学研究 22.生态科学 23.细菌生物学杂志(改名为:中国细胞生物学学报)

Q94 植物学

1.植物生态学报 2.西北植物学报 3.云南植物研究(改名为:植物分类与资源学报)4.植物生理学通讯(改名为:植物生理学报)5.植物学通报(改名为:植物学报)6.武汉植物学研究(改名为:植物科学学报)7.植物研究 8.菌物学报 9.广西植物 10.热带亚热带植物学报 11.植物资源与环境学报

Q95/Q98 动物学/人类学

1.兽类学报 2.昆虫学报 3.动物学研究 4.动物学杂志 5.昆虫知识(改名为:应用昆虫学报)6.动物分类学报 7.人类学学报 8.昆虫分类学报 9.四川动物

第五篇　医药、卫生

R 综合性医药卫生

1.中华医学杂志 2.第三军医大学学报 3.第四军医大学学报(改名为:医学争鸣)4.南方医科大学学报 5.中国现代医学杂志 6.第二军医大学学报 7.解放军医学杂志 8.北京大学学报.医学版 9.中山大学学报.医学科学版 10.吉林大学学报.医学版 11.中国医学科学院学报 12.浙江大学学报.医学版 13.四川大学学报.医学版 14.南京医科大学学报.自然科学版 15.中南大学学报.医学版 16.上海交通大学学报.医学版 17.复旦学报.医学版 18.西安交通大学学报.医学版 19.中国全科医学 20.郑州大学学报.医学版 21.中国医科大学学报 22.华中科技大学学报.医学版 23.江苏医药 24.广东医学 25.重庆医科大学学报 26.山东大学学报.医学版 27.医学研究生学报 28.上海医学 29.医药导报 30.重庆医学 31.实用医学杂志 32.安徽医科大学学报 33.天津医药 34.哈尔滨医科大学学报 35.武汉大学学报.医学版 36.军事医学科学院院刊(改名为:军事医学)37.医学与哲学.人文社会医学版

R1 预防医学,卫生学

1.中华流行病学杂志 2.中华医院感染学杂志 3.中国公共卫生 4.中华预防医学杂志 5.卫生研究 6.营养学报 7.中华劳动卫生职业病杂志 8.中华医院管理杂志 9.环境与健康杂志 10.中国卫生统计 11.中国学校卫生 12.环境与职业医学 13.现代预防医学 14.中国卫生经济 15.工业卫生与职业病 16.中国职业医学 17.中国工业医学杂志 18.中国妇幼保健 19.中国消毒学杂志 20.毒理学杂志 21.中国食品卫生杂志 22.国外医学.卫生学分册(改名为:环境卫生学杂志)23.中国卫生事业管理 24.中国卫生检验杂志 25.中国儿童保健杂志 26.中华疾病控制杂志

R2 中国医学

1.中国中药杂志 2.中草药 3.中药材 4.中国针灸 5.中国中西医结合杂志 6.北京中医药大学学报 7.中成药 8.中华中医药杂志 9.天然产物研究与开发 10.针刺研究 11.中国中医基础医学杂志 12.中药新药与临床药理 13.中药药理与临床 14.中医杂志 15.世界科学技术.中医药现代化 16.时珍国医国药 17.南京中医药大学学报 18.中国实验方剂学杂志 19.广州中医药大学学报

R3 基础医学

1.中国病理生理杂志 2.中国临床心理学杂志 3.中国人兽共患病学报 4.中华微生物学和免疫学杂志 5.细胞与分子免疫学杂志 6.中国心理卫生杂志 7.免疫学杂志 8.中国免疫学杂志 9.生理学报 10.生物医学工程学杂志 11.中国寄生虫学与寄生虫病杂志 12.中国临床解剖学杂志 13.中国生物医学工程学报 14.解剖学报 15.中国行为医学科学(改名为:中华行为医学与脑科学杂志)16.现代免疫学 17.病毒学报 18.解剖学杂志 19.生理科学进展 20.医用生物力学 21.神经解剖学杂志 22.中国病原生物学杂志 23.中华病理学杂志 24.中华医学遗传学杂志 25.基础医学与临床

R4 临床医学

1.中国危重病急救医学 2.中华超声影像学杂志 3.中国医学影像技术 4.中国康复医学杂志 5.中华检验医学杂志 6.中华物理医学与康复杂志 7.中国超声医学杂志 8.中华护理杂志 9.临床与实验病理学杂志 10.中国输血杂志 11.中华急诊医学杂志 12.中国急救医学 13.临床检验杂志 14.诊断病理学杂志 15.中国康复理论与实践 16.中国医学影像学杂志 17.中国中西医结合急救杂志 18.中国疼痛医学杂志 19.中国感染与化疗杂志 20.中国实用护理杂志

R5 内科学

1.中华心血管病杂志 2.中华结核和呼吸杂志 3.中华内分泌代谢杂志 4.中华内科杂志 5.中华肝脏病杂志 6.中国地方病学杂志 7.中华肾脏病杂志 8.中华血液学杂志 9.中国糖尿病杂志 10.中国实用内科杂志 11.中华高血压杂志 12.中华消化杂志 13.中华风湿病学杂志 14.中华老年医学杂志 15.临床心血管病杂志 16.中华传染病杂志 17.中国动脉硬化杂志 18.中国老年学杂志 19.中国循环杂志 20.中国实验血液学杂志 21.肠外与肠内营养 22.中国内镜杂志 23.国际内分泌代谢杂志 24.世界华人消化杂志

R6 外科学

1.中华外科杂志 2.中华显微外科杂志 3.中华骨科杂志 4.中华实验外科杂志 5.中国修复重建外科杂志 6.中华神经外科杂志 7.中华泌尿外科杂志 8.中国实用外科杂志 9.中华手外科杂志 10.中华创伤杂志 11.中华烧伤杂志 12.中华麻醉学杂志 13,中国脊柱脊髓杂志 14.临床麻醉学杂志 15.中华普通外科杂志 16.中华整形外科杂志 17.中国矫形外科杂志 18.肾脏病与透析肾移植杂志 19.中国普通外科杂志 20.中华胸心血管外科杂志 21.中华肝胆外科杂志 22.中华器官移植杂志 23.中华创伤骨科杂志 24.中国男科学杂志 25.中国骨质疏松杂志 26.中华消化外科杂志

R71 妇产科学

1.中华妇产科杂志 2.中国实用妇科与产科杂志 3.实用妇产科杂志 4.中华围产医学杂志

R72 儿科学

1.中华儿科杂志 2.中国实用儿科杂志 3.中华小儿外科杂志 4.实用儿科临床杂志 5.临床儿科杂志 6.中国当代儿科杂志

R73 肿瘤学

1.中华肿瘤杂志 2.中华放射肿瘤学杂志 3.中国肿瘤临床 4.肿瘤 5.中国肿瘤生物治疗杂志 6.中国癌症杂志 7.肿瘤防治研究 8.中国肺癌杂志 9.中华肿瘤防治杂

R74 神经病学与精神病学

1.中华神经科杂志 2.中国神经精神疾病杂志 3.中华精神科杂志 4.中风与神经疾病杂志 5.临床神经病学杂志 6.中国神经免疫学和神经病学杂志 7.中华神经医学杂志 8.中国老年心脑血管病杂志 9.国际脑血管病杂志

R75 皮肤病学与性病学

1.中华皮肤科杂志 2.临床皮肤科杂志 3.中国皮肤性病学杂志

R76 耳鼻咽喉科学

1.中华耳鼻咽喉头颈外科杂志 2.临床耳鼻咽喉头颈外科杂志 3.听力学及言语疾

病杂志 4. 中华耳科学杂志

R77 眼科学

1. 中华眼科杂志 2. 中华眼底病杂志 3. 中国实用眼科杂志 4. 眼科研究(改名为:中华实验眼科杂志)5. 眼科新进展

R78 口腔科学

1. 中华口腔医学杂志 2. 华西口腔医学杂志 3. 实用口腔医学杂志 4. 上海口腔医学 5. 牙体牙髓牙周病学杂志

R8 特种医学

1. 中华放射学杂志 2. 中华核医学杂志 3. 临床放射学杂志 4. 中国运动医学杂志 5. 实用放射学杂志 6. 航天医学与医学工程 7. 中国医学计算机成像杂志 8. 中华放射医学与防护杂志 9. 中国航海医学与高气压医学杂志 10. 介入放射学杂志

R9 药学

1. 药学学报 2. 中国药学杂志 3. 中国药理学通报 4. 中国药科大学学报 5. 中国新药杂志 6. 药物分析杂志 7. 中国医院药学杂志 8. 中国医药工业杂志 9. 中国新药与临床杂志 10. 沈阳药科大学学报 11. 中国临床药理学杂志 12. 华西药学杂志 13. 中国药理学与毒理学杂志 14. 中国抗生素杂志 15. 中国生化药物杂志 16. 中国海洋药物

第六篇 农业科学

S 综合性农业科学

1. 中国农业科学 2. 华北农学报 3. 西北农林科技大学学报. 自然科学版 4. 中国农业大学学报 5. 南京农业大学学报 6. 华中农业大学学报 7. 湖南农业大学学报 8. 西南农业学报 9. 福建农林大学学报. 自然科学版 10. 沈阳农业大学学报 11. 西北农业学报 12. 扬州大学学报. 农业与生命科学版 13. 华南农业大学学报 14. 河北农业大学学报 15. 甘肃农业大学学报 16. 江苏农业学报 17. 浙江大学学报. 农业与生命科学版 18. 江西农业大学学报 19. 河南农业大学学报 20. 吉林农业大学学报 21. 安徽农业大学学报 22. 上海农业学报 23. 云南农业大学学报. 自然科学版 24. 新疆农业科学 25. 浙江农业学报 26. 江苏农业科学 27. 贵州农业科学 28. 四川农业大学学报 29. 河南农业科学 30. 湖北农业科学 31. 东北农业大学学报 32. 广西农业生物科学(改名为:基因组学与应用生物学)33. 吉林农业科学 34. 山东农业大学学报. 自然科学版 35. 广东农业科学 36. 广西农业科学(改名为:南方农业学报)37. 中国农业科技导报 38. 内蒙古农业大学学报. 自然科学版

S1 农业基础科学

1. 土壤学报 2. 水土保持学报 3. 土壤 4. 土壤通报 5. 植物营养与肥料学报 6. 中国农业气象 7. 中国土壤与肥料 8. 水土保持通报 9. 水土保持研究 10. 干旱地区农业研究 11. 中国生态农业学报

S2 农业工程

1. 农业工程学报 2. 灌溉排水学报 3. 农业机械学报 4. 节水灌溉 5. 农机化研究 6. 中国沼气 7. 中国农村水利水电 8. 排灌机械(改名为:排灌机械工程学报)9. 中国农机化

S3,S5 农学(农艺学),农作物

1.作物学报 2.中国水稻科学 3.玉米科学 4.棉花学报 5.麦类作物学报 6.草业学报 7.中国油料作物学报 8.杂交水稻 9.大豆科学 10.核农学报 11.植物遗传资源学报 12.分子植物育种 13.种子 14.作物杂志 15.农业生物技术学报

S4 植物保护

1.植物病理学报 2.中国生物防治(改名为:中国生物防治学报)3.植物保护学报 4.植物保护 5.农药学学报 6.农药 7.环境昆虫学报 8.植保检疫 9.中国植保导刊

S6 园艺

1.园艺学报 2.果树学报 3.中国蔬菜 4.中国南方果树 5.经济林研究 6.北方园艺 7.中国果树 8.热带作物学报 9.食用菌学报

S7 林业

1.林业科学 2.林业科学研究 3.北京林业大学学报 4.中南林业科技大学学报 5.浙江林学院学报(改名为:浙江农林大学学报)6.南京林业大学学报.自然科学版 7.福建林学院学报 8.世界林业研究 9.西北林学院学报 10.东北林业大学学报 11.浙江林业科技 12.林业科技开发 13.竹子研究汇刊 14.中国森林病虫 15.福建林业科技 16.林业资源管理 17.西部林业科学

S8 畜牧、动物医学、狩猎、蚕、蜂

1.畜牧兽医学报 2.中国兽医学报 3.中国兽医科学 4.中国预防兽医学报 5.草地学报 6.草业科学 7.蚕业科学 8.中国畜牧杂志 9.中国兽医杂志 10.动物医学进展 11.中国草地学报 12.动物营养学报 13.黑龙江畜牧兽医 14.畜牧与兽医 15.中国家禽 16.饲料工业 17.中国饲料 18.中国畜牧兽医 19.家畜生态学报 20.饲料研究

S9 水产,渔业

1.水产学报 2.中国水产科学 3.上海水产大学学报(改名为:上海海洋大学学报) 4.海洋水产研究(改名为:渔业科学进展) 5.淡水渔业 6.海洋渔业 7.水产科学 8.大连水产学院学报(改名为:大连海洋大学学报) 9.水生态学杂志 10.南方水产(改名为:南方水产科学) 11.渔业现代化 12.科学养鱼 13.水产科技情报

第七篇　工业技术

TB1,TB2 工程基础科学,工程设计与测绘

1.工程图学学报

TB3 工程材料学

1.复合材料学报 2.无机材料学报 3.功能材料 4.材料导报(分为:《材料导报.A刊,综述篇》和《材料导报.B刊,研究篇》)5.材料工程 6.材料科学与工程学报 7.材料研究学报

TB4 工业通用技术与设备

1.包装工程 2.中国粉体技术

TB5 声学工程

1.应用声学

TB6 制冷工程

1. 低温工程 2. 制冷学报

TB7 真空技术

1. 真空科学与技术学报

TB9 计量学

1. 计量学报 2. 中国测试技术(改名为:中国测试)

TD(除TD82)矿业工程(除煤矿开采)

1. 中国矿业大学学报 2. 爆破 3. 采矿与安全工程学报 4. 金属矿山 5. 矿冶工程 6. 非金属矿 7. 中国矿业 8. 矿业研究与开发 9. 工程爆破 10. 有色金属. 选矿部分 11. 矿业安全与环保 12. 矿山机械 13. 化工矿物与加工

TD82 煤矿开采

1. 煤炭学报 2. 煤炭科学技术 3. 煤矿安全 4. 煤田地质与勘探 5. 煤炭工程 6. 煤炭开采 7. 煤炭技术 8. 中国煤炭 9. 煤矿机械 10. 工矿自动化

TE 石油、天然气工业

1. 石油勘探与开发 2. 石油学报 3. 石油与天然气地质 4. 石油实验地质 5. 天然气工业 6. 石油化工 7. 石油物探 8. 中国石油大学学报. 自然科学版 9. 天然气地球科学 10. 西南石油大学学报. 自然科学版 11. 石油钻采工艺 12. 新疆石油地质 13. 测井技术 14. 油气地质与采收率 15. 大庆石油地质与开发 16. 钻采工艺 17. 油田化学 18. 石油钻探技术 19. 石油炼制与化工 20. 石油地球物理勘探 21. 特种油气藏 22. 石油机械 23. 西安石油大学学报. 自然科学版 24. 钻井液与完井液 25. 石油学报. 石油加工 26. 大庆石油学院学报 27. 油气田地面工程 28. 海相油气地质 29. 中国海上油气

TF 冶金工业

1. 冶金分析 2. 钢铁 3. 粉末冶金技术 4. 稀土 5. 轻金属 6. 钢铁研究学报 7. 有色金属(改名为:有色金属工程) 8. 有色金属. 冶炼部分 9. 稀有金属 10. 炼钢 11. 粉末冶金工业 12. 烧结球团 13. 粉末冶金材料科学与工程 14. 钢铁钒钛 15. 稀有金属与硬质合金 16. 湿法冶金 17. 炼铁 18. 特殊钢 19. 材料冶金学报 20. 中国稀土学报 21. 冶金自动化 22. 贵金属

TG 金属学与金属工艺

1. 金属学报 2. 中国有色金属学报 3. 特种铸造及有色合金 4. 稀有金属材料与工程 5. 焊接学报 6. 金属热处理 7. 铸造 8. 中国腐蚀与防护学报 9. 锻压技术 10. 材料热处理学报 11. 热加工工艺 12. 塑性工程学报 13. 材料保护 14. 腐蚀科学与防护技术 15. 表面技术 16. 铸造技术 17. 材料科学与工艺 18. 机械工程材料 19. 轻合金加工技术 20. 中国表面工程 21. 航空材料学报 22. 兵器材料科学与工程 23. 腐蚀与防护 24. 焊接 25. 电焊机 26. 焊接技术 27. 上海金属

TH 机械、仪表工业

1. 机械工程学报 2. 中国机械工程 3. 摩擦学学报 4. 光学精密工程 5. 机械科学与技术 6. 机械设计 7. 自动化仪表 8. 润滑与密封 9. 制造业自动化 10. 机械设计与研究 11. 机械传动 12. 仪器仪表学报 13. 现代制造工程 14. 机床与液压 15. 机械强度 16. 工程设计学报 17. 自动化与仪表 18. 机械设计与制造 19. 振动、测试与诊断 20. 液压与气动21.流体机械22.水泵技术23.光学技术24.制造技术与机床25.轴承26.仪表技术与传感器27.组合机床与自动化加工技术

TJ 武器工业

1.火炸药学报2.兵工学报3.含能材料4.弹道学报5.弹箭与制导学报6.探测与控制学报7.火工品8.火力与指挥控制9.爆破器材10.飞航导弹11.现代防御技术12.火炮发射与控制学报

TK 能源与动力工程

1.内燃机学报2.工程热物理学报3.动力工程（改名为：动力工程学报）4.燃烧科学与技术5.太阳能学报6.热能动力工程7.内燃机工程8.热科学与技术9.车用发动机10.可再生能源11.热力发电12.锅炉技术13.汽轮机技术14.电站系统工程

TL 原子能技术

1.核动力工程2.原子能科学技术3.核科学与工程4.强激光与粒子束5.核电子学与探测技术6.核技术7.辐射防护8.核化学与放射化学

TM 电工技术

1.中国电机工程学报2.电网技术3.电力系统自动化4.高电压技术5.电工技术学报6.电工电能新技术7.电力自动化设备8.电力系统及其自动化学原理9.电池10.电源技术11.电力系统保护与控制12.电力电子技术13.中国电力14.高压电器15.电机与控制学报16.微特电机17.磁性材料及器件18.电气传动19.华东电力20.微电机21.电化学22.电瓷避雷器23.电机与控制应用24.华北电力大学学报.自然科学版25.现代电力26.电气应用27.绝缘材料28.变压器29.电测与仪表30.大电机技术

TN 电子技术、通信技术

1.电子学报2.光电子·激光3.液晶与显示4.红外与激光工程5.电波科学学报6.红外与毫米波学报7.电子与信息学报8.通信学报9.北京邮电大学学报10.激光与红外11.西安电子科技大学学报12.系统工程与电子技术13.现代雷达14.红外技术15.微电子学16.半导体光电17.光电工程18.微波学报19.激光技术20.信号处理21.激光与光电子学进展22.固体电子学研究与进展23.半导体技术24.激光杂志25.光通信技术26.电路与系统学报27.电子元件与材料28.电子科技大学学报29.应用光学30.应用激光31.数据采集与处理32.光电子技术33.光通信研究34.电子器件35.电信科学36.电讯技术37.电子技术应用38.电视技术39.压电与声光40.重庆邮电大学学报.自然科学版41.功能材料与器件学报42.南京邮电大学学报.自然科学版43.微纳电子技术

TP 自动化技术、计算机技术

1.软件学报2.计算机学报3.计算机研究与发展4.系统仿真学报5.计算机辅助设计与图形学学报6.自动化学报7.控制与决策8.中国图象图形学报9.计算机集成制造系统10.中文信息学报11.控制理论与应用12.计算机应用13.计算机应用研究14.小型微型计算机系统15.机器人16.计算机科学17.信息与控制18.微电子学与计算机19.国土资源遥感20.计算机工程与设计21.计算机仿真22.传感技术学报23.计算机测量与控制24.模式识别与人工智能25.遥感技术与应用26.控制工程27.计算机工程与科学28.传感器与微系统29.计算机应用与软件30.测控技术31.智能系统学报

TQ(除 TQ11/TQ9)化学工业(除基本无机化学工业/其它化学工业)

1. 化工学报 2. 高分子材料科学与工程 3. 高分子学报 4. 化工进展 5. 精细化工 6. 高校化学工程学报 7. 现代化工 8. 化工新型材料 9. 膜科学与技术 10. 化学工程 11. 应用化学 12. 高分子通报 13. 过程工程学报 14. 化学反应工程与工艺 15. 离子交换与吸附 16. 精细石油化工 17. 天然气化工. C1,化学与化工 18. 化学世界

TQ11/TQ17 基本无机化学工业/硅酸盐工业

1. 硅酸盐学报 2. 硅酸盐通报 3. 电镀与涂饰 4. 无机盐工业 5. 中国陶瓷 6. 电镀与环保 7. 炭素技术 8. 电镀与精饰 9. 耐火材料 10. 陶瓷学报

TQ2/TQ3 基本有机化学工业/精细与专用化学品工业

1. 中国塑料 2. 塑料工业 3. 工程塑料应用 4. 塑料 5. 林产化学与工业 6. 合成橡胶工业 7. 现代塑料加工应用 8. 热固性树脂 9. 塑料科技 10. 合成树脂及塑料 11. 合成纤维工业 12. 玻璃钢/复合材料 13. 橡胶工业

TQ41/TQ9 其他化学工业

1. 新型炭材料 2. 燃料化学学报 3. 煤炭转化 4. 涂料工业 5. 日用化学工业 6. 中国胶粘剂

TS(除 TS1,TS2)轻工业、手工业、生活服务业(除纺织工业、染整工业,食品工业)

1. 中国造纸学报 2. 中国造纸 3. 木材工业 4. 林产工业 5. 烟草科技 6. 中国皮革 7. 大连工业大学学报 8. 皮革科学与工程 9. 木材加工机械 10. 造纸科学与技术 11. 中国烟草学报 12. 纸和造纸

TS1 纺织工业、染整工业

1. 棉纺织技术 2. 纺织学报 3. 印染 4. 毛纺科技 5. 印染助剂 6. 上海纺织科技 7. 丝绸 8. 针织工业 9. 纺织导报

TS2 食品工业

1. 食品与发酵工业 2. 食品工业科技 3. 中国粮油学报 4. 中国油脂 5. 食品科学 6. 食品科技 7. 食品与生物技术学报 8. 食品研究与开发 9. 中国乳品工业 10. 中国食品学报 11. 中国食品添加剂 12. 食品与机械 13. 茶叶科学 14. 食品工业 15. 现代食品科技 16. 粮食与油脂 17. 河南工业大学学报. 自然科学版 18. 中国调味品 19. 粮食与饲料工业 20. 粮油食品科技 21. 酿酒科技

TU 建筑科学

1. 岩石力学与工程学报 2. 岩土工程学报 3. 建筑结构学报 4. 岩土力学 5. 土木工程学报 6. 城市规划 7. 工业建筑 8. 建筑结构 9. 城市规划学刊 10. 工程地质学报 11. 中国给水排水 12. 空间结构 13. 建筑材料学报 14. 给水排水 15. 重庆建筑大学学报(改名为:土木建筑与环境工程) 16. 混凝土 17. 建筑科学与工程学报 18. 世界地震工程 19. 建筑学报 20. 暖通空调 21. 中国园林 22. 建筑钢结构进展 23. 防灾减灾工程学报 24. 混凝土与水泥制品 25. 西安建筑科技大学学报. 自然科学版 26. 工程抗震与加固改造 27. 规划师 28. 地下空间与工程学报 29. 沈阳建筑大学学报. 自然科学版 30. 国际城市规划 31. 建筑科学 32. 施工技术 33. 结构工程师

TV 水利工程

1. 水利学报 2. 水科学进展 3. 泥沙研究 4. 水动力学研究与进展. A 辑 5. 水力发电

学报 6. 水利水电技术 7. 长江科学院院报 8. 水利水电科技进展 9. 水力发电 10. 水利水运工程学报 11. 水电能源科学 12. 人民黄河 13. 人民长江 14. 南水北调与水利科技

U（除 U2/U6）交通运输（除铁路运输/水路运输）

1. 交通运输工程学报 2. 交通运输系统工程与信息 3. 重庆交通大学学报. 自然科学版

U2 铁路运输

1. 中国铁道科学 2. 铁道学报 3. 铁道科学与工程学报 4. 铁道标准设计 5. 铁道工程学报 6. 铁道车辆 7. 铁道建筑 8. 机车电传动 9. 都市快轨交通 10. 城市轨道交通研究 11. 铁道运输与经济

U4 公路运输

1. 中国公路学报 2. 长安大学学报. 自然科学版 3. 公路交通科技 4. 汽车工程 5. 公路 6. 桥梁建设 7. 汽车技术 8. 现代隧道技术 9. 中外公路 10. 公路工程 11. 世界桥梁

U6 水路运输

1. 中国造船 2. 中国航海 3. 船舶力学 4. 大连海事大学学报 5. 船舶工程 6. 上海海事大学学报 7. 水运工程 8. 舰船科学技术 9. 航海技术

V 航空、航天

1. 航空学报 2. 推进技术 3. 航空动力学报 4. 宇航学报 5. 固体火箭技术 6. 空气动力学学报 7. 北京航空航天大学学报 8. 中国空间科学技术 9. 南京航空航天大学学报 10. 飞行力学 11. 航天控制 12. 空间科学学报 13. 实验流体力学 14. 中国惯性技术学报 15. 导弹与航天运载技术 16. 宇航材料工艺 17. 燃气涡轮试验与研究 18. 电光与控制 19. 航空制造技术

X（除 X9）环境科学

1. 环境科学 2. 环境科学学报 3. 中国环境科学 4. 环境科学研究 5. 农业环境科学学报 6. 环境工程学报 7. 环境化学 8. 环境科学与技术 9. 生态环境（改名为：生态环境学报）10. 环境污染与防治 11. 化工环保 12. 生态与农村环境学报 13. 生态毒理学报 14. 工业水处理 15. 环境工程 16. 自然灾害学报 17. 灾害学 18. 水处理技术 19. 环境保护 20. 中国环境监测

X9 安全科学

中国安全科学学报 2. 安全与环境学报 3. 消防科学与技术 4. 工业安全与环保 5. 安全与环境工程

四、稿件的制作

稿件需按所选刊物的征稿简则、作者须知或投稿指南的要求制作。

(1) 使用电脑录字排版，所用字号、字体、图表设计和版式均应符合投稿刊物的要求。

(2) 打印稿的版心到页边要留有足够的空白（一般为 2.5cm）行间空白应为双倍。

(3) 通常，文题、作者姓名和作者单位单独放在首页，编页号为 1。文章的其他部分，从摘要到参考文献等可单独打印后依次编页，也可连续打印，依次编页。

(4)插图和表格一般随正文排版,并附图、表号。(国际期刊一般要求图、表放在稿件的最后,图题、表题、图表说明(Legends)等需单独编页,放在图、表之前。)

(5)作者必须认真核对打印稿,包括参考文献的核对,做到准确无误,完全符合拟投稿刊物的要求。

五、稿件的投寄

投寄方式:(1)打印稿的信函邮件;(2)稿件的软盘文件邮寄;(3)Internet 网上通过 Email 传输;

投稿时注意事项:(1)仔细检查所投稿件的内容,确保符合拟投稿刊物要求;(2)收稿人或收稿单位及其通讯地址准确无误;(3)国内科技刊物要求附有加盖公章的稿件推荐信,表明作者工作单位拥有对稿件的知识产权和对作者署名无疑义。

六、稿件的评审

目前国内外科技期刊普遍采用三级评审制度:编辑初审、同行专家评审、编委会决审。

1. 编辑初审

来稿内容是否是刊物的报道范围,是否符合读者群体的需要;来稿与已发表的和拟发表的同类文稿相比是否有创新之处;核查来稿份数是否符合要求,图表是否齐全,稿件是否缺页;对来稿的内容和质量做出初步判断,并决定是直接退稿,还是送专家评审。

2. 同行专家评审

主要从稿件的创新性、先进性、科学性、真伪性和应用性等几个方面来判断稿件的学术质量和水平,审查论文的论据是否充分,论点是否正确,确定是否有发表价值,对认为基本可以录用的稿件,要指出存在的问题和具体的修改意见;对认为可做退稿处理的稿件,要提出明确的退稿理由。

3. 编委会决审

编委会决审是指刊物的主编、副主编或负责编委对经编辑初审、同行专家评审的意见进行核定,对稿件做出全面评价,最后做出取舍决定。

论文三级审稿评审后,认为宜于发表的,编辑部一般要向作者提出具体的修改意见。

关于学术论文评价标准,主要是通过学术论文的理论价值、使用价值及其他方面来评价,具体评价指标参见表9-1、表9-2、表9-3所示。

表9-1 学术论文的理论价值

评价内容	水平等级	评价标准
学术水平	国际先进水平	前人无类似的新发现、新理论、新学说、新思想,是对国际前沿科研课题的论证、完善、补充及发展
学术水平	国内先进水平	国内处于领先研究课题领域内的新设想、新理论、新模型
学术水平	一般先进水平	在他人研究基础上提出的一般正确而有益的新认识、新见解等
学术水平	无学术水平	在学术上无参考价值
科学意义	重大意义	对多个或单个学科发展有普遍意义
科学意义	一般意义	对多个或单个学科发展有一般意义
科学意义	无意义	对科学发展无意义

表9-2 学术论文的实用价值

评价内容	水平等级	评价标准
经济价值	重大效益	提出新的设想、方案、方法,能给科研及技术工作带来重大促进,给生产带来重大变革且经济效益显著
经济价值	一般效益	给生产、科研工作带来有益的变化,有一定的实用范围,且有一定的经济效益
经济价值	无效益	对科研、生产无积极作用,无经济效果
技术价值	大	在技术上有发明创造,对生产力提高有重大促进作用的新技术、新工艺、新材料、新机器等
技术价值	一般	对技术进步有一定作用的技术革新
技术价值	无	对技术进步无多大作用
社会价值	积极影响	对社会生产、人民生活有积极影响且社会急需
社会价值	一般影响	对社会生产、人民生活有良好影响
社会价值	消极影响	对社会生产、人民生活产生不良后果

表9-3 学术论文的其他评价

评价内容	水平等级	评价标准
参考价值	重要	对科研或其他工作有重要参考价值,论文被他人引用次数较多
参考价值	一般	对科研或其他工作有一般参考作用,论文被他人引用次数较少
文理结构	好	内容正确、结构合理、论述严谨、条理清楚、文字表达简洁
文理结构	一般	内容基本正确,条理性一般,文字表达一般
文理结构	差	内容存在严重错误,主题不清,论述针对性差,表达繁琐

七、审后稿件处理

1. 直接刊用

稿件各方面符合要求,经过编辑加工后即可发稿。凡被直接刊用的稿件,编辑部会直接给作者发一份接收信。

2. 修改后刊用

也称"退修"或"退改"。稿件各方面基本符合要求,但尚有需作者解决、补充、删减或修改的地方,作者解决修改后方能刊用。凡定为修改后刊用的稿件,编辑部会发给作者一份修改信。

3. 退稿

经过三级评审认为多方面均不符合录用标准的稿件,编辑部要做出退稿处理的决定,同时给作者一份退稿信。信中一般会阐明退稿理由。

八、学术论文的编辑加工

学术论文不仅要求简洁、通达,而且要具有可读性、可解性、可适性,让他人易于理解,便于应用,以达到宣传、推广的目的。编辑进行文字加工,就是要浓缩论文中的科学信息,提高表达质量与水准。编辑对论文加工,是协助作者以优质的文字和符号表达,准确、规范、鲜明地提供科研成果和社会宣传效果的一个重要步骤。

九、论文的修改符号

论文修改工作,一般是在原稿上进行,因此必须尽量保持整洁,修改什么,怎样修改,应该在书面上有清楚的表现。有些学生在修改稿子时往往乱涂乱画,这样不但不整洁,修改一多,也容易造成文字混乱。正确使用修改符号,是避免这种缺点的重要方法。1981 年 12 月,我国发布了中华人民共和国专业校准 GBI—81《校对符号及其用法》。其中常用的修改符号有以下几种:

1. 删除号:

删除号是删去字、词、句的符号。第一个符号用于删去句、段;第二个符号用于删去数字、词或标点符号。如果只删除字词,也可画圈圈掉。

2. 调位号:

调位号是调整字、词、句次序的符号。第一个和第二个符号用于个别字或少数字的调位;第三个符号用于大段或隔行的调位,箭头插在移入位置。

3. 增补号:

增补号是增补字、词、句的符号,一般用在需要增补的字、词、句的上方。第一个符号用于增补个别字;第二个符号用于增补较多的字数。

4. 提行号:

提行号是另起一段的符号。把原来一段的文字分成两段;在需要分段的地方标示,竖线画在起段后的位置上。

5. 复原号：△ △ △　▱

第一符号标在需要复原的文字下方，表示复原，要复原多少字，就做多少个符号；第二符号用于复原大段文字，符号标在已删部位的四角。

6. 分开号：Y

用于分开外文字母。

十、国内学术期刊论文发表

学术论文经投稿前的一系列准备工作后，投稿人选定一学术刊物，按照刊物"征稿简则"或"投稿指南"要求，通过邮寄或网上投递到该刊物编辑部。编辑部收到稿件后将稿件登记备案后，会尽快地将收到稿件的相关信息(如论文编号等)反馈给投稿通讯联系人。稿件通过三级评审后，编辑部再将评审意见再反馈给作者。作者收到修改意见后要认真答复并按照修改意见逐一修改。有时修改会经过反复几次。修改稿寄回编辑部，经编辑的文字技术加工后定稿，定稿论文就可送排版室录入排版，经多次认真仔细的校对，确证无误后就可发排出胶片或硫酸纸。然后，送印刷厂印刷装订，经过发行渠道，一篇学术论文就公布于世。

第二节　国际学术论文的投稿与发表

一、国际核心期刊投稿导引

1. 期刊评价及评价工具

期刊评价目前已经成为国内外学术界的一个研究热点。期刊评价的工具，国内以《中文核心期刊要目总览》《中国科技期刊引证报告》和《中国学术期刊综合引证报告》为代表，而国外以 ISI Journal Citation Reports (JCR) 为代表。

JCR 是期刊评价的重要工具之一，分自然科学版(JCR Science edition)和社会科学版(JCR Social Sciences Edition)两个版本，目前，自然科学版收录了全球出版的 5600 余种期刊，社会科学版收录了 1700 余种期刊。

JCR 数据来源于 ISI 建立的科学引文数据库(Science Citation Index, SCI)、社会科学引文数据库(Social Sciences Citation Index, SSCI)，期刊范围涉及 200 多个专业研究领域，通过文献计量学的方法，对引文数据库的来源期刊进行引用频次和发表论文数量的统计，从被引频次、影响因子(Impact Factor)、立即影响指数、当年发文量、被引半衰期等方面提供评价期刊的定量依据，同时对 7000 余种期刊进行了出版信息的详细描述，内容涉及出版商、出版地、出版国、出版频率、期刊标准刊号(ISSN)、期刊使用语言和期刊分类，客观、全面地对期刊进行了详细描述。其中，一种期刊的影响因子，指该刊前两年发表的文献在当年的平均被引用次数。一种刊物的影响因子越高，即刊载的文献被引用率越高，说明这些文献报道的研究成果影响力越大，反映该刊物的学术水平高。论文作者可根据期刊的影响因子排名决定投稿方向。

《JCR 期刊影响因子及分区情况》是由中国科学院文献情报中心按年度和学科根据 SCI 期刊的影响因子对 SCI 期刊进行 4 个等级划分的分区表。

SCI 期刊分区表是由科学院文献情报中心组织相关学科专家,以当年 SCI 期刊的影响因子为主要依据,结合该期刊在本学科的影响度,将各学科的全部 SCI 期刊分为 1 区、2 区、3 区和 4 区 4 个等级。有个别期刊在归属学科上判法可能不一致,在传统认识上的学科找不到时,可按期刊名查找。

2. 核心期刊的内涵及国际核心期刊外延的界定

核心期刊的概念可以用一句话来概括:某一学科中高水平、高影响力的期刊。可见,核心期刊有两个主要特性:一是学科性,二是学术性。

一般情况下,核心期刊都是在某一个学科范围内来界定的某一个学科的核心期刊,到另一个学科就不一定是核心期刊(当然,综合性学科的核心期刊,如 NATURE、SCIENCE 等例外)。

期刊的学术性主要是以期刊影响因子来测定的。关于影响因子,有两种统计方法:一种是三年统计法,一种是中期统计法。按三年统计法得出的结果就是目前我们常说的影响因子(IF:Impact Factor 某一种期刊在第三年得到的引文数与该刊前两年的总论文数之比),按中期统计法得出的结果叫"中期影响因子"(MIF:Median Impact Factor 某一种期刊的引文累计达到 1/2 时,引文数与此时的总论文数之比)。

二、国际核心期刊选择

国际期刊的选择,可参考 JCR(包括科技版和社科版),选择自己想要找的学科类目,按照影响因子排序,挑选适合的刊物。

例如,通过 JCR 可查找到 2011 年 SCI 收录有机化学学科期刊共 57 种(其中 SCI 收录 43 种,SCI - E 收录 57 种):

1. ADVANCED SYNTHESIS & CATALYSIS Semimonthly ISSN:1615 - 4150

WILEY - BLACKWELL, COMMERCE PLACE, 350 MAIN ST, MALDEN, USA, MA, 02148

Science Citation Index

Science Citation Index Expanded

2. ADVANCES IN CARBOHYDRATE CHEMISTRY AND BIOCHEMISTRY Irregular ISSN:0065 - 2318

ELSEVIER ACADEMIC PRESS INC, 525 B STREET, SUITE 1900, SAN DIEGO, USA, CA, 92101 - 4495

Science Citation Index

Science Citation Index Expanded

3. ADVANCES IN HETEROCYCLIC CHEMISTRY Annual ISSN:0065 - 2725

ELSEVIER ACADEMIC PRESS INC, 525 B STREET, SUITE 1900, SAN DIEGO, USA, CA, 92101 - 4495

Science Citation Index

Science Citation Index Expanded

4. ADVANCES IN ORGANOMETALLIC CHEMISTRY Annual ISSN：0065 – 3055

ELSEVIER ACADEMIC PRESS INC, 525 B STREET, SUITE 1900, SAN DIEGO, USA, CA, 92101 – 4495

Science Citation Index

Science Citation Index Expanded

5. ADVANCES IN PHYSICAL ORGANIC CHEMISTRY Annual ISSN：0065 – 3160

ACADEMIC PRESS LTD-ELSEVIER SCIENCE LTD, 24 – 28 OVAL ROAD, LONDON, ENGLAND, NW1 7DX

Science Citation Index

Science Citation Index Expanded

6. ALDRICHIMICA ACTA Tri-annual ISSN：0002 – 5100

ALDRICH CHEMICAL CO INC, 1001 WEST SAINT PAUL AVE, MILWAUKEE, USA, WI, 53233

Science Citation Index

Science Citation Index Expanded

7. ARKIVOC Irregular ISSN：1551 – 7004

ARKAT USA INC, C/O ALAN R KATRITZKY, UNIV FLORIDA, DEPT CHEMISTRY, PO BOX 117200, GAINESVILLE, USA, FL, 32611

Science Citation Index Expanded

8. BEILSTEIN JOURNAL OF ORGANIC CHEMISTRY Bimonthly ISSN：1860 – 5397

BEILSTEIN – INSTITUT, TRAKEHNER STRASSE 7 – 9, FRANKFURT AM MAIN, GERMANY, 60487

Science Citation Index Expanded

9. BIOCONJUGATE CHEMISTRY Monthly ISSN：1043 – 1802

AMER CHEMICAL SOC, 1155 16TH ST, NW, WASHINGTON, USA, DC, 20036

Science Citation Index

Science Citation Index Expanded

10. BIOINORGANIC CHEMISTRY AND APPLICATIONS Quarterly ISSN：1565 – 3633

HINDAWI PUBLISHING CORPORATION, 410 PARK AVENUE, 15TH FLOOR, # 287 PMB, NEW YORK, USA, NY, 10022

Science Citation Index Expanded

11. BIOMACROMOLECULES Monthly ISSN：1525 – 7797

AMER CHEMICAL SOC, 1155 16TH ST, NW, WASHINGTON, USA, DC, 20036

Science Citation Index

Science Citation Index Expanded

12. BIOORGANIC & MEDICINAL CHEMISTRY Semimonthly ISSN：0968 – 0896

PERGAMON – ELSEVIER SCIENCE LTD, THE BOULEVARD, LANGFORD LANE, KIDLINGTON, OXFORD, ENGLAND, OX5 1GB

Science Citation Index

Science Citation Index Expanded

13. BIOORGANIC & MEDICINAL CHEMISTRY LETTERS Semimonthly ISSN: 0960-894X

PERGAMON-ELSEVIER SCIENCE LTD, THE BOULEVARD, LANGFORD LANE, KIDLINGTON, OXFORD, ENGLAND, OX5 1GB

Science Citation Index

Science Citation Index Expanded

14. BIOORGANIC CHEMISTRY Bimonthly ISSN: 0045-2068

ACADEMIC PRESS INC ELSEVIER SCIENCE, 525 B ST, STE 1900, SAN DIEGO, USA, CA, 92101-4495

Science Citation Index

Science Citation Index Expanded

15. CARBOHYDRATE POLYMERS Semimonthly ISSN: 0144-8617

ELSEVIER SCI LTD, THE BOULEVARD, LANGFORD LANE, KIDLINGTON, OXFORD, ENGLAND, OXON, OX5 1GB

Science Citation Index

Science Citation Index Expanded

16. CARBOHYDRATE RESEARCH Semimonthly ISSN: 0008-6215

ELSEVIER SCI LTD, THE BOULEVARD, LANGFORD LANE, KIDLINGTON, OXFORD, ENGLAND, OXON, OX5 1GB

Science Citation Index

Science Citation Index Expanded

17. CHEMISTRY OF HETEROCYCLIC COMPOUNDS Monthly ISSN: 0009-3122

SPRINGER, 233 SPRING ST, NEW YORK, USA, NY, 10013

Science Citation Index

Science Citation Index Expanded

18. CHEMISTRY OF NATURAL COMPOUNDS Bimonthly ISSN: 0009-3130

SPRINGER, 233 SPRING ST, NEW YORK, USA, NY, 10013

Science Citation Index

Science Citation Index Expanded

19. CHINESE JOURNAL OF ORGANIC CHEMISTRY Monthly ISSN: 0253-2786

SCIENCE PRESS, 16 DONGHUANGCHENGGEN NORTH ST, BEIJING, PEOPLES R CHINA, 100717

Science Citation Index Expanded

20. CHIRALITY Monthly ISSN: 0899-0042

WILEY-BLACKWELL, COMMERCE PLACE, 350 MAIN ST, MALDEN, USA, MA, 02148

Science Citation Index

Science Citation Index Expanded

21. CURRENT ORGANIC CHEMISTRY Semimonthly ISSN: 1385-2728

BENTHAM SCIENCE PUBL LTD, EXECUTIVE STE Y26, PO BOX 7917, SAIF ZONE, SHARJAH, U ARAB EMIRATES, 1200 BR

Science Citation Index

Science Citation Index Expanded

22. CURRENT ORGANIC SYNTHESIS Bimonthly ISSN: 1570-1794

BENTHAM SCIENCE PUBL LTD, EXECUTIVE STE Y26, PO BOX 7917, SAIF ZONE, SHARJAH, U ARAB EMIRATES, 1200 BR

Science Citation Index Expanded

23. EUROPEAN JOURNAL OF ORGANIC CHEMISTRY Biweekly ISSN: 1434-193X

WILEY-BLACKWELL, COMMERCE PLACE, 350 MAIN ST, MALDEN, USA, MA, 02148

Science Citation Index

Science Citation Index Expanded

24. HETEROCYCLES Monthly ISSN: 0385-5414

PERGAMON-ELSEVIER SCIENCE LTD, THE BOULEVARD, LANGFORD LANE, KIDLINGTON, OXFORD, ENGLAND, OX5 1GB

Science Citation Index

Science Citation Index Expanded

25. HETEROCYCLIC COMMUNICATIONS Bimonthly ISSN: 0793-0283

FREUND PUBLISHING HOUSE LTD, PO BOX 35010, TEL AVIV, ISRAEL, 61350

Science Citation Index Expanded

26. INDIAN JOURNAL OF CHEMISTRY SECTION B - ORGANIC CHEMISTRY INCLUDING MEDICINAL CHEMISTRY Monthly ISSN: 0376-4699

COUNCIL SCIENTIFIC & INDUSTRIAL RES, ANUSANDHAN BHAWAN, 2 RAFI MARG, NEW DELHI, INDIA, 110001

Science Citation Index

Science Citation Index Expanded

27. INDIAN JOURNAL OF HETEROCYCLIC CHEMISTRY Quarterly ISSN: 0971-1627

DR R S VARMA, C-85 SECTOR-B, ALIGANJ SCHEME, LUCKNOW, USA, INDIA, 226020

Science Citation Index Expanded

28. JOURNAL OF CARBOHYDRATE CHEMISTRY Monthly ISSN: 0732-8303

TAYLOR & FRANCIS INC, 325 CHESTNUT ST, SUITE 800, PHILADELPHIA, USA, PA, 19106

Science Citation Index

Science Citation Index Expanded

29. JOURNAL OF FLUORINE CHEMISTRY Monthly ISSN: 0022-1139
ELSEVIER SCIENCE SA, PO BOX 564, LAUSANNE, SWITZERLAND, 1001
Science Citation Index
Science Citation Index Expanded

30. JOURNAL OF HETEROCYCLIC CHEMISTRY Bimonthly ISSN: 0022-152X
WILEY-BLACKWELL, COMMERCE PLACE, 350 MAIN ST, MALDEN, USA, MA, 02148
Science Citation Index
Science Citation Index Expanded

31. JOURNAL OF ORGANIC CHEMISTRY Semimonthly ISSN: 0022-3263
AMER CHEMICAL SOC, 1155 16TH ST, NW, WASHINGTON, USA, DC, 20036
Science Citation Index
Science Citation Index Expanded

32. JOURNAL OF ORGANOMETALLIC CHEMISTRY Biweekly ISSN: 0022-328X
ELSEVIER SCIENCE SA, PO BOX 564, LAUSANNE, SWITZERLAND, 1001
Science Citation Index
Science Citation Index Expanded

33. JOURNAL OF PHYSICAL ORGANIC CHEMISTRY Monthly ISSN: 0894-3230
WILEY-BLACKWELL, COMMERCE PLACE, 350 MAIN ST, MALDEN, USA, MA, 02148
Science Citation Index
Science Citation Index Expanded

34. JOURNAL OF SYNTHETIC ORGANIC CHEMISTRY JAPAN Monthly ISSN: 0037-9980
SOC SYNTHETIC ORGANIC CHEM JPN, CHEMISTRY HALL, 1-5 KANDA-SURUGADAI, CHIYODA-KU, TOKYO, JAPAN, 101
Science Citation Index
Science Citation Index Expanded

35. LETTERS IN ORGANIC CHEMISTRY Bimonthly ISSN: 1570-1786
BENTHAM SCIENCE PUBL LTD, EXECUTIVE STE Y26, PO BOX 7917, SAIF ZONE, SHARJAH, U ARAB EMIRATES, 1200 BR
Science Citation Index Expanded

36. MAIN GROUP METAL CHEMISTRY Bimonthly ISSN: 0334-7575
FREUND PUBLISHING HOUSE LTD, PO BOX 35010, TEL AVIV, ISRAEL, 61350
Science Citation Index Expanded

37. MINI-REVIEWS IN ORGANIC CHEMISTRY Quarterly ISSN: 1570-193X
BENTHAM SCIENCE PUBL LTD, EXECUTIVE STE Y26, PO BOX 7917, SAIF ZONE, SHARJAH, U ARAB EMIRATES, 1200 BR

Science Citation Index Expanded

38. MOLECULES Monthly ISSN：1420－3049

MDPI AG, POSTFACH, BASEL, SWITZERLAND, CH－4005

Science Citation Index Expanded

39. NATURAL PRODUCT REPORTS Monthly ISSN：0265－0568

ROYAL SOC CHEMISTRY, THOMAS GRAHAM HOUSE, SCIENCE PARK, MILTON RD, CAMBRIDGE, ENGLAND, CAMBS, CB4 0WF

Science Citation Index

Science Citation Index Expanded

40. ORGANIC & BIOMOLECULAR CHEMISTRY Semimonthly ISSN：1477－0520

ROYAL SOC CHEMISTRY, THOMAS GRAHAM HOUSE, SCIENCE PARK, MILTON RD, CAMBRIDGE, ENGLAND, CAMBS, CB4 0WF

Science Citation Index

Science Citation Index Expanded

41. ORGANIC LETTERS Biweekly ISSN：1523－7060

AMER CHEMICAL SOC, 1155 16TH ST, NW, WASHINGTON, USA, DC, 20036

Science Citation Index

Science Citation Index Expanded

42. ORGANIC PREPARATIONS AND PROCEDURES INTERNATIONAL Bimonthly ISSN：0030－4948

ROUTLEDGE JOURNALS, TAYLOR & FRANCIS LTD, 4 PARK SQUARE, MILTON PARK, ABINGDON, ENGLAND, OXFORDSHIRE, OX14 4RN

Science Citation Index

Science Citation Index Expanded

43. ORGANIC PROCESS RESEARCH & DEVELOPMENT Bimonthly ISSN：1083－6160

AMER CHEMICAL SOC, 1155 16TH ST, NW, WASHINGTON, USA, DC, 20036

Science Citation Index Expanded

44. ORGANOMETALLICS Biweekly ISSN：0276－7333

AMER CHEMICAL SOC, 1155 16TH ST, NW, WASHINGTON, USA, DC, 20036

Science Citation Index

Science Citation Index Expanded

45. PETROLEUM CHEMISTRY Bimonthly ISSN：0965－5441

MAIK NAUKA/INTERPERIODICA/SPRINGER, 233 SPRING ST, NEW YORK, USA, NY, 10013－1578

Science Citation Index

Science Citation Index Expanded

46. PHOSPHORUS SULFUR AND SILICON AND THE RELATED ELEMENTS Monthly ISSN：1042－6507

TAYLOR & FRANCIS LTD, 4 PARK SQUARE, MILTON PARK, ABINGDON, ENGLAND, OXON, OX14 4RN

Science Citation Index

Science Citation Index Expanded

47. POLYCYCLIC AROMATIC COMPOUNDS Bimonthly ISSN：1040－6638

TAYLOR & FRANCIS LTD, 4 PARK SQUARE, MILTON PARK, ABINGDON, ENGLAND, OXON, OX14 4RN

Science Citation Index Expanded

48. RUSSIAN JOURNAL OF BIOORGANIC CHEMISTRY Bimonthly ISSN：1068－1620

MAIK NAUKA/INTERPERIODICA/SPRINGER, 233 SPRING ST, NEW YORK, USA, NY, 10013－1578

Science Citation Index Expanded

49. RUSSIAN JOURNAL OF ORGANIC CHEMISTRY Monthly ISSN：1070－4280

MAIK NAUKA/INTERPERIODICA/SPRINGER, 233 SPRING ST, NEW YORK, USA, NY, 10013－1578

Science Citation Index

Science Citation Index Expanded

50. SYNLETT Semimonthly ISSN：0936－5214

GEORG THIEME VERLAG KG, RUDIGERSTR 14, STUTTGART, GERMANY, D－70469

Science Citation Index

Science Citation Index Expanded

51. SYNTHESIS－STUTTGART Semimonthly ISSN：0039－7881

GEORG THIEME VERLAG KG, RUDIGERSTR 14, STUTTGART, GERMANY, D－70469

Science Citation Index

Science Citation Index Expanded

52. SYNTHETIC COMMUNICATIONS Semimonthly ISSN：0039－7911

TAYLOR & FRANCIS INC, 325 CHESTNUT ST, SUITE 800, PHILADELPHIA, USA, PA, 19106

Science Citation Index

Science Citation Index Expanded

53. TETRAHEDRON Weekly ISSN：0040－4020

PERGAMON－ELSEVIER SCIENCE LTD, THE BOULEVARD, LANGFORD LANE, KIDLINGTON, OXFORD, ENGLAND, OX5 1GB

Science Citation Index

Science Citation Index Expanded

54. TETRAHEDRON LETTERS Weekly ISSN：0040－4039

PERGAMON - ELSEVIER SCIENCE LTD, THE BOULEVARD, LANGFORD LANE, KIDLINGTON, OXFORD, ENGLAND, OX5 1GB

Science Citation Index

Science Citation Index Expanded

55. TETRAHEDRON - ASYMMETRY Semimonthly ISSN: 0957 - 4166

PERGAMON - ELSEVIER SCIENCE LTD, THE BOULEVARD, LANGFORD LANE, KIDLINGTON, OXFORD, ENGLAND, OX5 1GB

Science Citation Index

Science Citation Index Expanded

56. TOPICS IN ORGANOMETALLIC CHEMISTRY Irregular ISSN: 1436 - 6002

SPRINGER - VERLAG BERLIN, HEIDELBERGER PLATZ 3, BERLIN, GERMANY, D - 14197

Science Citation Index

Science Citation Index Expanded

57. ZEITSCHRIFT FUR NATURFORSCHUNG SECTION B - A JOURNAL OF CHEMICAL SCIENCES Monthly ISSN: 0932 - 0776

VERLAG Z NATURFORSCH, POSTFACH 2645, TUBINGEN, GERMANY, 72016

Science Citation Index

Science Citation Index Expanded

(本文引用地址:http://thomsonrenters.com/products_services/science/science_products/a - z/science_citation_index_expanded)

三、获取刊物投稿信息的途径

(1)通过期刊主页,如Science online……等获取相关信息;(2)通过出版社(数据库),例如:Elsevier、Springer、Wily、Taylor & Fransis 等国际著名数据库获取相关刊物投稿信息;(3)通过《乌利希国际期刊指南》网站查找刊物的地址或网站信息,登陆刊物的网站,阅读相关例文,并按照该刊物要求,整理好论文,查找在线投稿信息。例如,乌利希国际期刊指南网站:ulrichsweb.com

四、国际核心期刊论文网上投稿与发表

1. 概述

（1）送审前评估（Presubmission enquiries）

对于影响因子较高的刊物，如 Science、Nature 等，投稿者往往甚多，为了节约编辑和作者的时间，这些刊物推出了"送审前评估"的服务。作者可以利用刊物网站上的相应链接，用一段文字向编辑阐述自己文章的重要性。编辑将会在 1—2 天内回复。如果编辑认可，作者可把文章全文发给编辑部做进一步的评审。如编辑认为文章不适合在该刊物上发表，则建议转投其他刊物。如何选择适合自己稿件的期刊呢？通常应考虑以下的因素：论文主题是否符合刊物的征稿范畴？论文写作是否符合刊物的风格要求？论文格式是否符合刊物的作者须知？期刊对中国学者论文的整体看法？

（2）送审稿件的初期处理（Initial submission）

目前，稿件的寄送往往按照刊物网站的指导，通过互联网完成。编辑部收到稿件后，会对其进行编号，并指定一个编辑负责浏览全文，并召集一些顾问对文章进行快速评估。同时还将把文章和最近发表的论文进行比较，以确定其先进性。如果文章确实十分优秀，编辑就会把它送到 2—3 名在这领域知名专家手里进行审阅。需要注意的是，影响因子较高的刊物，每天都接到大量的来稿，大部分来稿在这一步由于达不到刊物的要求而被拒绝，连送审的机会都没有。

（3）审稿（Peer review）

在稿件发出送审的同时，文章的通讯作者也会通过电子邮件得到通知。审稿者往往由编辑指定。审稿者必须能够公正客观地评审稿件；审稿者必须是这个领域的专家；同时还需要他们在指定的时间内完成审阅。当然，作者也可以向编辑建议审稿人。但是这个人必须和文章没有直接利益联系。有时候编辑也会同意作者的建议。这对作者来说是非常有帮助的。

学术期刊寻找审稿人的几个途径：①国际期刊一般需要作者自己提出该篇论文的该研究领域相关的审稿人；②利用 SCI 检索和作者研究相关的科学家；③通过文章的参考文献寻找；④相关期刊编委；⑤学术会议的主席、委员；⑥期刊以前的类似文章的送审；⑦询问比较熟识的一些专业人士；⑧交叉审稿，以前的作者审现在的作者；⑨作者需要认真自建期刊审稿人专家库。

（4）决定与修改（Decisions and revisions）

当编辑收到审稿人的意见之后，往往要召开编委会讨论这篇文章。会上要评估文章是否已经达到刊物的基本要求；是否经过修改后会变得更完美。讨论结果汇总后会以信件形式寄给作者。结果无非有三：拒稿，建议修改或者直接接受。如果是建议修改，编辑会提及是需要进行较大的修改，然后重新投稿；或只是进行一些小的修改，修改完毕后，作者应该重新写一封信给编辑和审稿人。信中应该对编辑的意见逐条（point to point）进行认真回复。如果文章的数据过多，尤其是一些图表和复杂的实验方法，超出杂志可发表的篇幅；而编辑又觉得它们非常必要，往往会建议在网上发表。

（5）文章接受后的处理（After acceptance）

文章一旦被接受，工作就会转到出版编辑（Copy editors）的手中。他们主要帮助

作者修改文字和图表,使它更适合发表。对于非英语国家的作者,出版编辑还会适当帮助修改文字和语法等。

(6)文章发表后(After publication)

所有的文章都会以印刷和在线方式两种方式出版。通讯作者所有的信息都会公布,以便于读者和感兴趣的媒体联系。

(7)不同意编辑的决定(Disagreements with decisions)

如果编辑部不同意发表,往往会建议将文章转投其他刊物。如果作者认为编辑对文章存在误解,也可以写信给编辑部,从科研的角度解释为什么编辑部拒稿是不妥的。编辑往往需要几周的时间进行答复。所以为了不耽误发表,在这段时间里,作者也可以把文章投往其他刊物。

2. 在线数据库的投稿

一般说来,同一出版商(或数据库)期刊的投稿要求都大同小异,在出版商的网站中,各期刊的投稿说明也会有统一的页面或检索路径。投稿程序如下:

(1)选择合适的期刊(Choose a journal)

结合专业知识,查阅近几年度影响因子表综合选择要投递的期刊,并进入该期刊查询系统查询近年来的文章走向。

(2)下载(Introduction for submission)

进入每个杂志的首页,打开submit paper一栏,点击Introduction查看或下载。

(3)稿件及其相关材料准备(Preparation)

准备稿件及相关材料如:Manuscript.doc,Tables.doc,Figures.tiff(jpg等),Cover letter,有时还包括Title page,Copyright agreement等。

(4)网上投稿(Submit a manuscript)

选择好拟投稿的刊物,进入该刊物的首页,打开submit paper一栏,先以通讯作者的身份登记一个账号,然后以author login身份登录,按照提示依次完成:Select Article Type、Enter Title、Add/Edit/Remove Authors、Submit Abstract、Enter Keywords、Select Classifications、Enter Comments、Request Editor、Attach Files,最后下载pdf,查看无误后,即可到投稿主页提交投稿(approve submission)或直接投稿(submit it)。

(5)不定期关注稿件状态(Status)

投稿后,可按照下列步骤不定期地关注稿件状态:Submit New Manuscript、Submissions Sent Back to Author、Incomplete Submissions、Submissions Waiting for Author's Approval、Submissions Being Processed、Submissions Needing Revision、Revisions Sent Back to Author、Incomplete Submissions Being Revised、Revisions Waiting for Author's Approval、Revisions Being Processed、Declined Revisions。

(6)修改稿的投递(Submitted the revised manuscript)

修改稿主要内容有:修改原稿(revised manuscript)、回答审稿人的问题(response to the reviewers)、回复信(cover letter),除此外根据编辑部的要求再准备其他修改的相关材料。程序是进入投稿主页的main menu,点击revise,仍然按照原先程序投递,切记把修改的标题、摘要和回复信等内容要修改(有的要求修改之处用红色字体区别开)。最后上传附件时,先把留下来且未修改的材料前打钩(表示留下不变),然后点击 next,再上传已经修改的材料(主要包括 revised manuscript、response to the reviewers、cover letter 等),最后下载 pdf,查看无误后,即可到投稿主页 approve submission 或直接 submit it。

通常,审稿人关注的问题主要有:①稿件的内容是否新颖、重要;②作者的论证是否合乎逻辑,讨论和结论十分合理;③统计是否清楚;④参考文献的引用是否妥当;⑤文字表达是否正确、简明、清楚;⑥稿件中的实验描述是否清楚并且能被读者重复、实验数据是否真实、可靠;⑦稿件的论题是否适合于相应的期刊;⑧图表的使用和设计是否必要、规范、清楚。

(7) 校样(Correct the proof)

一般编辑部先寄出三个电子文档,包括 Query、Proofs、p-annotate,有时也可能伴有纸质文档校样,校样后通过 E-mail 寄出即可。

(8) 版权协议(Copyright agreement)和利益冲突(Conflicts of interest)

一般首次投稿时就需要提供,但也有少数刊物是接收(accepted)之后才需要提供。

3. 网上投稿示例

以 Elsevier 期刊网上投稿为例:Elsevier 期刊(图 9-2)提供了在线投稿的作者服务(Author gateway),服务网址:http://authors.elsevier.com,可以查看所有期刊的投稿要求、编委组成、投稿渠道等信息。

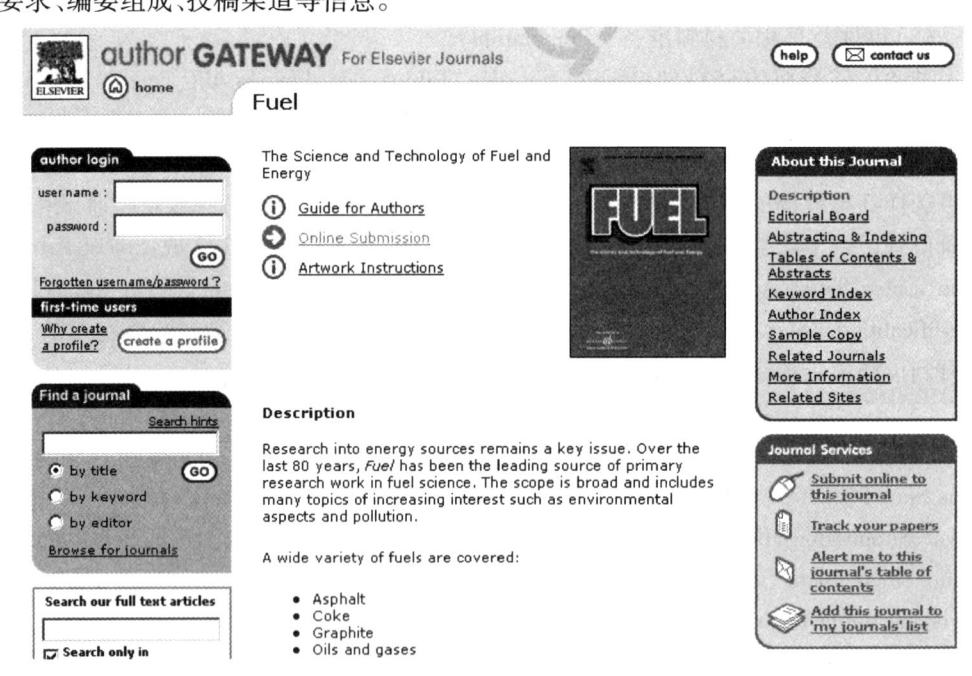

图 9-2　Elsevier 期刊投稿主页

Elsevier 以支持全球学术交流为宗旨,不向作者收取刊登论文的版面费(注:当作者希望在文章中刊登彩色图片,如仅为电子版本也免收版面费,但如果作者在纸本期刊中仍要求彩色插图,各期刊会酌情收取费用)。

对于非英语国家和地区的作者,如果在英文撰稿方面存在语言困难,建议寻找专业的语言校对中心,可以通过他们帮助您进行语言校对和稿件加工。详细情况,可以点击 http://authors.elsevier.com/LanguageEditing.html,或者与作者支持部门联系(邮件地址:authorsupport@elsevier.com)。

向 Elsevier 期刊网上投稿具体步骤:

(1)进入 author gateway:http://authors.elsevier.com

(2)新作者注册:create a profile

点击 Author Gateway 首页上左侧的 create a profile 进行注册,如果做投稿用的话需要填写所有项目(填写个人信息、确认填写的个人信息、填写用户名、密码信息、最后确认,注册成功)。

(3)登录作者服务系统:author login

在 Author Gateway 页面左侧有 author login,输入已经注册成功的用户名和密码,进入 Elsevier 的作者个人主页(My Home),在这里可以浏览期刊进行网上投稿,也可以随时查看自己投稿的论文的处理情况。

(4)查看期刊介绍,选择适合自己的期刊要进行投稿(Find a journal)。

(5)点击 Submit online to this journal 进入网上投稿阶段(图9-3)。

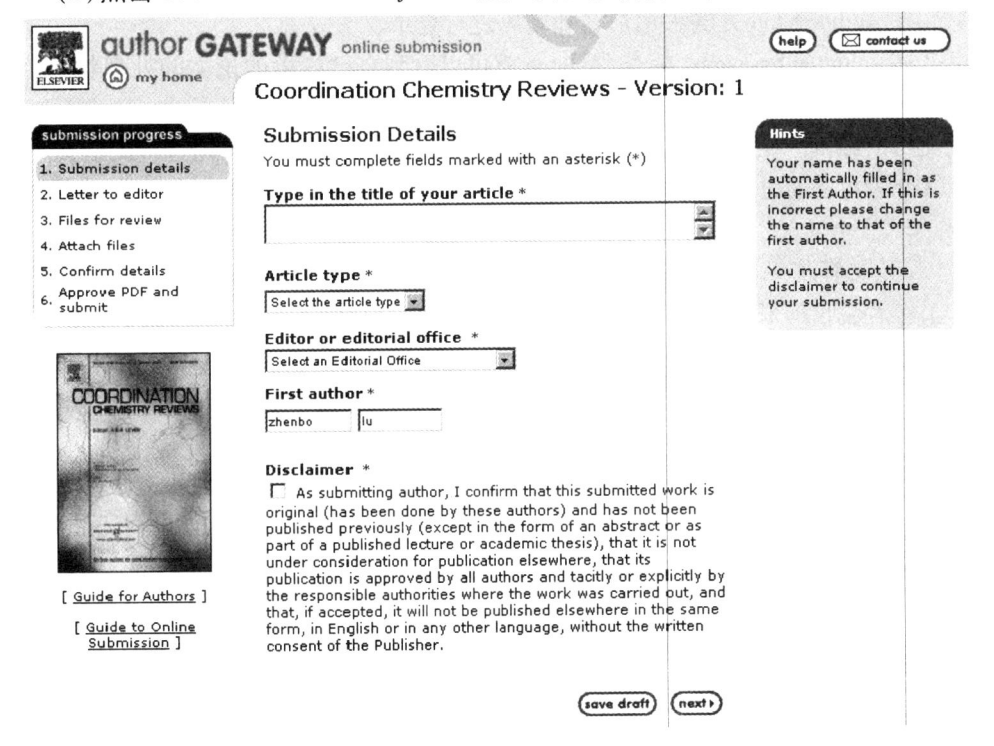

图9-3 网上投稿页面

①输入跟论文相关的信息:题名、作者和文献类型;

②选择希望提交的编辑部办公室(仔细阅读 Guide for Authors 会告诉如何选择合适的编辑);

③仔细阅读用户承诺(Disclaimer),在接受的情况下才可以继续进行网上投稿;

④选择要上传的文件的路径;

⑤提交提供给编辑的信息，包括文摘、建议的审稿人及关键词等；

⑥上传论文，包括高分辨率的图像文件，建议在上传前将所有文件压缩成一个 zip 文件；

⑦为每个文件选择一个类型；

⑧在"确认页"检查所提交的细节是否都正确；

⑨网站会根据提交的所有文件产生一个 PDF 文件；

⑩仔细检查 PDF 文件以确保内容是完整的，因为这个 PDF 格式的文件会被发给审稿人。如果你不接受这个 PDF 文件，可以进行编辑后重新提交所有文件，或者联络 Elsevier 的作者支持服务。如果对 PDF 文件满意，点击 submit 将稿件提交给编辑部。到这里整个网上投稿过程结束。

⑪投稿结束后，你会收到一封电子邮件被告知论文正在审理当中。

论文在审稿过程中是不可以在网上更新提交信息的。如果发现论文中有错误，必须直接联系编辑部。

(6) 投稿后查看处理状态

①登录 Author Gateway：http://authors.elsevier.com。

②在 Author login 处输入用户名和密码进行登录。

③在 online submissions 处查看 status 就可以看到自己投稿的论文的处理状态，点击 show 可以看到论文详细内容，如果想了解论文评审状态的进一步信息，请联系你论文提交给的编辑。在作者登录（Author login）后的页面可以看到编辑的 email 链接。

④作者可以通过 E-mail 收到编辑的最后评审决定（需要修改、接受、拒绝）及编辑评语。

(7) 论文修改

①作者会收到来自编辑或者编委会的 E-mail 通知，告知论文需要修改；

②作者可以通过点击 E-mail 中的链接引导到网上投稿服务来修改论文。另外，也可以直接登录到作者服务的个人主页（my home），顺着链接可以重新打开之前提交的论文内容，作者只需重新上传已经修改过的论文文件即可；

③论文做任何修改或增删文件时，就会产生一个新的 PDF 文件；

④一旦新的修改版本被提交，作者将收到一个 E-mail 确认，这时作者将不再能从网上对论文做任何修改。

(8) 论文被接受后

作者的论文一旦被接受，就可以随时跟踪 Elsevier 作者服务的个人主页（my home），论文会自动出现在"Accepted/Published Papers"部分中。从这里作者可以看到论文从处理过程到最后出版的整个过程。Elsevier 也会 email 通知作者一些重要事情，象论文出现在 ScienceDirect 系统中的直接链接等。

五、应注意的问题

(1) 认真解析投稿指南，严格按照各要求投稿。

①期刊的评议制度；②投稿的形式；③语言；④文章的格式；纸张、间距、缩写、数字表达、单词拼写、标点符号、单位、图表等；⑤参考文献的格式（规范）。

（2）注意稿件的语言问题。提高英文写作水平与技能，注重积累句型、语法、词汇，选择本领域10—20篇文章分析总结，解析文章各部分内容的结构以及句子是如何表述的。

（3）加强与审稿人的沟通。要珍惜和审稿人交流探讨的机会，积极回应审稿人；逐条回应审稿意见，有修改注明修改处，无修改也要做出解释；对于不赞同的修改意见，要说明理由，但是不要和审稿人辩论；拒稿后要修改再重投其他刊物。

（4）尽量不要投增刊。

（5）单位署名要规范。

第三节　国际英文刊物投稿信件的写法

一、国际期刊论文投稿信

通常，论文写好后，选择某一期刊投稿，按照要求准备一份原件和多份复印件（通常为3份），同时附上一封投稿信（Cover letter）一并寄到杂志的编辑部。Cover letter一般不必写得太长。其内容主要包括：论文题目、简述所投稿件的核心内容及论文的创新性等。

投稿信举例如下：

Professor G. D. Christian

Joint Editor – in – Chief

Talanta

University of Washington

Department of Chemistry

Box 351700

Seattle, WA 98195 – 1700

USA

Dear Professor Christian：

Please find enclosed an original research article (one original manuscript and three Xerox copies) entitled："A novel capillary microliter droplet sample injection—chemiluminescence detector and its application" written by W Yang and Z Zhang, among them, Dr. Zhang is the corresponding author. The manuscript consists of 18 pages including five figures and three tables.

we would be grateful if our manuscript could be through the reviews and considered for publication in the form of article in Talanta.

We believe that two aspects of this manuscript will make it interesting to general readers of Talanta. Firstly, Capillary microliter droplet sample injection, which a novel injection method has been applied in CL. Secondly, The proposed CL detector offers the advantages of sensitivity, simplicity, rapidity, automation and miniaturization.

No part of this paper has been published or submitted elsewhere.

Thank you very much for your attention and consideration.

Sincerely yours,

Z Zhang

College of Chemistry and Material Science

Shaanxi Normal University

Xi'an, 710062

P. R. China

Phone: 86-29-88888888;

Fax: 86-29-88888886;

E-mail: zz@yahoo.com

二、修改信

修稿信有两个内容:(1)感谢编辑;(2)回复审稿人意见。回复审稿人意见需注意以下几点:①所有问题必须逐条回答;②尽量满足意见中需补充的实验;③满足不了的也不要回避,说明不能做的合理理由;④审稿人推荐的文献一定要引用,并讨论透彻。

修改信举例如下:

Professor G. D. Christian

Joint Editor-in-Chief

Talanta

University of Washington

Department of Chemistry

Box 351700

Seattle, WA 98195-1700

USA

Dear Professor Christian:

Thank you for carefully evaluating our manuscript ref. C03209 and giving us so many good suggestions. Based on the suggestions, we revised the manuscript as much as possible in line with the comments.

Enclosed are the two copies of the revised manuscript (one of copies underlines in the changes and an electronic diskette containing the completed manuscript).

We answer the questions raised by the referee(s) and Editor as follows:

1. According to referee comment, we use the "microliter droplet sample injection" instead of the term "aerodynamic-injection".

2. Page 5, 2.1. Reagents.—"Double-deionized and distilled water" is written instead of ion-exchange double distilled water.

3. Page 5, 2.2. Aparatus.—"self-made" has been changed to the term "home-

made".

4. Page 5, 2.2. Aparatus. —The height of the capillary tip above the CL reaction cell has been added.

5. Page 6: As shown in Fig. 1···—The rinsing procedure has been modified in the text.

6. Page 6:—Actually, the absolute minimum volume to fill the capillary (50 cm × 75 μm I. D.) can be calculated by following:
$$V = \pi r^2 L = 3.14 \times (0.075/2)^2 \times 500 = 2.2 \ (\mu L)$$

However, The volume of a drop is about 8μL. Therefore, less than one sample drop needed to fill the whole capillary completely. On the other hand, under the constant conditions, the viscosity, flow velocity and drop size could not be changed.

7. Page 7. Results and discussion:—In the section, the inner diameter and surface tension are the factors that control the size of a drop. According to the Eq. of Tate and Harkins: $mg = 2\pi r\sigma$

Where mg is the weight of a drop, r is the radius of the capillary, σ is the surface tension of the sample liquid. If V represents the volume of sample drop, ρ is the density of the sample solution, the volume of sample drop is then:
$$V = 2\pi r\sigma/\rho g$$

This statement is added in the text.

Page 7. Line 4. A spheroid drop of diameter 4 mm should be changed to 2.5 mm, and the volume of a drop is: $V_{drop} = 4/3 \ \pi r^3 = 4/3\pi(2.5/2)^3 = 8.1(\mu L)$

In 3.4, According to referee comment, Fig. 3 has been deleted.

8. Page 8. The interference from inorganic ions such as Co^{2+}, Ni^{2+} and Cd^{2+} can be removed by addition of EDTA.

9. Table 1. We have added statements (b and c) under the table note.

10. Section 3.9. The mechanism of luminol – BP reaction has been revised according to our experiment and some references.

11. Different HV of PMT was applied.

12. Some linguistic errors in text have been corrected.

13. Page 3, line 22. "The throughput analysis 180 drop/h" has been deleted.

14. Page 8, Interferences. The reason why we selected those substances as interference compounds is that those substances possible exist in the flour samples.

15. Page 15, Fig. 6. The unit for Y axis is relative CL intensity.

16. Table 1. In this question, we think that the calculation by referee maybe is wrong. The conversion from relative concentration to mass concentration, for example, 3.1 mg/Kg, should be expressed:

3.1 mg/Kg × (M_{sample}/Dilution of sample) × Volume of a sample drop

17. We have answered this question in No. 10.

We very thank the referees giving us some good questions; these are very useful for our further work.

Sincerely yours,

Z Zhang

College of Chemistry and Material Science

Shaanxi Normal University

Xi'an, 710062

P. R. China

Phone：86 - 29 - 88888888；

Fax：86 - 29 - 88888886；

E-mail：zz@yahoo.com

三、退稿信

同行审稿的刊物主要看的是审稿人(reviewers)的意见。如果几位审稿人均提出较多反对意见，编辑就会拒稿，同时将审稿人意见(Reviewers' comments)反馈给投稿人。

论文拒绝词语："I am sorry to say,""we regret to say that ...""We suggest that you might submit it to another journal""An increasing volume of submissions prevents us from publishing all worthwhile manuscripts we receive. Competition for space in our journal has increased sharply in recent months."这些都是常见的、已形成格式的拒绝。

退稿信举例如下：

Dear Sir,

I am referring to your above work for which we now have received the reviewers' comments.

I am sorry to say, but as you may see from the report below, the comments are not in your favour. After a close study of your manuscript, our responsible Editor agrees with the reviewers' comments and has decided against publication. However, we hope you will find the enclosed specific comments helpful in planning future work in this area.

I regret the negative reply and look forward to another opportunity of cooperating with you. Thank you for your interest in Chromatographia.

With kind regards from Wiesbaden and,

sincerely yours

Petra Russkamp

Editorial Office Chromatographia

如果审稿人提的问题中有类似于 major revision 的，论文发表就有一定难度了，或者论文需要较大的修改后再重新投稿。如果提的问题都是小问题，按照审稿人的问题逐一回答并完善，大多都等到"accept"或"acceptance"。

第四节　国际英文期刊发表论文法规

1. 期刊版权和出版协议

在国际英文科技期刊上发表文章,作者要与出版社签定期刊出版协议(Journal Publishing Agreemeent,简称JPA)。这种法律文件格式很简单,但很重要。

期刊版权和出版协议是科技论文的作者与出版该期刊的出版公司之间就发表该文章签订的具有法律意义的协议。不同的出版公司有各自的出版协议,但包含的内容与格式大同小异。但是否签署出版协议,完全由作者自己决定,也不是期刊编辑部接受文章与否的先决条件,但文章被接受后,出版协议签署的快慢会不同程度地影响文章发表的速度。

2. 何时签订期刊出版协议

签署期刊出版协议的时间在各出版公司和期刊之间有差异。有的是在文章被刊物接受之后,而有的是在校样前后;有的是由编辑部发出,有的是归出版社统筹管理。关键是看作者收到协议书的时间。作者一旦收到编辑部或出版公司寄来的协议书,当然是尽快解决为好。

目前不少大型的科技出版社,继推出电子抽印本(Electronic Offprints)之后,又成功地开发了电子版的期刊出版协议(Electronic Journal Publishing Agreement/ E-Copyright Form)。作者可以直接在网上签署出版协议,既方便又省时间。电子出版协议的内容与传统的书写文件内容一致,作者可以选签其中一种,没有必要签两次。

3. 期刊出版协议应由谁签属

签出版协议的作者可以是一个,也可以是几个作者甚至是全部作者。但通常情况下,是由论文的联系作者(Corresponding author)代表其他的作者签署协议。但不论由谁来签,在签之前必须把内容了解清楚。尤其是签了该协议以后,作者在论文发表后要清楚可以做什么,不可以做什么。发表的文章内容,包括数据、图表等,作者在文章发表之后可以使用什么,以何种方式使用等等,均要心中有数。

4. 期刊出版协议何时生效

出版协议一旦签署并发回出版社,其内容即可生效,受法律保护,但实际的作用通常要等文章发表后才有生效的意义。如果在文章发表之前,因各种主观或客观原因被迫取消出版计划,已经签署的出版协议也就名存实亡。

5. 期刊出版协议能否改签

因为是法律文件,已经签订的出版协议,轻易不能改动,更不应该反悔。

6. 新论文中是否可以引用发表过的图表

已经发表的文章中的图表是可以再次发表的,这就是通常所说的引用图表。如果是引用作者自己以前发表的文章中的图表,而且文章是在同一本期刊上发表,出版社也没有变更,只要作者在新文章的出版协议中注明就可以了。但如果引用的是他人文章中的图表,作者就需与原作者取得联系,并向该文章的版权拥有者索取引用许可(Permission)。在获取许可后再与出版公司签新文章的出版协议。中国作者往往容易忽略这个程序,造成一些不必要的麻烦,应引以为戒。

7. 办理引用许可的手续

当引用和被引用的两篇文章所涉及的期刊由两家不同的出版公司出版时,作者可以自己与以前发表的文章的版权所有者(通常是出版公司)联系,索要相关的文件,填写引用申请表(Permission Form),交给出版社等候回音。但更有效的是通过将要发表文章的出版公司与之联系。但中国作者往往对此不大了解,需向出版社求助。当然,最好的办法就是尽量避免引用他人的图表。最后值得一提的是,引用他人的图表,不应改动或变更其内容。

参考文献

[1] 朱强等. 中文核心期刊要目总览(第六版)[J]. 北京:北京大学出版社,2011.

[2] http://blog. renren. com/GetEntry. do? id = 438155401&owner = 153014324

[3] http://thomsonrenters. com/products_services/science/science_products/a - z/science_citation_index_expanded

[4] 刘振海等. 中英文科技论文写作教程[M]. 北京:高等教育出版社,2007:240 - 246.

第十章　学位论文的答辩与评价

　　学位论文答辩，是一场学术的初级交流，也是对学术论文的最终检阅。除了对学位论文的质疑，答辩委员会还会就相关领域的基本概念，相关技术以及某些有争议的问题进行提问，与答辩者进行沟通、交流，进行学术上的纠正、补充。因此论文答辩是对答辩人数年来之所学的大检阅，是进一步提高基础理论、基础知识和基本技能的难得机会。

　　古语云：三人行必有吾师焉。知识的掌握也是一样，强中自有强中手。在信息技术飞跃发展的今天，没有人可以自称对即使是最熟悉领域的理论、知识、技能绝对全面掌握。通过专家质疑或建议性的启迪，可以发现以前之不足或者更新的动向，集思广益，有利于今后的成长。因此答辩的过程，应该也是知识完善、提高以至触发灵感的过程。

第一节　学位论文答辩的意义、要求和程序

　　学位论文的答辩，就是答复答辩教师的提问，对自己论文论点进行辩护。学位论文答辩，是教学计划规定的必须完成的教学内容，是整个论文工作的重要组成部分。

一、学位论文答辩的意义

1. 各个领域以及外国专家们对答辩的定义

　　什么是答辩？从字面上讲，答辩（Viva voce）指的是口头语言的"现场表达"，或是演讲。在英国，"答辩"（viva）指的是对博士生的口头考核。其他国家则有不同的名称，例如"口头辩护"。这个词的意义在于，它提醒我们答辩的首要功能是为学生提供一个为自己辩护的机会。

　　在答辩这一天，需要振振有词的表现，但是要小心谨慎地避免武断。富有思想、深思熟虑的候选人考虑到建设性的批评意见，并能够相应地修正自己的论证，他们将给评审人留下深刻的印象。答辩之成功从根本上取决于充分的准备，以及学生揭开答辩程序之神秘面纱的能力。

　　综合上述，答辩就是一种（对论文）辩护。我们可以将学位论文答辩定义为考查答辩者的专业知识、理论基础、学术水平，以及语言表达能力、逻辑思维能力、临场应变能力，甚至还包括个人的学术道德和人格修养的一场学术辩护，是检验学位论文质量的试金石。

2. 学位论文答辩是一种交流,是互相启发、共同提高的机会

学位论文的答辩是通过问答进行,在答辩教师与应答学生的双向交流和多向交流中完成。教师通过评审论文,对论文中涉及的政治理论、专业理论、论文的研究思路、论文中的观点、所得出的结论、论据的可靠性和充分性等方面的情况,综合地提出问题,学生就教师提出的设问作以答辩。在这个双向交流的过程中,教师在充分肯定论文的同时,也提出论文中的疑点、弱点、缺点甚至是错误问题;学生本着坚持真理、修正错误的态度,进行必要的说明、解释、补充和修正。通过答辩,对论文中的思想认识做到进一步深化和提高,从问题的多角度、多层次的认识上又达到一个全新的境界。

3. 学位论文答辩是鉴别真伪、考查论文质量的关键环节

论文的真实性是公平竞争的前提。所谓真实性,是指论文是否为作者本人的研究和写作成果,是否有无抄袭或请他人代写的行为。

通过答辩可以考察创作的真实性以及作者的理论功底、应变能力、表达能力;作为作者,可以进一步陈述、补充论文,发挥和展示才能。另外,答辩可以检验申请者的真实水平,并对在论文研究与写作中可能存在的请人代笔问题加以遏制。

4. 学位论文答辩是考查基本理论、基础知识,核定论文成绩的有效形式

通过考察论文中涉及的基本理论、基础知识,进一步了解论文作者的理论功底是否扎实,对相关知识理解的程度怎样,运用相关理论分析问题、解决问题能力如何。

核定论文成绩的工作是比较复杂的过程。在通常情况下,答辩"合议"审定的成绩,既考虑到论文的质量,又考虑到答辩的质量;既是文字表达能力,又是考察口头表达能力;既参照论文对问题的认识程度,又参照在论文基础上作者认识进一步升华的新高度。就学位论文输出管理方面的评审与答辩两个控制环节来说,对学位论文质量的把关主要在评审环节,而学位论文的答辩既要起到把关的作用,又要起到提高质量的作用。在答辩环节对论文质量进行把关,应当着重对学位论文的创新性进行考察,要求学生在答辩中就论文的创新之处进行解释并与委员进行探讨。在学位论文质量的提高方面,答辩应当体现出一种学术民主的氛围,与学生进行平等的讨论和争辩,使学生通过论文答辩,进一步提升自己的学术水平。

二、学位毕业论文答辩的要求

1. 组织高效得力的答辩机构

学位论文答辩对学位论文的质量把关、学术公平十分重要,而其质量首先取决于有序的组织和严格的管理。因此,组织高效得力的答辩工作机构是非常必要的。

(1)成立由学院、系主要领导组成的、分管领导全面负责的毕业论文答辩小组,统筹安排一切学术行政事务。

(2)成立由业务精、责任心强、坚持原则、公正廉洁、具有答辩资格的教师、专家等组成的答辩委员会。答辩委员会一般由5—9位专家组成,另设秘书一人。硕士论文答辩必须由一位学术水平较高的教授担任答辩委员会主席,负责答辩委员会会议的召集工作,而博士论文答辩的评审团应该是与该研究项目有关的学者群体,包括导师、外部评审人、内部评审人,甚至还有这个项目的专家等组成。

2. 做好答辩资格的审查工作

(1)审查学生答辩资格;(2)指导教师签署"同意参加答辩"的意见;(3)遵守纪律,保持答辩工作的严肃性和公平性;(4)保证论文无抄袭、剽窃之嫌疑。

下表 10-1 是某大学硕士学位论文答辩申请表。

表 10-1　XXX 大学硕士学位论文答辩申请表

姓名		学号		院系所			
出生年月	年　月　日	入学时间	年　月	联系电话			
学科专业			导师		答辩日期	年　月　日	
论文题目							
在学期间科研成果（发表论文题目、期刊名称及年卷期页）							

申请学位的学科门类名称及要说明的问题：
（以上各栏目由研究生本人认真填写）研究生本人签字：　　　　　年　月　日
导师对该硕士研究生申请答辩的意见（包括对论文的学术评语）：
导师签字：　　　　　年　月　日
教研室对该硕士研究生申请答辩的意见：
教研室主任签字：　　　　　年　月　日
学院（系、所）负责人对该硕士研究生申请答辩的意见及毕业审查：
学院（系、所）负责人签字： 年　月　日

论文评阅人	姓名	专业技术职务	工作单位	备注

答辩委员会	主席				
	委员				
	员				

学位评定分委员会审查意见：	校学位评定委员会办公室审查意见：
负责人签字： 年　月　日	公章： 年　月　日

注：此表必须正反面打印，签字必须用签字笔（章），否则无效。

3. 论文答辩程序的制定及拟定评价的标准

制定严密、有序的学位论文答辩程序。答辩的每个环节应科学化、规范化,为了使论文答辩的评分成绩公平、公正,应事先制定一个共同遵循的评价标准。

图 10-1 是研究生学位论文答辩流程图,表 10-2 是某校硕士学位论文评议表格式。

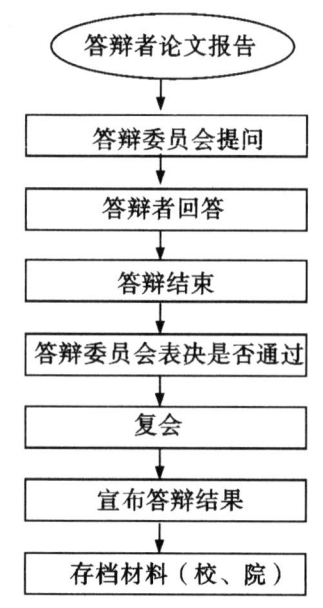

```
答辩者论文报告
    ↓
答辩委员会提问
    ↓
答辩者回答
    ↓
答辩结束
    ↓
答辩委员会表决是否通过
    ↓
复会
    ↓
宣布答辩结果
    ↓
存档材料(校、院)
```

图 10-1　研究生学位论文答辩流程图

表 10-2　XXX 大学硕士学位论文评议表

论文题目					
申请人姓名		学科专业			
评阅人姓名		专业技术职务		所在单位	
评阅说明: 一、该生将于　年　月　日进行学位论文答辩,请您将评阅意见于　年　月　日以前,返回　　大学　　　　　院(系、所)。 二、在评阅时,请参照以下几个方面写出评语: 1. 对论文的学术评价,主要包括:选题的意义,材料的掌握程度,数据的可靠性,结论的正确性,有无新的见解,存在的不足等。 2. 论文写作是否科学、严谨,写作的规范化和逻辑性如何。 3. 是否同意申请人进行学位论文答辩。 三、此表不应与申请人直接见面,敬请密封传递。					
评阅意见(请用钢笔或签字笔书写):					

是否同意申请人答辩：
评阅人(签名)：
年　月　日

三、学位论文答辩的基本程序

研究生学位论文答辩一般经过几个阶段：

1. 答辩开始

答辩委员会主席宣布答辩会场纪律、组成答辩人员名单、答辩次序、要求及注意事项。

2. 答辩报告

答辩者报告的内容包括：姓名、专业、指导教师，论文题目、选题的背景、意义，文献综述，论文的观点、使用材料（实验设备仪器），研究方法、论证过程，得出的结论以及进一步的设想和建议等。个人报告陈述要思路清晰，条理清楚，论证严密。建议使用PPT报告，严格控制时间，研究生报告时间一般20—30分钟。

3. 问题答辩

论文报告完毕后，答辩委员会的专家会提出3—5个问题。学生可记下全部问题，下来独立思考数分钟后，再上台逐一回答每一个问题；也可边问边记边答。答辩时间一般为5—10分钟。答辩的问题一般涉及学科的某些基础知识、论文中的观点、论文中出现的问题、某些现象的合理解释、某些数据的由来、有效数字的表达以及方法的优缺点等等。

答辩时,答辩者要站在讲台上,面对答辩专家。对专家提出的问题,要快速记录下来,这样有助于对问题的完整答复。问题的回答要简明扼要,实事求是。对回答不上来或尚未思考清楚的问题,不可强辩,并向提问老师说明原因,请求解释。

4. 评审

答辩结束后,答辩者暂时离场。记录员对答辩者的答辩过程进行记录,评审老师也可采取无记名方式给答辩者打分。答辩委员会集体根据答辩人论文质量和答辩情况,商定答辩是否通过,并拟定成绩和评语。

5. 宣布结果

评议结束后,答辩者返回,答辩委员会主席根据评定成绩,宣布答辩结果。答辩者在得知自己的答辩成绩后,还要做一个简短总结,表达论文写作体会和答辩收获,指导老师对自己的帮助。最后,切莫忘了诚恳地感谢答辩老师的指点和答辩秘书的劳动。

6. 善后工作

答辩结束后,答辩委员会秘书整理填写《成绩评定表》;评审老师签名,包括"答辩是否通过"及"论文答辩评定等级"等;答辩委员会主席负责填写《论文答辩报告书》。学校再次审定候选人答辩成绩。

表 10-3 为某大学学位评定分委员会是否授予硕士学位表决票表格,表 10-4 为某大学研究生学位论文答辩延期申请表。

表 10-3　XXX 大学学位评定分委员会建议授予硕士学位表决票

学位评定分委员会名称:　　　　　　　　　　表决日期:　　年　月　日

申请人姓名	学科专业	建议授予何种门类硕士学位	是否同意授予硕士学位

说明:同意画"○",不同意画"×",涂改无效。

表10-4 XXX大学研究生学位论文答辩延期申请表

姓名		学号		入学时间		年　月 （硕士、博士）
学院(中心)				申请延期至		年　月　日
延期答辩 原因	写不下请另附A4纸					
导师意见	导师签字： 年　月　日					
学院(中心) 意见	负责人签字： （单位公章） 年　月　日					
研究生院 意见	负责人签字： （公章） 年　月　日					

注：此表一式二份，交研究生院培养办一份，交学院（中心研究生秘书老师）一份。

第二节　答辩中的设问类型和提问重点

设问，这里是指对答辩中问题的设置、设计，意思是在正式答辩之前，根据本科、研究生各个层次不同学历教育层次、规格和所要求达到的培养目标预先制定的提出问题的方案。

一、学位论文答辩教师设问的基本原则

1. 科学性原则

学位论文答辩中的设问，作为一种提问题的方案来说，基本点应首先放在检验学生对基础知识、基础理论的掌握上；其次，检验学生从理论与实践的结合上阐述问题的准确性、严密性；第三，检验学生理论联系实践的能力；第四，检验学生理性思维方法的规范性及逻辑性。

答辩中的设问，必须从论文所涉及理论、方法、材料等方面的科学性原则出发，从重大的现实问题和重要的理论问题出发，防止和杜绝设问中的随意性、一般性，甚至纠缠到具体琐碎的问题或现象。

2. 适应性原则

提问的重点应该放在专业学术水平和社会发展和实践中有一定的应用价值等问

题上。从研究生专业研究方向考虑,所选题目在学术界、理论界和实践上已取得的成果和达到的层次,论文在新层次上的新进展或新创造,以及论文新进展或新创造所得出结论的学术价值和社会现实的、历史的意义等。

二、学位论文答辩教师设问的方法

(1)针对论文本身提问题,综合概述、全面的问题;

(2)名词概念、部分段落的简述,讨论与论题相关的观点;

(3)从考核论文的真实性、相关知识及认识的深化程度出发,全面了解学生的理论水平以及学生分析问题和语言文字表达能力;

(4)提问既有基础理论和专业理论知识,也有现实性的问题,既有热点问题,也要有难点问题,既有论文中精彩的、重要的问题,也有论述不够的错误、遗漏问题;

(5)提问内容要有针对性,范围要有规定性(论文本身);准备要有适度性;思维的开阔性;提问要有可辨性。

三、学位论文中答辩教师提问重点

论文答辩过程中,着重考查学生对基本理论的理解、基础知识的掌握以及实际运用的能力。

作为答辩小组的成员,如何提问应当保持谨慎的态度。提出的问题如果不合理,不但为难了学生、浪费有限的时间,而且也有损自己和答辩小组的形象。因此答辩教师提问重点应当围绕以下几个方面来考虑:

(1)提问应当结合具体专业,紧密围绕论文。比如可以针对论文中涉及的基本概念、基本原理提出问题,以考查学生对引用的基本概念、基本原理的理解是否准确。

(2)可以针对论文中所涉及的某一论点或结论来进行提问,或要求学生结合专业对某一论点或结论进行论述,以考察学生的专业理论知识联系实践的能力。

(3)建议正常情况下教师不要针对论文题目或者论文的意义提问。因为这些内容应当在开题答辩中已经审查。作为答辩小组的成员,除了针对论文对学生提问外,有时还会与学生进行必要的辩论。在辩论的时候,建议答辩小组的成员应注意自己的身份,在语言和心态上调整好自己。作为辩论的双方,答辩小组的成员与学生是平等的,双方不应当以身份来强迫对方接受自己的观点。答辩小组的成员一般是在专业领域有所成就、经验丰富或具有较高学术水平的教师、专家,向学生传达尽量多的知识信息本是无可厚非的,但是如果不考虑场合以及答辩时间的限制,而长篇大论的谈论自己所掌握的知识信息,这不仅会使其他成员没有时间提问,同时也有炫耀之嫌。有时答辩学生的指导教师也是答辩小组的成员,当学生与其他成员之间发生辩论时,指导教师应尽量保持沉默。

当然,其他成员也应当注意与学生的辩论要局限于学术范畴,围绕论文答辩的目的,本着培养学生的目标进行辩论。作为答辩的学生,要注意论文答辩并不等于宣读论文,而是要抓住自己论文的要点予以概括性的、简明扼要的论述。对论文中的结论以及创新点应突出阐述,这是毕业论文的主要审查点之一,也是获得高评分的部分。对答辩小组成员的提问,不管是否知道答案,均应作正面的回答,而不是躲避或者敷衍答辩小组。如果你认为答辩小组的提问与你的论文关联不大而你又不知道如何回答，你可以直接指出来。当自己的观点与答辩小组观点相左时，既要尊重答辩小组，又要运用各类辩论的技巧让答辩小组接受自己的观点。当然，答辩小组会对学生论文中的纰漏和错误进行点评，一般情况下，此时学生应当以学生的身份虚心接受答辩小组的指导。如果这些纰漏或错误不违背基本原理，不影响论文的结论，答辩小组不会以此作为答辩者论文答辩是否通过的评判依据。

第三节　学位论文答辩准备和注意事项

学位论文的答辩准备是学生获得较好答辩效果的先决条件。学位论文的应答技巧，则是在答辩中根据客观所需表现出来的巧妙方法和才能。

一、论文答辩的准备

答辩前的准备，最重要的是答辩学生的准备。要保证论文答辩的质量和效果，关键在于答辩过程的表现。答辩学生在提交了论文之后，不能有所松懈，而应抓紧时间积极准备论文答辩。

（1）认真做好 PPT。PPT 主要内容应包括论文的题目，指导教师姓名，选择该题目的起因，论文的主要论点、论据和写作体会，以及本论题的理论意义和实际意义。学位论文答辩一般要求将讲稿与多媒体紧密结合在一起。PPT 内容要简洁，控制在 10—20 页。宣讲用的图表宜精简且具有代表性。图要选可视性强、趋势明显，不同曲线最好用不同颜色加以区别。在论文中使用的表格如不适合宣讲时，表格项目尽量简化。一般行不超过 4 项，列以 10 项以内为宜。说明趋势、表示差距的表格可改用图表示，因为图比表更易理解，解释起来节省时间。

（2）熟悉论文全文。要熟悉论文的主体和结论部分的内容，明确论文的基本观点和论题的基本依据；弄懂弄通论文中所使用的主要概念的确切涵义，所运用基本原理的主要内容；同时还要仔细审查、反复推敲文章中有无自相矛盾、谬误、片面或模糊不清的地方，有无与大政方针政策相冲突之处等。如发现有上述问题，就要及时补充、修正和解说等。只要认真设防，在答辩过程中，就可做到心中有数、临阵不慌和沉着应战。

（3）掌握相关知识。如自己所研究的这个论题学术界的研究已经达到的程度，存在的争议，自己倾向哪种观点及理由；重要引文的出处和版本；论证材料的来源渠道等。这些方面的知识和材料都要在答辩前做到有比较好的了解和掌握。

（4）总结不足之处。论文有哪些应该涉及或应该解决的问题，哪些内容在论文中未涉及到或涉及很少等，要认真总结和分析。是在研究过程中确已接触到并有一定的见解，还是力所不及而未能接触的问题，只是由于觉得与论文表述的中心关联不大而没有写入的问题等。

二、论文答辩的注意事项

（1）携带必要的资料。首先，学生参加答辩，要携带论文的底稿和主要参考资料。在回答问题的过程中，允许翻看自己的论文和有关参考资料，答辩时虽然不能依赖这些资料，但带上这些资料，如果一时记不起来，稍微翻阅一下有关资料，就可避免出现答不上来的尴尬和慌乱；其次，应带上笔和笔记本，以便把老师所提出的问题和有价值的意见和见解记录下来。通过记录，不仅可减缓紧张心理，而且还可更好地理解老师所提问的要害和实质，同时可边记边思考，使思考的过程变得自然。

（2）树立良好的信心。在做了充分准备的基础上，大可不必紧张，要有自信心。树立信心，消除紧张慌乱心理很重要，因为过度的紧张会使本可回答出来的问题也答不上来。只有充满自信，沉着冷静，才会在答辩时有良好的表现，而自信心主要来自事先的充分准备。

（3）听清问题再作答。老师在提问时，学生要集中注意力认真聆听，并将问题回答思路略记在本子上，切忌未弄清题意就匆忙作答。如果对所提问题没有听清楚，可以请提问老师再说一遍。如果对问题中有些概念不太理解，可以请提问老师做些解释，或者把自己对问题的理解说出来，并问清是不是这个意思，等得到肯定的答复后再作答。只有这样，才会避免答非所问。

（4）答题要简明扼要。在弄清老师所提问题的确切涵义后，要在较短的时间内作出反应，要充满自信地以流畅的语言和肯定的语气把自己的想法讲述出来，不能犹豫。回答问题，一要抓住要害，简明扼要，不要东拉西扯，使人听后不得要领；二要力求客观、全面和辨证，留有余地，切忌把话说"死"；三要层次分明；此外，还要注意吐词清晰，声音适中等。

（5）答题时不可强辩。有时老师对答辩学生所作的回答不太满意，还会进一步提出问题，以求了解论文答辩学生是否切实搞清和掌握了这个问题。遇到这种情况，答辩学生如果有把握讲清，就可申明理由进行答辩；如果不太有把握，可以审慎地试着回答，能回答多少就回答多少，即使讲得不是很确切也不要紧，只要是与问题有所关联，老师会引导和启发答辩学生切入正题；如果确是自己没有搞清问题，就应实事求是地讲明自己对这个问题还没有搞清楚，表示今后一定认真研究这个问题，切不可强词夺理，进行狡辩。学生在答辩会上，某个问题被问住是不奇怪的，因为答辩委员一般是本学科的专家。当然，所有问题都答不上来，一问三不知就不正常了。

（6）有冲突展开辩论。答辩中，有的老师会提出与论文基本观点不同的观点，然后请答辩学生谈谈看法，此时就应全力为自己的观点辩护，反驳与自己观点相对立的思想。答辩老师在提出的问题中，有的是基础知识性问题，有的是学术探讨性问题。对于前一类问题，是要答辩学生作出正确和全面回答，不具有商讨性；对于后一类问题，是非正误并未定论，持有不同观点的人可互相切磋商讨。如果答辩学生所写论文的基本观点是经过自己深思熟虑，又是言之有理和持之有据，能自圆其说的，就不要因为答辩老师提出不同的见解，就随声附和，放弃自己的观点。否则，就等于是自己否定了自己辛苦写成的论文。要知道，有的答辩老师提出与论文不同观点，并不是他本人的观点，他提出来无非是想听听答辩学生对这种观点的评价和看法，或者是考察答辩学生的答辩能力或对自己观点的坚定程度。退一步说,即使是提问老师自己的观点,答辩学生也应该抱着"吾爱吾师,吾更爱真理"的态度,据理力争,与之展开辩论。不过,与答辩老师展开辩论时要注意分寸,运用适当的辩术。一般说,应以维护自己的观点为主,反驳对方的论点要尽可能采用委婉的语言、请教的口气,用旁说、暗说和绕着说的办法,不露痕迹地把自己的观点输入对方,让他们明理而诚服或暗服。让提问老师感受到虽接受答辩学生的意见,但自己的自尊并没受到伤害。这样的辩论,答辩老师不仅不会为难答辩学生,相反会认为其有水平,基础扎实。

(7)要注意举止文明。论文答辩过程也是学术思想交流过程。答辩学生应把它看成是向答辩老师学习、请求指导和讨教问题的好机会。因此,在整个答辩过程中,答辩学生应尊重答辩老师,言行举止要讲文明、懂礼貌,尤其是在主答辩老师提出的问题难以回答,或答辩老师的观点与自己的观点不同时,更应该注意如此。答辩结束,无论答辩情况如何,都要从容和有礼貌地退场。

第四节 学位论文成绩终评标准和评定方法

学位论文成绩的终评,即经答辩委员会"合议"评定后报答辩领导小组审定通过的论文成绩的评定。

一、学位论文质量

学位论文质量是论文评价体系的核心,因此首先要对此概念进行界定。而质量本身是一个很难把握的概念,要对学位论文质量进行定义更是难上加难,关于学位论文质量,至今还没有明确的定义。国际标准化组织在1994年将质量定义为:"反映实体满足明确和隐含需要的能力的特性总和"。这个定义包含了三个价值判断的标准:学位论文要满足学位授权者对学位授予条件的各种需要,即客观规定性;国家、社会、学校、家庭等对学生心智训练和个性发展的各种需要,即主观性;科学研究对其成果的社会效益、影响程度的各种需要,即知识转化的内在要求性。

二、学位论文质量评价体系

评价是一种价值判断活动,它的主要目的在于促进客体自身的发展。"体系是指由两个以上的有机联系和相互作用的要素所组成,是指具有特定结构和功能的整体,或指为了协调与联系必需的的组织结构。"据此,笔者将学位论文质量评价体系定义为:以保障和提高学位论文质量为目标,依靠必要的组织机构,把各个组成要素的质量评价活动严密组织起来,形成一个任务明确、职责、权限相互协调、相互促进的有机整体。就此体系而言,它的构成要素包括评价目标、主体、内容、评价方法等,包含了目标系统、运行系统、方法系统以及结果处理系统。它回答了为什么而评、谁来评、评什么以及如何评价的问题。

1. 硕士学位论文质量评价体系

在我国,硕士是相对独立的一个教育阶段,因此,硕士教育质量评价作为一个相对独立的评价领域也有着与学士、博士教育质量评价不同的特征。《中华人民共和国学位条例暂行实施办法》第八条规定:"硕士学位论文对研究的课题应当有新的见解,表明作者具有从事科学研究工作或独立担负专门技术工作的能力。"结合我国硕士学位论文评价的实际,笔者认为我国硕士学位论文质量评价体系应该符合以下几个条件:(1)要满足各个主体的需求,以促进硕士学位论文质量的提高为目的;(2)创新性应该成为衡量论文质量的主要标准;(3)不同于博士,没有全国统一的评价组织体系,因此要以院校自评为主要的评价模式;(4)分学科、专业评估应该成为主要的评价方式;(5)要对硕士学位论文质量的形成过程进行监控;(6)需要有对关键影响因素的控制措施;(7)要把硕士学位论文质量评价纳入到研究生教育评估体系之中。

总之,硕士学位论文质量评价体系是学位与研究生教育评估系统的重要组成部分,对它的研究有助于我们进一步明确各个组成部分的功能与运行机制,但是体系的形成与完善是个漫长的过程,这其中的得与失很值得我们思考。

2. 对我国硕士学位论文质量评价体系的辩证思考

我国硕士学位论文质量评价体系的建立和发展是顺应研究生教育大规模发展而带来的质量保障的需要的。自1985年国务院学位委员会第六次会议决定,逐步建立起各级学位授予质量的检查和评价制度以来,学位论文质量评价活动也迅速开展起来,经过20多年的发展,已经由最初的国务院学位办和国家教委直接主导到现在的国家委托、学位授予单位自主组织,打破了政府垄断统一指挥领导下的单一评价模式;我国也从1999年开始施行学位论文在学位授予后的抽查评估工作,这种水平评估与原来的学位授予前的合格评估并举,使评价类型多样化;《中华人民共和国学位授予条例》和《中华人民共和国学位条例暂行实施办法》明确规定,学位评审是通过申请—评阅—答辩—审核等环节构成,通过法律途径进一步明确了学位评审的运行机制;而在评审方式上,多数学位授予单位都由以前的公开评审到现在采取匿名评审(盲审)、导师回避制等来提高论文评估的公正度;同时随着信息技术的发展,我国也建立了优秀硕士学位论文数据库。这表明,我国的硕士学位论文质量评价体系在逐渐对完善我国硕士学位论文质量评价体系的思考。

三、学位论文的盲审制度

1. 盲审的基本概念

盲审就是将不署作者名的学位论文送到作者不可能知道的专家进行审核的一种评审制度。盲审论文的内容和标题都不能涉及导师姓名和研究生的姓名,一般都是送到外校审阅,审稿人不会知道是谁的论文、谁是论文的指导老师。一般高校,特别是研究生院,均有对学位论文进行定期盲审的相关规定,多为随机抽取一定数目的论文进行盲审。外审是指将论文送外单位专家审阅,有的学校是学位办统一进行,有的学校是导师个人进行。

所有博士硕士论文在盲审、外审都通过了才能参加答辩,然后由答辩委员会决定是否通过答辩,是否授予学位。最后由单位的学位委员会综合论文质量、修科成绩、思想表现、有无发表论文等因素,无记名投票会决定是否给学位,同意给学位后还要公示3个月才可拿到学位证书。

2. 盲审工作要求

（1）论文盲审人员全部由校外同行专家承担，通常由学校研究生部负责在专家库中抽取。

（2）为了保证学位论文盲审工作正常进行，所有申请学位论文答辩的硕士生通常提前30天、博士生提前45天提交学位论文。

（3）参加盲审的论文，要在盲审结果确定后组织答辩工作，盲审结果应作为答辩资格、论文成绩评定的依据。

（4）评审论文一般不退回。

3. 盲审结果处理

（1）论文送审意见全部收回，评审意见有效，若不能全部收回，缺额份数须追加送审。论文送审意见如果因特殊情况不能及时全部收回，研究生部会根据已收回的评审意见，决定是否让研究生先进行论文答辩，再根据缺额份数收回情况及评审意见确定答辩的处理意见。

（2）博士学位论文盲评审中若出现一票否决的，则追加两位评阅人重审，如再出现否决意见，则该论文评审定为不合格。若出现两票否决，则该论文评审即定为不合格。硕士学位论文实行盲审意见一票否决制。

（3）通过盲审的学位论文，由研究生部通知学位评定分委员会和导师及研究生，进行学位论文答辩。定为不合格的学位论文由研究生部通知研究生本人及导师，进行论文的修改；如研究生本人及导师对盲审结果有异议，可填写"复审申请表"申请复审。

（4）责任学位评定分委员会在接到"复审申请表"后，应组织有关专家或分委员会成员对被盲审为不合格学位论文及盲审意见进行评议，如认同盲审结果，则应责成指导教师负责指导研究生在规定的期限内对论文进行认真修改。其盲审费用由导师或研究生承担。

（5）被盲审为不合格学位论文修改期限，博士不超过两年，硕士不超过一年，修改后的论文仍必须参加盲审，原则上由原评审人员重新评审。论文若再次被否决的，则取消该论文作者学位申请资格。

四、学位论文成绩评定标准

论文撰写中指导老师的评分和等级；答辩前的答辩教师互评和评审小组的初评成绩；答辩中的答辩教师对答辩效果的总评，以及答辩委员会根据各委员的无记名投票；最后经答辩委员会综合这四种形式所评定的成绩并经合议评定论文最终成绩。这个过程也充分体现民主性原则。这四种形式所评定的成绩并经合议评定论文最终成绩，实际上可归结为论文质量和答辩水平两个方面。论文评定成绩分为优秀、良好、及格、不及格四个档次，其基本评定标准列于表10-5。

表 10-5 学位论文成绩评定标准

档次	基本标准
优秀 (90—100 分)	①能正确综合运用所学理论知识和本专业的有关知识观察社会,联系社会实际,分析问题正确、全面,具有一定深度和创新,对指导实际工作有一定意义。 ②中心突出,论据充分,结构谨慎,层次分明,文笔流畅,文字、口头表达能力强。 ③答辩贴切,言简意赅,逻辑性强,说理透彻,有独到见解。文章材料丰富新颖,数据可靠,能用科学的思维方法鉴别、加工和整理。
良好 (75—89 分)	①能正确综合运用所学理论知识和本专业的有关知识观察社会,联系社会实际,分析问题正确、全面,具有一定深度和创新,对指导实际工作有一定参考作用。 ②中心突出,论据充分,结构谨慎,层次分明,文笔流畅,文字、口头表达能力较好。 ③答辩贴切,思路清晰,说理较透彻。文章材料丰富、可靠,能较好运用科学的思维方法鉴别、整理和运用。
及格 (60—74 分)	①能正确综合运用所学理论知识和本专业的有关知识说明社会现实问题,在理论上没有原则性错误。 ②中心明确,论述基本有据,文字、口头表达能力尚好。 ③答辩基本说明了问题,文章使用了一定材料,并作了一定整理。
不及格 (59 分以下)	①能运用所学理论知识和本专业的有关知识说明一些问题,但在阐述上有明显错误。 ②有照搬、大量采用别人成果的现象。 ③答辩离题,东拉西扯,没有切中题意应该回答的方面。文章材料陈旧,所述无中心,逻辑结构差。 ④论文很好(全属抄袭或别人代写),但对内容不熟甚至不理解,答非所问,甚至只会念论文或者照本宣读现成材料。

论文成绩终评标准,总的来说是以论文的质量为基础,答辩的水平位依据,从质和量的统一性上具体衡量。体现在:(1)把答辩中各个问题的成绩量化;(2)把论文各阶段的成绩量化。

表 10-6 某高校硕士学位论文成绩评审表

学位申请者姓名:　　　　　　　　　　学科、专业名称:

评价指标	评价要素	分项评价
选题与综述 (权重 0.15)	论文选题有较大的学术或应用价值; 阅读广泛,综合分析能力强,了解本领域国内外学术动态。	
内容与成果 (权重 0.30)	研究思路清晰,技术路线合理,取得实质性成果; 论文有新的见解,成果有独到之处; 有一定的经济效益、社会效益或学术贡献。	
知识与能力 (权重 0.15)	方法先进,结果正确,可靠; 学位论文体现作者掌握坚实的基础理论和系统的专门知识,具有从事科学研究或独立担负专门技术工作的能力。	
工作量 (权重 0.10)	工作量饱满。	

论文写作 (权重0.15)	概念正确,条理清晰,文笔流畅,格式规范,学风严谨; 外文摘要表达准确,语句通顺,语法正确。	
论文答辩 (权重0.15)	能流利、清晰地报告学位论文的主要内容; 能准确回答问题。	
总体评价		
表决意见 (相应栏划"○")	授予学位	不授予学位

注:
① 本表由答辩委员无记名评审并表决,于答辩会结束前交答辩委员会秘书。
② "分项评价"及"总体评价"可采用等级制或百分制,各院(系、所)根据情况自行规定。
③ "学位申请者姓名""学科专业名称"由答辩秘书事先填好。
④ 此表由院(系、所)留存。

参考文献

[1] 赵公民,聂锋著.毕业论文的写作与答辩[M].北京:中国经济出版社,2006.1.

[2] [英]罗维娜·摩莱(Rowena Murray).怎样成功通过论文答辩[M]//余飞译,顾肃校.北京:中国人民大学出版社,2005.6.

[3] 周红康.研究生学位论文答辩制度的治理[J].煤炭高等教育,2006,24(4).

[4] 周新年.双向选择就业条件下如何提高学位论文的质量[J].中国林业教育,2002,(4):26-28.

[5] 周新年,丁艺,邱荣祖等.毕业论文选题与分析[J].中国林业教育,2004,(3):21-23.

[6] 周新年.浅议撰写学位论文技巧[J].中国林业教育,2006,(1):25-28.

[7] 刘利东,徐霞,陈柏铭等.严格毕业论文答辩提高学生科研能力[J].西北医学教育,2003,(4):274-275.

[8] 赵娟娟.对完善我国硕士学位论文质量评价体系的思考[J].教育管理与评价,2010,(4).

第十一章 学术论文范文示例

范文一

Speciation of chromium by in – capillary reaction and capillary electrophoresis with chemiluminescence detection

Wei-Ping Yang, Zhu-Jun Zhang*, Wei Deng

College of Chemistry and Materials Science, Shaanxi Normal University, Xi'an, 710062, China

Abstract: A sensitive method for the simultaneous determination of chromium(III) (Cr^{3+}) and chromium(VI) (CrO_4^{2-}) using in – capillary reaction capillary electrophoresis separation and chemiluminescence detection was developed. The chemiluminescence (CL) reaction was based on the luminol oxidation by hydrogen peroxide in basic aqueous solution catalyzed by Cr^{3+} ion following by capillary electrophoresis separation. Based on in – capillary reduction, chromium(VI) can be reduced by acidic sodium hydrogen sulfite to form chromium(III) while sample is running through the capillary. Before the electrophoresis procedure, sample (Cr^{3+} and CrO_4^{2-}), buffer and acidic sodium hydrogen sulfite solution segments were injected in this order into the capillary, followed by application of an appropriate running voltage between both ends. As both chromium species have opposite charges, Cr^{3+} ion migrates to the cathode, while CrO_4^{2-} ion, moving oppositely to the anode, reacts with acidic sodium hydrogen sulfite resulted in formation of Cr^{3+} ion. Because of the migration time difference of both Cr^{3+} ions, Cr(III) and Cr(VI) could be separated. Running buffer was composed of 0.02 mol l^{-1} acetate buffer (pH 4.7) with 1×10^{-3} mol l^{-1} EDTA. Parameters affecting CE – CL separation and detection, such as reductant (sodium hydrogen sulfite) concentration, mixing mode of the analytes with CL reagent, CL reaction reagent pH and concentration were optimized. The limit of detection (LOD) of Cr(III) and Cr(VI) was 6×10^{-13} mol l^{-1} and 8×10^{-12} mol l^{-1} (S/N = 3), respectively. The mass LOD for Cr(III) and Cr(VI) was 1.2×10^{-20} mol (12 zmol) and 3.8×10^{-19} mol (380 zmol), respectively.

Keywords: Chemiluminescence detection; Derivatization, Electrophoresis; In – capillary reaction; Chromium; Inorganic ions

1. **Introduction**

Chromium exists in different oxidation states in environmental water[1] and soils[2]. The determination of chromium speciation is become very important in environmental samples. Dissolved chromium is usually found in natural waters in two different oxidation states, chromium(III) and chromium(VI). Chromium (III) is an essential trace element for humans, required for the maintenance of normal glucose, cholesterol, and fatty acid metabolism. Also, chromium(III) plays a role in various enzyme reactions. On the other hand, water soluble chromium(VI), in the form CrO_4^{2-} or $Cr_2O_7^{2-}$, is highly irritating and toxic to humans and animals[3]. Its toxic effects include an immediate cardiovascular shock and later effects on kidney, liver, and blood-forming organs. Due to its toxicity and mobility, Cr(VI) as a contaminant in the environment has often been considered more problematic than Cr(III). Therefore, it is necessary for risk assessment, to determine not only the total chromium in the different environmental compartment but also its different oxidation states.

UV-Vis spectrophotometry[4] was employed for Cr(VI) determination and the total chromium by atomic absorption spectrometry (AAS)[5]. Other methods have been reported for the determination of Cr(III) and Cr(VI), such as bidirectional electrostacking - electrothermal atomic absorption spectrometry (ETAAS)[6], flame atomic-absorption spectrometry (FAAS)[7,8], solid-phase extraction liquid chromatography (LC) with UV detection[9,10], inductive coupled plasma-atomic emission spectrometry (ICP-AES)[11]. However, preconcentration of analyte from the matrix prior to measurement or vaporization is necessary for these methods. Capillary electrophoresis (CE) with UV detection has been used to determine Cr(VI) and Cr(III), after chelating with organic ligands to form all anionic complexes[12]. Unfortunately, the sensitivity is not sufficient in this method.

The application of chemiluminescence (CL) for the analysis of chromium in natural water has been reported[13-16]. These methods were based on the chromium(III)-catalysed oxidation of luminol (5-amino-2,3-dihydro-1,4-phthalazinedione) by hydrogen peroxide in a basic aqueous solution. In recent years, CE-CL detection system has received much attention. However, to our knowledge, simultaneous determination of Cr(III) and Cr(VI) with CE-CL method has not been reported.

In-capillary reaction techniques have been applied in capillary electrophoresis [17-20]. In in-capillary electrophoresis reaction, different electrophoretic mobilitites are used to merge distinct zones of analyte and analytical reagent under the effect of an electric field. The reaction is allowed to proceed within the region of mixed reagents either in the presence or absence of an applied potential, and the product migrates to the detector under the effect of an electric field. Taga and co-workers have reported on the amino acids analysis using three types of in-capillary derivatization techniques, which are at-inlet type derivatization[21], zone-passing derivatization[17] and throughout capillary derivatization[22]. Zone – passing technique by in – capillary derivatization method, for instance, a running solution zone was introduced between the sample and reagent zones and the voltage was applied immediately after the introduction of the reagent zone. The derivatization reaction occurred while the reagent zone passed the sample zone and the derivatized amino acids were separated by electrophoresis.

In CE separations performed in untreated fused silica capillaries, the electroosmotic flow (EOF) is toward the cathode when a positive potential is applied at the injection end across the fused silica capillary to the detection end. Consequently, cations move toward the cathode with the apparent velocity (V_{app}):

$$V_{app}, cations = V_{eo} + V_{ep} \qquad (1)$$

Where V_{eo} and V_{ep} are the electroosmotic flow velocity and the electrophoretic velocity, respectively. In the case of anions, due to the strong attraction by the positive electrode (anode), they flow toward the positive terminal against the electroosmotic flow. The apparent velocity then expressed as:

$$V_{app}, anions = V_{eo} - V_{ep} \qquad (2)$$

From Eq. (2), it can be seen that the apparent velocities of anions will be less than the electroosmotic flow velocity. However, pH of the buffer has a significant effect on electroosmotic flow because it changes the zeta potential. As pH decreases, electroosmotic flow decreases. At pH below about two, there is no electroosmotic flow in a fused silica capillary because most of the silanol groups are protonated[23]. In this case, the apparent velocities of anions will be more than the electroosmotic flow velocity.

In this work, A strategy for in – capillary reduction of Cr(VI) ($Cr_2O_7^{2-}$ or CrO_4^{2-}) with acidic sodium hydrogen sulfite to Cr(III) (Cr^{3+}) using the zone – passing technique was proposed. Acetate buffer was introduced into the capillary between zones of sample (Cr(III), Cr(VI)) and reductant (HSO_3^-). The voltage was applied immediately after the injection of the reductant zone. In the electric field, chromium(III) migrated to the cathode (detection window), and the chromium(VI) zone moved toward the anode and reacted quickly with zone reductant (HSO_3^-) to form chromium(III), which migrated toward to the cathode later and catalyzed luminol – hydrogen peroxide CL reaction in the detection window. Because of their migration time differences, chromium(III) and chromium(VI) could be separated and determined.

2. Experimental

2.1. Reagents and solutions

Luminol was from Merck (Darmstadt, Germany). Hydrogen peroxide, acetic acid, sodium acetate, ethylene diamine tetracetate acid (EDTA), sodium bromide, sodium hydrogen sulfite, potassium dichromate, chromium trichloride, sodium hydroxide, hydrochloric acid were purchased from Shanghai Chemical Plant (Shanghai, China). All reagents were of analytical reagent grade purity. Ion exchange – double distilled water was used for the preparation of luminol solution, hydrogen peroxide solution, sodium acetate buffer (pH

4.7), EDTA solution, NaBr solution, NaHSO$_3$ solution and the chromium standard solutions. Standard solutions of chromium(VI) and chromium(III) were prepared by appropriate dilution from 0.01 mol l^{-1} stock solutions made from potassium dichromate and chromium trichloride, respectively.

The luminol stock solution (1×10^{-2} mol l^{-1}) was prepared by dissolving luminol in 1 mol l^{-1} sodium hydroxide. Hydrogen peroxide stock solution (1×10^{-2} mol l^{-1}) was prepared by 30% hydrogen peroxide.

Chemiluminescence reagents: (A) 1×10^{-3} mol l^{-1} luminol, 0.1 mol l^{-1} NaBr and 1×10^{-4} mol l^{-1} EDTA with 0.1 mol l^{-1} NaHCO$_3$ – NaOH buffer to pH 11.5. (B) 1×10^{-2} mol l^{-1} hydrogen peroxide. Luminol solution (A) and H$_2$O$_2$ solution (B) were delivered to CL solution capillary by two microsyringe pumps, respectively.

Reductant reagent: 1 mol l^{-1} NaHSO$_3$ dissolved in 0.5 mol l^{-1} HCl solution.

Running buffer was composed of 0.02 mol l^{-1} acetate buffer (pH 4.7) with 1×10^{-3} mol l^{-1} EDTA.

All solutions were filtered through a 0.45um membrane filter and degassed by ultrasound before use.

2.2. CE – CL Apparatus

All the data were collected using a home – built capillary electrophoresis – chemiluminescence detection system (Fig. 1A), similar to the literature[24]. A 0 – 30 kV high power supply (Tianhui Institute of separation science, Baoding, China) provided the separation voltage. A fused – silica capillary (60cm × 75μm I.D.) coated with polyimide (Polymicro Technologies, Phoenix, AZ, USA) was used for separation. A 2mm section of the end of the separation capillary was burned and then inserted into a reaction capillary (16cm × 530μm I.D.) (Hebei Optical Fiber, Hebei, China). The detection window was formed by burning 4mm polyimide of the reaction capillary and was set in front of the photomultiplier tube (PMT) (Hamamatus, Japan). The distant between the reaction capillary detection window and PMT was 3mm. The PMT of the detector was operated at 800 – 900V. A section of the end of the separation capillary was inserted within the middle of the detection window. CL reagents were delivered by a double microsyringe pump (Shanghai, China) flowed through a reagent capillary (20cm × 250μm I.D.) (Lanzhou Institute of Chemical Physics, China) and reached to the reaction capillary (Fig. 1B). CL reagent solution was fed at a rate of 10 – 20 μL min^{-1}. All the capillaries were fixed in place by a plexiglass or teflon tee connector (400 – 600μm I.D.). The end section of the reaction capillary exited the detector and entered a buffer reservoir to complete the circuit. The data acquisition and collection were processed using commercially available software (IFFM – D data analysis system, Xi'an, China).

The main features of present CE – CL system are: (1) When the flowed CL reagent meets with a separated sample zone in the tip of the separation capillary, the chemiluminescence reaction will proceed immediately in the detection window, no dead volume happens in the reaction capillary. (2) In CE – CL system, a sample plug is driven by electroosmosis, and therefore the effects of dispersion usually happen in flow injection analysis (FIA) be eliminated and a great sensitivity can be obtained.

2.3. *Preparation of capillaries*

All new capillaries were initially rinsed with 0.1 mol l^{-1} NaOH for half an hour, followed by ion exchange distilled water for 10 min, and finally with the buffer solution for 30 min. To maintain reproducible migration times, the capillary was flushed with 0.1 mol l^{-1} NaOH for 2 min., then with the running buffer for 2 min. and a voltage of 15 kV was applied to it for 120s before each sample was injected. The capillary was filled with 0.1 mol l^{-1} NaOH overnight in order to keep the capillary wall in good condition.

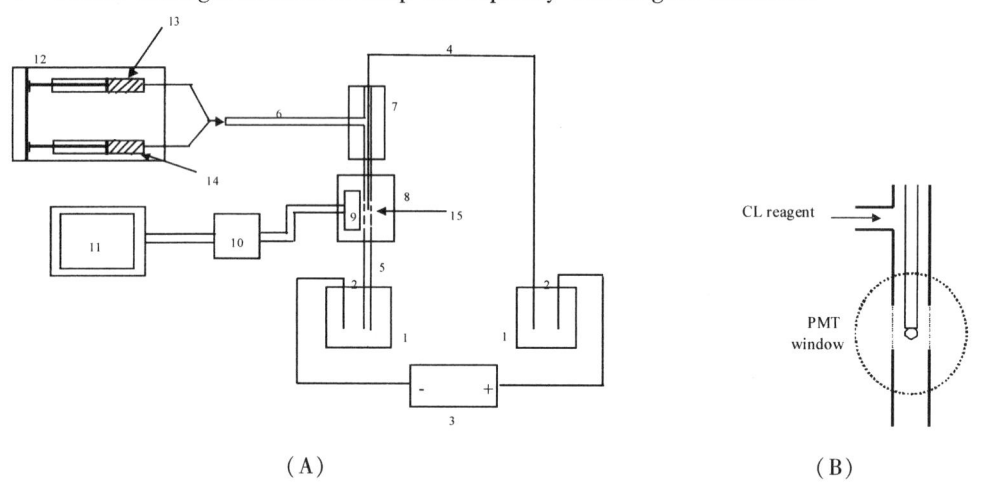

(A)   (B)

Fig. 1. Schematic diagram of the capillary electrophoresis instrument with chemiluminescence detection. (A): (1) electrolyze reservoirs; (2) Pt electrodes; (3) high – voltage power supply; (4) electrophoretic capillary; (5) reaction capillary; (6) CL solution capillary; (7) tee connector; (8) black box; (9) PMT; (10) signal amplifier; (11) computer; (12) double syringe pumps; (13) luminol solution; (14) H$_2$O$_2$ solution; (15) detection window. (B): Schematic of CL detection interface.

2.4. *CE – CL Procedures*

The capillary was rinsed with 0.1 mol l^{-1} sodium hydroxide, pure water and separation buffer for 2 min., respectively, prior to each analysis by application of pressure (9 – 10 kPa). Sample, buffer and acidic sodium hydrogen sulfite solutions were introduced to the capillary in this order by electrokinetic injection by applying a 10 kV power for 9 s. After completion of this routine, running high voltage was applied, and double microsyringe pumps were switched on to provide a mixed constant flow of CL reagent (luminol – H$_2$O$_2$ solution) to the reaction capillary during the analysis. The electrophoretic separation was carried out at 15kV for 8min with current reading of about 20 μA.

Resolution (Rs) is calculated using the equation $Rs = 2[(t_2 - t_1)] / (W_1 + W_2)$ (3)

Where t is the migration time in seconds, W is the baseline peak width in seconds.

The theoretical plate number, N, can be obtained by $N = 5.54\,(t/w_{1/2})^2$ (4)

Where t is the migration time, $w_{1/2}$ is half-peak width.

The sample volume injected can be calculated by[25]:

$$Volume = (\mu_{eo} + \mu_{ep})\pi r^2 vt/L \quad (5)$$

Where μ_{eo} is the electroosmotic mobility of the sample solution, μ_{ep} is the electrophoretic mobility of the sample molecule, r is the radius of the capillary, v is the injection voltage, t is the injection time and L is the capillary total length. Sample volumes of 20 nl were injected by electrokinetic injection at 10kV, in 9s.

3. Results and discussion

3.1. Cr(III), Cr(VI) in-capillary separation mode

In this work, Cr(III), in the form Cr^{3+}, is cation, but Cr(VI), in the form $Cr_2O_7^{2-}$ or CrO_4^{2-}, holds negative charge. Their moving directions be just opposite in the capillary when it applied high voltage. Consequently, Cr(III) and Cr(VI) can not be detected in the same detection window. On the other hand, Cr(VI) has no catalytic activity for the luminol-hydrogen peroxide CL reaction[15]. In our previous study[26], Cr(VI) was reduced to Cr(III) by hydrogen peroxide in acidic medium on solid substrate surface, then the total chromium was detected based on solid surface chemiluminescence analysis. Using acidic sodium hydrogen sulphite as reductant in this work, we proposed an in-capillary separation mode to detect Cr(III) and Cr(VI) simultaneously. The procedures were shown in Fig. 2. Sample (Cr(III) and Cr(VI)) zone, running buffer zone and reductant zone were injected into the capillary prior to applying the running voltage (Fig. 2A). After high voltage applied, the Cr(III) moved toward the negative end and the Cr(VI) flowed toward the positive terminal against the EOF in the capillary (Fig. 2B). On the other hand, HSO_3^- flowed toward the positive terminal first, then eluted toward the cathode following the EOF. Consequently, Cr(VI) met and reacted with HSO_3^- in the zone of buffer and to form Cr^{3+}, which reversed the direction immediately and moved toward the cathode (Fig. 2C). Because of the migration time differences, both Cr^{3+} ions could be separated completely. Fig. 3 showed the electropherogram of Cr(III) and Cr(VI) standard solution separation. The resolution (Rs) of Cr(III) and Cr(VI) was more than 12.5. The theoretical plate number for Cr(III), Cr(VI) reached 1.0×10^5 and 4.3×10^4, respectively.

3.2. Optimization of CE-CL parameters

3.2.1. Effect of buffer zone for separation

Buffer zone plays a very important role for the separation of Cr(III) and Cr(VI) as well as peak width of Cr(VI). Actually, the resolution of Cr(III) and Cr(VI) was decided by the length of buffer zone injected. Fig. 4 showed the electropherogram of Cr(III) and Cr(VI) standard solution separation without injecting the buffer zone in the capillary. As it is compared with Fig. 3, both the migration time and the peak width of Cr(III) have no changed. However, the peak of Cr(VI) observes early and broad. In this case, it is possible that zones of Cr(VI) and HSO$_3^-$ are adjacent to each other and both move to the anode at the same time, the reaction between Cr(VI) and HSO$_3^-$ proceeds gradually and not completely.

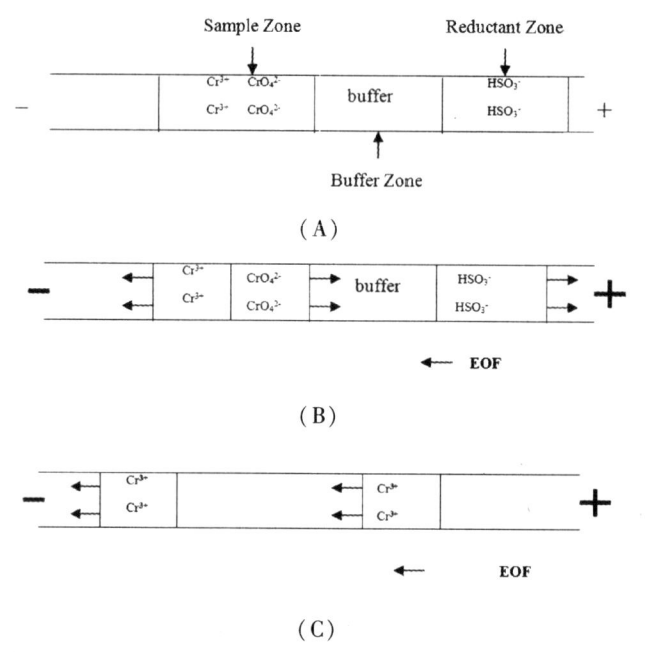

Fig. 2. Procedures of Cr(VI) reduction in-capillary and chromium speciation separation. (A) Injection order in the capillary: sample, buffer and HSO$_3^-$. (B) Applied HV, the procedure of the zones moving and in-capillary reaction. (C) Separation of both Cr^{3+} ions. CL reaction solution, 1×10^{-3} mol l^{-1} luminol, 1×10^{-2} mol l^{-1} H$_2$O$_2$, 0.1 mol l^{-1} NaBr and 1×10^{-4} mol l^{-1} EDTA (0.05 mol l^{-1} NaHCO$_3$ - NaOH medium, pH 11.5 - 12.0). Running buffer, 2×10^{-2} mol l^{-1} acetate buffer (pH 4.7) and 1×10^{-3} mol l^{-1} EDTA. Injection, 9s at 10kV. Separation voltage, 15kV.

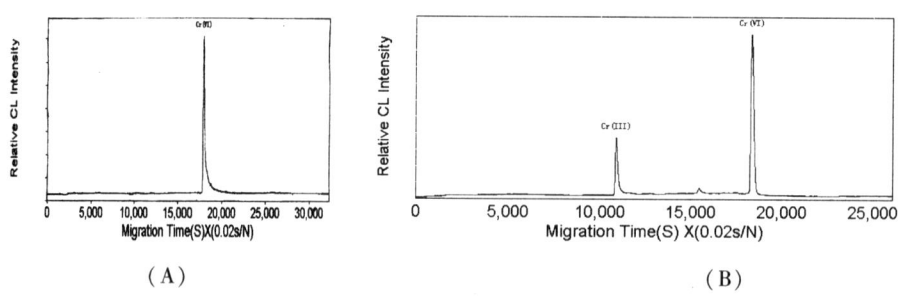

Fig. 3. Separation of Cr(III) and Cr(VI). (A) Electropherogram of Cr(VI) standard solution. (B) Electropherogram of Cr(III) and Cr(VI) mixed solution. CL reaction solution, 1×10^{-3} mol l^{-1} luminol, 1×10^{-2} mol l^{-1} H$_2$O$_2$, 0.1 mol l^{-1} NaBr and 1×10^{-4} mol l^{-1} EDTA (0.05 mol l^{-1} NaHCO$_3$ - NaOH medium, pH 11.5 - 12.0). Running buffer, 2×10^{-2} mol l^{-1} acetate buffer (pH 4.7) and 1×10^{-3} mol l-1 EDTA. Standard solution, 1×10^{-9} mol l^{-1} Cr(III) and 1×10^{-8} mol l^{-1} Cr(VI). Injection, 9s at 10kV. Separation voltage, 15kV.

3.2.2. *Effect of reductant concentration for the Cr(VI) to Cr(III)*

The choice of reductant is very important for the Cr(VI) reduced to Cr(III) completely. In acid medium, the reduction may be performed with S^{2-}, HSO_3^-, I^-, NO_2^- and $Fe(CN)_6^{4-}$. At the same experimental conditions, HSO_3^- got the maximum CL intensity. The reaction may be represented by the equation:

$$2CrO_4^{2-} + 3HSO_3^- + 7H^+ = 2Cr^{3+} + 3SO_4^{2-} + 5H_2O \tag{6}$$

In order to reduce Cr(VI) to Cr(III) completely, the concentration of HSO_3^- was detected from 0.01 mol l^{-1} to 2 mol l^{-1}. As the experimental result shown, a measurement blank without HSO_3^- in the capillary showed no peak relating to Cr(VI). The concentration of HSO_3^- was more than 0.1mol l^{-1} could get maximum CL intensity. Considering the reaction complete and background level, the 1mol l^{-1} was chosen as optimal concentration of HSO_3^-. The concentration of HCl solution in the range of 0.05 - 1 mol l^{-1} gave the maximum response; therefore, 0.5mol l^{-1} HCl was chosen for subsequent determinations.

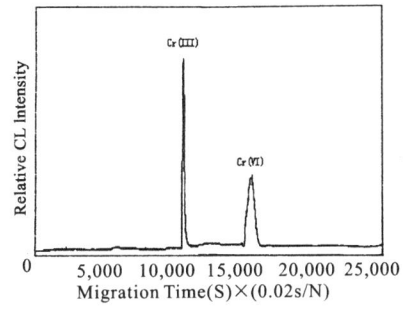

Fig. 4. Electropherogram of Cr(III) and Cr(VI) standard solution separation without injecting the buffer zone. Sample and reduction zone injection, 9s at 10kV. Separation voltage, 15kV.

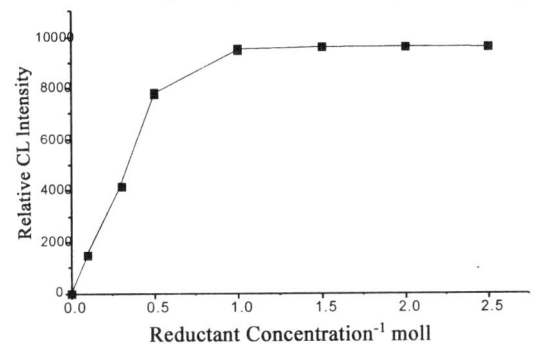

Fig. 5. Effect of reductant concentration for the Cr(VI) to Cr(III). CL reaction solution, 1×10^{-3} mol l^{-1} luminol, 1×10^{-2} mol l^{-1} H_2O_2, 0.1 mol l^{-1} NaBr and 1×10^{-4} mol l^{-1} EDTA (0.05 mol l^{-1} $NaHCO_3$ - NaOH medium, pH 11.5 - 12.0). Running buffer, 2×10^{-2} mol l^{-1} acetate buffer (pH 4.7) and 1×10^{-3} mol l^{-1} EDTA. Standard solution, 1×10^{-7} mol l^{-1} Cr(VI). Injection, 9s at 10kV. Separation voltage, 15kV.

3.2.3. *Mixing mode of the analytes with CL reagent*

There were several mixing modes of the analytes with CL reagent in luminol – hydrogen peroxide CL reaction with CE. (I), Both luminol and hydrogen peroxide were as the component of the electrophoretic carrier[27]. (II), hydrogen peroxide as a component of the electrophoretic carrier. (III), luminol as a component of the electrophoretic carrier[28,29].

(IV), neither luminol nor hydrogen peroxide as a component of the electrophoretic carrier. That is, both luminol and hydrogen peroxide mixed together as CL reagent[13,30]. Mode (I) and mode (II) involved with H_2O_2 in electrolyte. However, the hydrogen peroxide can produce bubble (oxygen) when in electrolysis. The reaction may be formulated as:

$$2H_2O_2 = 2H_2O + O_2(g) \qquad (7)$$

Compared mode (III) and mode (IV), we found that mode (III) was of benefit to the resolution. The possible reason is that the luminol added to the run buffer changed the EOF like the effects of organic solvents. But the CL intensity decreased. The results were shown in table 1. Maybe it was due to the uneven viscosities of the luminol and analytes in the capillary. Mode (IV) was, therefore, finally chosen in following study.

Table 1. Effects of two running buffers on CL emission[a].

Running Buffer	Relative CL Intensity (n=3)	
	Cr(III)	Cr(VI)
Acetate buffer + Luminol + EDTA[b]	1260	860
Acetate buffer + EDTA[c]	3800	2530

[a] Cr(III) (1×10^{-8} mol l^{-1}) and Cr(VI) (1×10^{-7} mol l^{-1}).
[b] CL reaction solution, 1×10^{-2} mol l^{-1} H_2O_2, 0.1 mol l^{-1} NaBr and 1×10^{-4} mol l^{-1} EDTA (0.05 mol l^{-1} $NaHCO_3$ - NaOH medium, pH 11.5 - 12.0).
[c] CL reaction solution, 1×10^{-3} mol l^{-1} luminol, 1×10^{-2} mol l^{-1} H_2O_2, 0.1 mol l^{-1} NaBr and 1×10^{-4} mol l^{-1} EDTA (0.05 mol l^{-1} $NaHCO_3$ - NaOH medium, pH 11.5 - 12.0).

3.2.4. Effect of luminol and hydrogen peroxide concentration

As the Chemiluminescence reagent, luminol and H_2O_2 concentration affects the CL intensity. The effects of luminol and hydrogen peroxide concentrations were studied. Considering the signal and signal – to – noise ratio for CL determinations, the concentration of luminol giving the best sensitivity was found to be 1×10^{-3} mol l^{-1}, and the optimal concentration of hydrogen peroxide was 1×10^{-2} mol l^{-1}. The results showed that the CL signal was enhanced in the presence of H_2O_2 but the signal – to – noise ratio was unfavourable because the background was also enhanced. This is because in the presence of H_2O_2 many heavy metal ions activate the luminol CL reaction. Even analytical – grade reagents and distilled water contain trace heavy metals, which may be at least a partial cause of the blank reaction when luminol and H_2O_2 are mixed. Therefore, 1×10^{-4} mol l^{-1} EDTA was added to the luminol solution and H_2O_2 solution to mask the metal ions. Luminol solution and H_2O_2 solution were delivered to the reaction capillary by two microsyringe pumps at same rate, respectively.

3.2.5. Effect of sodium bromide concentration

NaBr added to the luminol solution (carbonate medium) could enhance the CL signal[31,32]. In this work, 0.1 mol l^{-1} NaBr was chosen. When the concentration of NaBr was higher than 0.3 mol l^{-1}, high current generated.

3.2.6. *Effect of CL reagent pH*

The effect of CL reagent pH was investigated. Cr(III) catalyze the reaction of luminol and H$_2$O$_2$ in alkaline solution. Considering the CE separation, it is always better to match the pH condition of the electrophoretic medium with that of the CL reaction zone. However, the volume of the sample zone flowing from the 75μm I. D. separation capillary is small enough compared to the volume of the reagent in the 530μm I. D. reaction capillary, and hence the pH of the CL reaction is mainly dependent on the CL reagent pH. Several buffer solutions such as NaOH, H$_3$BO$_3$ – NaOH, and NaHCO$_3$ – NaOH were studied as the CL reaction medium. The NaOH concentration was varied in order to maximize the CL signal. The results were shown that NaHCO$_3$ – NaOH solution gave larger signals than that of the other solutions, and 0.05 mol l^{-1} NaOH gave the maximum response; therefore, 0.05 mol l^{-1} NaHCO$_3$ – 0.05 mol l^{-1} NaOH was chosen as CL reaction reagent buffer medium (pH 11.5 – 12.0).

3.3. *Interference studies*

Chromium(III) has been determined by making use of its catalytic action on the oxidation of luminol. Other metal ions are masked with EDTA, but because the formation of the Cr(III) – EDTA complex is kinetically slow, Cr(III) can be determined selectively[14]. 0.02 mol l^{-1} acetata buffer (pH 4.7) with 1 × 10^{-3} mol l^{-1} EDTA as electrophoretic carrier, the effect of foreign substances was tested by analyzing a standard solution of Cr(III) (1 × 10^{-8} mol l^{-1}) to which increasing amounts of interfering substances was added. The tolerable concentration ratios for a 5% signal change are listed in Table 2. It can be shown that good selectivity can be obtained in this method.

3.4. *Linearity, Precision and Limit of Detection*

We measured the linearity, reproducibility and limit of detection for Cr(III) and Cr(VI) and the results obtained were shown in Table 3. The linear ranges from 3 × 10^{-12} to 8 × 10^{-10} mol l^{-1} for Cr(III) (R = 0.9985) and from 8 × 10^{-11} to 5 × 10^{-9} mol l^{-1} for Cr(VI) (R = 0.9971). A typical calibration regression equation was Y = 141.1 + 7.4 × 10^{12}X for Cr(III) and Y = 154.2 + 5.6 × 10^{11}X for Cr(VI). The limit of detection (LOD) of Cr(III) and Cr(VI) was 6 × 10^{-13} mol l^{-1} and 8 × 10^{-12} mol l^{-1} (S/N = 3), respectively. The mass LOD for Cr(III) and Cr(VI) was 1.2 × 10^{-20} mol (12 zmol) and 3.8 × 10^{-19} mol (380 zmol), respectively. The relative standard deviations (RSDs) of migration times and peak heights were less than 2.0% and 4.8%, respectively. Fig. 6 showed that the electropherogram of 5 × 10^{-12} mol l^{-1} Cr(III) and 1 × 10^{-10} mol l^{-1} Cr(VI) standard solution separation.

Table 2 Tolerable concentration ratios with respect to chromium for some interfering species

Substance	Tolerable concentration ratio
K^+, Na^+, NH_4^+, NO_3^-, F^-, Cl^-, I^-, Br^-, Ac^-	>10000
SO_4^{2-}, HCO_3^-, CO_3^{2-}, HPO_4^{2-}, PO_4^{3-}	>10000
MnO_4^-, $S_2O_8^{2-}$, $Fe(CN)_6^{3+}$	2000
Ca^{2+}, Mg^{2+}, Zn^{2+}, Mn^{2+}, Pb^{2+}, Hg^{2+}, As^{3+}, Sn^{2+}, Al^{3+}, Cu^{2+}	5000
Glucose, citric acid, oxalic acid, lactic acid, pyruvic acid	5000
VB_1, VB_2, VB_6, benzoic acid	5000
Co^{2+}, Fe^{2+}, Fe^{3+}, Ni^{2+}	2000

Table 3 The limit of detection (LOD), linearity and reproducibility for Cr(III) and Cr(VI) determinations

Ions	linearity (mol l^{-1})	R	Concentration LOD (mol l^{-1})	Mass LOD (zmol)	RSD (%) (n =3) migration time	peak
Cr(III)	$3 \times 10^{-12} - 8 \times 10^{-10}$	0.998	6×10^{-13}	12	1.5	3.8
Cr(VI)	$8 \times 10^{-11} - 5 \times 10^{-9}$	0.997	1.9×10^{-11}	380	2.0	4.8

Table 4 Determination of Cr(III) and Cr(VI) in different water samples.

Sample	Results obtained by this method[a] Cr(III) (mol l^{-1})	Cr(VI) (mol l^{-1})	Reference results[b] Cr(VI) (mol l^{-1})	Total Cr (mol l^{-1})
Tap water	6.2×10^{-11} (±3.1%)	5.8×10^{-10} (±3.6%)	—	—
Surface water 1#	9.6×10^{-7} (±2.9%)	1.5×10^{-7} (±3.2%)	1.3×10^{-7} (±2.1%)	1.1×10^{-6} (±2.6%)
Surface water 2#	2.1×10^{-7} (±2.3%)	7.3×10^{-8} (±2.8%)	7.9×10^{-8} (±2.4%)	2.9×10^{-7} (±3.1%)
Waste water	1.5×10^{-6} (±3.9%)	2.5×10^{-6} (±3.1%)	3.0×10^{-6} (±1.9%)	4.6×10^{-6} (±2.7%)

[a] Average of three replicates (±R.S.D).
[b] By photometric method of diphenylcarbazide.

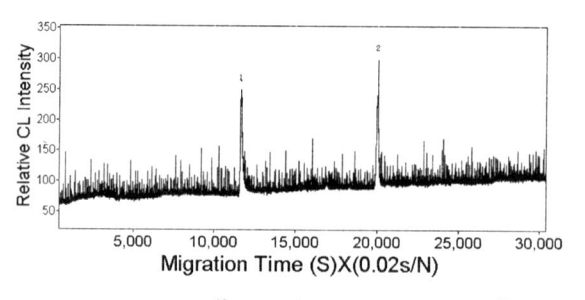

Fig. 6. The electropherogram of 5×10^{-12} mol l^{-1} Cr(III) and 1×10^{-10} mol l^{-1} Cr(VI) standard solution separation. Peaks: 1, Cr(III); 2, Cr(VI). CL reaction solution, 1×10^{-3} mol l^{-1} luminol, 1×10^{-2} mol l^{-1} H_2O_2, 0.1 mol l^{-1} NaBr and 1×10^{-4} mol l^{-1} EDTA (0.05 mol l^{-1} $NaHCO_3$ – NaOH medium, pH 11.5 – 12.0). Running buffer, 2×10^{-2} mol l^{-1} acetate buffer (pH 4.7) and 1×10^{-3} mol l^{-1}

EDTA. Injection, 9s at 10kV. Separation voltage, 15kV.

3.5. *Analytical application*

The water samples collected from different sources (Xi'an area) were analyzed for chromium. The results of using this method to analyze water samples are shown in Table 4. 1,5 – diphenylcarbazide UV – VIS spectrophotometry [4] was used as a reference method for determining Cr(VI) and total chromium. The results compared well with those obtained by reference method. The recoveries of the Cr(III) and Cr(VI) were 98% and 103%, respectively.

4. Conclusions

A strategy based on the chemiluminescent determination of Cr(III) and Cr(VI) applied in – capillary reduction with capillary electrophoresis using acidic sodium hydrogen sulfite as reductant was proposed. Chromium species can be determined directly and simultaneously with high accuracy. Buffer zone which introduced into the capillary between the sample zone and reductant zone is a main factor for Cr(VI) reduction to Cr(III) and chromium speciation separation. Using EDTA as a component of the electrophoretic carrier eliminated transition metal ions (such as Co^{2+}, Cu^{2+}, Fe^{2+}, Fe^{3+}, Ni^{2+} and Mn^{2+}) interferences. The principal advantage of this method is that the inorganic cation and anion can be detected simultaneously without the procedures of adding EOF modifiers to reverse the EOF direction and reversing the both electrodes. Furthermore, in – capillary reaction procedures may become much more attractive than conventional pre – capillary or post – capillary derivatization in terms of reproducibility, sensitivity and efficiency.

Acknowledgements

Authors acknowledge the financial support of the National Natural Science Foundation of China (Project No. 20175039).

References

[1] J. Kota, Z. Stasicka, Environ. Pollut. 107(3) (2000) 263.

[2] M. Pantsar – Kallio, S – P. Reinikainen, M. Okssanen, Anal. Chim. Acta 439 (2001) 9.

[3] J. O. Nriagu, E. Nieboer, Chromium in the Natural and Human Environment, Wiley, New York, 1988.

[4] J. E. T. Andersen, Anal. Chim. Acta 361 (1998) 125.

[5] L. Girard, J. Hubert, Talanta 43 (1996) 1965.

[6] Y. He, M. L. Cervera, A. Pastor, M. de la Guardia, Anal. Chim. Acta 447 (2001) 135.

[7] T. P. Rao, S. Karthikeyan, B. Vijayalekshmy, C. S. P. Iyer, Anal. Chim. Acta 369 (1998) 69.

[8] A. Tunceli, A. R. Türker, Talanta 57(2002) 1199.

[9] M. Bittner, J. A. C. Broekaert, Anal. Chim. Acta 364 (1998) 31.

[10] C. H. Collins, S. H. Pezzin, J. F. L. Rivera, P. S. Bonato, C. C. Windmöller, C.

Archundia, K. E. Collins, J. Chromatogr. A 789(1-2) (1997) 469.

[11] S. K. Luo, H. Berndt, Fresenius' J. Anal. Chem. 360 (1998) 545.

[12] Z. Chen, R. Naidu, A. Subramanian, J. Chromatogr. A 927 (1-2) (2001) 219.

[13] B. Gammelgaard, Y.-P. Liao, O. Jons, Anal. Chim. Acta 354 (1997) 107.

[14] W. R. Seitz, W. W. Suydam, D. M. Hercules, Anal. Chem. 44 (1972) 957.

[15] J-R. Lü, X-R. Zhang, B-H. Zhang, W. Qin, Z-J. Zhang, Chem. J. of Chinese Universities 14(6) (1993) 771.

[16] L. A. Tortajada-Genaro, P. Campíns-Falcó, F. Bosch-Reig, Anal. Chim. Acta 446 (2001) 385.

[17] A. Taga, M. Sugimura, S. Honda, J. Chromatogr. A 802 (1) (1998) 243.

[18] R. M. Latorre, S. Hernandez-Cassou, J. Saurina, J. Chromatogr. A 934 (1-2) (2001) 105.

[19] T. Watanabe, S. Terabe, J. Chromatogr. A 880 (2000) 295.

[20] A. Taga, M. Sugimura, S. Suzuki, S. Honda, J. Chromatogr. A 954 (2002) 259.

[21] A. Taga, S. Honda, J. Chromatogr. A 742 (1996) 243.

[22] A. Taga, A. Nishino, S. Honda, J. Chromatogr. A 822 (1998) 271.

[23] K. D. Lukacs and J. W. Jorgenson, J. High Res. Chromatog. 8 (1985), 407.

[24] M. A. Ruberto, M. L. Grayeski, Anal. Chem. 64 (1992) 2758.

[25] S. F. Y. Li, Capillary Electrophoresis-Principles, Practice, and Applications, Joural of Chromatography Library, Elsevier Scientific Publishers: Amsterdam, 1992, p34.

[26] W.-P. Yang, Z.-J. Zhang, Fenxi Huaxue (Chinese J. Anal. Chem.), 22(1) (1994) 71.

[27] S. Liao, Y. Chao, C. Whang, J. High Resol. Chromatogr. 18 (1995) 667.

[28] B. Huang, J.-J. Li, L. Zhang, J.-K. Cheng, Anal. Chem. 68 (1996) 2366.

[29] Y. Zhang, B. Huang, J.-K. Cheng, Anal. Chim. Acta 363 (1998) 157.

[30] Z.-J. Zhang, W.-P. Yang, J.-R. Lu, Chem. J. of Chinese Univ. 15(8) (1994) 1146.

[31] A. Economou, A. K. Clark, P. R. Fielden, Anal. Commun. 35 (1998) 389.

[32] C. Xiao, D. W. King, D. A. Palmer, D. J. Wesolowski, Anal. Chim. Acta 415 (2000) 209.

发表于：Journal of Chromatography A, 2003, 1014:203-214.（节选）

范文二

高效液相色谱—化学发光法研究异烟肼和利福平

杨维平　张琰图　章竹君

(陕西师范大学化学与材料科学学院　西安　710062)

摘要　基于异烟肼和利福平在碱性介质中能与 $K_3Fe(CN)_6$ 反应产生强的化学发光,设计了一个经高效液相色谱(HPLC)分离柱后同时检测一线抗结核病药物异烟肼、利福平的化学发光检测器。研究并优化了流动相、流速以及化学发光检测的条件。方法测定异烟肼、利福平的线性范围分别为 0.05–6.0 mg/L,0.08–20.0 mg/L,其检测限:异烟肼为 2×10^{-2} mg/L,利福平为 4×10^{-2} mg/L,测定的相对标准偏差分别为 1.9%,2.9%。该方法已成功地用于同时测定复方利福平片中利福平和异烟肼的含量。

关键词　化学发光;高效液相色谱;铁氰化钾;异烟肼;利福平

Determination of Isoniazid and Rifampin by High Performance Liquid Chromatography with Chemiluminescent Detection

YANG WeiPing, ZHANG YaTu, ZHANG ZhuJun

(College of Chemistry and Materials Science, Shaanxi Normal University, Xi'an, 710062, China)

Abstract　A novel chemiluminescence reaction detector was developed for the simultaneous determination of isoniazid and rifampin, which are the two most active first–line drugs for treatment of tuberculosis, separated by HPLC based on the direct hexacyanoferrate(III) chemiluminescence reaction by isoniazid and rifampin in sodium hydroxide medium. The separation was carried out on Kromasil RP–C_{18} column (150mm×4.6mm I.D., 5μm) at 35°C. The mobile phase consisted of a V(methanol):V(water) = 60:40 solution. At a flow–rate of 0.8 mL/min, the total run time was ~6 min. Parameters affecting CL detection, such as CL reaction reagent [$K_3Fe(CN)_6$] concentration, sodium hydroxide and methanol concentration were optimized. The chemiluminescence intensity was linear with isoniazid and rifampin concentration in the range of 0.05~6.0 mg/L and 0.08~20.0 mg/L, respectively. The limits of detection (LOD) for isoniazid and rifampin were 2×10^{-2} mg/L and 4×10^{-2} mg/L, respectively. The relative standard deviation (n = 11) was 1.9% for 0.1 mg/L isoniazid and 2.9% for 1.0 mg/L rifampin, respectively. The recovery was in the range of 97.8%~105.2%. The proposed method has been applied satisfactorily to the determination of isoniazid and rifampin in the complex tablets of rifampin.

Keywords　Chemiluminescence; HPLC; Hexacyanoferrate(III); Isoniazid; Rifampin

异烟肼(Isoniazid, Isonicotinyl Hydrazide, INH)、利福平(Rifampin, Rifampicin, RFP)是目前临床上广泛使用的两种最有效的一线(first–line)抗结核病药物[1]。同

时还是广谱抗生素类药物。临床上除了用于治疗各种结核菌感染外还用于治疗耐药性金黄色葡萄球、菌肺炎双球菌、肠球菌、麻风杆菌、及厌氧菌等引起的感染。由于国内外临床通常采用含有该两种药物或者除二者外还含有吡嗪酰胺(Pyrazinamide)的复方片剂,故建立快速、准确、灵敏度高且能同时检测利福平和异烟肼含量的分析方法,在临床医学及药理学研究方面有重要意义。文献报道的异烟肼测定方法主要有分光光度法[2-4]、电化学法[5]、荧光法[6]和溴酸钾法[7],化学发光分析法也有报道[8-11];利福平的报道有 HPLC 法[12-14]、差示脉冲极谱法[15]、分光光度法[16-18]等。有人曾报道高效液相色谱法同时检测利福平和异烟肼[19],但采用紫外检测,线性范围不宽,灵敏度较低。化学发光分析法具有灵敏度高,线性范围宽,仪器简单等优点,与具有良好分离能力的 HPLC 联用已成为一种有效的痕量及超痕量分析技术。本文基于利福平和异烟肼在强碱性介质中均能与 $K_3Fe(CN)_6$ 反应产生强的化学发光,设计了一个经高效液相色谱(HPLC)分离柱后同时检测二者的化学发光检测器。在优化色谱分离及化学发光检测条件的基础上,首次建立了高效液相色谱-化学发光(HPLC-CL)同时检测复方利福平片中利福平和异烟肼含量的新方法。本法与文献报道的方法相比,线性范围宽,灵敏度高,重现性好,适用于复方制剂的常规分析。

1. 实验部分

1.1 仪器和试剂

高效液相色谱-化学发光分析系统(如图1所示)。LC-6A 高效液相色谱仪(日本 Shimadzu 公司),7125 型手动进样器(上海科学仪器厂),Kromasil C_{18} 柱(150 mm × 4.6 mm I.D., 5 μm),25 μL 进样器,IFFL-D 型流动注射化学发光仪(西安瑞科电子有限公司),过滤器(大连江申分离科学技术公司),HL-2 恒流泵(上海青浦沪西仪器厂)。整个检测过程中实验数据的采集及处理,均由 Windons 98 系统下 IFFL-D 软件完成。

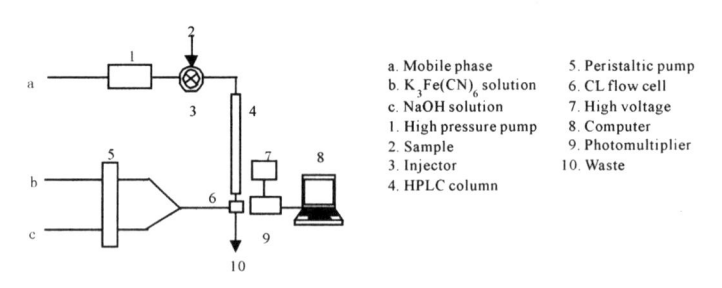

图1 高效液相色谱-化学发光检测系统示意图
Figure 1 Schematic diagram of HPLC-CL detector

异烟肼(中国药品生物制品检定所提供)、利福平(对照品由 Merck 公司提供)标准溶液 1000 mg/L:分别准确称取标准品 0.0500 g,加适量流动相溶液并超声约 5 min 使其溶解后,转移到 50 mL 的棕色容量瓶中并稀释至刻度,摇匀备用。使用时再用去离子石英亚沸二次蒸馏水逐级稀释。准确称取 $K_3Fe(CN)_6$(1.650 g),置于 500 mL 的棕色容量瓶中,加水使其溶解并稀释至刻度备用。甲醇(A.R)用 0.45 μm 滤膜过滤。所用试剂除指明外均为分析纯,水为去离子石英亚沸二次蒸馏水。上述溶液配置好后,均应贮存于4°C冰箱内保存。

1.2 色谱条件

色谱柱:Kromasil C18柱(150 mm × 4.6 mm i.d., 5 μm);流动相:V(甲醇):V(水) = 60:40;流速:0.8 mL/min;进样量:20 μL;柱温:35°C。

1.3 操作步骤

按第二部分第一章图1.1所示的HPLC – CL分析系统连接各部件,将一根长为10 cm的无色玻璃管(内径为2 mm,外径为3.5 mm)加工缠绕成直径为0.8 cm的平面螺旋管作为流通池并将其放置在光电倍增管前面。开启仪器,使用恒流泵分别将载流(H_2O)、NaOH和$K_3Fe(CN)_6$溶液以1.0 mL/min的流速通过相应的管道泵入分析系统。待基线平稳后,用进样器将20 μL的标准液(或样品溶液)注入色谱柱,经色谱柱分离后与$K_3Fe(CN)_6$溶液混合,在流通池中产生化学发光,记录色谱图,根据色谱峰高进行定量分析。

2 结果与讨论

2.1 化学发光条件的选择

2.1.1 铁氰化钾浓度对化学发光强度的影响

在固定了流动相、碱以及异烟肼(0.1 mg/L)、利福平(1.0 mg/L)的浓度下,考察了不同浓度的$K_3Fe(CN)_6$(0.01 ~ 1 mmol/L)对化学发光反应强度的影响。结果表明,在一定浓度范围内,随铁氰化钾浓度升高,化学发光信号增强,铁氰化钾浓度增大到一定程度后,发光信号反而降低。这可能是由于铁氰化钾本身有颜色,可以吸收光辐射。当$K_3Fe(CN)_6$的浓度为0.5 mmol/L时,二者的发光强度最大。

2.1.2 氢氧化钠浓度对化学发光强度的影响

实验表明,$K_3Fe(CN)_6$只有在强碱性介质中,才能氧化异烟肼和利福平产生化学发光,故考察了不同浓度氢氧化钠对该化学发光强度的影响。随着氢氧化钠浓度增大化学发光强度增大,但氢氧化钠浓度增大到一定程度后,异烟肼的发光信号增大变缓,利福平发光强度略降低。选择氢氧化钠的最佳浓度为1.0 mol/L。

2.1.3 化学发光反应试剂流速对化学发光强度的影响

反应试剂的流速是影响分析特性的一个很重要因素。流速太慢会导致发光出现在流通池之前;流速太快会导致最大发光在流通池之后,太低或太高的流速都可能导致在流通池中捕捉不到化学发光。本文在固定流动相流速(0.8 mL/min)及其他条件的情况下,考察了$K_3Fe(CN)_6$及NaOH不同流速对该化学发光反应的影响(如图2)。结果表明,随着二者流速的增大,发光信号增大,增大到一定程度后,发光信号逐渐降低,反应试剂流速选择为1.0 mL/min。

2.2 色谱条件的选择

2.2.1 流动相的选择

文献中采用HPLC分离利福平的流动相有:V(水):V(乙腈):V(磷酸盐缓冲液,pH 3.1):V(1.0 mol/L柠檬酸溶液):V(0.5 mol/L高氯酸钠溶液) = 510:350:100:20:20;也有用V:(异丙醇):V(甲醇):V(0.05mol/L磷酸盐缓冲液,pH 7.0) = 56:

42∶2分离异烟肼和利福平[19],这些流动相都具有良好的分离效果,但采用化学发光检测时灵敏度较低,而且流动相配制起来较为繁琐。本文采用了流速 0.8 mL/min 的 V(甲醇)∶V(水) = 60∶40 作为流动相,与其他方法对比,本法分离异烟肼和利福平的分离度好,灵敏度较高,保留时间短,溶剂系统稳定,重现性好。

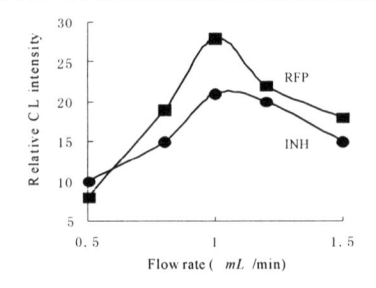

图2 流速的影响

Figure 2 Effect of flow rate on the chemiluminescence intensity

2.2.2 甲醇对化学发光信号的影响

采用不同比例的 $CH_3OH - H_2O$ 溶液作为反相 HPLC 分析的流动相,可以达到分离洗脱不同极性的化合物,但甲醇对化学发光反应有一定的抑制作用,随 CH_3OH 含量增多,其化学发光信号降低,但超过50%后信号降低减缓,其影响趋势如图3所示。兼顾灵敏度和分离度的要求,本文甲醇体积含量选取60%。

2.3 色谱分离情况

在选定的实验条件下,得到异烟肼和利福平的色谱图(图4所示)。色谱图 3a 表明辅料成分对测定没有任何干扰,吡嗪酰胺不发光对测定亦无干扰。

图3 CH_3OH 浓度的影响

Figure 3 Effect of CH_3OH concentration on the chemiluminescence intensity

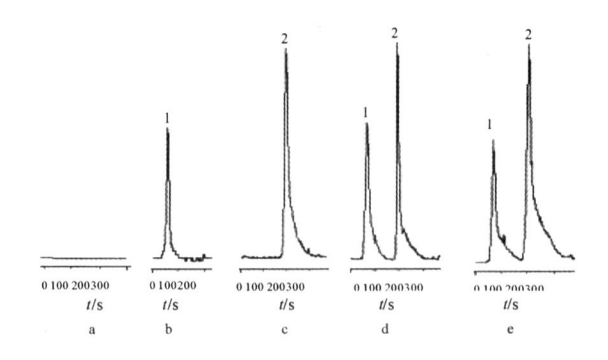

图4 异烟肼和利福平色谱图

Figure 4 The HPLC chromatogram of isoniazid and rifampin. a – blank; b – standard chromatogram of INH; c – standard chromatogram of RFP; d – standard chromatogram of a mixture of INH and RFP; e – sample. 1 – INH; 2 – RFP

2.4 线性范围与检测限

在选定的最佳实验条件下,异烟肼和利福平的浓度分别在 0.05~6 mg/L,0.08~20 mg/L 范围内与化学发光强度成良好的线性关系。其回归方程分别为 $I_{INH} = 145.41C(mg/L) + 7.05$ ($r = 0.9993$),$I_{RFP} = 29.28C(mg/L) - 0.5712$ ($r = 0.9992$)。方法的检测限(3σ)分别为 2×10^{-2} mg/L(INH),4×10^{-2} mg/L(RFP)。对 0.1 mg/L 异烟肼和 1.0 mg/L 的利福平连续 11 次平行测定,标准偏差分别为 1.9%,2.9%。

2.5 回收率试验

根据处方量的 80%~120% 准确称量异烟肼和利福平及辅料量,按实验部分的条件进行测定,并计算其回收率。结果见表 1。

2.6 样品分析

在选定的实验条件下,取 10 片复方片剂,准确称量后,研细、混匀,精确称取研细粉末适量(相当于利福平 50 mg),加适量流动相溶液并超声约 5 min 溶解后,过滤,定溶于 50 mL 棕色容量瓶中,稀释后作为样品分析溶液。按照图 1 所示进行样品分析,结果见表 2。

表 1 异烟肼和利福平的回收率试验结果
Table 1 Recovery of isonazid and rifampin

组分	加入量/mg	测定值/mg	回收率/(%)	相对标准偏差 RSD(%) ($n=5$)
Isoniazid	4.0	3.9	98	1.9
	4.5	4.4	98	1.2
	5.0	5.1	102	0.98
	5.5	5.4	98	1.6
	6.0	5.9	98	2.5
	6.2	6.2	100	1.1
Rifampin	8.5	8.8	104	2.1
	8.2	8.3	101	1.4
	10.0	10.1	101	2.6
	10.6	10.3	97	2.0
	11.6	11.7	101	1.3
	12.0	11.9	99	2.1

表 2 复方利福平片中利福平和异烟肼的测定结果
Table 2 Results of determination of compound tablets of rifampin

Samples	1	2	3
C*/%(Isoniazid)	98.3	100.5	97.8
C*/%(Rifampin)	100.4	97.8	100.3

* Found(mg)/labeled(mg) ×100%.

参考文献

[1] 梁汉钦. 华夏医学. 2001, 12(6): 990.

[2] Ahmed, A. H. N.; Ei Gizaway, S. M.; Subbagh, H. I. Anal. Lett. 1992, 25(1): 73.

[3] Sastry, C. S. P.; Rao, S. G.; Naidu, P. Y.; Srinivs, K. R. Anal. Lett. 1998, 31(2): 263.

[4] El-Brashy, A. M.; El-Hussein, L. A. Anal. Lett. 1997, 30(31): 609.

[5] Liu, J.; Zhou, W.; You, T.; Li, F.; Wang, E.; Dong, S. Anal. Chem. 1996, 68(19): 3350.

[6] Isoannou, P. C. Talanta 1987, 34 (10): 857.

[7] 安登魁. 药物分析. [M]济南: 济南出版社, 1992. 971.

[8] Li, B-X.; Zhang, Z-J.; Zheng, X-W. Microchem. J. 1999, 63(3): 374.

[9] Alonso, M. C. S.; Zamora, L. L.; Calatayud, J. M. Anal. Chim. Acta 2001, 437(2): 225.

[10] Li, B-X.; Zhang, Z-J. Liu, W. Talanta 2001, 54 (4): 697.

[11] Huang, Y-M.; Zhang, Z-J. Anal. Lett. 2001, 34(10): 1703.

[12] Conte, J. E. Jr.; Lin, E.; Zurlinden, E. J. Chromatogr. Sci. 2000, 38(2): 72.

[13] 张万国. 蒋雪涛. 朱才娟. 中国抗生素杂志, 1996, 21(4): 273.

[14] Laserson, K. F.; Kenyon, A. S.; Kenyon, T. A.; Layloff, T.; Binkin, N. J. Int. J. Tuberculosis Lung Dis. 2001, 5 (5): 448.

[15] Lomillo, M. A. A.; Renedo, O. D.; Martinez, M. J. A. Anal. Chim. Acta, 2001, 449(1-2): 167.

[16] 黄建楷, 黄薇. 中国医药工业杂志, 1995, 26(8): 357。

[17] 汤乐红, 夏如志, 王迎秋, 陆以津, 祁建林. 中国医药工业杂志, 1995, 26(3): 111.

[18] 回瑞华, 侯冬岩. 光谱学与光谱分析, 1995, 15(5): 95.

[19] Monamed, Z. H. Egypt J. Pharm. Sci. 1988, 29(1-4): 521.

发表于: 化学学报, 2003, 61(2): 303-306.

范文三

4-芳氨基-6-溴喹唑啉类化合物的合成及抗肿瘤活性的初步研究

王帆[1]，刘小莉[1]，张喜全[2]，顾红梅[2]，王孝妹[1]，李娇毅[1]，李宝林[1*]，

(1. 教育部药用资源与天然药物化学重点实验室，陕西师范大学
化学与材料科学学院，陕西 西安 710062；

2. 江苏正大天晴药业股份有限公司，江苏 南京 210042)

摘要：目的 设计合成新的4-芳氨基-6-溴喹唑啉类化合物，并评价其抗肿瘤活性。
方法 以4-氯-6-溴喹唑啉和含有不同取代基的(E)-氨基二苯乙烯或4-[2-(2-呋喃基)]乙烯基苯胺为原料，经过亲核取代反应合成了5种目标化合物。采用MTT法，以人低分化胃癌细胞(BGC-823)和人肺癌细胞(A549)为受试细胞株对目标化合物进行体外抗肿瘤活性评价。**结果与结论** 所得化合物的结构利用IR、^{1}HNMR、^{13}CNMR和元素分析进行了确认。5种化合物对BGC-823和A549两种细胞模型的体外抗肿瘤活性测试结果表明，大部分化合物具有较好的抗肿瘤活性。
关键词：4-芳氨基-6-溴喹唑啉；(E)-氨基二苯乙烯；抗肿瘤活性；合成
中图分类号：R914 **文献标识码**：A

Synthesis and anti-tumor activities of five novel 4-arylamino-6-bromoquinazolines

WANG Fan[1], LIU Xiao-li[1], ZHANG Xi-quan[2], GU Hong-mei[2],
WANG Xiao-mei[1], LI Jiao-yi[1], LI Bao-lin[1*],

(1. Key Laboratory of the Ministry of Education for Medicinal Resources and Natural Pharmaceutical Chemistry, School of Chemistry and Materials Science, Shaanxi Normal University, Xi'an, Shaanxi, 710062, China; 2. Jiangsu Chia Tai Tianqing Pharmaceutical Co., Ltd, Nanjing, Jiangsu, 210042, China)

Abstract: To find new antitumor compound, five novel 4-arylamino-6-bromoquinazolines 1~5 were synthesized through the nucleophilic substitution of 6-bromine-4-chloroquinazoline and trans-aminostilbene derivatives or 4-[2-(2-furyl)ethenyl]aniline. Their structures were characterized by IR, ^{1}H NMR, ^{13}C NMR and elemental analysis. The anti-tumor activities of the synthesized compounds were tested preliminarily on BGC-823 and A549 cells using MTT assay in vitro. The results show that most of these compounds exhibited benign activities to anti-tumor proliferation.

Key words: 4 – arylamino – 6 – bromoquinazolines; trans – aminostilbene derivatives; anti – tumor activity; synthesis

喹唑啉类化合物作为一种小分子的酪氨酸激酶抑制剂已经受到普遍的重视。在已发现的许多小分子表皮生长因子(EGFR)酪氨酸激酶抑制剂中,喹唑啉类化合物是研究最多、活性较高的一类化合物。这类化合物已成为 EGFR 激酶拮抗剂的首选[1],如已用于临床的 Iressa 和 Tarceva。另外,多篇文献报道[2-4]的抗肿瘤药物的分子结构中含有 4 – 苯氨基喹唑啉的结构特征。而二苯乙烯的多种衍生物也表现出一系列的生理活性,如 3,4',5 – 三羟基二苯乙烯(白藜芦醇)具有预防心脏病、抑制血小板凝聚、调控脂质和脂蛋白代谢、抗氧化及对癌症的治疗等作用[5-7]。鉴于此,本文报道以 4 – 氯 – 6 – 溴喹唑啉和(E) – 氨基二苯乙烯的衍生物为原料,通过芳环上的亲核取代反应所合成的 5 个新的 4 – 芳氨基喹唑啉类化合物。通过在喹唑啉类化合物的 4 位引入本身具有生理活性的二苯乙烯结构单元,以期发现具有更好抗肿瘤活性的新化合物。目标产物的生成是通过氨基二苯乙烯中的氨基作为亲核性基团与 4 – 氯 – 6 – 溴喹唑啉分子中 4 位氯间的亲核取代反应实现的,因此,在此反应中除生成取代产物外,同时会生成 HCl,它们之间的酸碱反应,使得产物以盐酸盐的形式存在。这种盐较难溶于极性较小的溶剂中,但可以溶于 DMF、DMSO 等极性较大溶剂中。故粗产物在 DMF 或 DMF 与其他溶剂的混合物中进行重结晶便可获得纯度较高的目标化合物。

目标化合物的合成路线见图 1。目标化合物的理化性质及波谱数据见表 1 及表 2。

Figure 1 The synthetic route of 4 – arylamino – 6 – bromoquinazolines

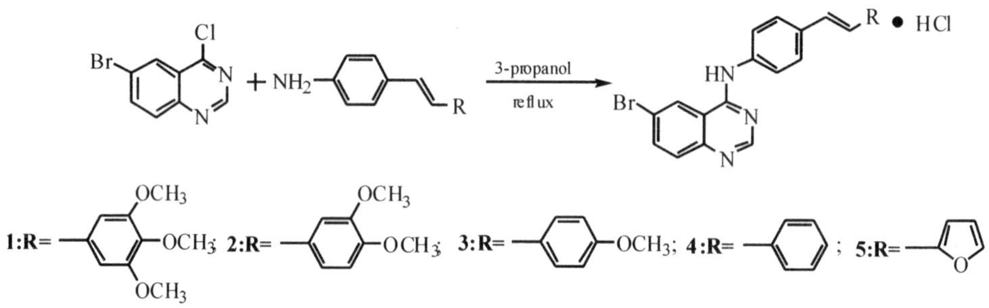

Table 1 The physical constants and elemental analysis data of target compounds

Compd.	Formula	Property	mp/℃	Yield/%	Elemental Anal(C H N)/% Found(Calcd)
1	$C_{25}H_{23}BrClN_3O_3$	orange yellow power	288.9 – 289.2	66	56.38 4.62 8.10 (56.78) (4.38) (7.95)
2	$C_{24}H_{21}BrClN_3O_2$	yellow power	263.9 – 264.4	50	57.73 4.20 8.42 (57.79) (4.24) (8.42)
3	$C_{23}H_{19}BrClN_3O$	salmon pink power	289.3 – 291.5	61	59.59 3.81 8.92 (58.93) (4.09) (8.96)
4	$C_{22}H_{17}BrClN_3$	orange yellow power	274.3 – 275.7	56	60.38 3.87 9.55 (60.22) (3.91) (9.58)
5	$C_{20}H_{15}BrClN_3O$	salmon pink power	227.6 – 227.7	63	56.34 3.51 9.94 (56.03) (3.53) (9.80)

Table 2 The spectra data of target compounds

Compd.	^{1}H-NMR (300 MHz DMSO-d_6) δ	IR(KBr) σ/cm^{-1}
1	3.68(s, 3H, OCH$_3$), 3.84(s, 6H, 2OCH$_3$), 6.93(s, 2H), 7.18(d, 1H, J=18.0 Hz, -CH=CH-), 7.21(d, 1H, J=18.0 Hz, -CH=CH-), 7.63(d, 2H), 7.75(d, 1H, J=9.0 Hz), 7.94(d, 2H), 7.99(d, 1H, J=9.0 Hz), 8.67(s, 1H), 8.90(s, 1H), 9.94(s, 1H, NH)	3345(NH), 3003, 2942, 2830, 2593, 1661, 1567, 1517, 1415, 1331, 1234, 1125, 1004, 954 (*trans*, CH=CH)
2	3.81(s, 3H, OCH$_3$), 4.04(s, 3H, OCH$_3$), 6.96(d, 1H, J=9.0 Hz), 7.11(d, 1H, J=9.0 Hz), 7.20(m, 2H, -CH=CH-), 7.26(s, 1H), 7.66(d, 2H), 7.80-7.86(m, 3H), 8.18(d, 1H), 8.87(s, 1H), 9.10(s, 1H), 11.12(s, 1H, NH)	3433(NH), 3066, 2999, 2826, 2580, 1611, 1561, 1518, 1441, 1373, 1266, 1143, 1022, 959 (*trans*, CH=CH)
3	3.78(s, 3H, OCH$_3$), 6.83-7.33(m, 6H), 7.58-7.82(m, 5H), 8.20(d, 1H), 8.90(s, 1H), 9.08(s, 1H), 11.20(s, 1H, NH)	3452(NH), 3424, 3026, 2954, 1605, 1562, 1514, 1440, 1374, 1245, 1177, 1081, 1017, 959 (*trans*, CH=CH)
4	7.18-7.42(m, 5H), 7.63(d, 2H), 7.72(d, 2H), 7.82(d, 2H), 7.94(d, 2H), 8.24(d, 1H), 8.96(s, 1H), 9.28(s, 1H), 11.70(s, 1H, NH);	3469(NH), 3291, 3022, 2844, 2360, 1613, 1560, 1518, 1417, 1373, 1238, 1181, 1081, 965 (*trans*, CH=CH)
5	6.56(s, 2H), 7.01(d, 1H, J=16.3 Hz, -CH=CH-), 7.12(d, 1H, J=16.3 Hz, -CH=CH-), 7.63(d, 2H, J=9.0 Hz), 7.70(s, 1H), 7.77(d, 1H, J=9.0 Hz), 7.86(d, 2H, J=9.0 Hz), 8.09(d, 1H, J=9.0 Hz), 8.77(s, 1H), 8.98(s, 1H), 10.49(s, 1H, NH)	3289(NH), 3023, 1609, 1561, 1520, 1413, 1311, 1246, 1192, 1013, 960(*trans*, CH=CH)

本文以两种已用临床的治疗肿瘤药物紫杉醇和 Gefitinib 为阳性对照,以相应溶媒作阴性对照,以人低分化胃癌细胞(BGC-823)和人肺癌细胞(A549)为受试细胞株,用 MTT 法对化合物 1~5 进行了初步的抗肿瘤活性试验。其活性试验数据如表 3 所示。

Table 3 Inhibitory ratio of compounds on tumor cells proliferation

Compd	Final concentration/ (μg·ml^{-1})	Inhibition/% BGC-823	Inhibition/% A549
1	1	37.93	-7.42
	10	70.52	41.48
	100	73.31	107.34
2	1	0.22	-
	10	77.50	-
	100	80.29	-
3	1	18.89	14.61
	10	46.78	56.44
	100	74.58	79.33
4	1	52.81	42.10
	10	76.22	66.99
	100	89.76	75.54
5	1	2.76	28.27
	10	76.63	53.40
	100	86.73	74.35
Gefitinib	1	62.20	60.63
	10	63.67	63.78
	100	69.72	76.03
Taxol	1	86.53	45.16
	10	85.61	68.91
	100	87.14	95.01

"-" no test

抗肿瘤活性实验结果表明,化合物1~5对BGC-823和A549肿瘤细胞增殖均有一定的抑制活性,随着药物浓度的增加,其对肿瘤细胞的增殖作用增强。化合物1~5的浓度在1 μg·mL^{-1}时,对BGC-823肿瘤细胞的抑制率不如紫杉醇和Gefitinib,当浓度为10μg·mL^{-1}和100μg·mL^{-1}时,其对肿瘤细胞的抑制率与紫杉醇相当或稍差;而相对于Gefitinib,其对BGC-823肿瘤细胞的增殖抑制作用较优。化合物1~5浓度在1μg·mL^{-1}时,对A549肿瘤细胞的抑制率不如紫杉醇和Gefitinib,当浓度为10μg·mL^{-1}和100μg·mL^{-1}时,抑制率与紫杉醇和Gefitinib相当。从活性数据的结果可以看出所合成的目标化合物均具有一定的抗肿瘤活性,其抗肿瘤活性与阳性对照物相比相当或稍强。但是这些化合物相互间比较,它们的抗肿瘤活性又存在一定的差异,可能的原因是化合物中R基上的取代基不同或其取代基的个数、位置不同,致使其与肿瘤细胞的作用强弱有所不同。这些新化合物的进一步抗肿瘤活性正在探索之中。

参考文献

[1] KLOHS WAYNE D, FRY DAVID W, KRAKER, et al. Inhibitors of tyrosine kinase [J]. Curr Opin Oncol, 1997, 9: 562-568.

[2] BARKER ANDREW JOHN. Quinazoline derivatives: EP, 0566226 [P], 1993-10

—20. (CA 1997, 125:568090)

[3] UCKUN FATIH M, NARLA RAMA K, LIU XING – PING. Quinazolines for treating brain tumor: WO, 9961428 [P], 1999 – 12 – 02.

[4] UCKUN FATIH M, MALAVIYA RAVI, SUDBECK Elise A. JAK – 3 inhibitors for treating allergic disorders: WO, 0051587 [P], 2000 – 09 – 08.

[5] PHILIPPE DE M, ROBERT C, JEAN – FRANCOIS S, et al. Synthesis and biological properties of new stilbene derivatives of resveratrol new selective aryl hydrocarbon modulators [J]. J Med Chem, 2005, 48 (1): 287 – 291.

[6] MARINELLA R, DANIELA P, DANIELE S, et al. Synthesis and biological evaluation of resveratrol and analogues as apoptosis – inducing agents [J]. J Med Chem, 2005, 46 (16): 3546 – 3554.

[7] PACE – ASCIAK C R, HAHN S, DIAMANDIS E P, et al. The red wine phenolics trans – resveratrol and quercetin block human platelet aggregation and eicosanoid synthesis: Implications for protection against coronary heart disease [J]. Clin Chim Acta, 1995, 235 (2): 207 – 219.

[8] 张培权, 宋宝安, 杨松等. 6 – 氟 – 4 – (N – 芳基)胺基喹唑啉类化合物的微波合成及生物活性研究[J]. 有机化学, 2006, 26(9): 1275 – 1278.

[9] 赖宜天, 张喜全, 郭键等. 白藜芦醇类似物的合成研究[J]. 化学试剂, 2007, 29 (5): 257 – 259, 262.

[10] 李宝林, 王丽, 张喜全等. 1,2 – 二芳基乙烯类化合物的合成: 中国, 200810154963.1 [P]. 2010 – 06 – 09.

发表于:中国药物化学杂志,2011,21(2):151 – 154.

范文四

二苯基脯氨醇及其衍生物对前手性酮的不对称催化还原研究进展

刘祥伟 李宝林*

(陕西师范大学化学与材料科学学院;教育部药用资源与天然药物化学重点实验室,西安 710062)

摘要 对(S)-α,α-二苯基脯氨醇及其衍生物对前手性酮的不对称催化还原研究进行了综述,表明它们具有催化还原产率高,对映选择性好的作用,是一类性能优秀的不对称还原反应的有机小分子催化剂。

关键词 (S)-α,α-二苯基脯氨醇;不对称催化;前手性酮;不对称还原

Advances in Asymmetric Reduction of Prochiral Ketones Catalyzed by Diphenylprolinol and its Derivatives

LIU, Xiang-Wei LI, Bao-Lin*

(*School of Chemistry and Materials Science; Key Laboratory of the Ministry of Education for Medicinal Resources and Natural Pharmaceutical Chemistry, Shaanxi Normal University, Xi'an, 710062, P. R. China*)

Abstract This article briefly reviews the application of (S)-α,α-diphenylprolinol and its derivatives in catalyzed asymmetric reduction of prochiral ketones, the high yields and enantiomeric excess values indicate that they are excellent catalysts in the asymmetric reduction of prochiral ketone.

Keywords (S)-α,α-diphenylprolinol; asymmetric catalysis; prochiral ketones; asymmetric reduction

(S)-α,α-二苯基脯氨醇[α,α-diphenyl-(S)-pyrrolidin-2-ylmethanol(S)-DPPM]及其衍生物是可由廉价的L-脯氨酸衍生而来的有机小分子催化剂,它们对许多反应表现出优秀的不对称催化作用,具有与生物酶类似的立体选择性催化作用,因此它们与其它的一些有机小分子催化剂一起被称之为化学酶(chemzyme)。也正是因为这种优异的性能,(S)-DPPM及其衍生物成为目前研究与应用较为广泛的一类有机小分子催化剂。鉴于由前手性酮不对称催化还原制备重要手性砌块物质手性仲醇的重要性,本文仅就(S)-DPPM及其衍生物在前手性酮不对称还原中的催化作用研究作以综述。

一、基于形成硼杂噁唑啉催化前手性酮的不对称还原

Itsuno[1-7]首次将手性氨基醇1用于辅助硼烷对前手性酮的不对称还原得到手性

的仲醇,但由于其在过程中使用了等当量甚至过量的手性氨基醇,此法最初一直没有被化学家们所采纳。后来,Corey 等[8,9]在 Itsuno 的工作基础上首次将(S) - DPPM 用在潜手性酮的不对称还原中,与 Itsuno 所采用的氨基醇 1 不同的是,Corey 采用了刚性更好的(S) - DPPM 作为辅助试剂,,在不对称还原酮的过程中起关键作用的是(S) - DPPM 与硼烷或甲(正丁)基硼酸形成的硼杂噁唑啉 3,使用催化量的 3 与硼烷配位形成具有不对称诱导作用的还原剂 4(Scheme 1),就能高效率、高产率以及高对映选择性地得到手性仲醇。后来人们将具有硼杂噁唑啉 3 结构或与之结构类似的化合物著称为 CBS(即 Corey、Bakshi 和 Shibata 三人名字的缩写)催化剂。在 3 中,当 R = H 时的硼杂噁唑啉对空气和水都非常敏感,然而当 R = Me 或 n - Bu 时,其对空气和水相对较稳定。进一步与硼烷配位形成的化合物 4 在氮气氛围中存放三年而不发生变质,可以在空气中称量或转移,并且相比之下更容易制备。该类催化剂催化还原前手性酮的机理以苯乙酮为例,如 Scheme 2 所示,通过还原剂 4 与苯乙酮配位形成六元环过渡态 TS - 1,然后再经过渡态 TS - 2 完成立体控制性反应。

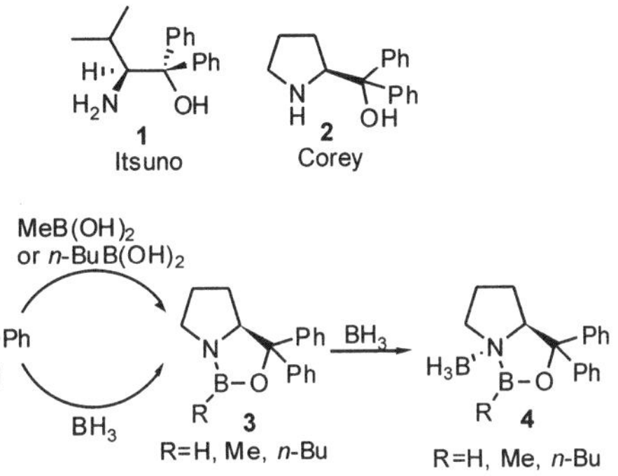

Scheme 1

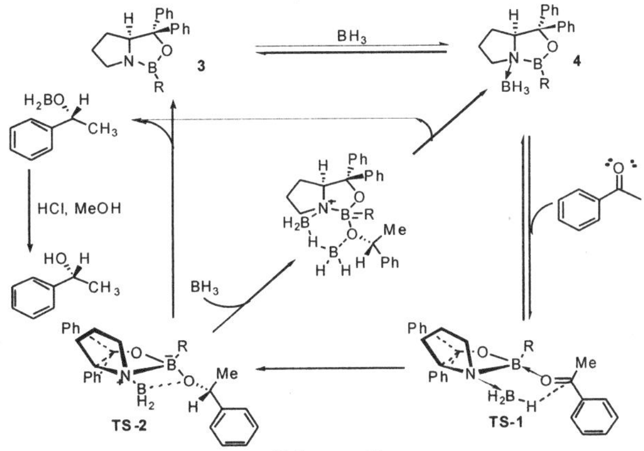

Scheme 2

CBS 催化剂不仅能对具有苯乙酮结构单元的一类化合物实现高化学产率,高光学产率的还原,它还对如 α,β - 不饱和酮,α、β 或 γ - 羰基二烷基磷酸酯[10],1 - 四氢萘酮[11],以及烷基炔基酮[12]等多种前手性酮的还原具有催化作用,且均能得到较好的结果,因此 CBS 催化剂被广泛应用于光学活性的药物中间体或天然产物全合成过程中。

后来人们在 Corey 的基础上发展了多个硼杂噁唑啉类催化剂,概括起来主要有 3a-h 等七个直接由(S)-DPPM 衍生化而得到的催化剂。

$$(S)\text{-}3a\text{-}h$$

3a: R=H　**3b**: R=Me　**3c**: R=Bu　**3d**: R=OMe
3e: R=Ph　**3f**: R=4-F-Ph　**3g**: R=4-Cl-Ph　**3h**: R=3-NO$_2$-Ph

Quallich 等[13]首次使用 3b、3c 等催化剂对含有如氮等杂原子的酮进行催化不对称还原,由于氮原子能够与硼烷发生配位,因此底物中的氮原子会和催化剂 3 竞争着与硼烷配位,与底物配位的硼烷在该体系下不参与还原反应。导致实际加入的硼烷量不完全参与预期的催化还原反应,因此得到了中等程度的对映选择性。只有在过量的硼烷存在下,这一问题才得到了解决。

Periasamy 等[14]通过使用 I$_2$/NaBH$_4$ 体系在苯中原位生成硼烷并通过与 2 形成 3a 催化还原苯乙酮,只以 80%~85% 的产率以及 65%~82% 的 ee 值得到苯乙醇;然而,逐渐向有 2 存在的体系中加入由 I$_2$/NaBH$_4$ 体系在 THF 中生成的硼烷-THF 配合物溶液后,得到了较好的化学产率(90%)和光学产率(94.7%)。

在手性合成中,光学活性的末端 1,2-二醇被广泛用作手性砌块,同时也被用作手性辅基或配体。Cho 等[15]通过使用催化剂 3a,不对称催化还原前手性 α-三烷基硅氧基酮 5,以较好的化学产率(80%~99%)和高达 99% 的光学产率制备了一系列末端 1,2-二醇 7a-h(Scheme 3)。

```
        1. 3 (0.1 eq.)                n-Bu₄NF
        2. BH₃·THF (0.6 eq.)          THF, 25 ℃
   5    ─────────────→     6    ─────────────→    7a-h
         THF, 25 ℃                    yield: 80-99%
                                      from 5
```

a: R = Ph   SiR$_3$ = SiMe$_2$Bu-t(TBDMS)
b: R = Ph   SiR$_3$ = SiEt$_3$(TES)
c: R = Ph   SiR$_3$ = Si-i-Pr$_3$(TIPS)
d: R = Ph   SiR$_3$ = SiMe$_2$CHMe$_2$(TDS)
e: R = Ph   SiR$_3$ = SiPh$_2$Bu-t(TBDPS)
f: R = o-MeC$_6$H$_4$ SiR$_3$ = TES
g: R = o-MeC$_6$H$_4$ SiR$_3$ = TIPS
h: R = p-MeC$_6$H$_4$ SiR$_3$ = TIPS
i: R = p-BrC$_6$H$_4$ SiR$_3$ = TIPS
j: R = 2-Np   SiR$_3$ = TBDMS
k: R = 2-Np   SiR$_3$ = TIPS
l: R = Et   SiR$_3$ = TES
m: R = i-Pr   SiR$_3$ = TBDMS
n: R = c-Hex   SiR$_3$ = TES
Np = naphthyl   c-Hex = cyclohexyl

7a: R = Ph
7b: R = o-MeC$_6$H$_4$
7c: R = p-MeC$_6$H$_4$
7d: R = p-BrC$_6$H$_4$
7e: R = 2-Np
7f: R = Et
7g: R = i-Pr
7h: R = c-Hex

Scheme 3

Garrett 等[16]采用稳定的硼烷-N,N-二甲基苯胺配合物作为还原剂,通过原位生成催化剂 3a 催化还原 2-氟代苯乙酮,该过程避免了使用硼烷的醚类以及二甲硫醚配合物(Scheme 4)。研究发现,催化剂 3b 和 3d 的催化效果受温度的影响较明显。使用催化剂 3d,当温度从 20℃ 升高到 40℃ 时,产物的 ee 值从 92.2% 增加到 97.6%;在温度为 20℃,底物酮的滴加速度对反应效果的影响也较明显,当滴加底物时间超过 30 分钟时,得到的产物 ee 值相当高;当滴加速度加快时,产物的 ee 值明显下降。然而使用原位生成催化剂 3a 催化该反应,得到的结果与使用 3b 和 3d 相当,即使将催化剂 3a 的用量减少到 0.01 当量,产物的 ee 值也只是稍微有点降低。由于催化剂 3a 是原位产生的，因此使用该催化剂不仅可以减小反应的成本，同时还可以降低催化体系的复杂性，是一个很有应用前景的催化体系。

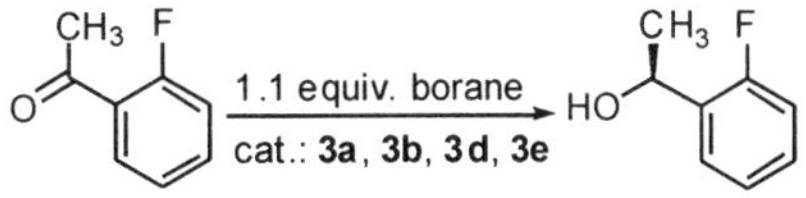

Scheme 4

Ezetimibe(SCH 58235)是一种非常有潜力的新药，它能够选择性地阻止肠道内壁对胆固醇的吸收。在合成该药物的中间体中就涉及 1,5 – 二酮的化学选择性及对映选择性的还原，Fu 等[17]采用了(R) – Me – B – CBS 实现了对该药物关键中间体 8 的高化学选择性及对映选择性的还原，以 99% 的产率以及高达 96% 的 de 值得到了(S) – 构型的醇 9(Scheme 5)。

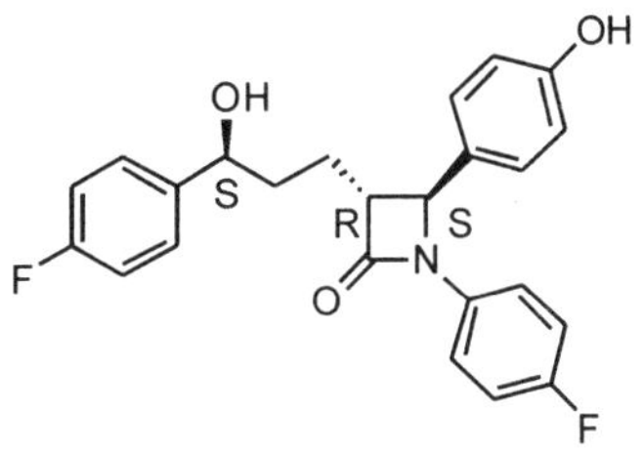

Ezetimibe(SCH 58235)

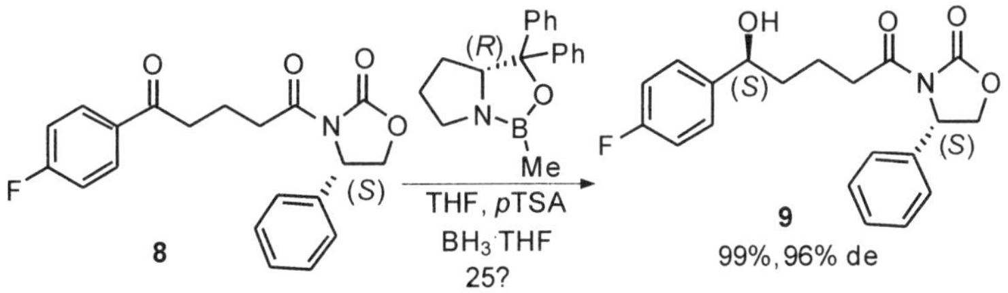

Scheme 5

Bertrand 等[18]使用和 Fu 同样的催化剂(R) – Me – B – CBS，通过硼氢化钠，N，N – 二乙基苯胺(DEA)与硫酸二甲酯原位产生硼烷 – DEA 配合物来实现 Ezetimibe 药物关键中间体 8 的化学选择性及对映选择性的还原，其结果与通过使用商业购买的硼烷 – DEA 试剂催化还原的效果相当。由于这样避免了使用不稳定、浓度低且价格昂贵的硼烷 – THF 配合物或是硼烷 – 二甲硫醚配合物，以及价格非常昂贵的硼烷 – DEA 试剂，对于该过程的工业化应用具有重要意义。

Huertas 等[19]采用 N – 叔丁基 – N – 三甲硅基胺与硼烷的配合物作为硼烷源，以 3b 的对映异构体作为催化剂催化还原具有代表性的前手性芳基烷基酮和脂肪酮得到了 83% ~89% 的分离产率及较好的光学产率(69% ~98%)，其中对于脂肪酮的还原效果相对较差(Scheme 6)。使用该硼烷的配合物有其明显的优点，易于产品的后处理，只需要水解就能将硼烷源转变成易溶于水的叔丁基胺和易挥发的硅副产物。然而使用此催化剂的最为明显的缺点就是(R) – DPPM 的价格比较昂贵，或是说其原料(R) – 脯氨酸昂贵。

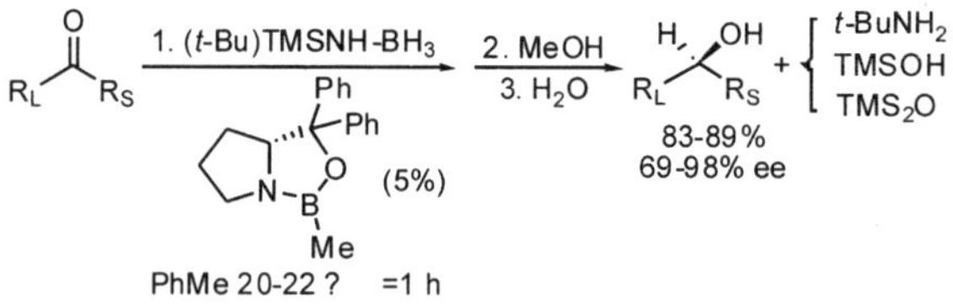

Scheme 6

Kanth 等[20]通过使用(S)-DPPM 与 9-硼杂双环[3.3.1]壬烷(9-BBN)作用得到了一个新的催化剂 10(Scheme 7),使用该催化剂催化还原芳基烷基酮得到了高达 82%~99.2% ee 值。其中催化苯乙酮得到了中等程度的对映选择性(82.5%~83.5% ee),而催化位阻大的芳基烷基酮得到了较好的效果,如异丁基苯基酮(91.5% ee)和 1-萘乙酮(99.2% ee)等。这一体系不仅避免了使用硼烷生成硼杂噁唑啉的不稳定性,也避免了使用各种硼酸制备硼杂噁唑啉过程中产生的水未被完全除尽对反应造成的影响。

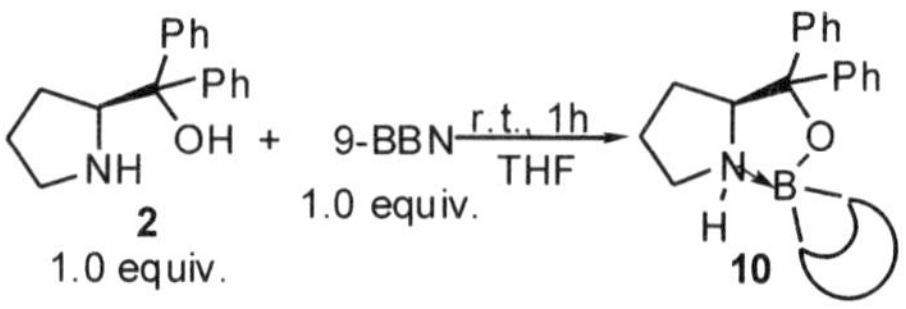

Anwar 等[21]通过使用(S)-DPPM 与四丁基硼氢化铵以及碘甲烷原位生成催化剂 3a 以及作为还原剂的硼烷,以四氢呋喃作为溶剂,室温 25℃下,(S)-DPPM 的用量为 0.05 当量,四丁基硼氢化铵和碘甲烷的用量均是 0.8 当量时,还原苯乙酮以 89% 的产率,几乎对映体纯的得到(R)-构型的苯乙醇,推广到其它芳基烷基酮的还原中,得到了 41%~96% 的 ee 值。其中对于还原苯环对位有 CH_3^-、NO_2^-、Cl^-、及 Br^- 的苯乙酮均得到了 93%~96% 的 ee 值;而对于还原 α-卤代苯乙酮得到了较差的对映选择性,对于 α-位连有位阻更大的酮以及具有环状结构的苯基烷基酮,由于立体位阻,难以与催化剂 3a 接近而产生环状过渡态,因此得到了最低的对映选择性(41% ee)。

Scheme 7

Yanagi 等[22]以 2 的碳酸盐(0.05 当量)催化硼烷对苯乙酮的不对称还原,以 97% 的产率和 97.9% 的 ee 值得到苯乙醇。将催化剂的用量降低到 0.025 当量,仍然得到了较好的对映选择性(96.2% ee),进一步将催化剂的用量降低到 0.01 当量时,同时将溶剂用量也减少到原来的五分之一,还得到了 95.1% 的 ee 值,而使用其盐酸盐和硫酸盐催化该反应分别只得到了 78.9% 和 90.7% 的 ee 值。说明了该催化剂的高效性,并且该碳酸盐催化剂只需要简单的处理就可以方便回收并再利用。Yanagi 等将此催化剂应用于子宫松弛药物 KUR-1246 的中间体合成中,粗产物的 ee 值达 99.0%(Scheme 8),重结晶后几乎得到光学纯产品。

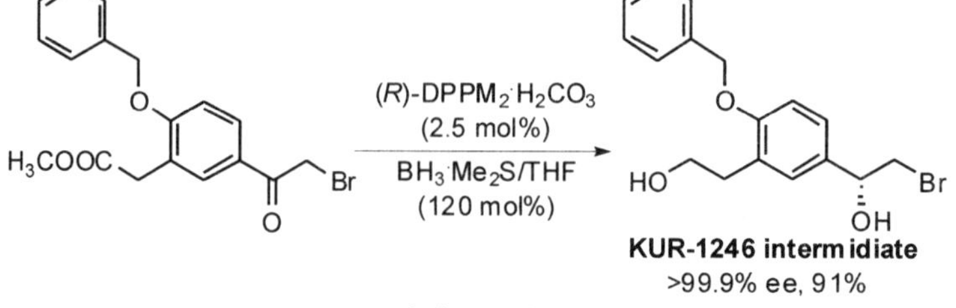

Scheme 8

对于催化剂 3a、3b 和 3c 的制备,所使用到的试剂如甲基硼酸、三甲基环硼氧烷、正丁基硼酸甚至硼烷的配合物不仅价格昂贵,并且催化剂 3a 对空气和水都很敏感,催化剂一般都要求现制现用。为了改进这些不足之处,Masui 等[23]首次使用廉价的硼酸三甲酯与(S)-DPPM 原位生成催化剂 3d,然后通过使用硼烷的二甲硫醚配合物作为还原剂,催化剂用量在 0.01 当量时,十分钟就将苯乙酮以 96% 的 ee 值还原得到苯乙醇(Scheme 9)。当 Masui 将底物酮在加入 2 和硼酸三甲酯之后立即加入,然后立即加入硼烷,反应了 4 小时也只得到了 75% 的 ee 值,说明了对于形成真正的催化剂 3d 需要一定的时间。Masui 将这一体系用于催化还原芳环上含有氮原子的酮类化合物,发现了一个很有意义的现象,对于 3- 和 4- 乙酰基吡啶均得到了 99% 的 ee 值,而对于 2- 乙酰基吡啶,采用了 0.2 当量的催化剂也只以 24% 的 ee 值得到醇,推测原因可能是因为与氮原子发生配位的硼烷发生了氢转移过程,而未经过催化还原过程。然而随着催化剂的用量增加,对映选择性明显增加,当使用 1 当量的催化剂时,ee 值达到 98%。

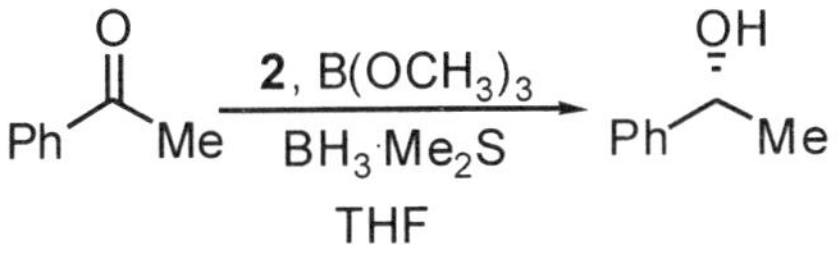

Scheme 9

在众多手性辅助试剂中,具有 C_2 对称轴的手性辅助试剂在当今不对称合成中占了越来越重要的地位。其中的吡咯化合物就是其中的一类,反式 -2,5- 二甲基吡咯首先被发展成与酮等形成烯胺并诱导该烯胺的不对称烷基化。然而由于反式 -2,5- 二甲基吡咯的回收再利用较难并且沸点较低,合成 2,5- 二苯基吡咯类似物就可以弥补其缺点。受到 Masui 工作的启发,Aldous 等[24]使用硼酸三甲酯与(S)-DPPM 原位生成催化剂 3d,以硼烷-二甲硫醚配合物作为还原剂,催化剂用量为 0.1 当量时候,以高达 96% 的产率和 99% 的 ee 值以及 96% 的 de 值得到手性的二醇 12(Scheme 10),进一步通过先对羟基甲磺酰化再经环化得到 2,5- 二苯基吡咯类化合物 13,这是一个催化剂制备过程中本身需进行前手性酮的不对称还原的成功范例。

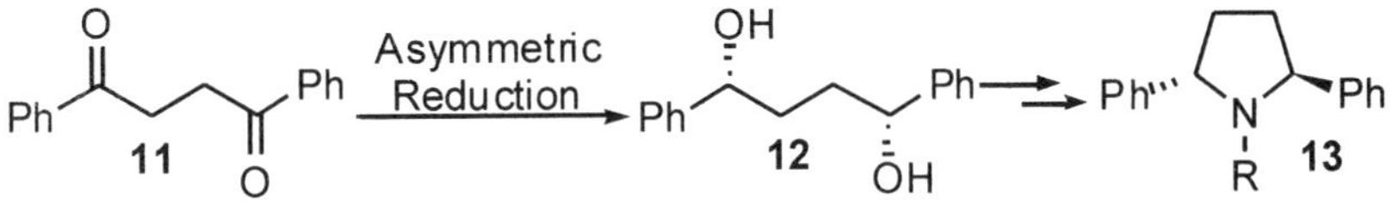

Scheme 10

Periasamy 等[25]也通过使用价格便宜的硼酸三甲酯与(S)-DPPM 原位生成催化剂 3d,通过 $NaBH_4$/TMSCl 原位生成硼烷还原 1,4- 二苯基 -1,4- 丁二酮,进一步使用得到的手性二醇环化来合成手性的 2,5- 二取代的吡咯衍生物。该方法对于前手性酮的还原避免了使用对热不稳定或具有难闻气味的硼烷-二甲硫醚试剂。

同时,手性仲醇在手性液晶材料以及其它手性材料的制备方面具有重要意义。Xu 等[26]也通过 Masui 的方法还原对位有烷基或烷氧基取代的前手性苯基酮 14,以高的化学产率(91%~99%)和较好的光学产率(69%~95% ee)得到手性线性醇 15(Scheme 11),并且观察到对位有烷氧基取代的苯基酮具有相对较低的对映选择性,推测其原因可能是因为对位有烷氧基取代的底物中氧原子与催化剂中的缺电子硼原子竞争配位,从而影响正常催化反应过程中六元环过渡态的形成从而影响对映选择性,然而通过增加催化剂的用量同样得到了与对位烷基取代的苯基酮一样的效果。

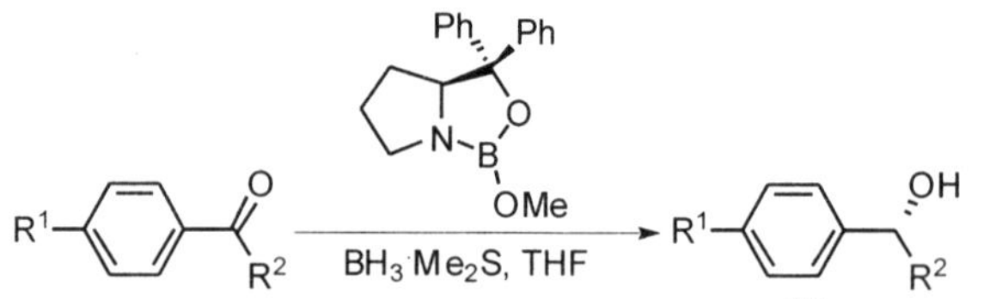

14
a: R^1=Et, R^2=Me　　b: R^1=n-Pr, R^2=Me　　c: R^1=n-Bu, R^2=Me
d: R^1=n-Am, R^2=Me　e: R^1=n-Am, R^2=Et　　f: R^1=n-Am, R^2=n-Pr
g: R^1=n-BuO, R^2=Et　h: R^1=n-BuO, R^2=n-Bu　i: R^1=n-AmO, R^2=Et
j: R^1=n-AmO, R^2=n-Bu　k: R^1=n-HexO, R^2=Et　l: R^1=n-HexO, R^2=n-Bu
m: R^1=n-BuS, R^2=Et.

Scheme 11

该研究组[27]还将这一催化还原体系应用于苯环对位连有烷硫基的前手性酮16的不对称还原中,以96%～99%的化学产率以及≥84%的光学产率得到含有硫醚结构单元的手性醇17(Scheme 12)。

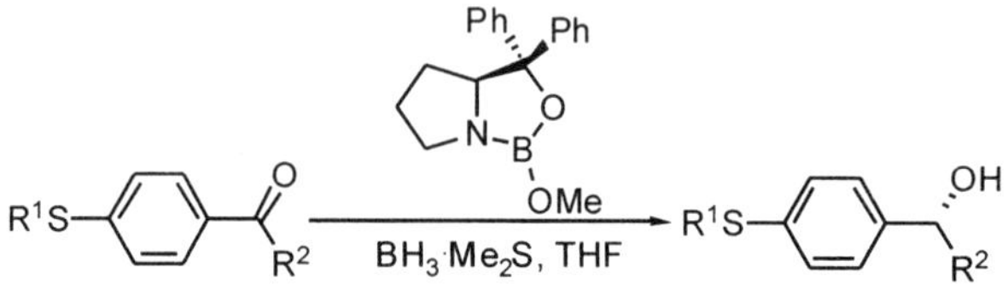

16
a: R^1=Me, R^2=Me　　b: R^1=Et, R^2=Me　　c: R^1=n-Pr, R^2=Me
d: R^1=n-Bu, R^2=Me　e: R^1=n-Am, R^2=Me　f: R^1=n-Hex, R^2=Me
g: R^1=n-Hept, R^2=Me　h: R^1=n-$C_{12}H_{25}$, R^2=Me　i: R^1=Me, R^2=Et
j: R^1=Et, R^2=Et　　k: R^1=n-Pr, R^2=Et　　l: R^1=n-Bu, R^2=Et
m: R^1=n-Am, R^2=Et　n: R^1=n-Hex, R^2=Et　o: R^1=n-Hept, R^2=Et
p: R^1=Et, R^2=n-Bu　r: R^1=n-Am, R^2=n-Bu　s: R^1=n-Hept, R^2=n-Bu

Scheme 12

该研究组[28]将这一催化还原体系用于苯环对位氨基取代的苯基烷基酮18的不对称还原中(Scheme 13),以极高的化学产率(91%～99%)和好的对映选择性(58%～95% ee)得到手性醇19。

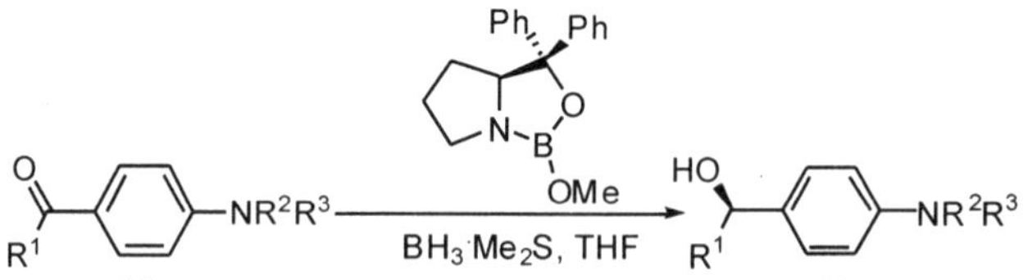

18
a: R^1=Me, R^2/R^3=Me　　b: R^1=Me, R^2/R^3=Et　　c: R^1=Me, R^2/R^3=n-Pr
d: R^1=Me, R^2/R^3=n-Bu　e: R^1=Me, R^2/R^3=n-Am　f: R^1=Me, R^2/R^3=n-Hex
g: R^1=Et, R^2/R^3=Me　　h: R^1=Et, R^2/R^3=n-Am　i: R^1=Pr, R^2/R^3=Me
j: R^1=Me, R^2/R^3=Me/Et

Scheme 13

由于使用催化剂3a、3d等催化还原对位连有吸电子基的苯乙酮或苯丙酮,得到了较差的对映选择性,显示出明显的电子效应。因此Liu等[29]通过进一步调节催化剂中硼原子上取代基的电子效应以改善催化反应的对映选择性,使用 3e、3f、3g 及 3h 催化苯环上连有吸电基(如 NO_2^-、Br^- 等)的苯乙酮或苯丙酮均得到了好的化学产率和对映选择性,并且对于对位连有 F^-、Cl^-、Br^-、I^-、MeO^- 和 MeS^- 基团的苯乙酮或苯丙酮也得到了很好的结果。

事实上,使用这四中催化剂催化还原缺电子酮并没有观察到明显的电子效应,但是结果却表明了该四种催化剂对于缺电子酮的还原均很有效。综合 Xu 等的系列研究表明,对于苯环上连有给电子基的苯乙酮甚至苯丙酮,使用催化剂 3d 既经济又实用;而对于苯环上连有吸电子基的苯乙酮甚至苯丙酮,使用催化剂 3e 是得到好的对映选择性的最佳选择。

Liu 等[30]首次发展了使用由 2 衍生的具有手性螺旋结构的硼酸酯(R,S) - 20、(S,S) - 20 和(S) - 21 作为催化剂(0.1 当量),以 0.6 当量的硼烷 - THF 催化还原前手性酮,以高达 92% 的 ee 值和 98% 的分离产率得到(R) - 构型的手性仲醇。对于脂肪酮的还原,对映选择性随着烷基体积的增加而增加;相反,对于苯基酮类,对映选择性随着烷基体积(苯乙酮:92% ee,苯丙酮:81% ee)的增加而降低。对于吡啶基乙酮的还原,不仅需要的时间较长(20 小时)外,其得到的 ee 值也较低(最高 59%),其原因应该归咎于吡啶环上氮原子与硼的配位能力比酮羰基中氧原子强,这样还原过程就不会按照理想的过渡态进行,从而对映选择性较低。在催化剂(R,S) - 20、(S,S) - 20 和(S) - 21 中,(R,S) - 20 对前手性酮的还原反应具有最佳的催化效果。

Stepanenko 等[31,32]受到 Liu 工作的启发,以化合物 2 出发通过与邻苯二酚基硼烷反应以 75% 的产率和 80% 的纯度制备了新的具有螺旋结构的硼酸酯 22,以 0.2 当量的该催化剂,以 THF 为溶剂,硼烷 - 二甲硫醚配合物作为还原剂使苯乙酮以 93% 的产率和 92% 的 ee 值得到(R) - 构型的苯乙醇。然而由于催化剂 22 中邻苯二酚基硼烷结构中存在张力较大的五元环,通过适当的修饰来减小张力。Stepanenko 等[21]采用化合物 2,硼酸三异丙酯,以及乙二醇以定量的反应和大于 90% 的纯度方便地制得催化剂 23,该催化剂对潮湿的空气相当稳定。将其应用于催化硼烷还原苯乙酮研究时发现,催化剂用量为 0.05 当量时,硼烷用量为 0.7 当量时,在加入底物后只需 15 分钟即可完成反应,并且以高达 95% 的产率和 98% 的 ee 值得到手性仲醇。当催化剂 23 的用量为 0.1 当量时,以 98% 的产率和高达 99% 的 ee 值得到手性苯乙醇。即使是将催化剂用量降低到 0.005 当量时,也得到了 98% 的 ee 值。将该催化剂用于催化还原其它的卤代酮、芳基烷基酮以及脂肪酮等均得到了较好的结果(82% ~99% 的 ee)。

二、基于高分子聚合物支载的 DPPM 催化前手性酮的不对称还原

DPPM 及其衍生物在前手性酮的催化还原中,表现出了高的化学收率和极高的立体选择性,受到了人们的极大重视。尽管(S) - DPPM 及其衍生物这些有机小分子催化剂的价格与一些贵金属或贵金属配合物催化剂相比较为廉价,但是催化剂的回收再利用是符合绿色化学要求的永恒主题。将催化剂支载到高分子聚合物载体之上,通过简单的过滤、洗涤之后便可以实现催化剂的回收与再利用。近年已有人对(S) - DPPM 及其衍生物利用这种思路进行探索,并且取得了满意的结果。

Franot 等[33]首次将(S) - DPPM 与对聚苯乙烯硼酸 24 反应制备了高分子支载的用于前手性酮还原的高效催化剂 25(Scheme 14)。将其应用于苯乙酮及环己基甲基酮的不对称还原中分别以 >98% 的产率得到(R) - 构型的苯乙醇以及以 >97% 的产率得到(R) - 构型的 1 - 环己基乙醇。在反应中使用硼烷 - THF 配合物为还原剂时,需要 1.2 当量的还原剂才能使得底物完全反应;而当使用硼烷 - 1,4 - 氧硫杂环己烷配合物或是二甲硫醚 - 硼烷配合物作为还原剂时,只需要 0.6 当量就可以将底物完全还原。对于苯乙酮的还原,不同的硼烷配合物对立体选择性的影响不大(93% ~95% ee);而对于环己基甲基酮的还原,硼烷 - 1,4 - 氧硫杂环己烷或是硼烷 - 二甲硫醚配合物还原得到 81% ~83% ee 值;相比之下,硼烷 - THF 配合物只给出 62% ~67% ee 值。催化剂的回收再利用只需要简单的过滤洗涤即可,回收的催化剂经再次使用 ee 值降低值也只有 1% ~4%。但是催化剂经第三次使用时,催化效果就明显下降(70% ~78% ee)。

Felder 等[34]使用反式 -4 - 羟基脯氨酸合成了甲基氢硅氧烷 - 二甲基硅氧烷共聚高分子支载的催化剂 26(Scheme 15),进而与硼烷 - 二甲硫醚配合物反应形成硼杂噁唑啉催化剂。使用 0.1 当量的该催化剂,以硼烷 - 二甲硫醚配合物作为还原剂还原苯乙酮得到苯乙醇(97% ee),还原苯丙醇得到苯丙醇(89% ee),还原 α - 氯代苯乙酮得到 α - 氯代苯乙醇(94% ee)。在还原结束后,只需要通过过滤就可以将催化剂方便的回收,因此该催化剂能够应用于连续膜反应器中实现高效循环催化过程。

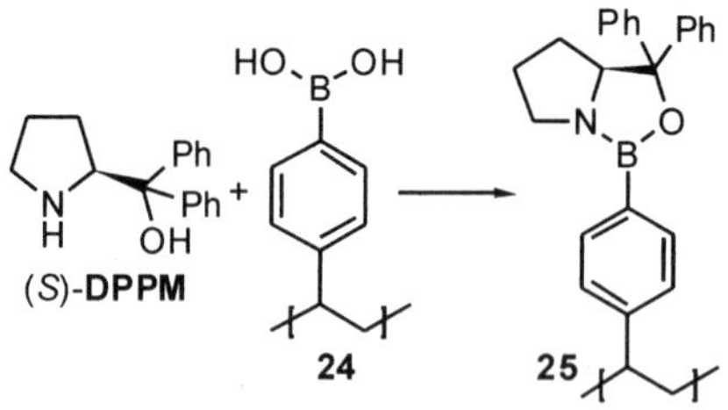

Scheme 14

Woltinger 等[35]同样使用反式 -4 - 羟基脯氨酸,经过如 Scheme 16 所示的步骤合成了聚苯乙烯支载的催化剂 27,将该催化剂装在膜反应器中,催化硼烷对前手性酮的不对称还原,将酮完全还原成具有高达 96% ee 的手性醇。在该方法中,反应底物、生成物和还原剂均为小分子,可以透过膜反应器,被膜内高聚物支载的催化剂催化发生不对称还原反应,而聚苯乙烯支载的催化剂则不能透出膜反应器,几乎 100% 的保留在膜反应器中,并且催化剂在其中能够持续使用两周以上。

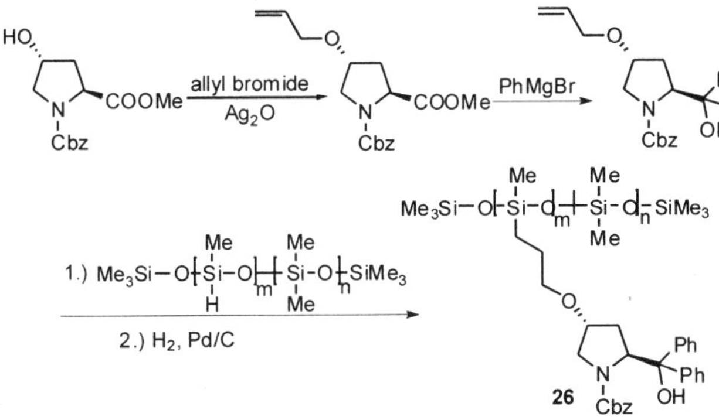

Scheme 15

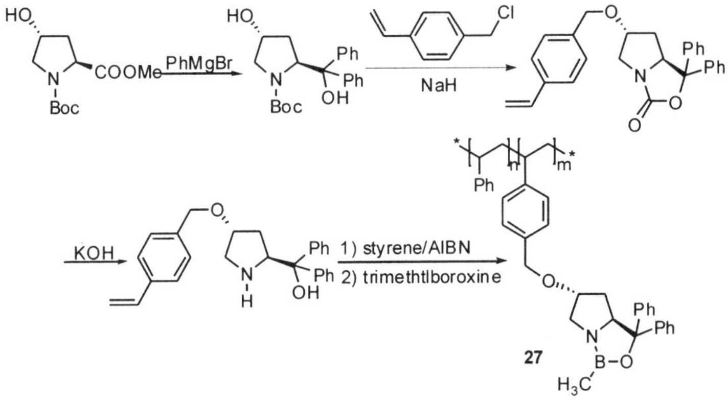

Scheme 16

Zhao 等[36]将(S)-DPPM 中氨基通过磺酰胺结构单元支载于高分子材料上得催化剂 28(Scheme 17)。使用 NaBH$_4$/Me$_3$SiCl 作为还原剂,在回流条件下,催化剂 28 用量在 0.25 当量时催化还原 2-萘乙酮得到 96.3% 的 ee 值;而使用 NaBH$_4$/BF$_3$·OEt$_2$ 作为还原剂,催化剂 28 用量在 0.15 当量时催化还原 2-萘乙酮得到 95.3% 的 ee 值。对于还原其它类型的酮,均以大于 91% 的化学产率得到醇;对于芳香酮,该还原剂非常有效,以高达 96.6% 的 ee 值得到醇,然而对于脂肪酮,ee 值最高只达到 89.5%。催化剂 28 的回收只需要简单的过滤即可实现。并且催化剂被重复使用三次,催化效果也没有明显的降低。

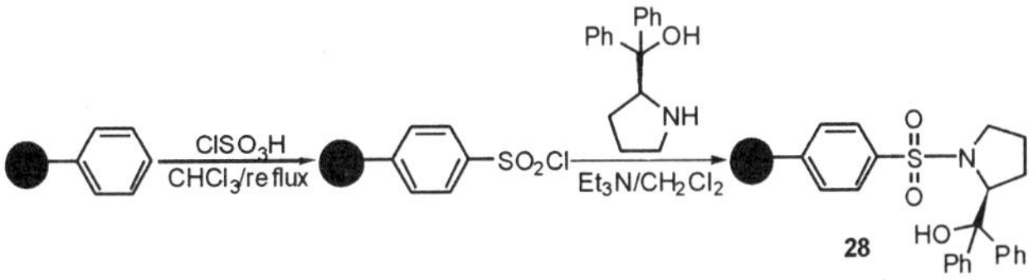

Scheme 17

Zhao 等[37]还使用催化剂 28,以硼烷-二甲硫醚配合物作为还原剂还原各种前手性酮以 86%~99% 的化学产率以及 52.9%~95.9% 的 ee 值得到手性醇。

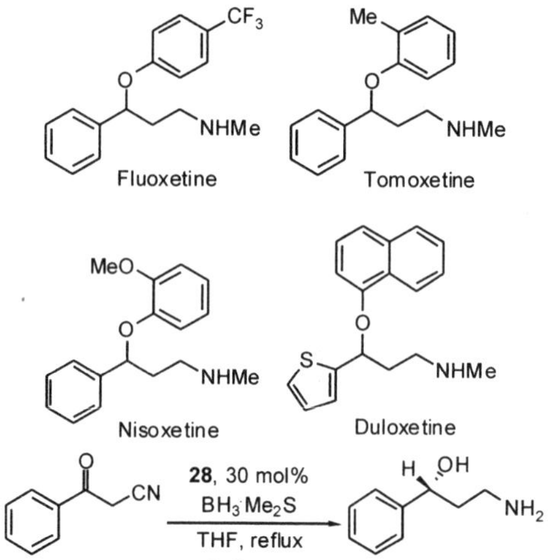

Scheme 18

Luoxetine、Fomoxetine、Nisoxetine 和 Duloxetine 是治疗抑郁症很好的药物。合成它们所需要的中间体为 3 - 苯基 - 3 - 羟基丙胺，该研究组[38]采用这个催化体系催化还原 3 - 苯基 - 3 - 氧代丙腈到手性的 1,3 - 氨基醇，从而成功实现了以下四种药物的手性合成（Scheme 18）。

光学活性的 β - 羟基砜是手性合成生物活性分子的重要合成子，Zhao 等[39]使用 0.25 当量的催化剂 28，以 $NaBH_4/Me_3SiCl$ 还原体系催化还原前手性的 β - 羰基砜，以 96% ~ 98% 的化学产率以及 56% ~ 97% 的 ee 值得到手性的 β - 羟基砜。不仅催化剂回收再利用非常方便，其被重复使用五次也未见活性的降低。

该研究组[40]还使用催化剂 28，同样以 $NaBH_4/Me_3SiCl$ 还原体系催化还原 α - 酮酸酯 29a - r，以很好的对映体选择性和较好的化学产率制备了手性的 1,2 - 二醇衍生物 30a - r（Scheme 19）。

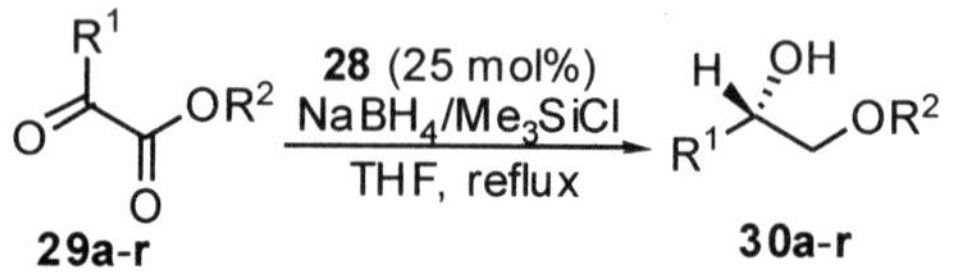

29a-r
- **a**: R_1=Ph, R_2=Et
- **b**: R_1=Ph, R_2=Me
- **c**: R_1=Ph, R_2=i-Pr
- **d**: R_1=Ph, R_2=t-Bu
- **e**: R_1=Ph, R_2=OH
- **f**: R_1=p-F-C_6H_4, R_2=Et
- **g**: R_1=p-Cl-C_6H_4, R_2=Et
- **h**: R_1=p-Br-C_6H_4, R_2=Et
- **i**: R_1=p-MeO-C_6H_4, R_2=Et
- **j**: R_1=p-Me-C_6H_4, R_2=Et
- **k**: R_1=m-Me-C_6H_4, R_2=Et
- **l**: R_1=o-Me-C_6H_4, R_2=Et
- **m**: R_1=t-Bu, R_2=Et
- **n**: R_1=$PhCH_2CH_2$, R_2=Et
- **o**: R_1=n-Bu, R_2=Et
- **p**: R_1=n-Bu, R_2=i-Pr
- **q**: R_1=n-Bu, R_2=t-Bu
- **r**: R_1=c-Hex, R_2=Et

Scheme 19

由于水溶性维生素 H 对维持人类与动物的营养健康有非常重要的作用，化学家对它的全合成非常感兴趣。然而在全合成过程中最重要的一步涉及催化还原内消旋的内酰亚胺。考虑到催化剂与产物的分离，Chen 等[41]使用催化剂 28，不但以高达 98.5% 的 ee 以及 91% 的产率得到产物，而且产物与催化剂的分离只需简单过滤即可，重复使用催化剂达五次其得到的产率和对映选择性仍然较高（Scheme 20）。

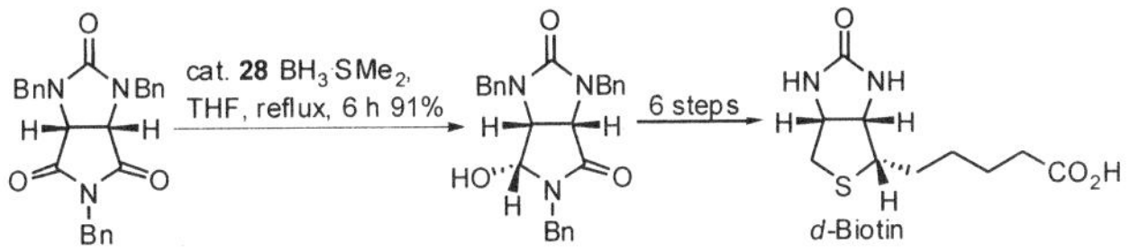

Scheme 20

Soos 等[42]制备了易于回收利用的含氟(S) - DPPM 衍生物 31 用于催化前手性酮的不对称还原中,三种 CBS 催化剂均有很高的催化活性和对映选择性,并且这类催化剂只需要通过固相萃取即可将催化剂方便回收并再利用。

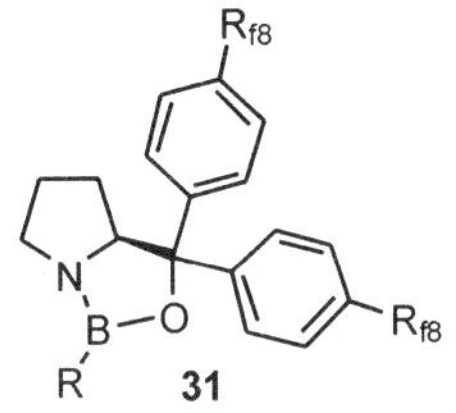

31

R=Me, MeO, H

Wang 等[43]将(S) - DPPM 支载到树状高分子材料上得到了新的衍生物 32,并将其用在了茚酮的还原中,同时还将其用在了能够治疗各类抑郁症的药物舍曲林(Sertraline)手性合成中,均取得了较好的效果。

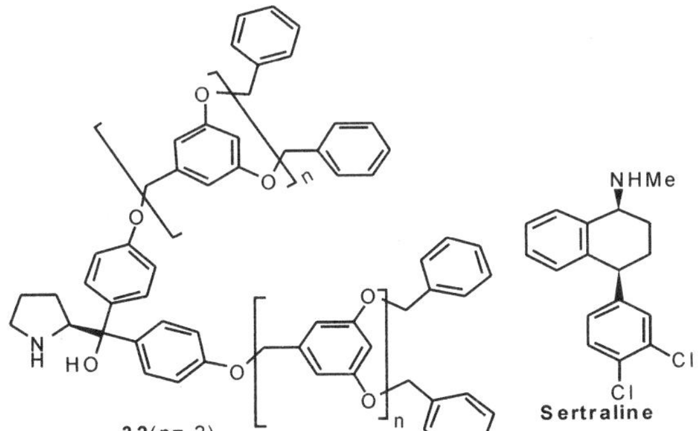

32(n= 2)　　Sertraline

三、基于含对称轴型 DPPM 衍生物催化前手性酮的不对称还原

自从 Corey 首次使用(S) - DPPM 时就研究了硼烷用量的问题,发现当硼烷过量时就会降低催化还原效果。然而设想,如果使催化剂过量,并且是在同一个催化剂分子中存在多个活性位点的方式过量(相对于催化剂分子中只存在单个活性位点而言),情况又会怎样呢?

Hua 等[44,45]合成了两种基于吡啶的(S) - DPPM 衍生物 33 和 34,在 34 中具有 C2 对称轴(Scheme 21)。将它们分别用作硼烷对苯乙酮的不对称还原催化剂,在相同条件下室温反应两小时以 62% ee 值(化学产率 91%)和 8.1% ee(化学产率 85%)分别得到(R) - α - 苯乙醇;而当以回流温度反应一小时时,以 97% ee(化学产率 80%)和 81% ee(化学产率 80%)分别得到(R) - α - 苯乙醇;对于 β - 萘乙酮的不对称还原分别以 98% ee(化学产率 95%)和 80% ee(化学产率 95%)得到了(R) - α - 萘乙醇。原则上催化活性位点增加,催化效果应该更好,而实验结果表明事实并非如此。

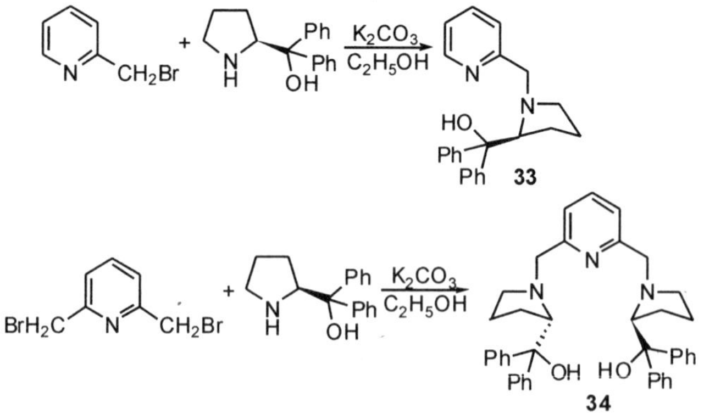

Scheme 21

Du 等[46]合成了具有 C_3 轴对称的手性磷酰三氨基醇 35,此催化剂无论是对缺电子酮还是富电子酮均表现出很好的催化活性,并且得到了高达 98% ee。

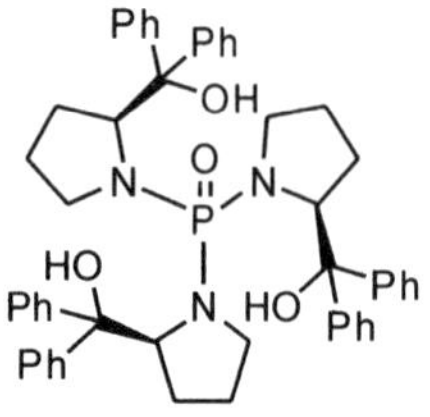

类似地,Zhou 等[47]用(S)-DPPM 衍生合成了一类新的具有 C2 对称轴的手性催化剂 36 并将它们用于前手性酮的不对称还原中。然而令人惊奇的是,一般催化剂的用量都是 0.1 当量或是 0.05 当量,而当使用催化剂 36 只需要 0.01 当量即可得到高达 86.8%~94.5% 的 ee 值。

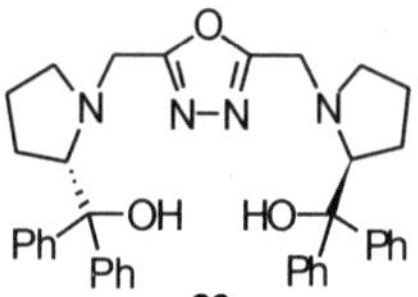

Niu 等[48]也合成了一系列基于 1,2,3-三氮唑连接的树状分子支载的新的手性催化剂 37a-f,应用于硼烷对前手性酮的不对称还原中发现 37f 不论是催化还原缺电子的酮还是富电子的酮,都得到了很高的对映选择性(高达 96% ee)。同样,催化剂能够方便的被回收并且被重复使用四次也未见明显的催化活性降低。

Li 等[49]采用如 Scheme 22 所示的路线,以(S)-DPPM 为起始物衍生化合成了具有 C3 对称轴的催化剂 38,将此催化剂用于催化硼烷对前手性酮的不对称还原,研究发现以四氢呋喃作为溶剂,在回流情况下,催化剂用量为 0.1 当量时对苯乙酮的还原产率和对映选择性均最佳(化学产率 96%,光学产率 90%)。这个催化剂的回收显得十分方便,只要将还原结束后的溶剂蒸掉,再向体系中加入乙醚即可将催化剂沉淀出来,简单的过滤,经乙醚洗涤,干燥即实现催化剂的回收,也正因为如此,催化剂经反复四次再利用也没有见催化剂有明显的失活。

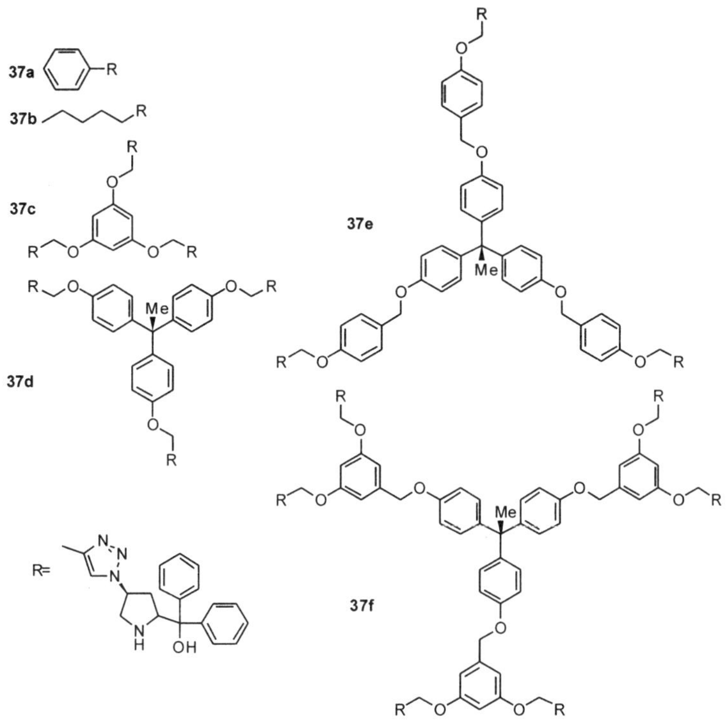

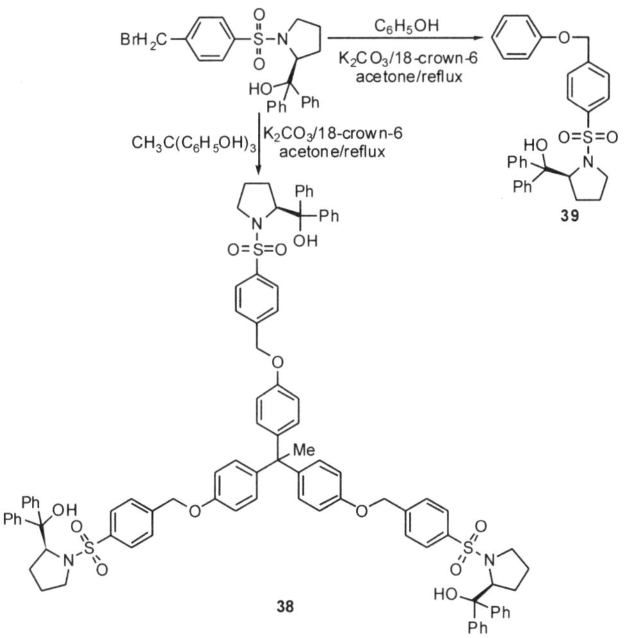

Scheme 22

Fang 等[50]也通过使用(S)-DPPM 合成了具有 C_3 对称轴的催化剂 40，以 THF 作为溶剂在 50℃时，使用 $BH_3 \cdot SMe_2$ 作为还原剂，催化剂 40 的用量为 0.05 当量催化还原苯乙酮，以高达 96% 的产率和 94% 的 ee 值得到(R)-苯乙醇。以此条件催化还原其它的芳基酮甚至脂肪酮均得到了很好的效果(90%~99% 的产率以及 74%~97% 的 ee 值)。

通过以上几例研究不难说明,并不是活性位点越多,其催化不对称效果就越好,但是这些催化剂的方便回收再利用的优点还是值得我们去关注的。

四、基于离子液体支载的 DPPM 催化前手性酮的不对称还原

室温离子液体[51-53]是由正负离子形成的低熔点室温融盐,其中的正负离子可以分别为有机阳离子或有机阴离子。它们具有强极性、低蒸气压、对无机和有机物有良好溶解性能,在有机合成中作为一种绿色溶剂受到广泛的重视。Yang 等[53]将(S) - DPPM 中的氨基通过磺酰胺结构单元而支载到离子液体上得到了离子液体支载的(S) - DPPM 41。催化剂 41 催化硼烷 - 二甲硫醚配合物还原苯乙酮以 95% 的化学产率和 75% 的光学产率得到苯乙醇,与将氨基直接苯磺酰化的(S) - DPPM 催化剂 42 相比,该催化剂不仅提高了反应对映选择性,还具有明显的产物易分离与催化剂的方便回收再利用优势。另外,该催化剂被重复利用四次也未见其催化活性明显降低。

离子液体支载 DPPM 体系尽管和前面三个体系相比效果还不那么理想,由于其有关研究起步较晚,研究的例子也不多,但这是一种全新的思路,它不仅可以使化学反应过程更加绿色化,同时还可使催化剂的回收、产物的分离更为便捷,甚至还可使一些在通常条件下难以实现的反应成为可能。可以预见这一方面的研究在今后的几年内将会有一个大的发展。

五、结束语

近年来,随着催化领域突飞猛进的发展,尤其是近年来发展的有机小分子催化,使得不对称催化反应的研究更加引人注目。其中(S) - DPPM 及其衍生物在应用于催化前手性酮的不对称还原中取得了可喜的结果。不仅如此,(S) - DPPM 及其衍生物还可在其它如不对称环氧化反应[54]、不对称 Diels - Alder 反应[55]等中表现出了极好的不对称催化作用。目前,(S) - DPPM 及其衍生物在催化的其它不对称反应还在迅速增加中,充分展示了其广阔的应用前景。同时设计合成催化活性更高、回收再利用更方便且能催化多类不对称反应的催化剂仍是一项很有意义却很有挑战性的工作。

References

[1] Hirao, A.; Itsuno, S.; Nakahama, S.; Yamazaki, N. J. Chem. Soc., Chem. Commun. 1981, 315.

[2] Itsuno, S.; Hirao, A.; Nakahama, S.; Yamazaki, N. J. Chem. Soc., Perkin Trans. 1 1983, 1673.

[3] Itsuno, S.; Ito, K.; Hirao, A.; Nakahama, S. J. Chem. Soc., Chem. Commun. 1983, 469.

[4] Itsuno, S.; Ito, K.; Hirao, A.; Nakahama, S. J. Org. Chem. 1984, 49, 555.

[5] Itsuno, S.; Ito, K.; Hirao, A.; Nakahama, S. J. Chem. Soc., Perkin Trans. 1 1984, 2887.

[6] Itsuno, S.; Nakano, M.; Miyazaki, K.; Masuda, H.; Ito, K.; Hirao, A.; Nakahama, S. J. Chem. Soc., Perkin Trans. 1 1985, 2039.

[7] Itsuno, S.; Nakano, M.; Ito, K.; Hirao, A.; Owa, M.; Kanda, N.; Nakahama, S. J. Chem. Soc., Perkin Trans. 1 1985, 2615.

[8] Corey, E. J.; Bakshi, R. K.; Shibata, S. J. Am. Chem. Soc. 1987, 109, 5551.

[9] Corey, E. J.; Helal, C. J. Angew. Chem. Int. Ed. 1998, 37, 1986.

[10] Meier, C.; Laux, W. H. G. Tetrahedron: Asymmetry 1995, 6, 1089.

[11] Salunkhe, A. M.; Burkhardt, E. R. Tetrahedron Lett. 1997, 38, 1523.

[12] Parker, K. A.; Ledeboer, M. W. J. Org. Chem. 1996, 61, 3214.

[13] Quallich, G. J.; Woodall, T. M. Tetrahedron Lett. 1993, 34, 785.

[14] Periasamy, M.; Kanth, J. V. B.; Prasad, A. S. B. Tetrahedron 1994, 50, 6411.

[15] Cho, B. T.; Chun, Y. S. J. Org. Chem. 1998, 63, 5280.

[16] Garrett, C. E.; Prasad, K.; Repic, O.; Blacklock, T. J. Tetrahedron: Asymmetry 2002, 13, 1347.

[17] Fu, X.; McAllister, T. L.; Thiruvengadam, T. K.; Tann, C. H.; Su, D. Tetrahedron Lett. 2003, 44, 801.

[18] Bertrand, B.; Durassier, S.; Frein, S.; Burgos, A. Tetrahedron Lett. 2007, 48, 2123.

[19] Huertas, R. E.; Corella, J. A.; Soderquist, J. A. Tetrahedron Lett. 2003, 44, 4435.

[20] Kanth, J. V. B.; Brown, H. C. Tetrahedron 2002, 58, 1069.

[21] Anwar, S.; Periasamy, M. Tetrahedron: Asymmetry 2006, 17, 3244.

[22] Yanagi, T.; Kikuchi, K.; Takeuchi, H.; Ishikawa, T.; Nishimura, T.; Kubota, M.; Yamamoto, I. Chem. Pharm. Bull. 2003, 51, 221.

[23] Masui, M.; Shioiri, T. Synlett 1997, 273.

[24] Aldous, D. J.; Dutton, W. M.; Steel, P. G. Tetrahedron: Asymmetry 2000, 11, 2455.

[25] Periasamy, M.; Seenivasaperumal, M.; Rao, V. D. Synthesis 2003, 2507.

[26] Xu, J.-X.; Su, X.-B.; Zhang, Q.-H. Tetrahedron: Asymmetry 2003, 14,

1781.

[27] Xu, J.-X.; Wei, T.-Z.; Xia, J.-K.; Zhang, Q.-H.; Wu, H.-S. Chirality 2004, 16, 341.

[28] Xu, J.-X.; Lan, Y.; Wei, T.-Z.; Zhang, Q.-H. Chin. J. Chem. 2005, 23, 1457.

[29] Liu, H.; Xu, J.-X. J. Mol. Catal. A: Chem. 2006, 244, 68.

[30] Liu, D.-J.; Shan, Z.-X.; Zhou, Y.; Wu, X.-J.; Qin, J.-G. Helv. Chim. Acta 2004, 87, 2310.

[31] Stepanenko, V.; Ortiz-Marciales, M.; Correa, W.; Jesús, M. D.; Espinosa, S.; Ortiz, L. Tetrahedron: Asymmetry 2006, 17, 112.

[32] Stepanenkoa, V.; Jesús, M. D.; Correa, W.; Guzmán, I.; Vázquez, C.; Cruz, W. d. l.; Ortiz-Marciales, M.; Barnes, C. L. Tetrahedron Lett. 2007, 48, 5799.

[33] Franot, C.; Stone, G. B.; Engeli, P.; Spöndlin, C.; Waldvogel, E. Tetrahedron: Asymmetry 1995, 6, 2755.

[34] Felder, M.; Giffels, G.; Wandrey, C. Tetrahedron: Asymmetry 1997, 8, 1975.

[35] Woltinger, J.; Bommarius, A. S.; Drauz, K.; Wandrey, C. Org. Process. Res. Dev. 2001, 5, 241.

[36] Hu, J.-B.; Zhao, G.; Ding, Z.-D. Angew. Chem. Int. Ed. 2001, 40, 1109.

[37] Hu, J.-B.; Zhao, G.; Yang, G.-S.; Ding, Z.-D. J. Org. Chem. 2001, 66, 303.

[38] Wang, G.; Liu, X.; Zhao, G. Tetrahedron: Asymmetry 2005, 16, 1873.

[39] Zhao, G.; Hu, J.-B.; Qian, Z.-S.; Yin, W.-X. Tetrahedron: Asymmetry 2002, 13, 2095.

[40] Wang, G.-Y.; Hu, J.-B.; Zhao, G. Tetrahedron: Asymmetry 2004, 15, 807.

[41] Chen, F.-E.; Yuan, J.-L.; Dai, H.-F.; Kuang, Y.-Y.; Chu, Y. Synthesis 2003, 2155.

[42] Dalicsek, Z.; Pollreisz, F.; Gomory, A.; Soos, T. Org. Lett. 2005, 7, 3243.

[43] Wang, G.-Y.; Hu, J.-B.; Zhao, G. Tetrahedron: Asymmetry 2006, 17, 2074.

[44] Chen, X.; Zhang, Y.-X.; Du, D.-M.; Hua, W.-T. Chin. Chem. Lett. 2004, 15, 167.

[45] Zhang, Y.-X.; Du, D.-M.; Chen, X.; Lu, S.-F.; Hua, W.-T. Tetrahedron: Asymmetry 2004, 15, 177.

[46] Du, D.-M.; Fang, T.; Xu, J.-X.; Zhang, S.-W. Org. Lett. 2006, 8, 1327.

[47] Zhou, Y.; Wang, W.-H.; Dou, W.; Tang, X.-L.; Liu, W.-S. Chirality 2008, 20, 110.

[48] Niu, Y. -N.; Yan, Z. -Y.; Li, G. -Q.; Wei, H. L.; Gao, G. -L.; Wu, L. -Y.; Liang, Y. -M. Tetrahedron: Asymmetry 2008, 19, 912.

[49] Li, G. -Q.; Yan, Z. -Y.; Niu, Y. -N.; Wu, L. -Y.; Wei, H. -L.; Liang, Y. -M. Tetrahedron: Asymmetry 2008, 19, 816.

[50] Fang, T.; Xu, J. -X.; Du, D. -M. Synlett 2006, 1559.

[51] Wasserscheid, P.; Keim, W. Angew. Chem. Int. Ed. 2000, 39, 3772.

[52] Sheldon, R. Chem. Commun. 2001, 2399.

[53] Yang, S. -D.; Shi, Y.; Sun, Z. -H.; Zhao, Y. -B.; Liang, Y. -M. Tetrahedron: Asymmetry 2006, 17, 1895.

[54] Chai, Z.; Liu, X. -Y.; Zhang, J. -K.; Zhao, G. Tetrahedron: Asymmetry 2007, 18, 724.

[55] Butenschön, H. Angew. Chem. Int. Ed. 2008, 47, 3492.

发表于：有机化学,2009,29(9):1325-1335.

范文五

S-Shark 安全工作流管理系统设计与实现

刘 丁[1,3]，王小明[1,2]，付争方[1,2]，窦文阳[1,2,3]

(1. 陕西师范大学 智能信息处理与信息安全研究所，西安 710062；
2. 陕西师范大学 计算机科学学院，西安 710062；
3. 陕西师范大学 民族教育学院，西安 710062)

摘 要：通过工作流信息模型改进的方法，建立一种安全工作流访问控制模型 ETR-BAC。该模型在典型 T-RBAC 模型基础上，提出了职责分离约束和基数约束等问题的解决方案。结合优秀开源工作流管理系统 Shark，设计并实现了 ETRBAC 模型中的相关安全机制，形成了高安全性的工作流管理系统 S-Shark(Secure-Shark)。

关键词：工作流；工作流管理系统；访问控制；授权；Shark 系统

中图法分类号：TP302.1 **文献标识码**：A

Design and Implementation of S-Shark Secure Workflow Management System

LIU Ding[1,3], WANG Xiao-ming[1,2], FU Zheng-fang[1,2], DOU Wen-yang[1,2,3]

(1. Institute of Intelligent Information Process & Information Security, Shaanxi Normal University, Xi'an 710062, China; 2. College of Computer Science, Shaanxi Normal University, Xi'an 710062, China; 3. Education School of Nationalities, Shaanxi Normal University, Xi'an 710062, China)

Abstract: With the method of improving workflow information model, this paper presents a security workflow access control model. Based on the traditional model T-RBAC, the new model resolves the separation of duty constraint and cardinality constraint. Finally the paper implements a secure workflow management system S-Shark(Secure-Shark). S-Shark system is designed based on java open source project Shark system, in which ETRBAC model's secure mechanisms come to truth.

Key words: workflow; workflow management; access control; authorization; Shark system

1. 引言

当前工作流技术应用到越来越多的行业中，人们在享受工作流技术带来高效率的同时，又不得不面对信息安全的挑战，毕竟工作流技术仍处于发展完善阶段，其安全性仍有待加强。工作流管理联盟(WfMC)制定的工作流安全规范[1]定义了工作流系统中的认证、授权、访问控制、数据保密性、数据完整性、可用性等概念，并对工作流系统应具有的安全特性进行了统一约定。

访问控制是构建安全工作流系统重要技术之一。它是针对越权使用系统资源的防御措施，通过限制对关键资源的访问，防止非法用户的侵入或合法用户的不慎操作而造成的破坏,从而保证系统资源受控地、合法地使用。当前人们提出了不少有效的工作流访问控制模型,并在此基础上设计和产品化了众多工作流管理系统软件。但从安全角度来看,这些模型并不能满足现实中的安全需求。究其根源,现有的工作流访问控制模型在授权的合理性和有效性等方面存在缺陷。因此,在现有工作流系统访问控制模型基础上进行安全性机制扩展很有必要。

本文针对当前访问控制模型安全机制的不足,在保持现有基于任务-角色访问控制模型(T-RBAC)特点基础上,提出扩展的基于任务角色的访问控制模型(ETRBAC)。该模型增加了面向用户的任务分配(UTA)的功能,给出了面向用户的职责分离和面向用户的基数约束等问题的解决方案,能够更好地满足工作流信息模型的安全需求。论文从理论和实现两个层次出发,基于ETRBAC模型,以Enhydra Shark[2]系统为蓝本,设计实现了一个安全工作流管理系统S-Shark。以下在介绍ETRBAC模型基础上,阐述S-Shark工作流管理系统的设计方法和实现技术。

2. ETRBAC 访问控制模型形式化定义

工作流系统的访问控制模型是当前WfMC研究的重要课题之一。基于任务-角色的访问控制模型(T-RBAC)[3]是目前研究的热点,然而该模型在权限管理方面存在过多约束。根据工作流系统访问控制的特点,在保持现有T-RBAC模型特点基础上,提出扩展的ETRBAC访问控制模型[4](图1)。

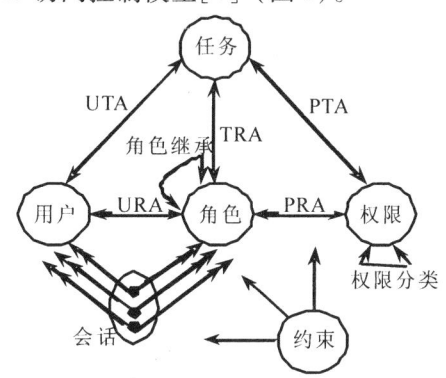

图1 ETRBAC 访问控制模型

定义1 ETRBAC模型由如下元素构成:

(1) 用户集:$U = \{u_1, u_2, \cdots\cdots, u_n\}$

(2) 角色集:$R = \{r_1, r_2, \cdots\cdots, r_n\}$

(3) 权限集:$P = \{p_1, p_2, \cdots\cdots, p_n\}$

(4) 任务集:$T = \{t_1, t_2, \cdots\cdots, t_n\}$

(5) PTA(任务权限分配):$PTA \subseteq P \times T$,是多对多的关系。

(6) PRA(权限角色分配):$PRA \subseteq P \times R$,是多对多的关系。

(7) TRA(任务角色分配):$TRA \subseteq T \times R$,是多对多或一对多的关系。

(8) URA(用户角色分配):$URA \subseteq U \times R$,是多对多的关系。

(9) UTA(用户任务分配):$UTA \subseteq U \times R$,是多对多的关系。

(10) 角色层次 $RH \subseteq R \times R$,是一个偏序关系$\leq$,表示角色的等级关系。

(11)用户在执行所有任务都必须激活的权限,称为基本权限,记为 $p_b \in P$。基本权限 p_b 通过 PRA 分配到角色。

为保证权限分配的合理性和角色的正确性,访问控制中引入约束来规范权限的管理。定义合理的约束可以提高模型的有效性,然而约束数量不宜过多,否则会降低系统效率。在保证 T-RBAC 模型合理性和有效性的前提下,尽可能减少约束数量,是模型改进的有效途径。基于此原则,在 ETRBAC 模型中,增加了面向用户的任务分配(UTA)来减少原模型中约束数量。UTA 分配主要解决以下问题:

(1)面向用户的基数约束

定义 2 角色 r 允许分配的最大用户数称为 r 的基数,记为 $Cardinality(r)$。一个角色对应的用户数受到限制,称为面向用户的基数约束。

规则 1 $\forall r \in R$,则 $|user(r)| \leq cardinclity(r)$,即角色所拥有的最大用户数量不能超过角色的基数。

(2)面向用户的职责分离

定义 3 两个用户之间存在着某种利益同盟关系,称为利益相关用户。用户之间的利益同盟关系 $u \subseteq u \times u'$,对任意 $(u,u') \in UC$,表示 u 和 u' 之间存在着利益关系。

定义 4 对于一组互斥任务 (ti,tj),记为 $ti \leftrightarrow tj$。在执行的过程中不能由一个用户或两个利益相关的用户执行,称为面向用户的职责分离。

ETRBAC 通过 UTA 直接将这些互斥任务分配给不同用户可实现面向用户的职责分离。

规则 2 $\forall ti,tj$ 且 $ti \leftrightarrow tj$,$\forall ui,uj \in UC$ 且 $(ui,uj) \notin UC$,则系统通过 UTA 按要求将互斥任务 (ti,tj) 分配给两个利益无关的用户 ui 和 uj 执行。

3. S-Shark 工作流管理系统

Enhydra Shark 完全是根据工作流管理联盟(WfMC)规范实施的,用 Java 语言编写的,一种开源可扩展功能的工作流引擎。Lutris 公司在其开源网站 www.enhydra.org 上发布了 Shark 各个版本的可执行程序和源代码。Shark 每个组件都是按照标准实施的,而且可被具体项目的模块扩展和替换。

本文设计实现的系统基于 Shark1.1 工作流管理系统为蓝本,以该产品安全机制不足为研究对象,采取标准模块化的设计思想,对 Shark 进行系统安全机制的改进和功能扩展,设计并实现了具有高安全性的工作流管理系统 S-Shark(Secure-Shark)。新系统保留了原 Shark 系统的大部分功能,如包管理器、持久层服务、客户端等功能模块,增加并实现了面向用户的职责分离约束、面向用户的基数约束以及用户任务的指派。

3.1 S-Shark 系统设计原理

经过对 Shark 系统发布的源代码研究得知,Shark 系统主要由内核(Kernel)和相关 API 构成。其中内核(Kernel)由一系列的工作流实例接口构成的接口集合,主要完成 Shark 的相关配置和运行。SharkEngineManager 是 Shark 引擎的控制室,它在 Shark 引擎内部使用,Shark 引擎的所有管理器都是由它产生的。

文中设计实现的 S-Shark 系统,结合提出的 ETRBAC 访问控制模型,对 Shark 系统引擎的指派管理器(Assignment)进行了重新设计和实现。图 2 是 Shark 指派管理器相关内部类的 UML 关系图,引擎控制室返回的是指派管理器的接口,对于这些 API 接口,我们可以方便的扩展它,只要用自己编写的类继承这些接口,就可以不动 Shark 其他代码而达到扩展系统功能的目的。

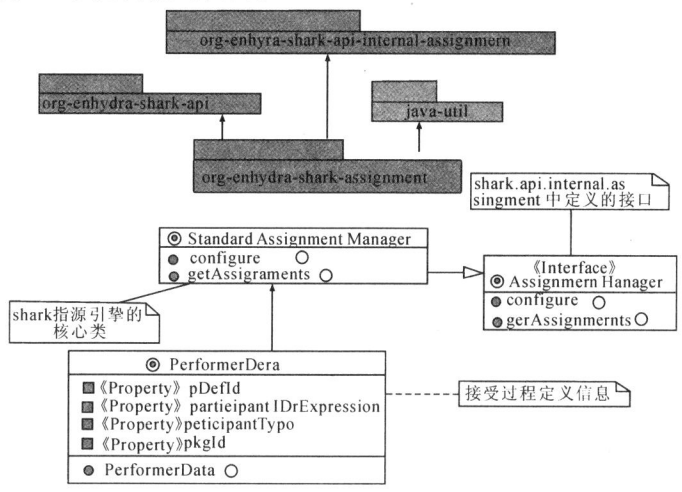

图 2 Shark 指派管理内部包和类的关系

3.2 S–Shark 系统基数受限指派管理器实现

S–Shark 基数受限指派管理器所达到的目标功能是,实现面向用户的基数约束,即执行任务的用户数量受到限制。实现过程部分代码如下:

```
public class CardinalityAssignManager implements
AssignmentMagager{
public void configure(…);//对指派管理器进行配置
public List getAssignments(…)//将活动赋予用户队列 userIds
{//限制执行活动的用户数量,数量可由管理员根据流程需要自行设定,这里设定为1
if(userIds! = null&&0 < userIds.size()&&userIds.size() < 2)
return userIds;
if(userIds! = null&&userIds() > 2){
int i = userIds.size();
for(int j = 0;j < i - 1;j + +){
//从队列中删除多余用户
userIds.remove(i - j - 1);
return userIds;}
…}
}
```

通过继承实现 Shark 系统 AssignmentMagager 接口,编译成功的 S–Shark 系统具备了 ETRBAC 模型中的基数约束。系统管理员可通过设置界面(图3),根据具体流程需要,设定参加任务的人员数量。

3.3 S–Shark 系统面向用户的职责分离实现

本文所实现的带职责分离约束的 S–Shark 系统期望达到以下设计目标:

(1)实现面向用户的职责分离约束。对于互斥用户或利益相关用户,在分配角色时限制它们同时分配给同一角色。

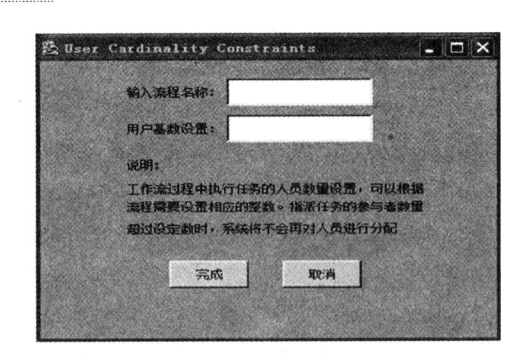

图3 安全管理员用户基数设置界面

(2)提供给管理员相应的操作界面,管理员将冲突用户填入数据库相应表中,S - Shark 系统给用户分配角色时通过访问该表进行约束限制。

实现面向用户的职责分离约束的指派管理器在授权指派之前,通过访问约束数据库,达到职责分离功能的目的(如图4)。

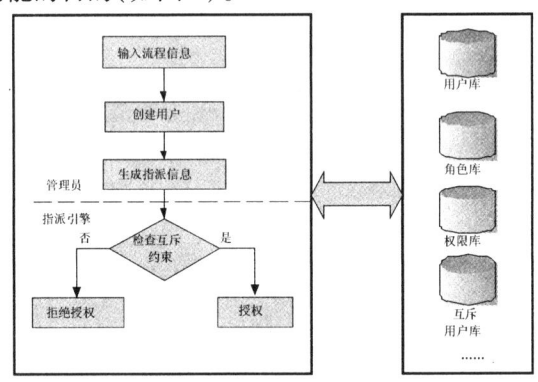

图4 约束指派实现模型

在 ETRBAC 模型中的职责分离远不局限于面向用户的职责分离,还有面向角色和权限的职责分离。同理这些约束的实现也是在约束数据库中定义的。本文只实现了面向用户的职责分离约束。

实现过程部分代码如下:

```
public class SeparationOfDutyAssignManager
implements AssignmentMagager{
public void configure(…);//对指派管理器进行配置
public List getAssignments(…){
//当互斥用户列表队列为空,直接返回指派用户 Id
if( userIds！ = null&&userIds. size( ) >0&&conflictIds = null)
return userIds;
//当互斥用户列表队列不为空
if( userIds！ = null&&userIds. size( ) >0&&conflictIds. size( ) >0){
int i = userIds. size( );
int j = conflictIds. size( );
//比较互斥用户队列和指派队列,冲突时从指派队列中删除该用户 Id
```

```
for ( int x = 0 ; x < = i ; x + + )
    for ( int y = 0 ; y < = j ; y + + ){
        if( conflictIds. getItem( y ) = = userIds. getItem( x ) ){
            userIds. remove( x ) ;
            return userIds ;}
        …}
    }
```

S – Shark 系统实现的面向用户的职责分离约束,要求管理员在实例化流程之前,通过对流程参与者进行分析,在互斥数据库中填写相应的用户集。

4. 结束语

在 T – RBAC 模型基础上,提出一种扩展的工作流访问控制模型 ETRBAC,有效解决了访问控制模型中面向用户的职责分离约束和面向用户的基数约束等问题,为工作流管理系统提供了更加安全的信息交流平台。在深入分析 Shark 源代码和相关工作流规范基础上,充分考虑了 ETRBAC 模型中的安全机制,实现了基于 Shark 内核的安全工作流管理系统 S – Shark。鉴于时间和能力所限,本文设计实现的 S – Shark 系统停留在实验级上,系统安全机制的完备性还有待于进一步完善。

参考文献

[1] Workflow Management Coalition(WfMC). Workflow security consideration – whiet paper[S]. Document number:WFMC – TC – 1019,2001.

[2] Enhydra Shark Documentation. http://Shark. enhydra. org.

[3] Sejong Oh, Seog Park. Task – role – based access control model[J]. Information Systems, 2003, 28(6): 533 – 562.

[4] 付争方,王小明,刘丁,张宏琳. 一种新的复杂信息系统访问控制模型[J]. 计算机应用研究, 2007,8(24):42 – 44.

[5] 宋善伟,刘伟. 基于任务 – 角色的访问控制模型[J]. 计算机工程与科学,2005,27(6):4 – 9.

[6] (荷兰)Wil Van Der Aalst, Kees Van Hee. 工作流管理:模型、方法和系统[M]. 王建民,闻立杰译. 北京:清华大学出版社,2004.

[7] Myong H. Kang, et al. A multilevel secure workflow management system[A]. In: Proceedings of the 11th Conference on Advanced Information Systems Engineering Heidelberg , Germany, 1999, 271 – 285.

[8] Shengli Wu, et al. Authorization and access control of application data in workflow system[J]. Journal of Intelligent Information Systems. 2002, 18(1): 71 – 94.

[9] Duen – Ren Liu, Mei – Yu Wu, Shu – Teng Lee. Role – based authorization for workflow systems in support of task – based separation of duty[J]. The Journal of Systems and Software, 2004, 73: 375 – 387.

[10] Sodki Chaari, et al. An authorization and access control model for workflow[J]. IEEE Computer 2004, 6(4): 141 – 148.

发表于:计算机应用研究,2009,26(4):1515 – 1519.

范文六

论中国古代文论的地方性
——以云南古代诗文论著为中心

卫小辉

(陕西师范大学 民族教育学院　陕西西安　710062)

摘要：中国古代文论的地方性意识是其内部复杂性和差异性的标志性特征。在云南古代诗文论著中，撰述体式几乎都采用通史的格局,同时形成复古主义的诗学旗帜。这些努力的最终目的是给云南地区风雅传统确立一个位置,显示论著作者在戾于时塞于遇的命运中所激发出的政治自觉,他们用崇圣尊王的诗教观念统帅叙述,建立起诗教观念的复杂表述形式。云南古代诗文论著的当代启示是学习已经失传的地方性叙事技巧和重新回到政治诗学的立场,并以此开辟出古典文论现代转换的新境界。

关键词：中国古代文论；云南古代诗文论著；地方性

引言

中国古代文论的内部转换始终与文化和知识背景的整体转换相适应,唐宋之际的文化变革提供了中国文化的前近代形态,隐含着中国文化完成近代转换的内在可能性。在这一背景中,我们可以分析出中国古代文论的两种知识形态:一种是从汉代经学中逐步分化出的政治诗学,《诗大序》标志着它的起点；另一种是在宋代开始出现的古代文论的地方性意识及其表述方式。两种知识形态表现出古代文论的基本发展趋势,其中有丰富的历史内容,我们可以从古代文论著述形式的变化去理解。

从欧阳修的《六一诗话》开始,出现诗话体这一新的著述体式。宋代士人在纪传体和编年体史书之外发明了历史评论的写作,在某些历史细节的考证阐释中暗示出一种价值立场。这种著述超越了纪传体和编年体史书的基础观念:大一统。它的意义就是宋代士人在国家政治之外开拓出一个独立的言语空间,守护以往被国家意识形态所遮蔽的文化记忆。诗话体能兼容传记、考证和义理三者,它应该是宋代士人历史评论体式的一个变种,因此,诗话体的出现标志着古代文论作为典型的政治诗学的统一形态被打破。随着统一的政治诗学形态的破坏,地方性意识开始浮现在古代文论中。然而直到明代,地方性意识才开始转化为明确的地域文化记忆,其标志是郭子章的《豫章诗话》首次突出地方文献。迄于清代,与发达的地方志著述相伴随,以某一特定区域为论述对象的诗话就大量出现。这类诗话的意义表现在三个方面:1、关注区域性文学现象,2、作为想象空间的地方性意识,3、隐含在价值判断中的地方性心理。这些内容决定了中国古代文论的地方性意识的基本内涵,体现出中国古代文论内部的复杂性和差异性。

近代以来,西学东渐,中国文论遭遇到西方强势观念的挑战,从梁启超、王国维等先驱者开启,已经充分意识到中国文论现代转换的必要性。然而,在试图完成中国古代文论的现代转换的过程中,首先是受制于西方近代启蒙意识的影响,追求理论范畴的普世性规范,隐含在地方性概念中的古典文论的内部复杂性被忽略;其次,民族主义理念作为最受尊崇的近代意识形态在尊重地方文化个性的同时彻底否定地方性价值判断。中国古代文论的地方性在走向现代的过程中遭遇到双重的遮蔽。这种遮蔽所产生的后果并不是对古代文论的某些内容的忽略,而是丧失了古代文论独特的方法论。

因此,重新理解中国古代文论的地方性对如何实现其现代转换可能产生深远的意义。

一、云南古代诗文论著的构成及其后发性

张国庆在《云南古代诗文论著辑要》的"前言"中指出:"从整体上看,汉民族的诗文论著,是云南古代诗文论著的主体。""由于地理、历史、文化等等方面的原因,明代以前,云南尚无诗文论著。明代中叶,滇中风雅勃兴,滇云诗文论著亦开始出现。明中叶至清康熙时期,滇云诗文论著获得了初步发展,一些诗文论著陆续写成。清乾隆至光绪时期,滇云诗文论著勃然兴盛,数量甚多,质量亦足称道。"[1]1 张国庆对云南古代诗文论著整体状况的描述指出了其后发性。从直观上去看,这种后发性表现为云南诗文论著的出现在时间上晚于中原地区,但是从云南古代诗文论著的构成去探究,时间上的后发性应该还隐含着其他的意味。

云南古代诗文论著的体式构成占主导地位的是三种形式:1、诗话类,其中或者以云南地区诗文作家的叙述为主,或者显示与中原地区诗文作家的多渠道交往;2、诗文理论类编,这种体式虽然具体体现为许印芳的《诗法萃编》,但陈伟勋的《酌雅诗话》也具有近似性质,其中隐含的是他们与中原地区展开的一场观念性对话;3、序跋类,这主要是云南古代诗文作家为自己或别人的诗文集所写作的序跋,虽然绝大多数是应酬性的,但其中也表达出相应的文学观念。当不局限于撰著的体式,进入云南古代诗文论著的内部叙述,我们就会发现,云南古代诗文观念的后发性从两个方面影响着其撰著体式和叙述形式。

首先,云南古代诗文论著的撰述体式几乎都采用通史的格局,这种通史格局的形成有其特殊原因。许印芳评价沈德潜《说诗晬语》所说,"沈归愚先生……所选《古诗源》及《别裁集》,久已风行海内。诗说二卷,题曰《晬语》,谦辞也。其说上溯唐虞,下迄明代,源流正变,了如指掌。乐府暨古诗律诗,分门说法,抽秘发覆,与人规矩并与人巧。总论杂论,则批郤导窾,提要钩元,高视阔步,宗仰大家。宫体、香奁之属,既皆摈绝;离合、回文之类,亦尽删除。其引古为式,无枝叶语;订正讹谬,举一概百。前贤说诗教人,未有如此精详者,诚诗坛之金科玉律也。"[1]248 许印芳对沈德潜《说诗晬语》的评价在云南古代史文论注重不是孤立的个案,而是具有普遍性的意味。沈德潜具有云南古代诗文论著作者所期望的理想身份,享有诗名,受知于乾隆,君臣间相互唱和。在这种背景下,云南古代诗文论著的撰述体式明显受到沈德潜《说诗晬语》的影响,最典型的是王寿昌的《小清华园诗谈》,先立总纲,然后分门别类以条辨之。这种带有明显模拟性的体式应该还有一个原因,就是沈德潜所编撰的《古诗源》及《别裁集》给云南古代诗文论著作者提供了论证自己观念的资源。云南古代诗文论著的后发性其中难

免带有模拟的性质,然而纯粹的模拟将会导致地区意味的完全被遮盖。正是因此,这些作者不约而同地选择通史性叙述作为自己的撰著体式,这种撰著体式的特殊意义就在于,中国古代所建立的通史观念不仅仅强调时间的贯通,而且重视空间的贯通。

其次,如果说在一般意义上通史性撰述在于某种会通的历史观念,那么云南古代诗文论著从沈德潜那里获得就不仅仅是撰著体式的启示和论证资源,沈德潜以温柔敦厚确立的诗教观念也因此被云南古代诗文论著作者归纳为一种复古主义的诗学旗帜。这决定了云南古代诗文论著始终采用一种回顾性的叙述立场,这种立场意味着撰著者始终在为自己,同时为云南地区寻找文化位置。这种回顾性的立场所隐含的寻找地方位置感的意愿在叙述形式中表现为确立云南地区风雅传统的起点,具体到不同的诗文论著作者那里,云南地区风雅传统的起点有不同的确认方式。有的作者从具体的区域历史中挖掘,比如朱庭珍在自己的《筱园诗话》中多次涉及到明代诗人杨慎,他说:"升庵壮年戍滇,老而未返,于三迤足迹殆遍。滇中山水景物多入题咏,足备后人采择,足资地志考据。滇中风雅,实倡于此。"[1]324 也有的作者在政治地理景观中描述,比如师范在《荫春书屋诗话》中通过把乾隆和历代帝王能诗者相比较,高度评价乾隆诗作,从而在帝国的地理图志中确定云南风雅传统的位置,政治中心转化为一个能够向周边辐射的文化起点。还有的作者通过与中原地区的诗文理论对话达到同样的目的,比如许印芳的《诗法萃编》和陈伟勋的《酌雅诗话》,他们在整理汇编中原地区诗文理论著作的过程中,加入自己的评点,这种工作能够暗示出他们的价值立场,最终在价值论的意义上给云南地区风雅传统确立一个位置。试图给地方描绘出位置感实际上意味着该地方不再是一个空洞的空间,"结果是地区为人们提供了一个系物桩,拴住的是这个地区的人和时间连续体之间所共有的经历"[2]102-103,从而个人对其生活环境的责任被唤醒。

二、视阈与想象力:云南古代诗文论著的价值判断

使用理论范畴的侧重点往往会显示出潜在的价值立场。从整体上看,云南古代诗文论著所涉及的理论范畴与中国古代文论趋向一致,但是,其中对某些范畴的偏爱的确是明显的,其中特别引人注目的是"清"作为独立的批评范畴得到细致的阐释。

"何谓清?曰:如谢希逸(庄)之'夕天霁晚气,轻霞澄暮阴。微风清幽幌,余日照青林。收光渐窗歇,穷园自荒深。绿池翻素景,秋槐响寒音。伊人倘同爱,弦酒共栖寻';(《北宅秘园》)暨沈云卿之'独游千里外,高卧七盘西。山月临窗近,天河入户低。芳春平仲绿,清夜子规啼。浮客空留听,褒城闻曙鸡';(《夜宿七盘岭》)任翻之'楚国多春雨,柴门喜晚晴。游人临水坐,好鸟隔花鸣。野色连空阔,江流接海平。门前向溪路,今夜月分明';(《春晴》)张燕公之'空山寂历道心生,虚谷迢遥野鸟声。禅室从来尘外赏,香台岂是世中情?云间东岭千重出,树里南湖一片明。若使巢由同此意,不将萝薜易簪缨';(《邕湖山寺》)杨司业(巨源)之'白鸟闲庭栖树枝,绿尊仍对菊花篱。许询本爱交禅侣,陈寔人传有好儿。明月出云秋馆思,远泉经雨夜窗知。门前长者无虚辙,一片寒光动水池'(《题贾巡官林亭》)是也。"[1]42 王寿昌用举例法解释"清"的内涵,应该说"清"在他那里是某种诗歌境界的描述,这种境界如朱庭珍所说:"如太华秋晓,苍翠横空;滇池春晴,烟波澄练。"[1]402 而绍先天更进一步从诗歌本体发

生的角度作出解释,他说:"古无得春气而能以诗名世者,英华易泄也。而真气全聚于秋。秋气者,天地之清气也。其气清,斯其性灵,其神远,其行亦殊绝。故动则戾于时,即因而塞于遇。夫至戾于时塞于遇,而后本其生平之政治谋猷与所历之名山大川风土人情,发为咏歌,而语言遂妙于天下。"[1]414

在古典诗学的范围中,"意境是情与景、意与境的和谐统一、有机结合,而不是两种因素的机械叠加或简单拼凑。"[3]287这构成理解阐释诗歌意境的基本框架。云南古代诗文论著的作者在一般意义上特别强调隐喻在诗文之中的真我,如刘大绅所说:"诗如人,真者传,不真者不传。……己有己之真,人有人之真;一日有一日之真,一物有一物之真,无容假也,无容袭也。"[1]350真我在这里呈现出个体差异性和某一个体内部的变化,因此,真我也许可以理解为差异性本身,然而差异性本身却成为共同向往的诗歌意境的前提。这其中所隐含的问题才是根本性的,才是需要阐释的。

王凌云指出:"尽管思想本身的内容并不能还原为生活世界中的内容,但思想的发生情调、身位定向和视域限度却与思想者所属的共同体的生活世界密切相关。"[4]147或者说思想者的生活世界决定了思想背后的发生视阈和思想本身的想象力,云南古代诗文论著对"清"的描述性解释也应该与其作者的生活世界有关。从整体上看,云南古代诗文论著的作者虽然都有出外旅行的经验,但主要的生活空间是在云南。师范在为朋友的诗集写序时指出:"祝融峰下,其云霞之变幻,林壑之葱蔚,金光瑶草之诡丽,餍见饫闻,无不可于诗乎泄之,宜其超然拔俗如是矣。"[1]372如果把师范关于地方景观的描写和王寿昌所举例的诗歌比较,其中就具有某种明显一致的东西。师范和王寿昌相一致的东西还可以与朱庭珍对杨慎的评价相互印证。朱庭珍一方面不满意杨慎论诗专主六朝初唐,而另一面又摘出杨慎诗歌的佳章好句许为"善写风土,恰是滇西之景",如"凉风天末树,明月海边楼""海光浮树杪,山翠滴床头""江山平远难为画,云物高寒易得秋"等[1]324。

的确是云南的地方景观潜在决定了该区域诗文论著作者在诗歌意境上的共同向往:"清"。这种诗境的描述性特色体现为明丽的光影、空寂清凉的环境、以绿为主的色彩和恬静的主体心态等。然而更主要的超然拔俗的价值暗示,它明显不同于中原地区的退隐,而是如绍先天特别强调的政治谋猷。绍先天所谓的政治谋猷不是功利主义的事功政治,而是在戾于时塞于遇的命运中激发出的政治自觉,这种政治自觉如刘小枫所说:"一个民族之成为政治的民族,必靠诗而后生。一个民族生长出政治的自觉,也必体现为形成诗说。"[5]1

三、诗教观念:云南古代诗文论著的叙述动机

云南地区的后发性引起了一种特殊的叙述动机,即用崇圣尊王的诗教观念统帅叙述。诗教观念是中国古代文论的基础概念,但云南古代诗文论著能够把诗教观念用更具体而且更复杂的形式体现出来。

首先,云南古代诗文论著的作者具有不约而同的身份意识。师范在望江知县任上"每岁捐数百金,以资书院诸生,而时考其学之进退,亲为讲论辨析,如是者不倦。……凡在望江前后八年,……能提倡风雅,宏奖人才。……以文字就正者,自士大夫一至山人墨客,所在皆是也。"[1]21王寿昌"以朱程道统自任,"曾坐馆京师王府侯门,被嘉

庆许为"是一正经念书人。"[1]72 陈伟勋"授徒严守宋儒规条,以穷理尽兴为宗,即贵游子弟不稍宽"[1]112。严廷中"为山东莱阳姜山丞,甫下车,见其文教不兴,即建立官学,捐廉为诸生膏火,按课校文。"[1]145 许印芳"其教人也,不拘拘一格。有教以经学史学者,有教以诗学古文学者,且谓识时务者为俊杰,而教以经世之学者。大抵视诸生性质所近而诱掖之,奖进而裁成之,所谓因材施教者是也。"[1]255 这些云南古代诗文论著的作者虽然处于不同的位置,但都自觉地意识到自己为后学师范的特殊身份。

其次,从为后学师范的主体身份出发,云南古代诗文论著往往具有教人以法的示教性质。陈伟勋在《酌雅诗话·自叙》中谈到自己的撰著动机时指出:"余非能诗者也,亦非知诗者也,何有诗话？……抑尝窃附作者,不过以抒写己意,为朋侪及子侄辈示教耳,非敢云诗也。"[1]74-75 曹仓评价乃师王寿昌《小清华园诗谈》时说道:"深而求之,文人学士皆可得其指南;浅而求之,即里师童蒙亦可资为课诵。"[1]70 许印芳汇编《诗法萃编》亦欲"为初学批郤导窾,索引探赜。"[1]150

最后,从诗学诗法出发,突出道德内涵。云南古代诗文论著的作者形成自己诗学诗法论述的起点几乎无一例外地是根源于孔子的"诗无邪"观念,如许印芳所说:"若夫说诗以教学人,《虞书》'言志'后,孔子之训'事君事父''兴观群怨''温柔敦厚''知道''无邪',卜子之训'吟咏性情''主文谲谏',孟子之训'以意逆志''论世知人',是皆词约义精,为千古说诗之祖。"[1]150 在具体论述中,这些作者熔铸在诗学诗法中的道德内涵会用不同的形式表现出来。师范的《荫椿书屋诗话》主要记载云南诗人的掌故逸闻,品评云南诗人的作品,但却把乾隆"敬登简首",称赞其诗歌"描写物情,备极精炼,而出之若不经意。天纵之圣,其徒然欤？"[1]3 作者的道德精神就寄托在这种特殊的叙事方式里。而另外的作者则把道德原则贯穿在自己的诗文评点中,比如陈伟勋评价袁枚时说,袁枚"才亦不减曹子建","惟性爱红裙,喜为狭斜之游,至门徒中有殊色者,且渔猎而狎昵之。此其一己之嗜欲,亦孰从而禁之者。乃至形诸歌咏,传诸笔墨,付诸枣梨,欲天下人皆知之而竞艳之。郑、卫风行,廉耻道丧,害义伤教,莫此为甚,而犹欲以骚坛一帜自命,为风雅之宗,吾不知其何可也。"[1]105 而且为不能如圣人放郑声一样禁锢袁枚而恨恨然。

与中国古代文论关于诗教观念的主流表述相比较,云南古代文论著所反映出的诗教观念具有特殊意义。诗教观念在主流表述中特别强调政治教化功用,突出通过采风观风而达到的经国治世功能、美刺谲谏的批判讽喻功能和道德教化功能[3]351-359。这些功能的实现往往着眼于文学对阅读对象可能产生的影响,而云南古代诗文论著所表达的诗教观念则侧重于创作主体道德精神的涵泳。其具体表现形式就是强调诗文学习就是个人道德修养得以完善的过程,这一过程可以在一则类似于"玄怪录"的故事中得到说明,师范谈到他父亲时说,父亲在十四岁时依然显得愚钝,因此而祷于神灵,一夜甫就寝,见一人持刀启其胸,洗涤其心而去,"醒后汗淫淫在,胸鬲间且犹负创痛。自是心境豁然,日有进机。"[1]3-4 而赵士麟则更抽象地谈到相同的过程,"夫文之切于斯世者,譬犹星辰之于天,须眉之于人,初无所预然,而有之则天象修而人形妍,无则昼夜乖舛而容仪陋劣矣。"[1]336

结论

作为后发地区的云南,其古代诗文论著的构成方式、叙述动机和价值立场给中国古代文论的地方性意识做出了自己的阐释。尽管这种阐释的理论价值是有限的,但是,包含在阐释过程中的方法也许是更重要的,它给我们的启示是:中国古代文论要完成自己的现代转换,在全球化时代发出自己的声音,就必须恢复自己的地方性意识。中国古代文论恢复自己的地方性意识需要从两个方面展开工作。

首先,在我们自己的时代里,不断扩张的全球资本市场正在把所有的地方掏空,所有的地方都正在或已经变成空洞的空间。因此,虽然中国学者如王一川、肖鹰等人提出了中华性、乡土美学等概念,然而这些概念往往会陷入无人响应甚至无人反对的寂寞。云南古代诗文论著作者在中华文化政治格局中努力建立自己地区的位置描述,通过各种不同方式充实这一描述,这种描述最终体现为一种共同向往的诗歌意境。他们的努力实际上意味着对地方的责任被唤醒,同时建立能够容纳自己全部感觉能力的对象体系。中国古代文论的现代转换面临的最大问题也许是范畴的适用性,然而范畴的适用性只有在范畴成为人的感觉能力的对象体系的综合叙述才是有效的,才能有生命力。我们需要向古代那些偏居一隅的学者学习这种已经失传的叙事技巧。

其次,中国古代文论的现代转换所隐含的一个基本立场是审视纯粹学术的追求,具体地说就是如何面对纯文学去言说。自从20世纪80年代以来,当代中国学者越来越成为政治冷漠时代的辩护者,即使这种辩护具有特殊的时代性,但这种辩护所产生的后果就是乌托邦的消逝。乌托邦的消逝让人成为物,让历史成为盲目的命运,而后乌托邦时代的知识分子就彻底丧失建构历史、理解历史的基本能力,这种追求纯粹学术的姿态本身就是绝望的。在如此背景下,我们依然需要重新学习。的确,云南古代诗文论著作者往往有一种偏执的道德立场,然而这种道德立场又与他们的政治自觉密切联系在一起,他们不以纯粹的诗人文人作为自己的追求。因此,在中古时代的文化大转型之后,云南古代诗文论著的作者能够试图恢复此前的政治诗学观念。而只有当我们重新回到政治诗学的立场,中国古代文论的现代转换也许才能开辟出新的境界。

参考文献

[1] 张国庆.云南古代诗文论著辑要[Z].北京:中华书局,2001.
[2] [英]迈克·克朗.文化地理学[M].南京:南京大学出版社,2005.
[3] 吴建民.中国古代诗学原理[M].北京:人民文学出版社,2001.
[4] 王凌云.附录:元素与空间的现象学——政治学考察[A].[德]施密特.陆地与海洋[M].上海:华东师范大学出版社,2006.
[5] 刘小枫.编者前言[A].德语诗学文选[C].上海:华东师范大学出版社,2006.

发表于《古代文学理论研究》2009年 第29辑

附 录

一、附表

附表1 希腊字母表

序号	大写	小写	英文注音	国际音标注音	中文读音	意 义
1	A	α	alpha	aːlfə	阿尔法	角度；系数
2	B	β	beta	ˌbiːtə、ˈbeitə	贝塔	磁通系数；角度；系数
3	Γ	γ	gamma	ˈgaːmə	伽马	电导系数（小写）
4	Δ	δ	delta	ˈdeltə	德尔塔	变动；密度；屈光度
5	E	ε	epsilon	epˈsailən、ˈepsilən	伊普西龙	对数之基数
6	Z	ζ	zeta	ˈziːtə	截塔	系数；方位角；阻抗；相对粘度
7	H	η	eta	iːtə	艾塔	磁滞系数；效率（小写）
8	Θ	θ	thet	ˈθiːtə	西塔	温度；相位角
9	I	ι	iot	aiˈəutə	约塔	微小，一点儿
10	K	κ	kappa	ˈkapə	卡帕	介质常数
11	Λ	λ	lambda	ˈlambdə	兰布达	波长（小写）；体积
12	M	μ	mu	mjuː	缪	磁导系数微；放大因数（小写）
13	N	ν	nu	njuː	纽	磁阻系数
14	Ξ	ξ	xi	ksai、ksiː	克西	随机变量
15	O	o	omicron	əuˈmaikrən	奥密克戎	无穷小量
16	Π	π	pi	pai	派	圆周率 = 3.14159 26535 89793
17	P	ρ	rho	rəu	柔	电阻系数（小写）
18	Σ	σ	sigma	ˈsigmə	西格马	总和（大写）；表面密度；跨导
19	T	τ	tau	tau	套	时间常数
20	Υ	υ	upsilon	juːpˈsailən	宇普西龙	位移
21	Φ	φ	phi	fai	佛爱	磁通；角
22	X	χ	chi	phai、kiː	西	卡方分布；电感
23	Ψ	ψ	psi	pˈsai	普西	角速；介质电通量；角
24	Ω	ω	omega	əuˈmiga	欧米伽	欧姆（大写）；角速（小写）；角

附表2.1　国际单位制7个基本单位

量的名称	单位名称	单位符号
长度	米	m
质量	千克(公斤)	Kg
时间	秒	s
电流	安[培]	A
热力学温度	开[尔文]	K
物质的量	摩[尔]	mol
发光强度	坎[德拉]	cd

附表2.2　国际单位制的辅助单位

量的名称	单位名称	单位符号
[平面]角	弧度	rad
立体角	球面度	sr

附表2.3　具有专门名称的国际单位制导出单位

量的名称	单位名称	单位符号	其他单位示例
频率	赫[兹]	Hz	s^{-1}
力	牛[顿]	N	$kg \cdot m/s^2$
压力,压强,应力	帕[斯卡]	Pa	N/m^2
能[量],功,热[量]	焦[耳]	J	$N \cdot m$, $kg \cdot m^2/s^2$
功率,辐[射能]通量	瓦[特]	W	J/s, $kg \cdot m^2/s^3$
电荷[量]	库[仑]	C	$A \cdot s$
电压,电动势,电位(电势)	伏[特]	V	W/A, $kg \cdot m^2/(A \cdot s^3)$
电容	法[拉]	F	C/V
电阻	欧[姆]	Ω	V/A
电导	西[门子]	S	A/V
磁通[量]	韦[伯]	Wb	$V \cdot s$
磁通[量]密度,磁感应强度	特[斯拉]	T	Wb/m^2
电感	亨[利]	H	Wb/A
摄氏温度	摄氏度	°C	
光通量	流[明]	lm	$cd \cdot sr$
光[照度]	勒[克斯]	Lx	lm/m^2
[放射性]活度	贝可[勒尔]	Bq	s^{-1}
吸收剂量	戈[瑞]	Gy	J/kg
剂量当量	希[沃特]	Sv	J/kg

附表2.4　表示十进制倍数的词头及符号

Prefix(词头)	Symbol(符号)	Factor(因数)
yotta	Y	10^{24}
zetta	Z	10^{21}
exa	E	10^{18}
peta	P	10^{15}
tera	T	10^{12}
giga	G	10^{9}
mega	M	10^{6}
kilo	k	10^{3}
hectot	h	10^{2}
dekat	da	10^{1}
decit	d	10^{-1}
centit	c	10^{-2}
milli	m	10^{-3}
micro	μ	10^{-6}
nano	n	10^{-9}
pico	p	10^{-12}
femto	f	10^{-15}
atto	a	10^{-18}
zepto	z	10^{-21}
yocto	y	10^{-24}

附表2.5　拉丁及希腊数字词头(前缀)

数字	拉丁前缀	希腊前缀
1/2	semi	hemi
1	uni	mono
2	bi/duo	di/dy
3	tri	tri
4	quadri/quart	tetra
5	quinque/quint	penta
6	sex(t)/se	hex
7	sept	hept
8	oct	oct
9	nonus/novem	nona/ennea
10	dec(a)/de	dec(a)

数字	拉丁前缀	希腊前缀
11	undec/unde	hendec(a)
12	duodec/duode	dodec(a)
13	tredec/tridec	triskaideca/trideca
14	quatuodec	tetrakaideca/tetradeca
15	quindec(c)	pendeca
16	sede(c)	hexadeca
17	septende(c)	heptadeca
18	decennoct	octodeca
19	decennov	nonadeca
20	vige/vice	eicos(a)
21	unviginti	henicosa
22	duoviginti	doicosa
23	treviginti	triicosa
24	quattuorviginti	tetraicosa
25	quinviginti	pentaicosa
26	sexviginti	hexaicosa
27	septenviginti	heptaicosa
28	octoviginti	octaicosa
29	nonusviginti	nonaconta
30	triginta	triconta
40	quadraginta	tetraconta
50	quinquaginta	pentaconta
60	sexaginta	hexaconta
70	septuaginta	heptaconta
80	octoginta	octoconta
90	nonaginta	nonaconta
100	centum	hekaton
1000	mille	chilioi, chiliai
（多）	multi	poly

附表3　罗马数字表

罗马数字	阿拉伯数字	罗马数字	阿拉伯数字
I	1	XV	15
II	2	XVI	16

罗马数字	阿拉伯数字	罗马数字	阿拉伯数字
III	3	XVII	17
IV	4	XVIII	18
V	5	XIX	19
VI	6	XX	20
VII	7	L	50
VIII	8	C	100
IX	9	CL	150
X	10	CC	200
XI	11	CCL	250
XII	12	CCC	300
XIII	13	D	500
XIV	14	M	1000

附表4 化学类期刊分区及影响因子(2011年)

序号	ISSN	刊名简称	分区	影响因子
1	0009-2665	CHEM REV	1	40.197
2	0108-7673	ACTA CRYSTALLOGR A	1	32.076
3	0306-0012	CHEM SOC REV	1	28.76
4	0079-6700	PROG POLYM SCI	1	24.1
5	0001-4842	ACCOUNTS CHEM RES	1	21.64
6	1755-4330	NAT CHEM	1	20.524
7	0002-5100	ALDRICHIM ACTA	1	16.091
8	0066-426X	ANNU REV PHYS CHEM	1	14.13
9	0167-5729	SURF SCI REP	1	11.696
10	1433-7851	ANGEW CHEM INT EDIT	1	13.455
11	0010-8545	COORDIN CHEM REV	1	12.11
12	1936-1327	ANNU REV ANAL CHEM	1	9.048
13	1389-5567	J PHOTOCH PHOTOBIO C	1	10.36
14	0265-0568	NAT PROD REP	1	9.79
15	1754-5692	ENERG ENVIRON SCI	1	9.61
16	0002-7863	J AM CHEM SOC	1	9.907
17	0065-3055	ADV ORGANOMET CHEM	1	7
18	2041-6520	CHEM SCI	2	7.525
19	0001-8686	ADV COLLOID INTERFAC	2	8.12

序号	ISSN	刊名简称	分区	影响因子
20	0161-4940	CATAL REV	2	7.5
21	1359-0294	CURR OPIN COLLOID IN	2	8.01
22	0079-6379	PROG INORG CHEM	2	9.333
23	0165-9936	TRAC-TREND ANAL CHEM	2	6.273
24	1948-7185	J PHYS CHEM LETT	2	6.213
25	1864-5631	CHEMSUSCHEM	2	6.827
26	1463-9262	GREEN CHEM	2	6.32
27	0144-235X	INT REV PHYS CHEM	2	5.967
28	1359-7345	CHEM COMMUN	2	6.169
29	0003-2700	ANAL CHEM	2	5.856
30	0947-6539	CHEM-EUR J	2	5.925
31	1523-7060	ORG LETT	2	5.862
32	1615-4150	ADV SYNTH CATAL	2	6.048
33	1998-0124	NANO RES	2	6.97
34	1759-9954	POLYM CHEM-UK	2	5.321
35	0360-0564	ADV CATAL	2	3.667
36	1525-7797	BIOMACROMOLECULES	2	5.479
37	0065-3195	ADV POLYM SCI	2	3.89
38	1549-9618	J CHEM THEORY COMPUT	2	5.215
39	0020-1669	INORG CHEM	2	4.601
40	1932-7447	J PHYS CHEM C	2	4.805
41	0070-9778	ELECTROANAL CHEM	2	4.5
42	1528-7483	CRYST GROWTH DES	2	4.72
43	1364-5498	FARADAY DISCUSS	2	5
44	1861-4728	CHEM-ASIAN J	2	4.5
45	0340-1022	TOP CURR CHEM	2	6.568
46	1527-8999	CHEM REC	2	4.377
47	1867-3880	CHEMCATCHEM	2	5.207
48	0021-9673	J CHROMATOGR A	2	4.531
49	0022-3263	J ORG CHEM	2	4.45
50	0003-2670	ANAL CHIM ACTA	2	4.555
51	0192-8651	J COMPUT CHEM	2	4.583
52	1549-9596	J CHEM INF MODEL	2	4.675
53	0743-7463	LANGMUIR	2	4.186

序号	ISSN	刊名简称	分区	影响因子
54	0081-5993	STRUCT BOND	2	3.475
55	0276-7333	ORGANOMETALLICS	2	3.963
56	1466-8033	CRYSTENGCOMM	2	3.842
57	0069-3138	CHEM PHYS CARBON	2	4.0
58	0021-8898	J APPL CRYSTALLOGR	2	5.152
59	0887-624X	J POLYM SCI POL CHEM	3	3.919
60	1477-9226	DALTON T	3	3.838
61	0003-2654	ANALYST	3	4.23
62	1044-0305	J AM SOC MASS SPECTR	3	4.002
63	1463-9076	PHYS CHEM CHEM PHYS	3	3.573
64	1618-2642	ANAL BIOANAL CHEM	3	3.778
65	1948-7193	ACS CHEM NEUROSCI	3	3.676
66	0267-9477	J ANAL ATOM SPECTROM	3	3.22
67	1570-1794	CURR ORG SYNTH	3	3.434
68	1477-0520	ORG BIOMOL CHEM	3	3.696
69	0926-860X	APPL CATAL A-GEN	3	3.903
70	0032-3861	POLYMER	3	3.438
71	0039-9140	TALANTA	3	3.794
72	1520-6106	J PHYS CHEM B	3	3.696
73	0144-8617	CARBOHYD POLYM	3	3.628
74	1758-2946	J CHEMINFORMATICS	3	3.419
75	1439-4235	CHEMPHYSCHEM	3	3.412
76	1948-5875	ACS MED CHEM LETT	3	3.355
77	0949-8257	J BIOL INORG CHEM	3	3.289
78	2156-8952	ACS COMB SCI	3	3.408
79	1076-5174	J MASS SPECTROM	3	3.268
80	0920-5861	CATAL TODAY	3	3.407
81	0223-5234	EUR J MED CHEM	3	3.346
82	1040-8347	CRIT REV ANAL CHEM	3	3.902
83	1350-4177	ULTRASON SONOCHEM	3	3.567
84	1434-193X	EUR J ORG CHEM	3	3.329
85	0040-4020	TETRAHEDRON	3	3.025
86	0889-311X	CRYSTALLOGR REV	3	2.067
87	0021-9797	J COLLOID INTERF SCI	3	3.07

序号	ISSN	刊名简称	分区	影响因子
88	1387-1811	MICROPOR MESOPOR MAT	3	3.285
89	1381-1169	J MOL CATAL A-CHEM	3	2.947
90	1381-1991	MOL DIVERS	3	3.153
91	1434-1948	EUR J INORG CHEM	3	3.049
92	1385-2728	CURR ORG CHEM	3	3.064
93	1566-7367	CATAL COMMUN	3	2.986
94	0340-6253	MATCH-COMMUN MATH CO	3	2.161
95	0079-6786	PROG SOLID STATE CH	3	4.188
96	1089-5639	J PHYS CHEM A	3	2.946
97	0304-4203	MAR CHEM	3	3.074
98	0047-2689	J PHYS CHEM REF DATA	3	3.172
99	0951-4198	RAPID COMMUN MASS SP	3	2.79
100	0898-8838	ADV INORG CHEM	3	3.048
101	0026-3672	MICROCHIM ACTA	3	3.033
102	1144-0546	NEW J CHEM	3	2.605
103	1040-0397	ELECTROANAL	3	2.872
104	0026-265X	MICROCHEM J	3	3.048
105	1572-6657	J ELECTROANAL CHEM	3	2.905
106	0040-4039	TETRAHEDRON LETT	3	2.683
107	1615-9306	J SEP SCI	3	2.733
108	0936-5214	SYNLETT	3	2.71
109	1661-6596	INT J MOL SCI	3	2.598
110	0957-4166	TETRAHEDRON-ASYMMETR	3	2.652
111	1542-2119	SEP PURIF REV	3	2.615
112	1432-881X	THEOR CHEM ACC	3	2.162
113	0014-3057	EUR POLYM J	3	2.739
114	0141-3910	POLYM DEGRAD STABIL	3	2.769
115	1022-1352	MACROMOL CHEM PHYS	3	2.361
116	1022-5528	TOP CATAL	3	2.624
117	0260-3594	COMMENT INORG CHEM	3	1.917
118	0039-7881	SYNTHESIS-STUTTGART	3	2.466
119	1010-6030	J PHOTOCH PHOTOBIO A	3	2.421
120	0033-4545	PURE APPL CHEM	3	2.789
121	0036-021X	RUSS CHEM REV +	3	2.644

序号	ISSN	刊名简称	分区	影响因子
122	0165-2370	J ANAL APPL PYROL	3	2.487
123	0022-328X	J ORGANOMET CHEM	3	2.384
124	0009-2614	CHEM PHYS LETT	3	2.337
125	1083-6160	ORG PROCESS RES DEV	3	2.391
126	0303-402X	COLLOID POLYM SCI	3	2.331
127	1386-2073	COMB CHEM HIGH T SCR	3	1.785
128	0022-4596	J SOLID STATE CHEM	3	2.159
129	0927-7757	COLLOID SURFACE A	4	2.23
130	0277-5387	POLYHEDRON	4	2.057
131	0008-6215	CARBOHYD RES	4	2.332
132	1752-153X	CHEM CENT J	4	3.281
133	0301-0104	CHEM PHYS	4	1.896
134	1571-1013	CATAL SURV ASIA	4	1.897
135	1011-372X	CATAL LETT	4	2.242
136	1570-193X	MINI-REV ORG CHEM	4	2.406
137	1420-3049	MOLECULES	4	2.386
138	0959-8103	POLYM INT	4	1.902
139	1053-0509	J FLUORESC	4	2.107
140	0020-1693	INORG CHIM ACTA	4	1.846
141	1610-2940	J MOL MODEL	4	1.797
142	0004-9425	AUST J CHEM	4	2.342
143	1387-7003	INORG CHEM COMMUN	4	1.972
144	1061-0278	SUPRAMOL CHEM	4	2.145
145	0108-7681	ACTA CRYSTALLOGR B	4	2.286
146	0039-6028	SURF SCI	4	1.994
147	0268-2605	APPL ORGANOMET CHEM	4	2.061
148	0924-2031	VIB SPECTROSC	4	1.65
149	0022-1139	J FLUORINE CHEM	4	2.033
150	0040-6031	THERMOCHIM ACTA	4	1.805
151	1860-5397	BEILSTEIN J ORG CHEM	4	2.517
152	1293-2558	SOLID STATE SC I	4	1.856
153	1040-0400	STRUCT CHEM	4	1.846
154	0065-2725	ADV HETEROCYCL CHEM	4	1.818
155	0894-3230	J PHYS ORG CHEM	4	1.963

序号	ISSN	刊名简称	分区	影响因子
156	0736-6299	SOLVENT EXTR ION EXC	4	2.024
157	0364-5916	CALPHAD	4	1.669
158	0022-0248	J CRYST GROWTH	4	1.726
159	1631-0748	CR CHIM	4	1.803
160	0267-8292	LIQ CRYST	4	1.858
161	1573-4110	CURR ANAL CHEM	4	1
162	1388-6150	J THERM ANAL CALORIM	4	1.604
163	0065-3160	ADV PHYS ORG CHEM	4	1.923
164	1788-618X	EXPRESS POLYM LETT	4	1.769
165	0022-2860	J MOL STRUCT	4	1.436
167	0886-9383	J CHEMOMETR	4	1.952
168	1574-1443	J INORG ORGANOMET P	4	1.452
169	1735-207X	J IRAN CHEM SOC	4	1.689
170	0065-3276	ADV QUANTUM CHEM	4	2.275
171	0167-7322	J MOL LIQ	4	1.58
172	0366-7022	CHEM LETT	4	1.587
173	0095-8972	J COORD CHEM	4	1.547
174	0749-1581	MAGN RESON CHEM	4	1.437
175	1022-9760	J POLYM RES	4	1.733
176	0923-0750	J INCL PHENOM MACRO	4	1.886
177	0910-6340	ANAL SCI	4	1.255
178	0103-5053	J BRAZIL CHEM SOC	4	1.434
179	0026-9247	MONATSH CHEM	4	1.532
180	0018-019X	HELV CHIM ACTA	4	1.478
181	0033-8230	RADIOCHIM ACTA	4	1.575
182	0065-2415	ADV CHROMATOGR	4	1.842
183	1878-5352	ARAB J CHEM	4	1.367
184	0095-9782	J SOLUTION CHEM	4	1.415
185	0032-1400	PLATIN MET REV	4	1.361
186	0008-4042	CAN J CHEM	4	1.242
187	0020-7608	INT J QUANTUM CHEM	4	1.357
188	0259-9791	J MATH CHEM	4	1.303
189	2210-271X	COMPUT THEOR CHEM	4	1.437
190	0009-4293	CHIMIA	4	1.212

序号	ISSN	刊名简称	分区	影响因子
191	1088-4246	J PORPHYR PHTHALOCYA	4	1.405
192	0538-8066	INT J CHEM KINET	4	1.007
193	0032-3896	POLYM J	4	1.258
194	0170-0839	POLYM BULL	4	1.532
195	0021-8995	J APPL POLYM SCI	4	1.289
196	0044-2313	Z ANORG ALLG CHEM	4	1.249
197	1003-9953	J NAT GAS CHEM	4	1.348
198	0892-7022	MOL SIMULAT	4	1.328
199	0969-806X	RADIAT PHYS CHEM	4	1.227
200	1551-7004	ARKIVOC	4	1.252
201	0142-2421	SURF INTERFACE ANAL	4	1.18
202	0340-4285	TRANSIT METAL CHEM	4	1.022
203	0009-5893	CHROMATOGRAPHIA	4	1.195
204	0385-5414	HETEROCYCLES	4	0.999
205	0003-2719	ANAL LETT	4	1.016
206	0974-3626	J CHEM SCI	4	1.177
207	0947-7047	IONICS	4	1.288
208	0022-152X	J HETEROCYCLIC CHEM	4	1.22
209	0954-0083	HIGH PERFORM POLYM	4	0.884
210	1318-0207	ACTA CHIM SLOV	4	1.328
211	1042-7163	HETEROATOM CHEM	4	1.243
212	1895-1066	CENT EUR J CHEM	4	1.073
213	1026-1265	IRAN POLYM J	4	0.936
214	0030-4948	ORG PREP PROCED INT	4	1.015
215	1023-666X	INT J POLYM ANAL CH	4	1.412
216	0010-0765	COLLECT CZECH CHEM C	4	1.283
217	1674-7291	SCI CHINA CHEM	4	1.104
218	0039-7911	SYNTHETIC COMMUN	4	1.062
219	1751-8253	GREEN CHEM LETT REV	4	0.976
220	0236-5731	J RADIOANAL NUCL CH	4	1.52
221	0732-8303	J CARBOHYD CHEM	4	0.631
222	1565-3633	BIOINORG CHEM APPL	4	0.716
223	0021-2148	ISR J CHEM	4	1.535
224	1040-7278	J CLUST SCI	4	0.916

序号	ISSN	刊名简称	分区	影响因子
225	0021-9665	J CHROMATOGR SCI	4	0.884
226	0232-1300	CRYST RES TECHNOL	4	0.946
227	1040-6638	POLYCYCL AROMAT COMP	4	1.023
228	1478-6419	NAT PROD RES	4	1.009
229	0253-2964	B KOREAN CHEM SOC	4	0.906
230	0914-9244	J PHOTOPOLYM SCI TEC	4	0.904
231	0933-4173	JPC-J PLANAR CHROMAT	4	0.7 67
232	1082-6076	J LIQ CHROMATOGR R T	4	0.706
233	1385-772X	DES MONOMERS POLYM	4	1.444
234	0366-6352	CHEM PAP	4	1.096
235	1741-5993	J SULFUR CHEM	4	1.009
236	0932-0776	Z NATURFORSCH B	4	0.864
237	1002-0721	J RARE EARTH	4	0.901
238	0253-3820	CHINESE J ANAL CHEM	4	0.941
239	1060-1325	J MACROMOL SCI A	4	0.887
240	0959-9436	MENDELEEV COMMUN	4	0.901
241	1300-0527	TURK J CHEM	4	0.943
242	0376-4710	INDIAN J CHEM A	4	0.891
243	1203-8407	J ADV OXID TECHNOL	4	0.806
244	0352-5139	J SERB CHEM SOC	4	0.879
245	1001-604X	CHINESE J CHEM	4	0.755
246	1001-8417	CHINESE CHEM LETT	4	0.978
247	1570-1786	LETT ORG CHEM	4	0.822
248	0100-4042	QUIM NOVA	4	0.763
249	0219-6336	J THEOR COMPUT CHEM	4	0.561
250	0009-3130	CHEM NAT COMPD+	4	1.029
251	0011-1643	CROAT CHEM ACTA	4	0.763
252	1109-4028	CHEM EDUC RES PRACT	4	0.855
253	1000-6818	ACTA PHYS-CHIM SIN	4	0.78
254	0922-6168	RES CHEM INTERMEDIAT	4	0.697
255	1233-2356	ACTA CHROMATOGR	4	0.76
256	0965-545X	POLYM SCI SER A+	4	0.838
257	0009-4536	J CHIN CHEM SOC-TAIP	4	0.678
258	0108-2701	ACTA CRYSTALLOGR C	4	0.518

序号	ISSN	刊名简称	分区	影响因子
259	0023-1584	KINET CATAL+	4	0.638
260	1468-6783	PROG REACT KINET MEC	4	0.761
261	1878-5190	REACT KINET MECH CAT	4	0.876
262	1061-9348	J ANAL CHEM+	4	0.747
263	0009-3122	CHEM HETEROCYCL COM+	4	0.725
264	0256-7679	CHINESE J POLYM SCI	4	0.919
265	1061-933X	COLLOID J+	4	0.707
266	1001-4861	CHINESE J INORG CHEM	4	0.628
267	0021-9584	J CHEM EDUC	4	0.739
268	0567-7351	ACTA CHIM SINICA	4	0.533
269	0251-0790	CHEM J CHINESE U	4	0.619
270	0009-2770	CHEM LISTY	4	0.529
271	0193-2691	J DISPER SCI TECHNOL	4	0.56
272	1074-1542	J CHEM CRYSTALLOGR	4	0.566
273	1042-6507	PHOSPHORUS SULFUR	4	0.716
274	0973-4945	E-J CHEM	4	0.516
275	0034-7752	REV CHIM-BUCHAREST	4	0.599
276	1024-1221	MAIN GROUP CHEM	4	0.636
277	1433-5158	HYLE	4	0.5
278	0018-1439	HIGH ENERG CHEM+	4	0.815
279	1070-4280	RUSS J ORG CHEM+	4	0.648
280	1747-5198	J CHEM RES	4	0.633
281	1005-281X	PROG CHEM	4	0.556
282	0253-5106	J CHEM SOC PAKISTAN	4	1.377
283	0379-4350	S AFR J CHEM-S-AFR T	4	0.764
284	1070-3284	RUSS J COORD CHEM+	4	0.547
285	1857-5552	MACED J CHEM CHEM EN	4	1.079
286	0031-9104	PHYS CHEM LIQ	4	0.603
287	0793-0135	REV ANAL CHEM	4	0.357
288	1618-7229	E-POLYMERS	4	0.515
289	0037-9980	J SYN ORG CHEM JPN	4	0.546
290	1000-3304	ACTA POLYM SIN	4	0.769
291	1063-7745	CRYSTALLOGR REP+	4	0.469
292	0009-2223	CHEM ANAL-WARSAW	4	0.52

序号	ISSN	刊名简称	分区	影响因子
293	0376-4699	INDIAN J CHEM B	4	0.648
294	0040-5760	THEOR EXP CHEM +	4	0.509
295	0717-9324	J CHIL CHEM SOC	4	0.448
296	0254-5861	CHINESE J STRUC CHEM	4	0.44
297	0022-4766	J STRUCT CHEM +	4	0.586
298	1542-1406	MOL CRYST LIQ CRYST	4	0.58
299	0039-3630	STUD CONSERV	4	0.4
300	0235-7216	CHEMIJA	4	0.586
301	0009-2851	CHEM UNSERER ZEIT	4	0.517
302	0392-839X	CHIM OGGI	4	0.593
303	1870-249X	J MEX CHEM SOC	4	0.413
304	1066-5285	RUSS CHEM B +	4	0.379
305	0036-0244	RUSS J PHYS CHEM A +	4	0.459
306	1005-9040	CHEM RES CHINESE U	4	0.379
307	0137-5083	POL J CHEM	4	0.393
308	0104-1428	POLIMEROS	4	0.522
309	1560-0904	POLYM SCI SER B +	4	0.558
310	1471-6577	LC GC EUR	4	0.494
311	1070-3632	RUSS J GEN CHEM +	4	0.467
312	0036-0236	RUSS J INORG CHEM +	4	0.415
313	0379-153X	POLYM-KOREA	4	0.433
314	0525-1931	BUNSEKI KAGAKU	4	0.43
315	1463-9246	J AUTOM METHOD MANAG	4	0.467
316	1600-5368	ACTA CRYSTALLOGR E	4	0.347
317	1665-2738	REV MEX ING QUIM	4	0.578
318	0334-7575	MAIN GROUP MET CHEM	4	0.207
319	0019-4522	J INDIAN CHEM SOC	4	0.359
320	0972-0626	RES J CHEM ENVIRON	4	0.379
321	0012-5016	DOKL PHYS CHEM	4	0.458
322	0035-3930	REV ROUM CHIM	4	0.418
323	1011-3924	B CHEM SOC ETHIOPIA	4	0.299
324	0793-0283	HETEROCYCL COMMUN	4	0.265
325	1527-5949	LC GC N AM	4	0.371
326	0971-1627	INDIAN J HETEROCY CH	4	0.205

序号	ISSN	刊名简称	分区	影响因子
327	1070－4272	RUSS J APPL CHEM +	4	0.283
328	0012－5008	DOKL CHEM	4	0.315
329	0970－7077	ASIAN J CHEM	4	0.266
330	1433－7266	ZKRIST－NEW CRYST ST	4	0.278
331	0193－4929	REV INORG CHEM	4	0.222
332	1990－7931	RUSS J PHYS CHEM B +	4	0.263
333	1063－455X	J WATER CHEM TECHNO +	4	0.205
334	1347－9466	SCI TECHNOL ENERG MA	4	0.296
335	0209－4541	OXID COMMUN	4	0.123
336	0324－1130	BULG CHEM COMMUN	4	0.283
337	1511－1768	J RUBBER RES	4	0.297
338	0001－9704	AFINIDAD	4	0.138
339	1473－7604	CHEM WORLD－UK	4	0.159
340	0386－2186	KOBUNSHI RONBUNSHU	4	0.129
341	1224－7154	STUD U BABES－BOL CHE	4	0.129
342	0009－3068	CHEM IND－LONDON	4	0.12
343	0151－9093	ACTUAL CHIMIQUE	4	0.115
344	2155－5435	ACS CATAL	4	0
345	2044－4753	CATAL SCI TECHNOL	4	0
346	2046－2069	RSC ADV	4	0

二、陕西师范大学学位论文规范（试行）

学位论文是研究生培养质量和学术水平的集中体现。高质量、高水平的学位论文不仅在内容上有创造性和创新性，而且在表达方式上应具有一定的规范性和严谨性。为此，特作如下规定。（研究生可以根据指导老师意见和学科特点适当灵活处理。）

（一）论文正文字数

博士学位论文：理工科一般为 6～8 万字，管理及人文学科一般为 8～10 万字，其中绪论要求为一万字左右。

硕士学位论文：理工科一般为 3 万字，管理及人文学科一般为 3～5 万字，其中引言（或绪论）要求为 3000～5000 字。

（二）论文版式、格式

研究生学位论文一律要求在计算机上输入、编排与打印。

1. 论文页面设置

纸张：纸型为 A4（21.0 cm×29.7cm）标准，双面印刷。

版芯要求：左边距：30mm，右边距：30mm，上边距：36mm，下边距：25mm。
装订线位置：装订线在左侧，装订线距左边距0mm。
页眉边距：28mm，页脚边距：20mm。
论文装订后成品尺寸为：宽200 mm、长280 mm。

2. 论文标题

论文分三级标题：
一级标题：另起一页，居中，黑体，三号，段前、段后间距为2行；
二级标题：左对齐顶格，黑体，小三号，段前、段后间距为1.5行；
三级标题：左起齐顶格，黑体，四号，段前、段后间距为1行；
上述段前、段后间距可适当调节，以便于控制正文合适的换页位置。

3. 论文字体

中文采用国家正式公布实施的宋体简化汉字。英文、罗马字符和阿拉伯数字均应采用Times New Roman字体，按规定应采用斜体的采用斜体。文中采用的术语、符号、代号，全文必须统一，并符合规范化的要求。如果文中使用新的专业术语、缩略语、习惯用语，应加以注释。国外新的专业术语、缩略语，必须在译文后用圆括号注明原文。学位论文的插图、照片必须确保能复制或缩微。

正文的中文采用小四号宋体，英文为小四号Times News Roman字体；正文中的图、表标题采用相应的五号宋体和五号Times News Roman字体，均居中；表格中文字、图例说明采用五号宋体；表注采用小五号宋体。

字距和行距：如无特殊说明，全文一律采用无网格，行间距为固定值20磅，段前段后不空行。

页眉文字均采用五号宋体。页眉居中排列。全文的页码、脚注均采用小五号宋体，页码排在页脚居中位置。

（三）学位论文的各组成部分与排列顺序

学位论文，一般由封面、独创性声明及版权授权书、中文摘要、英文摘要、目录、插图和附表清单、主要符号表、引言（第一章）、正文、结论（最后一章）、参考文献、附录、致谢和攻读学位期间科研成果等部分组成并按此顺序前后排列。

1. 封面

论文封面采用全校统一格式（另见附件1～6），博士学位论文的封面为蓝色，硕士学位论文封面为黄色，同等学力在职申请硕士学位人员的论文封面为土灰色皮纹纸，教育硕士专业学位学员的论文封面为土黄色皮纹纸，高校教师申请硕士学位的论文封面为浅蓝色皮纹纸，4+2教育学硕士学位的论文封面为白色皮纹纸。教育硕士中的双证生使用全日制硕士生的黄色封面。

论文题目应既能概括整个论文的中心内容，又能引人注目。论文题目不得超过30个汉字。封面要求打印，论文题目用三号黑体，其余部分用四号楷体打印。

论文封面必须填写分类号，分类号可在图书馆查阅获得。

学位论文如属保密论文，须在封面上规定的栏内注明相应的密级（可分为秘密、机密、绝密三级），并向研究生处提交经本人、导师及院（系、所、中心）主管领导签字的

《研究生学位论文申请保密备案表》(另见附件7)。"备案表"可在研究生教育网上下载。申请保密的学位论文由院(系、所、中心)负责保管,解密后交至研究生处再行转呈校档案馆、图书馆和国家图书馆等有关单位存档。

未经学校学位评定委员会遴选或在研究生处备案的合作指导教师,不得在学位论文上署名;署名的指导教师人数不超过2人。

学科专业的名称按照国务院学位委员会、原国家教委1997年颁布的《授予博士、硕士学位和培养研究生的学科、专业目录》填写,一般为二级学科。教育硕士在学科专业栏应填为学科教学(××),课程与教学论专业在学科专业栏应填写为课程与教学论(××)。

2. 独创性声明和关于论文使用授权的说明(见附录1)附于学位论文摘要之前,需研究生本人签字。

3. 中文摘要(见附录2)

中文摘要一般要求博士生约1500字左右,硕士生约1200字左右,教育硕士专业学位学员约1000字左右。论文摘要一般包括:这项研究工作的目的和重要性;完成了哪些工作(研究内容各过程的概括性叙述);获得的主要结论,这是本摘要的中心内容。硕士学位论文摘要应突出论文的新见解部分,博士学位论文摘要应突出论文内容中的创造性成果部分。摘要中一般不用图、表、化学结构式、非公知公用的符号和术语。论文关键词3~5个,用显著的字符另起一行,排在摘要的左下方。如果论文的主体工作得到了有关基金资助,应在摘要第一页的页脚处标注:本研究得到某某基金(编号:□□□□)资助。

4. 英文摘要(见附录2)

中英文摘要的内容要求一致,关键词要准确。中文"摘要"的英文译名统一为"Abstract"。

5. 目录(见附录3)

目录应是论文的提纲,也是论文组成部分的小标题。目录一般列一至三级标题,以阿拉伯数字分级标出。标题与页码对应准确。

6. 插图和附表清单

论文中如果图、表较多,可以分别列出清单列于目录页之后。图表的清单应有序号、图表名称和页码。

7. 符号、标志、缩略词、计量单位、名词、术语等注释说明,可以集中列于图表的清单之后。

8. 引言(第一章)

引言在论文正文前。内容包括:该研究工作的实用价值和理论意义;国内外已有的文献综述;本研究要解决的问题。

9. 正文

正文是学位论文的主体。写作内容可因研究课题的性质而不同,一般包括:理论分析、计算方法、实验装置和测试方法、对实验结果或调研结果的分析与讨论,本研究方法与已有研究方法的比较等方面。内容应简练、重点突出,不要叙述专业方面的常识性内容。各章节之间应密切联系,形成一个整体。

10. 结论(最后一章)

结论应明确、简练、完整、准确,要认真阐述自己的研究工作在本领域中的地位、作用以及自己新见解的意义,以及研究展望或建议。应当严格区分研究生的成果与导师的科研成果的界限。

11. 参考文献

参考文献一律放在结论之后,不得放在各章之后。引用他人的成果必须标明出处。所有引用过的文献,应按引用的顺序编号排列。

12. 附录

凡不宜放在论文正文中,但又与论文有关的研究过程或资料,如较为冗长的公式推导、重复性或者辅助性数据图表、为方便阅读所需要的辅助性教学工具或表格、调查问卷、计算程序及有关说明等,均应放入附录作为学位论文主体的补充项目。

13. 致谢

对导师和给予指导或协助完成学位论文工作的组织和个人表示感谢。内容应简洁明了、实事求是。对课题给予资助者应予感谢。致谢字数不超过1000个汉字。

14. 攻读学位期间研究成果

攻读学位期间研究成果内容一般包括在学期间参加的研究项目、发表论文、申请专利、主要科研获奖情况等。学术论文应正式发表,或有正式录用函。著作及学术论文等的书写格式要求与参考文献相同。

(四) 书写要求

1. 语言表述

论文应层次分明、数据可靠、文字简练、说明透彻、推理严谨、立论正确,避免使用文学性质的带感情色彩的非学术性词语。论文中如出现非通用性的新名词、新术语、新概念,应作相应解释。

2. 层次和标题

层次应清楚,标题应简明扼要,重点突出。正文层次的编排建议用表1所示格式。

表1 层次代号及说明

层次名称	示 例	说 明
章	第1章□□……□	章序及章名居中排,章序用阿拉伯数字
节	1.1 ␣ □□……□	题序顶格书写,与标题间空一格,下面阐述内容另起一段
条	1.1.1 ␣ □□……□	
款	␣ ␣ (1)□□…□␣ ␣ □…□□…□□……	题序空两格书写,以下内容接排
项	␣ ␣ ①□□…□␣ ␣ □…□□…□□……	题序空两格书写,以下内容接排

各层次题序及标题不得置于页面的最后一行(孤行)。

3. 页眉和页码

从正文第一章开始各页均应加页眉,页眉下为上粗下细文武线(见附录4)。在版芯上边线加粗细线(粗线3磅),粗线上居中打印页眉。奇数页眉为本章的题序及标题,偶数页眉为"陕西师范大学□士学位论文"。奇数页在右,偶数页在左。页码从第一章开始按阿拉伯数字连续编排。第一章之前的页码用罗马数字单独编排。

4. 图、表、公式等

图形要清晰可分辨,插图要精选,切忌与表及文字表述重复。图形坐标比例不宜过大,同一图形中不同曲线的图标应采用不同的形状和不同颜色的连线。图中术语、符号、单位等应与正文中表述一致。表中参数应标明量和单位。图序、图标题居中置于图的下方。表序、表标题居中置于表的上方。表注置于表的下方。图表标题用中、英文两种文字书写。

表格一律使用三线表。在三线表中可以加辅助线,以适应较复杂表格的需要。

图、表应与说明文字相配合,图形不能跨页显示,表格一般放在同一页内显示。

公式一般居中对齐,公式编号用小括号括起,右对齐,其间不加线条。

文中的图、表、公式、附注等一律用阿拉伯数字按章节连续编号,如图1-1,表2-2,公式(3-10)等。(范例见附录5)

5. 注释

注释作为脚注在页下分散著录。

6. 量和单位

应严格执行 GB3100~3102-93 有关量和单位的规定(参阅《常用量和单位》.计量出版社,1996)。单位名称的书写,可采用国际通用符号,也可用中文名称,但全文应统一,不要两种混用。

7. 参考文献

学位论文中列出的参考文献格式应符合国家标准《文后参考文献著录规则》(GB/T 7714-2005)。在学位论文中引用参考文献时,应在引用处的右上方用方括号标注阿拉伯数字编排的序号;参考文献的排列按照文中出现的顺序列在正文的末尾。

文科学位论文也可采用页脚注。

学位论文中列出的参考文献要实事求是,论文中引用的必须列出,未引用的文献不得出现。参考文献的列出格式见附录6。

8. 攻读学位期间的研究成果

各类成果应含以下内容:发表论著、获专利项目(列出格式同参考文献格式)、参加课题(含获奖项目,列出格式为:项目名称、项目来源、获奖级别、日期、本人名次)。

(五)电子文档要求

学位论文答辩通过后,学位申请人必须通过我校图书馆主页 http://www.lib.snnu.edu.cn/ 的"博/硕士学位论文提交系统"向图书馆提交电子版学位论文。提交的电子版学位论文要求与印刷本一致。

(六)匿名送审论文要求

陕西师范大学研究生学位论文匿名送审印刷格式的统一要求:

1. 论文封面隐去作者姓名和指导教师姓名,保留学科专业名称及论文题目;
2. 请勿在原创性声明和版权使用授权声明书上作者处签名;

3. 删去致谢页；
4. 发表学术论文及参与科研情况等仅以第几作者注明即可,不要出现作者或他人姓名。

(七)本规范自公布之日起执行

附录1　陕西师范大学学位论文原创性声明、知识产权及论文使用授权声明

学位论文原创性声明

　　本人声明所呈交的学位论文是我在导师的指导下进行研究工作所取得的研究成果。尽我所知,除文中已经注明引用的内容和致谢的地方外,本论文不包含其他个人或集体已经发表或撰写过的研究成果,也不包含本人或他人已申请学位或其他用途使用过的成果。对本文的研究做出重要贡献的个人和集体,均已在文中作了明确说明并表示谢意。

　　本学位论文若有不实或者侵犯他人权利的,本人愿意承担一切相关的法律责任。

　　作者签名：_____　　　　　　　　　　　　日期：　年　月　日

学位论文知识产权及使用授权声明书

　　本人在导师指导下所完成的学位论文及相关成果,知识产权归属陕西师范大学。本人完全了解陕西师范大学有关保存、使用学位论文的规定,允许本论文被查阅和借阅,学校有权保留学位论文并向国家有关部门或机构送交论文的纸质版和电子版,有权将本论文的全部或部分内容编入有关数据库进行检索,可以采用任何复制手段保存和汇编本论文。本人保证毕业离校后,发表本论文或使用本论文成果时署名单位仍为陕西师范大学。

　　保密论文解密后适用本声明。

　　作者签名：_____　　　　　　　　　　　　日期：　年　月　日

附录2　中英文摘要示例

中 文 摘 要 格 式

> **摘　　要** ⟶ 居中,小三号黑体
>
> 正文：(小四号宋体字)
>
> **关键词**：小四号黑体,3~5个词,中间用";"号分开

英 文 摘 要 格 式

> **Abstract** ⟶ 居中,15pt,Bold
>
> Content：(与中文摘要同,Times New Roman 字体,12pt)
>
> **Key words**：12pt, Bold,与中文关键词意义同,英文摘要的关键词通常应用小写,中间用";"号分开

附录3　目录示例

目　录

[三号黑体，段前、段后间距为1行]

[四号黑体，段前、段后间距为0.5行]

摘要 ··（Ⅰ）
Abstract ···（Ⅱ）
第1章　绪论 ··（1）　[小四号宋体，行距20磅]
　1.1　课题背景 ··（1）
　1.2　交会对接技术发展概况 ····································（2）
　　1.2.1　美国空间交会对接发展概况 ·························（3）
　　1.2.2　俄罗斯空间交会对接发展概况 ······················（3）
　　1.2.3　俄罗斯、美国联合飞行 ································（4）
　1.3　相关工作 ··（5）
　　1.3.1　姿态表示和空间飞行器运动方程 ····················（5）
　　1.3.2　对接制导 ··（6）
　1.4　本文主要研究内容 ···（8）
　1.5　本文结构 ··（9）
第2章　空间飞行器姿态表示和运动方程 ······················（10）
　2.1　引言 ··（10）
　2.2　标准正交旋转矩阵姿态表示 ·······························（10）
　　本章小结 ··（81）
结论 ··（82）
参考文献 ··（83）
附录 ··（86）
致谢 ··（89）
攻读博士学位期间科研成果 ·····································（90）

附录4　页眉示例

　　页眉应居中置于页面上部。论文的页码居中置于页面底部。

　　　　偶数页式样：　　　奇数页式样：

陕西师范大学博士学位论文	第1章 引　言
- 2 -	- 1 -

附录5 (1)插表例:(表格一律使用三线表。)

表3-1 试验地土壤主要化学性质
Tab. 3-1 Selected chemical properties of test soil

土壤类型	有机碳 ($g \cdot kg^{-1}$)	全氮 ($g \cdot kg^{-1}$)	全磷 ($g \cdot kg^{-1}$)	全钾 ($g \cdot kg^{-1}$)	速效磷 ($g \cdot kg^{-1}$)	pH
潮棕壤①	10.96	0.71	0.41	13.12	8.98	6.7

①×××××。

(2)插图例:

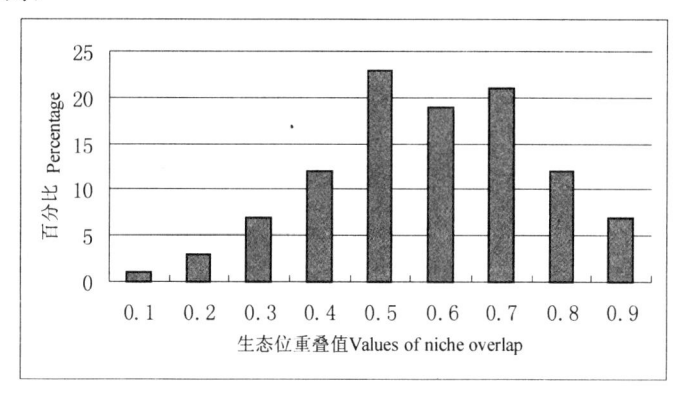

图2 种群间生态位重叠值分配情况
Fig. 2 Distribution characteristics of values of niche overlap among populations

(3)公式例:

公式居中书写。公式序号的右侧与右边线顶边排写。

公式较长时最好在等号"="处转行,如难实现,则可在 +、-、×、÷ 运算符号处转行,转行时运算符号仅书写于转行式前,不重复书写。

公式中第一次出现的物理量代号应给予注释,注释的转行应与破折号"——"后第一个字对齐。破折号占两个字,如下例:

式中 M_f——试样断裂前的最大扭矩( );

θ_f——试样断裂时的单位长度上的相对扭

$$转角\ \theta_f = \frac{d\varphi}{dl}, (rad/mm)$$

公式中应注意分数线的长短(主、副分线严格区分),长分数线与等号对齐,如

$$x = \frac{2\pi(n_1 + n_3)}{\dfrac{n_1 + n_2}{n_1 - n_2}}$$

附录6 参考文献示例

参考文献

专著:[序号] 主要责任者.题名[M].版本项(第1版不加标注).出版地:出版社,出版年:引文页码。例如:

[1] 刘国钧,王连成.图书馆史研究[M].北京:高等教育出版社,1979:15-18,31.

连续出版物(期刊):[序号]主要责任者.题名[J].期刊名称,出版年份,卷号(期号):起止页码.例如:

[2] 袁庆龙,候文义.Ni-P合金镀层组织形貌及显微硬度研究[J].太原理工大学学报,2001,32(1):51-53.

[3] J. R. McDonnell, D. Wagen. Evolving Recurrent Perceptions for Time-Series Modeling. IEEE Trans. on Neural Networks. 1994,5(1):24~38.

论文集:[序号]主要责任者.题名.主编.论文集名[C].出版地:出版者,出版年:页码范围.例如:

[4] 孙品一.高校学报编辑工作现代化特征.中国高等学校自然科学学报研究会.科技编辑学论文集[C].北京:北京师范大学出版社,1998:10-22.

学位论文:[序号] 主要责任者.题名[D].保存地点:保存单位,年份.例如:

[5] 张和生.地质力学系统理论[D].太原:太原理工大学,1998.

报纸文献:[序号] 主要责任者.题名[N].报纸名.出版日期(版面次序).例如:

[6] 谢希德.创造学习的思路[N].人民日报,1998-12-25(10).

专利文献:[序号]专利申请者.专利题名:专利国别,专利号[P].公告日期.例如:

[7] 姜锡洲.一种温热外敷药制备方案:中国,88105607.3[P].1986-07-26.

电子文献:

[序号]主要责任者.电子文献题名[文献类型/载体类型].电子文献的出版或可获得地址,发表或更新的期/引用日期(任选).例如:

[8] 王明亮.中国学术期刊标准化数据库系统工程的[EB/OL].http://www.cajcd.cn/pub/wml.txt/980810-2.html,1998-08-16/1998-10-04.

说明 A

文献类型	普通图书	会议录	汇编	报纸	期刊	学位论文	报告	标准	专利	数据库	计算机程序	电子公告
标志代码	M	C	G	N	J	D	R	S	P	DB	CP	EB

说明 B

载体类型	标志代码
磁带(magnetic tape)	MT
磁盘(disk)	DK
光盘(CD-ROM)	CD
联机网络(online)	OL

注 意:

西文文献中第一个词和每个实词的第一个字母大写,余者小写;俄文文献名第一个词和专有名词的第一个字母大写,余者小写;日文文献中的汉字须用日文汉字,不得用中文汉字、简化汉字代替.文献中的外文字母一律用正体.

作者为多人时,不同作者姓名间用逗号加一空格相隔.外文姓名按国际惯例,将作者名的缩写置前,作者姓置后.

学术刊物文献无卷号的可略去此项,直接写"年,(期)".

参考文献序号顶格书写,加方括号不加标点,其后空一格写作者名.序号应按文献在论文中的被引用顺序编排.换行时与作者名第一个字对齐.若同一文献中有多处被引用,则要写出相应引用页码,各起止页码间空一格,排列按引用顺序,不按页码顺序.